ÉLÉMENTS ET ORGANES

DES MACHINES

ENCYCLOPÉDIE INDUSTRIELLE
Fondée par M.-C. LECHALAS, Inspecteur général des Ponts et Chaussées en retraite

ÉLÉMENTS ET ORGANES

DES

MACHINES

PAR

Alexandre GOUILLY

INGÉNIEUR DES ARTS ET MANUFACTURES

GÉNÉRALITÉS. — LA FONTE ET LES PRINCIPES DU MOULAGE
L'ACIER ET LE FER FONDU. — LE FER
CUIVRE, ZINC, ÉTAIN, NICKEL, PLOMB, BRONZES, LAITONS. — LE BOIS
CUIRS, CAOUTCHOUC, LUBRIFIANTS, ETC. — RIVURE
BOULONS, ÉCROUS ET VIS. — VIS A BOIS ET A MÉTAUX, TIREFONDS
CLAVETTES. — ASSEMBLAGES DES BOIS ET FERRURES
ASSEMBLAGE DES TUYAUX. — ROBINETS. — VALVES, CLAPETS
SOUPAPES, VENTOUSES. — APPAREILS DE GRAISSAGE
GÉNÉRALITÉS SUR LES MACHINES A VAPEUR
CYLINDRES ET PRESSE-ÉTOUPE. — PISTONS ET TIGES DE PISTONS
BIELLES. — BALANCIER ET PARALLÉLOGRAMME DE WATT
MANIVELLES, EXCENTRIQUES, ARBRES
ENGRENAGES, POULIES, VOLANTS
MÉCANISMES DE MODIFICATIONS DE MOUVEMENT
PALIERS, CHAISES—TRAVAIL DES FORCES, RENDEMENT DES MACHINES
FORMULAIRE POUR LE CALCUL DES ORGANES DE MACHINES

PARIS

GAUTHIER-VILLARS ET FILS, IMPRIMEURS-LIBRAIRES

DE L'ÉCOLE POLYTECHNIQUE, DU BUREAU DES LONGITUDES, ETC.

Quai des Grands-Augustins, 55

—

Octobre 1894

ERRATA

Pages	alinéa	lignes	au lieu de :	Lisez :
1	2	3	celle que tout	celles que tout
6	7	2	bordage	bandage
7	1	11	exactes, enfin	exactes. Enfin
9	8	5	collectionnées	collationnées
11	1	2	le corps simple connu	les corps simples connus
15	4	5	augmente la pureté	augmente la dureté
16	3	5	donne des moulages	donne des modèles
17	4	2	en sable comprimées	en sable comprimé
18	14	10	pas été séché	pas été étuvé
19	3	7	lors de la mise	lors de sa mise
»	8	1	les châssis, ajustés	les châssis ajustés
20	»	9	avec peu d'argile	avec un peu d'argile
106	1	2	transmettre 10000	transmettre 1000

CHAPITRE PREMIER

GÉNÉRALITÉS

Description d'une machine et d'un atelier de construction de machines

1. Objet de ce traité. — Nous nous proposons de décrire les organes élémentaires dont se composent les machines, le fonctionnement et le mode de construction de ces organes. C'est d'après la fonction que doit remplir un organe de machine qu'on détermine la matière à employer dans sa construction et les formes rationnelles qu'il convient de lui donner. Nous serons donc conduit à étudier les matières premières mises en œuvre dans la construction des machines, à en donner les propriétés, les qualités et les défauts ; nous devrons dire comment on les façonne et suivre les différentes phases de la fabrication.

Le sujet se prête à de très grands développements, dans lesquels nous ne saurions entrer. Les notions contenues dans ce traité sont en définitive celle que tout industriel doit posséder. parce que leur ensemble constitue la base des connaissances nécessaires pour l'appréciation des machines et de leur installation.

Nous consacrerons ce premier chapitre à la description d'une machine et à celle d'une usine. Ces descriptions constituent un tableau raisonné des matières dont nous aurons à nous occuper.

2. Définition d'une machine. — Définition d'une usine. — La grosse question dans les machines, c'est celle du rendement ; le but à atteindre, c'est un bon rendement. La science aussi bien que l'industrie s'efforcent de faire produire les machines le mieux et le plus économiquement possible.

A ce point de vue, une machine est l'ensemble des appareils qui concourent à l'accomplissement d'un travail industriel déterminé. Cet ensemble se compose de quatre parties essentielles :

La source d'énergie ;

Le récepteur ou le moteur ;

La transmission :
L'outil.

Les sources d'énergie, les sources de travail, sont naturelles ou artificielles. Une usine hydraulique reçoit le mouvement d'une chute d'eau (source naturelle), dont elle dépense la puissance, l'énergie, au moyen d'un récepteur ou moteur hydraulique. Une usine à vapeur comprend les foyers et chaudières (source artificielle), qui produisent la vapeur dont une partie de l'énergie calorifique et de l'énergie interne fournira la puissance du moteur.

Immédiatement à la suite de la source d'énergie et du récepteur viennent très souvent des organes qui ne sont pas toujours nécessaires et qui ont pour but d'accumuler, pour une dépense considérable, la puissance qui est fournie régulièrement par les sources mais en quantité insuffisante dans le temps de la dépense. Ces appareils sont des régulateurs de la dépense. On les nomme des *accumulateurs*.

Les chaudières à vapeur doivent présenter des réservoirs de vapeur suffisants pour qu'ils puissent servir d'accumulateurs ; c'est-à-dire pour qu'ils répondent à la plus grande dépense de vapeur nécessaire dans un temps donné.

Les installations électriques offrent encore une variété d'appareils spéciaux qui rendent les plus grands services ; ce sont les *transformateurs*. Ces appareils ont pour but de transformer l'énergie électrique qu'ils reçoivent sous une forme en une énergie électrique différente, de changer par exemple des courants de haute tension et de faible intensité en courants de forte intensité et de faible tension.

A vrai dire, les moteurs à vapeur sont des transformateurs ; une machine à vapeur par exemple, a pour but de transformer en énergie dynamique l'énergie calorifique qu'elle reçoit du foyer par le moyen de la vapeur.

L'énergie recueillie, emmagasinée, transformée, doit être dépensée sur des points éloignés de la source. Ce sont les organes constituant les transmissions qui ont pour objet le transport de l'énergie. La transmission se fait par courroies, par engrenages, par câble télédynamique, par l'air comprimé ou raréfié, par vapeur, par eau chaude, par eau froide sous pression.

Enfin les outils reçoivent de la transmission leur part de puissance à dépenser en un travail industriel. Une pompe est l'outil d'une distribution d'eau ; une hélice est l'outil qui sert à la propulsion d'un navire ; les machines-outils servent au travail des bois, des métaux.

Les quatre parties constituantes d'une machine sont liées entre elles de telle sorte qu'il n'est point possible d'étudier les unes sans étudier les autres en même temps. Il est certain que le choix de la source d'énergie, que le choix du récepteur, celui de la transmission et des outils dépendent de bien des considérations : la question d'économie, d'amortissement, celle des emplacements, doivent entrer ensemble en ligne de compte ; mais on n'aura le rendement vrai d'une entreprise que quand on aura étudié les quatre éléments fondamentaux, et le bon rendement résultera de la bonne harmonie que l'on aura pu établir entre eux.

Dans la pratique industrielle on donne le nom de machine à des organes qui ne remplissent qu'une des fonctions élémentaires dont l'ensemble est la fonction de la machine, comprise dans le sens général que nous lui donnons. On dit qu'une pompe est une machine, qu'une scie, qu'un étau limeur sont des machines. Les moteurs sont désignés sous les noms de machines hydrauliques, machines à vapeur, machines à gaz.

Sous le nom d'*usine*, il faut entendre l'ensemble des machines, des bâtiments et des services nécessaires à la production d'un travail industriel. L'étude de la disposition des bâtiments et des services est non moins importante que l'étude des machines.

Le principe de l'installation des usines se résume en ceci : Il faut éviter les fausses manœuvres et rendre la surveillance facile. Si cela est praticable, l'entrée et la sortie se feront au même point de l'usine pour les produits et le personnel ; dans tous les cas, les ouvertures pour le passage des matières premières et des matières manufacturées seront aussi peu nombreuses et aussi surveillées que possible. Les contremaitres chargés des divers ateliers devront pouvoir les surveiller du bureau qui leur est destiné. Il faut établir une marche rationnelle des matières premières et des produits fabriqués. depuis l'entrée et la réception des unes. depuis les magasins où elles sont classées jusqu'aux magasins où sont rangés les autres, jusqu'à leur emballage et leur expédition. Les services sont groupés près des manutentions auxquelles ils se rapportent et de manière que les communications soient faciles entre les employés chargés de ces services et les contremaitres chargés des ateliers.

3. Description d'une machine locomobile. — Une bonne installation mécanique perdrait en grande partie, sinon en totalité, tous ses avantages dans une usine mal agencée. Il nous est donc impossible de considérer l'une sans l'autre. Nous plaçant au point de vue spécial de la construction des machines, nous dirons dans quels ateliers de l'usine s'exécutent les diverses opérations dont nous aurons à parler.

Toutes les installations industrielles sont réalisées au moyen d'éléments communs [1], tels que tôles rivées de chaudières, de réservoirs ; pièces de fonte bâtis, cylindres de machines, roues d'engrenage et poulies de transmission ; pièces forgées et ajustées, tiges de piston. bielles, manivelles ; tuyauterie, robinetterie des canalisations d'eau, de gaz, d'air ou de vapeur.

Nous donnons ici la description d'une machine locomobile parce que ce type est celui qui renferme le plus grand nombre de ces éléments. Cette machine, représentée sur la figure ci-jointe, est l'ensemble d'un générateur et d'un récepteur ; elle est montée sur roues, afin de transporter la force motrice aux points où elle est nécessaire. Elle peut, par exemple, être conduite près d'une fouille envahie par les eaux et actionner une pompe d'épuisement ; elle peut être transportée d'un point à un autre d'une exploitation agricole et en actionner successivement les instruments.

Le générateur est l'ensemble du foyer, dont l'emplacement est indiqué par A, du corps cylindrique B et de la boîte à fumée C. Le charbon est jeté sur la grille du foyer par la porte située au devant du foyer ; les gaz chauds se rendent dans des tubes qui s'étendent de la partie antérieure du corps cylindrique limitant le foyer, jusqu'à la partie postérieure suivie de la chambre de fumée. Le corps cylindrique, dans la plus grande partie de sa hauteur, contient de l'eau chauffée par le rayonnement du foyer, par les gaz qui circulent dans les tubes et dans la boite de fumée où s'achève la combustion des gaz. Le foyer est entouré d'une double enveloppe ; l'espace compris dans cette double enveloppe fait partie de la chaudière proprement dite et est rempli d'eau.

Les gaz s'échappent par la *cheminée* dont la base est sur la boite à fumée et dont le fût est représenté incliné sur la machine. Le tirage est activé par un *souffleur* ; c'est un jet de vapeur lancé dans la cheminée par un tuyau de faible diamètre communiquant avec la chaudière.

Le récepteur ou le mécanisme se compose d'un cylindre E dans lequel se meut un piston, mis en mouvement dans les deux sens alternativement sous l'action de la vapeur pénétrant dans le cylindre, successivement, par ses deux extrémités. L'introduction et l'échappement de la vapeur sont réglés par un organe spécial, nommé *tiroir*, possédant un mouvement de va-et-vient dans une boite dite *boite à tiroir* ou *boite à vapeur*. Le tiroir se déplace sur une *glace* où débouchent des orifices faisant communiquer les fonds du cylindre soit avec la boite à vapeur, soit avec l'*échappement*, suivant les positions du tiroir. Dans cette boite se

---

[1] Les termes employés dans ce chapitre ont une signification généralement connue du lecteur. On trouvera dans l'*Index alphabétique* l'indication des passages concernant les mêmes sujets.

Elévation latérale et plan

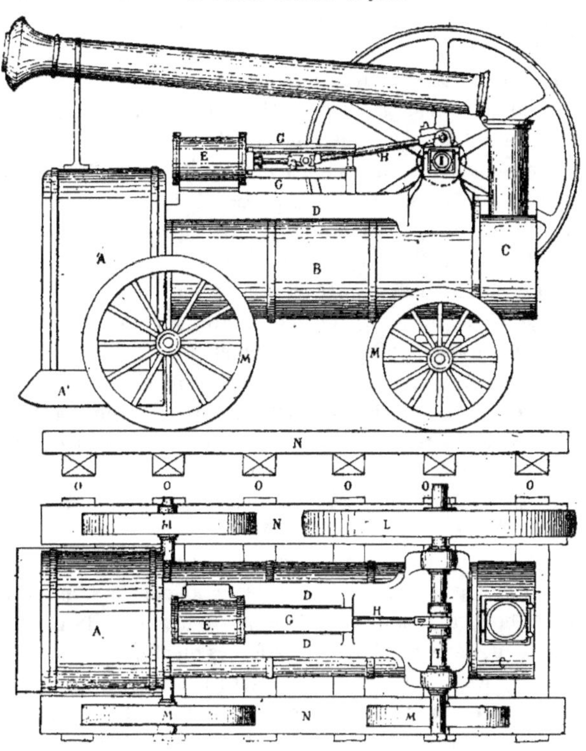

Vue   arrière

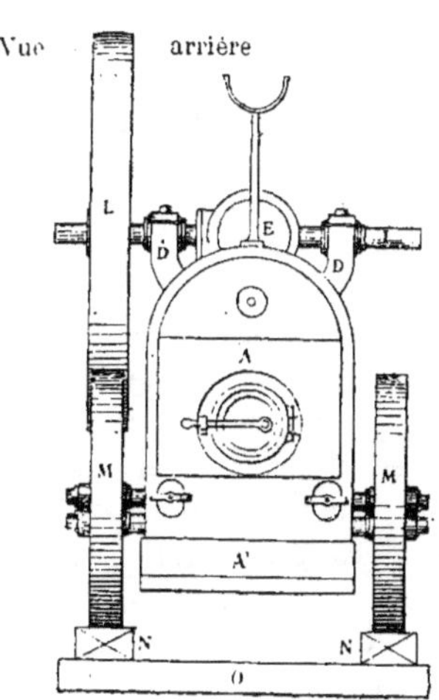

rend la vapeur qui sort de la chaudière ; cette vapeur pénètre dans le cylindre par l'une ou l'autre de ses extrémités, suivant l'orifice qui est démasqué par le tiroir.

F est la *tige du piston* qui participe au mouvement alternatif de celui-ci ; elle est articulée à une *bielle* H, articulée elle-même à un arbre coudé I. Cet arbre prend un mouvement de rotation continu.

Enfin une *poulie* L est calée sur l'arbre I ; elle reçoit la *courroie* qui actionnera les outils. On remarque sur l'arbre I, à l'extrémité opposée à la poulie L, une *portée* libre qui est destinée à recevoir une deuxième poulie si elle était utile à cette place.

L'arbre est porté par des *paliers* et tourne entre des pièces de bronze nommées *coussinets*, qui ont pour but de diminuer le frottement et de supporter l'usure résultant de ce frottement.

Afin d'assurer à la tige du piston un mouvement rectiligne, malgré l'obliquité des efforts qu'elle transmet, cette tige est reliée à des *coulisseaux* qui circulent à frottement doux entre des *glissières*. L'ensemble de cette disposition est représenté en G dans la figure.

Les pièces fixes qui composent le mécanisme : cylindre, glissières, paliers de l'arbre I, sont solidarisés par un bâti D.

La locomobile est portée sur 4 roues construites en fer ou en bois, avec *bordage* en fer. Avant de la faire fonctionner on la place sur un sommier en bois qui a pour effet de répartir sur le sol la pression résultant du poids de la machine et des forces qu'elle exerce.

Quelles sont les matières mises en œuvre dans la construction de cette locomobile ? Pour fixer présentement les idées sur le choix des matériaux qui doivent servir à construire les divers organes, nous pouvons dire que :

1° Les organes qui sous des dimensions restreintes doivent avoir une grande résistance sont établis en fer ou en acier. Ainsi le corps cylindrique des chaudières est en tôle de fer ou d'acier, celui de la chaudière de la locomobile peut être suffisamment résistant en tôle de fer ; les tiges de piston, bielles, arbre coudé, clavettes, sont des pièces en fer.

2° Les pièces qui ont des formes compliquées, celles qui ne sont pas soumises à des efforts trop considérables, à des chocs, sont exécutées en fonte de fer : le cylindre, le piston, le tiroir, la poulie, le bâti, sont dans ce cas.

3° Les pièces qui doivent recevoir des arbres en mouvement sont en bronze, afin que le frottement soit moindre. Ainsi les coussinets entre lesquels l'arbre tourne, les coussinets qui maintiennent le boulon d'articulation de la tige du piston et de la bielle sont en bronze.

4° Les robinets sont en cuivre jaune ou en bronze ; la tuyauterie est en cuivre jaune ou en cuivre rouge.

4. Description d'un atelier de construction de machines. — Un atelier de constructions se compose de divers ateliers spéciaux où sont fabriqués les organes de machines d'après leurs formes et la matière mise en œuvre. Les chaudières sont fabriquées à *l'atelier de chaudronnerie*. Les pièces en fonte de fer, cylindres de machines, pistons et le reste, les pièces en fonte de cuivre (coussinets, etc.) reçoivent une première forme à *l'atelier de fonderie*. Les pièces de fer, tiges de piston, bielles, manivelles, arbres coudés, reçoivent une première forme à *l'atelier de la forge*. Toutes les pièces sont ensuite amenées à *l'atelier d'ajustage* où elles reçoivent leurs dimensions et formes exactes, enfin elles sont réunies, rapprochées les unes des autres, articulées entre elles dans les meilleures conditions de fonctionnement possible, ou fixées les unes sur les autres ; ce travail se fait à *l'atelier de montage*.

Un atelier de chaudronnerie est celui où l'on travaille les tôles de fer, d'acier ou de cuivre. Le travail exige des précautions qui varient avec la nature de l'appareil que l'on exécute. On devra prendre, par exemple, toutes les mesures qui assurent la parfaite étanchéité des joints quand il s'agira de chaudières ; et il sera inutile de les prendre quand il s'agira d'une charpente en fer, d'un pont métallique. Il est vrai que l'on donne

plus spécialement le nom d'*ateliers de grosse serrurerie* aux ateliers où l'on fabrique les poutres et charpentes en fer. Le travail de la tôle comprend dans tous les cas les opérations successives suivantes : dressage des tôles, traçage, cintrage et découpage, assemblages par *rivets*. La figure représente l'un de ces assemblages.

Les machines que l'on rencontre dans l'atelier de chaudronnerie sont des machines à cisailler, à poinçonner, à cintrer, à chanfreiner, à river.

Les pièces qui doivent être en fonte sont d'abord exécutées en bois ; ces *modèles* sont moulés dans le sable et les creux laissés dans le sable, quand les modèles sont retirés, sont remplis de matière en fusion.

Le grand outillage de la fonderie se compose de *cubilots*, fours où l'on fait fondre la fonte ; de *fours* pour la fusion des autres métaux, de grues pour le levage et le transport des *poches* de fonte, pour le levage des grands *chassis* et des grosses pièces.

A une fonderie est annexé un atelier de menuiserie où se fabriquent les modèles.

Les pièces qui sortent de la fonderie sont dites *brutes de fonte*.

Les pièces en fer subissent le travail de la forge ; elles sont chauffées au rouge et travaillées au marteau. La forge comprend des foyers, des

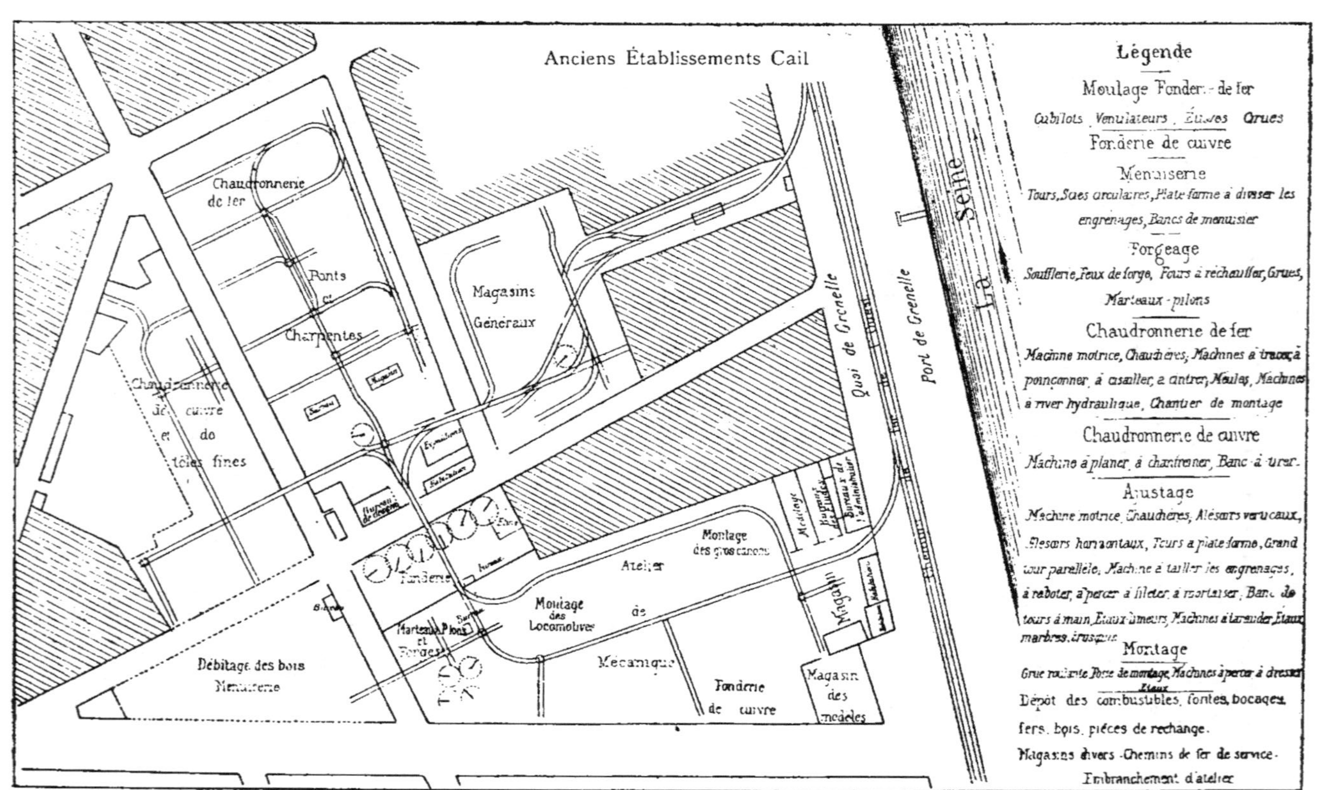

Anciens Établissements Cail
Chaudronnerie de fer
Ponts et Charpentes
Chaudronnerie de cuivre et de tôles fines
Magasins Généraux
Débitage des bois Menuiserie
Fonderie
Montage des Locomotives
Atelier de Mécanique
Montage des gros canons
Fonderie de cuivre
Magasin des modèles
Magasin
Bureaux de l'administration
Quai de Grenelle
Port de Grenelle
La Seine
Légende
Moulage Fonderie de fer
Cubilots, Ventilateurs, Étuves, Grues
Fonderie de cuivre
Menuiserie
Tours, Scies circulaires, Plate-forme à dresser les engrenages, Bancs de menuisier
Forgeage
Soufflerie, Feux de forge, Fours à réchauffer, Grues, Marteaux-pilons
Chaudronnerie de fer
Machine motrice, Chaudières, Machines à tracer, à poinçonner, à cisailler, à cintrer, Meules, Machines à river hydraulique, Chantier de montage
Chaudronnerie de cuivre
Machine à planer, à chanfreiner, Banc à tirer.
Ajustage
Machine motrice, Chaudières, Alésoirs verticaux, Alésoirs horizontaux, Tours à plate-forme, Grand tour parallèle, Machine à tailler les engrenages, à raboter, à percer, à fileter, à mortaiser, Banc de tours à main, Étaux-limeurs, Machines à laminer, Étaux, marbres, cric, etc.
Montage
Grue roulante, Fosse de montage, Machines à percer à dresser, Étaux
Dépôt des combustibles, fontes, bocages, fers, bois, pièces de rechange.
Magasins divers. Chemins de fer de service.
Embranchement d'atelier.

fours pour les grosses pièces et des marteaux-pilons. Dans le marteau-pilon le travail du forgeage est effectué par une lourde masse de fer généralement mue par la vapeur. Le poids de cette masse est en rapport avec les dimensions des pièces à forger ; il varie de quelques centaines de kilos jusqu'à 100 et 120 tonnes.

Les pièces qui sortent de la forge sont dites *brutes de forge*.

Les pièces brutes de fonte, brutes de forge, sont amenées à l'atelier d'ajustage où elles doivent recevoir leurs dimensions et formes définitives.

Cet atelier contient une file d'*étaux* attachés à un *établi* régnant le long des murs de l'atelier ; des *marbres*, pièces en fonte parfaitement dressées suivant une aire plane, servant à tracer sur les pièces brutes les indications nécessaires au travail qu'elles doivent recevoir ; des *étaux limeurs*, des machines à mortaiser, à fileter, à tarauder, à fraiser.

Enfin l'atelier de montage a pour grand outillage un *étau d'ajustage* par équipe de monteurs, des engins de levage, des chariots roulants transbordeurs.

Voyons maintenant quel est le groupement de ces divers ateliers spéciaux et des services qui constituent par leur ensemble un atelier de construction.

Près de l'entrée on trouvera la maison du directeur. Il aura sous la main les bureaux des services administratifs : ceux où on enregistre les commandes, ceux où se fait la correspondance, la comptabilité administrative, la comptabilité commerciale. L'abord de ces divers bureaux doit être très facile pour le public, tandis que l'accès des ateliers doit lui être interdit.

Ensuite on trouvera les bureaux d'études techniques et de dessin. Ils sont sous les ordres de l'ingénieur chef des études. On y étudie les projets d'ensemble et de détail, les devis. Le bureau de dessin contient des archives, des projets à l'étude et des dessins des machines d'exécution courante. Ces dessins doivent être collectionnés avec un soin extrême et il ne doit manquer aucune des cotes. Comme annexe du bureau de dessins, il faut un laboratoire pour l'exécution des épreuves photographiques d'après des calques des dessins originaux. Ces épreuves photographiques sont, pour chaque organe à exécuter, en nombre égal à celui des équipes qui devront y travailler.

Près du bureau de dessin est placé l'atelier de menuiserie pour la confection des modèles, parce que les dessinateurs ont très souvent des renseignements à fournir aux menuisiers.

Enfin viennent les ateliers de montage, d'ajustage, la forge et la fonderie ; ces deux derniers sont les plus éloignés de la direction et des bureaux.

Il est assez rare de trouver un atelier de construction disposé d'après les principes que nous indiquons ; cela tient surtout à ce que les ateliers ont dû être remaniés, déplacés, soit parce que les affaires se sont modifiées, soit parce qu'elles ont notablement augmenté.

CHAPITRE II

LA FONTE ET LES PRINCIPES DU MOULAGE

Propriétés des métaux. — Variétés des fontes. — Principes du moulage ; applications. — Moulage en coquille. — Défauts des fontes. — Seconde fusion.

5. Propriétés des métaux. — Les matières premières désignées sous le nom de métaux dans l'industrie ne sont point le corps simple connu sous le même nom en chimie. Les métaux industriels sont des combinaisons des corps simples de la chimie, et leurs propriétés dépendent des éléments qu'ils contiennent. On les modifie profondément en faisant varier leur composition, de sorte que la connaissance de la composition chimique des métaux et des matières étrangères utiles ou nuisibles qui entrent dans leur composition est indispensable pour en apprécier la valeur.

Tableau de la production des houilles, fontes, fers et aciers [1] en 1889, exprimée en millions (M) de tonnes.

	houille.	fonte.	fer.	acier et fer fondu.
France.............	24,3 M	1,734 M	0,825 M	0,709 M
Angleterre	179,747	8,456	2,290	3,376
Allemagne.........	86,5	4	1,885	1,830
Belgique...........	19,87	0,832	0,577	0,215
Autriche-Hongrie....	25,479	0,799	0,480	-0,305
Russie.............	4,534	0,612	0,309	0,225
Suède.............	0,296	0,457	0,313	0,115
Etats-Unis.........	134,855	6,594	2,000	2,946
Australie..........	3.575	0,039		
Indes	1,585			
Japon.............	1,254	0,007		

L'étude des métaux comprend leur analyse chimique et l'examen de

---

[1] Le produit nommé fer peut contenir jusqu'à 1/2 0/0 de carbone ; le produit nommé acier en peut contenir de 1/2 à 2 0/0 ; le produit nommé fonte en peut contenir de 2 à 6 0/0.

leurs propriétés physiques. Celles-ci sont : la texture, la soudabilité, la fusibilité, la dureté, la pesanteur spécifique, l'élasticité, la malléabilité ou propriété d'être réduits en feuilles par le martelage ou le laminage, la ductilité ou la propriété d'être réduits en fils, la ténacité ou la résistance à l'allongement, à la compression, à la torsion ou enfin aux efforts transversaux.

Notre étude commence par celle de la fonte. Pour comprendre l'importance des métaux ferreux dans l'industrie, il suffira de se reporter au tableau ci-dessus de la production de ces métaux en l'année 1889, tableau où l'on a inséré également celle de la houille.

6 Variétés des fontes. — La métallurgie du fer ne saurait trouver sa place dans le présent traité ; la compétence nous manque d'ailleurs pour la présenter. Disons seulement que la fonte est le produit du traitement d'oxydes de fer dans les hauts fourneaux. Ces oxydes sont réduits à haute température sous l'action du charbon. Le fer libre et le charbon en contact se combinent et donnent lieu à ce que l'on nomme la fonte. Ce produit, fusible à la température du haut-fourneau, se réunit au bas dans un *creuset*, d'où on le fait couler dans des rigoles creusées dans le sable où il se moule. On nomme *Saumons* ou *Gueuses* les masses de fonte ainsi obtenues. Tout le carbone contenu dans la fonte n'est pas associé au fer de la même manière : une partie est à l'état de combinaison ; une autre, non incorporée, est à l'état graphiteux et isolée au sein de la fonte. Le carbone entre dans la fonte dans la proportion de 2 à 6 0/0 du poids total.

Les propriétés de la fonte sont très variées suivant sa teneur en carbone et en matières étrangères, suivant la température à laquelle on la travaille.

L'élasticité de la fonte est faible, c'est à-dire qu'elle ne peut subir, sans se casser, de déformations sensibles sous l'action de forces extérieures.

La résistance à l'allongement est faible, mais la résistance à la compression est égale à celle du fer. C'est la fonte que l'on emploie généralement pour contruire les supports des bâtiments et des machines. On peut charger la fonte jusqu'à 6 kilogrammes par millimètre carré de la section des pièces comprimées. Si la fonte doit travailler à la flexion ou à l'extension, on ne doit compter que sur un kilogramme au plus par millimètre carré; la fonte fond entre 1050° et 1300°. Le point de fusion étant relativement peu élevé, et la fonte augmentant de volume au moment de la solidification, cette matière est très précieuse pour le moulage. La fonte remplit bien exactement les vides des moules où on la coule et les détails des objets à mouler sont parfaitement reproduits. Une fois solidifiée elle subit dans le refroidissement des retraits dont il faut tenir compte comme nous le verrons plus loin.

La fonte est très fragile sous le marteau surtout à chaud, de plus le passage de l'état liquide à l'état solide se fait très rapidement. Il en résulte que la fonte n'est ni forgeable, ni soudable à elle-même.

La fonte jouit de la propriété très remarquable et souvent utilisable de se tremper par un refroidissement brusque. Elle devient ainsi très dure ; mais elle est fragile si cette dureté est communiquée à toute la masse.

Le poids spécifique de la fonte varie de moins de 7 k. à 7 k. 70 au décimètre cube, suivant la quantité de charbon qu'elle contient et la manière dont elle a été obtenue.

On distingue quatre variétés de fontes qui peuvent être classées d'après l'aspect de la cassure. Ce sont la fonte noire, la fonte grise, la fonte blanche et la fonte truitée. Dans un autre paragraphe nous parlerons de ce que l'on nomme fonte malléable.

La *fonte noire* est celle qui contient la plus forte proportion de carbone libre. Ce carbone libre s'y trouve sous forme de paillettes cristallines noirâtres que l'on désigne sous le nom de *graphite*. La proportion de ce carbone peut s'élever à 4 0/0 du poids total, la proportion de carbone associé étant d'environ 2 0/0. La cassure de cette fonte présente un grain plat à facettes brillantes, la teinte est très foncée et due au carbone libre.

Cette variété n'est en définitive qu'un demi-produit. Elle n'a pas d'application directe, car elle n'offrirait pas assez de résistance, d'homogénéité. Elle sert à former des mélanges de deuxième fusion lors de la fonte des pièces mécaniques. Ces fontes ont un poids spécifique de 7 kilos en moyenne par décimètre cube.

La *fonte grise* est la fonte mécanique par excellence. C'est la qualité qui offre les meilleures conditions de résistance, qui produit les plus beaux moulages.

Elle est homogène, sa cassure est à grains fins réguliers. Elle se travaille facilement au burin, au tour et à la lime.

Elle fond de 1150 à 1250° et se refroidit brusquement.

Les pièces moulées en fonte grise offrent encore un précieux avantage ; elles donnent de bons frottements, même au contact de la fonte, du fer et de l'acier.

La proportion de carbone associé, c'est-à-dire sa combinaison avec le fer est de 2 0/0, comme dans la fonte précédente ; mais la proportion de carbone libre y est moins grande. Le poids spécifique varie de 6 k.8 à 7 k.40.

La fonte blanche est ainsi nommée par ce que sa cassure est lamelleuse à facettes blanches. Elle est dure, cassante et se travaille difficilement. On ne l'emploie que pour le moulage et lorsque les pièces ne doivent recevoir aucun travail industriel ultérieur. Elle fond entre 1050 et 1100°.

Le poids spécifique de cette fonte varie de 7,3 à 7,7 au décimètre cube.

Sa teneur totale en carbone est en général celle de la fonte grise, mais le charbon s'y trouve surtout à l'état incorporé. Si l'on chauffe la fonte blanche et si on la laisse refroidir lentement ensuite, on la transforme en fonte grise ; et inversement la fonte grise trempée, c'est-à-dire refroidie brusquement, se transforme en fonte blanche.

Cette propriété peut être utilisée, ainsi que nous le verrons plus tard, pour obtenir dans une même pièce coulée en fonte mécanique des parties très dures, tandis que d'autres parties restent à une dureté qui permet un travail ultérieur.

La *croûte* d'une pièce en fonte blanche ou trempée est inattaquable au burin.

La *fonte truitée* n'est en définitive qu'un mélange de fonte grise et de fonte blanche. La texture présente les deux aspects : des grains blancs sur fond gris. Suivant la proportion de fonte grise et de fonte blanche entrant dans sa composition, cette variété de fonte est dite *truitée blanche* ou *truitée grise*.

La fonte truitée est plus dure que la fonte grise et moins fragile que la fonte blanche.

7. Corps associés à la fonte. — Plus une fonte contient de carbone et plus elle est refroidie lentement, plus elle renferme de carbone graphiteux, en général. Mais les propriétés de la fonte et surtout l'état du charbon sont modifiés par les corps étrangers.

Le *silicium*, jusqu'à la proportion de 1,4 0/0 environ, facilite l'absorption du carbone. Le silicium peut d'ailleurs s'unir au fer dans une grande proportion. Le *ferro-silicium* contient 20 0/0 de silicium environ. A l'allure chaude des hauts-fourneaux le carbone réduit la silice des silicates de fer, de manganèse et d'alumine. Il en résulte qu'une fonte obtenue à allure chaude est toujours siliceuse en raison de la nature du revêtement des hauts fourneaux. Le silicium, dans le traitement de la fonte, réduit l'oxyde de fer contenu dans celle-ci ; il relève le point de fusion de la fonte et augmente sa fluidité.

Le *soufre*, comme le silicium et jusqu'à la teneur de 0,45 0/0, augmente l'affinité du fer pour le carbone. Il rend la fonte cassante, impropre au moulage ; mais il ne saurait nuire dans la fonte qui sert à préparer l'acier et le fer, parce qu'il s'élimine facilement, soit à l'état de sulfure de carbone, soit à l'état de sulfure de calcium ou de magnésium qu'il porte dans les scories quand le laitier est suffisamment basique.

Le silicium et le soufre, dans une faible proportion, maintiennent donc le charbon à l'état incorporé et blanchissent la fonte. Un excès de l'un ou de l'autre fait reparaître les paillettes du charbon dans la fonte.

Si on maintient une fonte blanche sulfureuse ou siliceuse à une température élevée pendant un temps assez long, le soufre disparait et les paillettes reparaissent.

Le *manganèse*, à l'encontre du silicium, peut, dans de très fortes proportions amener l'augmentation du carbone associé. Une fonte chargée en manganèse peut contenir 5,5 0/0 de carbone sans traces de paillettes graphiteuses. Le manganèse aura donc pour effet de blanchir la fonte, bien qu'elle ait une forte teneur en carbone. Ce métal augmente la pureté de la fonte, sa résistance, sa fluidité, mais il augmente sa facilité de cristallisation et la rend impropre au moulage. Les fontes très manganésées sont blanches, cassantes, à grandes facettes miroitantes.

Le manganèse s'allie au fer en toutes proportions. Les fontes manganésées (*spiegels*) en contiennent de 5 à 20 0/0, le *ferro-manganèse* contient de 25 à 90 0/0 de manganèse.

Le *phosphore*, augmente la fluidité de la fonte, la rend fragile ; il est sans inconvénient, en faible quantité, dans les fontes de moulage.

Beaucoup de corps, autres que ceux dont nous venons de parler, peuvent être associés à la fonte et modifier ses propriétés ou lui en donner de nouvelles.

8. Principes du moulage. — Le moulage s'opère de deux manières, qu'il s'agisse de couler de la fonte de fer, de bronze ou d'acier. On peut : 1° procéder en se servant du modèle à reproduire, modèle en plâtre, en bois ou en métal, suivant le nombre des pièces que l'on veut obtenir ; 2° opérer sans modèle. Cette dernière méthode se nomme moulage au trousseau.

Il y a plusieurs règles à observer pour le moulage :

1° La pièce à reproduire pour le moulage doit être étudiée dans ses formes de telle sorte que le modèle puisse être sorti facilement du sable dans lequel on l'engage pour faire le moule. On dit que l'on doit donner au modèle de la *dépouille*. — On facilite le démoulage, d'ailleurs, en découpant le modèle en plusieurs morceaux.

2° Les pièces ne doivent pas présenter des différences d'épaisseurs trop grandes dans leurs diverses parties. La fonte subissant un retrait, au refroidissement, il se produirait des gerçures aux points où des parties peu épaisses se relieraient à des parties plus épaisses. Ces dernières conserveraient en effet leur fluidité plus longtemps que les premières, lesquelles pourraient déjà être refroidies et avoir subi leur retrait, alors que les parties voisines, épaisses, seraient à peine solidifiées. On peut dire d'une manière générale que si une partie mince est comprise entre deux parties épaisses, la différence des retraits amène une rupture. — Aux angles où se raccordent des parties minces, il tend à se produire des gerçures. — Pour éviter les effets dus au retrait, chaque usine a son tour de main. Celui qui est le plus employé consiste à démouler aussitôt après la coulée. Les pièces toutes rouges sont retirées du sable et on les laisse se refroidir librement à l'air, ou bien le moule est détruit, de manière à ne pas gêner le retrait. Ainsi s'il s'agit de couler en fonte une poutre dite en double T, dont la section a la forme I, on enlève, après la coulée, le sable qui garnit les entre-deux des ailes.

3° En raison de ce *retrait* du métal quand il se refroidit, il faut donner au modèle des dimensions plus grandes que celles que l'on veut obtenir en définitive. Le retrait de la fonte de fer est de 1 0/0 des dimensions linéaires du modèle, celui de l'acier de 2 0/0 environ, plus exactement 1,8 0/0.

Le *mètre du modeleur*, ou la mesure dont se servent les modeleurs, a une longueur de 101 centimètres pour la fonderie en fer, et 101,8 centimètres pour la fonderie en acier. Il est divisé en cent parties égales et sert comme le mètre normal. On voit que l'emploi de cette mesure donne des moulages dont les dimensions linéaires sont toutes de 1 0/0 ou de 1,8 0/0 plus grandes que celles de l'objet moulé, suivant que l'on emploie la fonte ou l'acier.

4° Ce n'est pas seulement en raison du retrait que les dimensions d'un modèle doivent être plus grandes que la pièce à obtenir. La pièce brute de fonte peut être destinée à n'avoir ses dimensions qu'après un travail *d'ajustage*. Il faudra, dans la confection du modèle, tenir compte des épaisseurs de métal à enlever pendant cette opération. Ainsi un cylindre qui devra être tourné, recevra une augmentation de diamètre de 0^m006 à 0^m010, suivant la grandeur du diamètre.

Cet excès de diamètre est nécessaire pour faire les passes successives au tour et aussi pour faciliter le centrage des pièces à tourner. Soit par suite de retraits inégaux, soit par suite de dérangement des pièces dites *noyaux* dont nous parlerons plus loin, soit enfin par des mouvements du sable du moule, il peut arriver que les pièces cylindriques soient plus ou moins excentrées et irrégulières. C'est une raison de plus pour augmenter légèrement le diamètre des pièces cylindriques qui doivent être tournées.

5° Les angles saillants des pièces doivent toujours être munis d'un chanfrein, ou partie méplate au sommet de l'angle. Les angles rentrants doivent être munis de congés. — Sans ces précautions le retrait produirait des gerçures dans les angles.

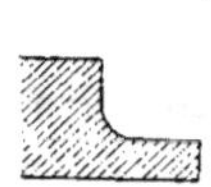

6° Si l'on désire obtenir un moulage en fonte très dense et très homogène, on coule sous pression. Pour cela les moules sont placés verticalement dans le sens de leur plus grande dimension, et l'on fait venir la fonte en fusion par un conduit assez long. La pression dans la fonte liquide en un point est proportionnelle à la distance verticale de ce point au niveau de la fonte dans l'orifice de coulée. — La masse de fonte qui est ainsi ajoutée à la pièce à couler se nomme *masselotte*. Celle-ci a encore pour effet de favoriser les retraits.

7° Les vides intérieurs des pièces sont obtenus au moyen de masses en sable comprimées, appelées *noyaux*, qui sont fixées dans le moulage aux places convenables. — Les noyaux sont de formes bien variées et c'est une nécessité de les fixer solidement dans les moules, de manière qu'ils ne se déplacent pas pendant la coulée de la fonte en fusion. — Quand on fond des tuyaux en fonte, le noyau cylindrique est fixé dans le moule par ses extrémités ; si le tuyau est long, on soutient le noyau de distance en distance au moyen de clous.

8° Les *évents* ou conduits pour le dégagement de l'air, doivent être ménagés en des endroits choisis de telle façon qu'il ne reste pas d'air emprisonné dans le moulage. Cet air pourrait gêner la coulée du métal dans le moule et il pourrait même en rester dans le métal refroidi, ce qui constituerait le défaut nommé *soufflure*. Le sable du moule est piqué avec de longues aiguilles dans les angles ou dans les parties saillantes du moule, afin d'éviter que l'air ne reste emprisonné. — On nomme *trou de coulée* un conduit par lequel on verse la fonte en fusion. Ce trou de coulée doit être disposé à la place qui donnera au métal l'accès le plus facile et le plus rapide dans toutes les parties du moule

9° Les parties intérieures des moules et les parties extérieures des noyaux, qui doivent être en contact avec la fonte en fusion, sont revêtues d'un enduit charbonneux ou de poudre de charbon. Le métal en fusion ne peut être laissé directement en contact avec le sable qui constitue les moules ; les surfaces ne seraient point nettes. — Si les moules doivent être étuvés, c'est-à-dire séchés à l'étuve, on les enduit préalablement au pinceau d'un badigeon composé de fécule délayée dans l'eau, additionnée d'un mélange de 2/3 de charbon de bois résineux en poudre et de 1/3 d'argile grasse, ce mélange doit être pulvérisé et tamisé avec le plus grand soin. Par cet enduit la surface du moule et des noyaux est rendue réfractaire. — Si on moule en sable vert, sans passer les moules à l'étuve, les moules reçoivent de la poussière de charbon sur toutes leurs surfaces. On répand cette poussière au moyen d'un sachet plein de poussière très fine de coke ou de charbon de bois. — Les noyaux, enduits et séchés, sont passés au *lissoir*, afin de faire disparaitre les traces du pinceau.

10° Les châssis qui contiennent le moule sont maintenus solidement l'un contre l'autre, afin qu'ils ne se séparent pas sous l'influence de la pression de la fonte liquide. — S'ils sont superposés, on a soin de charger de poids le châssis supérieur.

9. Sable. — Ce que les mouleurs nomment *sable* est un mélange de sable siliceux et d'argile pulvérisée, séché, passé au tamis et additionné de 6 0/0 de houille pulvérisée. Ce sable constitue une matière suffisamment plastique pour recevoir et conserver la forme des objets contre lesquels on le presse fortement

10. Précautions pour la coulée. — Nous avons déjà dit que les châssis doivent être fortement assujettis l'un contre l'autre. Il importe qu'il en soit ainsi non seulement à cause de la pression de la fonte qui s'exerce suivant les lois de la pression dans les liquides, mais encore en raison des explosions qui se produisent avec une intensité plus ou moins grande, lors de la coulée du métal. Le carbone de la fonte, au contact de l'air, donne de l'oxyde de carbone, qui forme un mélange détonnant en présence d'un excès d'oxygène. Afin d'éviter des détonations trop fortes et aussi pour éviter tout dégagement de vapeur d'eau d'un moule qui n'aurait pas été séché, on allume autour et au-dessus un feu de copeaux avant la coulée. De plus on a eu soin de percer verticalement dans la masse du sable, au moyen de broches en fer de 4 millimètres de diamètre, des trous qui donnent issue au gaz.

11. Poids de la fonte nécessaire à la coulée. — Pour obtenir le poids de la fonte nécessaire à une coulée, on multiplie par 13 le poids du modèle en bois. On a ainsi le poids de la pièce fondue munie de ses jets, de ses évents et des bavures.

Si la pièce est coulée sous pression, il faut ajouter au poids ainsi obtenu celui de la masselotte.

12. Moulage d'un robinet d'arrêt. — *Moulage du boisseau.*

— Proposons-nous de décrire le moulage d'un robinet d'arrêt pour conduite d'eau de dimension moyenne, de 0 m. 100 de diamètre par exemple.

Ce robinet se compose du *boisseau* ou corps du robinet ; pièce évidée munie de deux brides, présentant un renflement conique qui doit recevoir la partie nommée clef. La *clef*, est un tronc de cône, terminé vers la partie la plus large par une tête carrée sur laquelle on agit pour la manœuvre

Ces pièces sont représentées sur les figures p. 21. On fabrique pour chacune d'elles un modèle en bois ou en métal, en deux parties symétriques par rapport au plan moyen. Les brides peuvent être détachées du corps du modèle. Ce modèle plein représente en définitive la forme extérieure du boisseau plus quatre *portées* aux quatre orifices de l'évidement. Ces portées des modèles sont destinées à ménager dans le sable le logement des portées du *noyau*, lors de la mise en place dans le moule, après que l'on aura moulé le corps du boisseau.

Une moitié du modèle étant mise sur la table du mouleur, dans une position telle que le plan moyen du moule s'applique sur la table ; on met un châssis. On saupoudre le modèle de sable maigre ou sec, puis on recouvre de sable de mouleur (silice et argile, légèrement humide). On tasse ce sable entre le modèle et les parois du châssis au moyen d'un pilon.

On retourne le châssis et on place la deuxième moitié du modèle. On ajoute un deuxième châssis que l'on superpose au premier et on fait dans ce deuxième châssis le moulage de la deuxième partie du modèle en opérant comme nous venons de dire, après avoir eu soin de garnir le modèle des cônes en bois qui ménageront la place des évents et de la coulée.

Il faut ensuite procéder au démoulage, c'est-à-dire retirer le modèle du moule. Pour cela on enlève le châssis supérieur et on le place à côté du châssis inférieur en le retournant. On en retire les parties du modèle en ayant soin de les ébranler légèrement à coups de maillet ; on les saisit ensuite au moyen de crochets à vis que l'on enfonce dans des trous ménagés dans le corps du modèle. On enlève du moule, en soufflant, les parties qui ont pu se détacher et le sable non adhérent, puis on rectifie au moyen d'une spatule les arrachements qui ont pu se produire.

Enfin on badigeonne la surface pour la rendre réfractaire en se servant d'une boue d'argile et de charbon de bois pulvérisé, dont nous avons déjà donné la composition.

Les châssis, ajustés l'un à l'autre, le moule est porté à l'étuve pour le séchage.

Outillage général de l'atelier du fondeur

Modèles simples ou composés. — Sapin. — Tilleul. — Noyer. — Chêne. — Fonte. — Bronze.

Boîtes à noyaux en bois. — Lanternes. — Armatures. — Les noyaux réservent les vides dans les moules.

Coquilles. — Moules métalliques pour moulages répétés, pour moulages mixtes et pour fontes trempées à la surface.

Série de châssis en bois, en fer.

Sables : Sable vert, quartzeux, avec peu d'argile, non calcaire.

Sable de carrière avec argile et $1/_{20}$ de poussier de coke.

Sables gras, ou terres à argile et $1/_{10}$ de matières feutrantes.

Badigeon, boue peu épaisse d'argile avec charbon de bois pilé.

Moulins à noir, Moulins à sables.

Tordoirs. — Cribles.

Petits outils et ustensiles : Spatules. — Couteaux. — Truelles. — Lissoirs. — Tranches. — Brosses. — Sac à poussière. — Sac à noir. — Aiguilles. — Clous. — Crochets. — Soufflets sans buses, battes, règles, équerres, calibres, maillets, tamis.

Étuves avec chariots.

Grues de fonderie, Grues de chargement.

Creusets en terre réfractaire, en plombagine.

Fours à vent.

Cubilots.

Ventilateur.

Fours à reverbère.

Coke, pour cubilots.

Houille pour fours à reverbère.

Poches de coulée en tôle avec garniture en terre réfractaire.

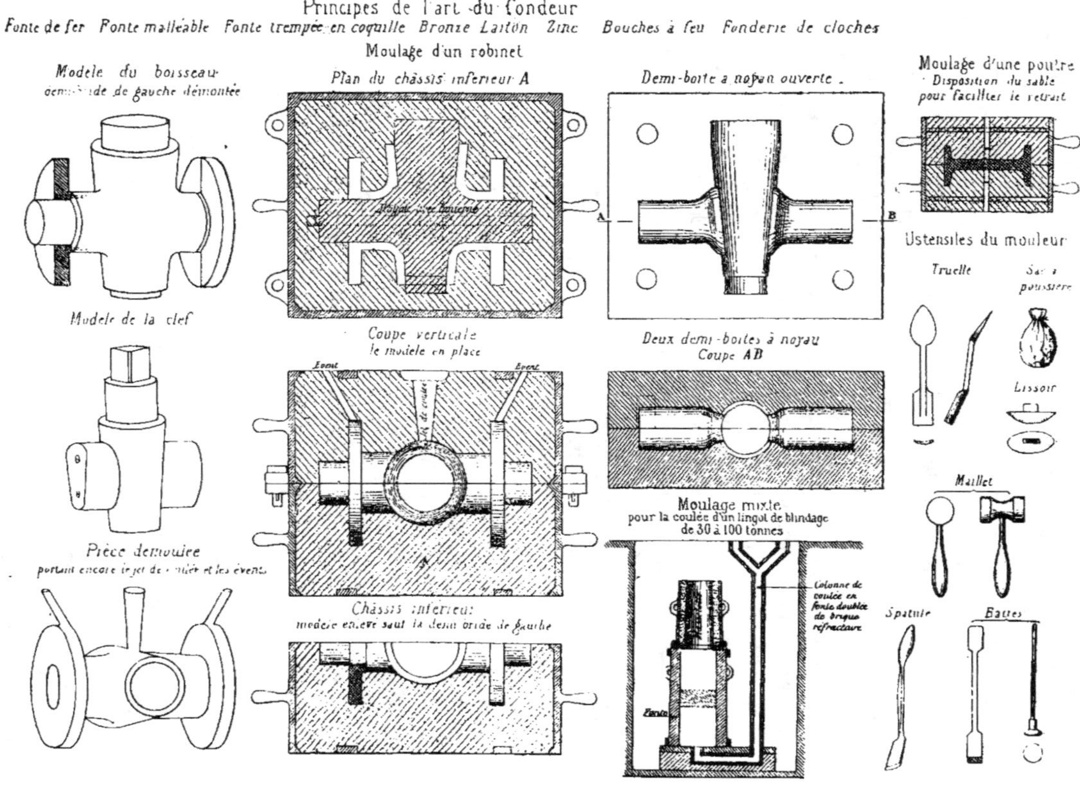

Principes de l'art du fondeur
Fonte de fer Fonte malléable Fonte trempée en coquille Bronze Laiton Zinc Bouches à feu Fonderie de cloches
Moulage d'un robinet
Modèle du boisseau
demi-vue de gauche démontée
Plan du châssis inférieur A
Demi-boîte à noyau ouverte.
Moulage d'une poutre
Disposition du sable
pour faciliter le retrait
Modèle de la clef
Coupe verticale
le modèle en place
Deux demi-boîtes à noyau
Coupe AB
Ustensiles du mouleur
Truelle
Sac à poussière
Lissoir
Pièce démoulée
portant encore le jet de coulée et les évents.
Châssis inférieur
modèle enlevé sauf la demi-orde de gauche
Moulage mixte
pour la coulée d'un lingot de blindage
de 30 à 100 tonnes
Colonne de
coulée en
fonte doublée
de brique
réfractaire
Maillet
Spatule
Battes
Évent
Évent
Front
Front

Il ne reste plus qu'à placer le noyau qui doit ménager le vide à l'intérieur du corps du boisseau. Le noyau est moulé en terre grasse réfractaire, dans une boîte à noyau composée de deux parties, présentant en creux à l'intérieur un vide ayant la forme du noyau. Le noyau est séché à l'étuve.

Quand le noyau et le moule sont secs, le noyau est placé dans le moule et y est maintenu par ses portées qui viennent occuper les logements préparés.

Le moulage de la clef n'offre pas d'autres difficultés que le moulage du boisseau.

13. Moulage d'un engrenage au trousseau. — La fig. 1 de la page **23** est la coupe de l'engrenage qu'il s'agit de mouler. L'opération peut être divisée en neuf parties.

1° On prend un châssis C, fig. 2, que l'on pose sur le sol bien nivelé. On installe le pivot P de la planche à trousser au centre du moule, puis on dame fortement du sable s dans l'intérieur du châssis ;

2° On découpe sur une planche le profil $a\ b\ c\ d$, fig. 3 et 4. Cette planche est dite *planche à trousser*. On boulonne cette planche sur un support métallique qui peut se fixer au moyen d'une vis sur le support P. On fait tourner cette planche autour de l'axe du support P en la descendant, au fur et à mesure que le sable du moule se creuse, jusqu'à ce que la partie $r\ d$ de la planche vienne s'appuyer sur le rebord d_1 du châssis. On a ainsi creusé dans le sable du châssis C une rainure circulaire dont le profil est $a_1\ b_1\ c_1\ d_1$, fig. 3.

3° Le bras de la roue peut être décomposé, fig. 5, en trois parties A, B, C. L'ensemble des nervures A et B donne une section en forme de T qui sera moulée dans le châssis C inférieur. On place ces nervures en partageant également le cercle en un nombre de parties égales au nombre des bras.

4° Sur le premier châssis C on pose, fig. 6, un châssis C_1 que l'on fixe au premier par des goujons. On saupoudre de sable brûlé la surface du sable qui remplit déjà le châssis C, afin qu'il n'y ait pas adhérence entre le sable de celui-ci et celui que l'on va damer fortement dans le châssis C_1. — Les nervures N représentées par les pièces C du modèle des bras s'impriment en creux dans le sable du châssis C_1. L'intervalle L des bras se remplit de sable. On obtient l'empreinte représentée à la fig. 4.

5° On visse sur la planche à trousser B, fig. 7, une planche additionnelle $d\ c\ e\ f\ g$, dont les diverses parties ont la destination suivante :

$d\ c\ e\ q\ p$ correspond à la jante de la roue,

$p\ q\ m\ n$ »   à la denture,

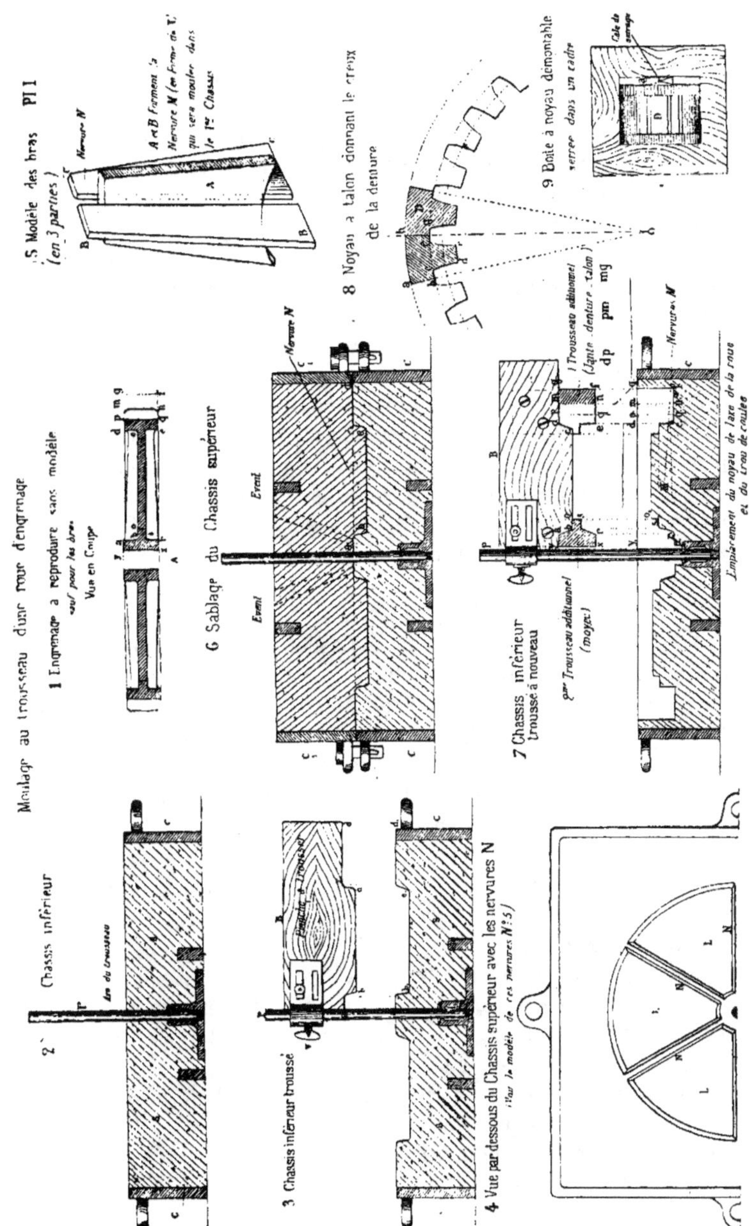

Moulage au trousseau d'une roue d'engrenage
1 Engrenage à reproduire sans modèle
sauf pour les bras
Vue en Coupe
Nervure N
2 Chassis inférieur
3 Chassis inférieur troussé
4 Vue par dessous du Chassis supérieur avec les nervures N
(Voir le modèle de ces nervures N°5)
5 Modèle des bras Pl 1
(en 3 parties)
Nervure N
A et B forment 3
Nervure N (en forme de V)
qui sera moulée dans
le 1er Chassis
6 Sablage du Chassis supérieur
Event
7 Chassis inférieur troussé à nouveau
1 Trousseau additionnel
(Jante - denture - talon)
2me Trousseau additionnel
(moyeu)
Emplacement du noyau de l'axe de la roue
et du trou de coulée
8 Noyau à talon donnant le creux
de la denture
9 Boîte à noyau démontable
serrée dans un cadre
Cale de serrage

$m\,n\,f\,g$ en dehors de la roue, porte le nom de *talon*, on trace avec cette planche le profil $d_1\,e_1\,q_1\,n_1\,f_1\,g_1$ dans le sable du moule. La rainure circulaire comprend donc : 1° l'emplacement de la jante, 2° celui de la denture, 3° celui du talon ;

6° Avec une seconde planche à trousser supplémentaire vissée sur la première B, on trace une rainure circulaire dont le profil $o\,s\,r\,x$ correspond au moyeu. On a donc tracé définitivement le profil $x_1\,r_1\,s_1\,o_1\,f_1\,g_1$ dans le chassis inférieur ;

7° On forme la denture de la roue en plaçant dans la rainure circulaire $p_1\,q_1\,f_1\,g_1$, des noyaux $a\,b\,c\,d\,e\,f\,g\,h$, fig. 8, composés du talon $a\,b\,c\,f\,g\,h$ et du creux entre deux dents $c\,d\,e\,f$. — En plaçant côte à côte deux de ces noyaux on forme le moule d'une dent. On dispose dans la rainure autant de noyaux qu'il y a de dents, et les noyaux doivent former complètement d'eux-mêmes la rainure circulaire. — Les noyaux de la denture se moulent, fig. 9, avec une boîte à noyaux démontable, serrée, pendant qu'on y tasse du sable, par un coin a dans un cadre épais ;

8° On enlève enfin le pivot P ; on dispose au centre de la roue un noyau cylindrique pour former l'évidement du moyeu : on replace le 2° chassis où l'on a ménagé le trou de coulée et les évents ; puis on étuve le moule qui est prêt pour la coulée.

14. Moulage en coquille. — Le moulage en coquille est celui qui se fait dans des moules métalliques. Le moulage en coquille se fait en général quand on désire obtenir une surface lisse et très dure. — La fonte qui est en contact avec le moule métallique se refroidit brusquement, elle se trempe et devient blanche, et par suite très dure.

La surface des pièces est plus lisse plus nette dans le moulage en coquille que dans le moulage en sable, parce que le sable du moulage ordinaire adhère toujours un peu à la fonte.

L'épaisseur de la coquille est d'autant plus considérable que la trempe doit pénétrer davantage dans la masse de la fonte.

Comme exemple d'organes devant être moulés en coquille, nous citerons les galets de frottement, les galets de roues des wagonnets d'usine.

Il y a économie à les couler en fonte au lieu de les couler en acier, mais il faut que l'extérieur de la jante soit très dur afin de s'user moins.

On fait un anneau circulaire en fonte présentant la forme extérieure de la jante et de son boudin et on le place dans le sable. Le reste du moulage s'opère comme précédemment pour obtenir les vides de la jante, des bras, du moyeu.

15. Défauts des fontes. — Les *soufflures* sont des vides dans la masse du métal. Elles se produisent par des bulles d'air ou de gaz qui n'ont pas trouvé d'issue. Généralement ce défaut est plus fréquent à la partie supérieure des moules.

Il importe de bien placer les évents, de les mettre en nombre suffisant, pour assurer le dégagement des gaz au moment de la coulée.

Un sable un peu humide peut donner lieu à des soufflures.

Les *piqûres* ne sont autre chose que des soufflures de petites dimensions.

Les *retirures* sont les arrachements qui se produisent dans les parties minces aux points où il y a un changement considérable de section. Elles résultent du retrait ; nous avons déjà indiqué les effets du retrait·

Les *dartres* sont de légères dépressions de la surface des pièces fondues. Elles résultent de ce qu'il s'est détaché de la couche superficielle du sable du moule certaine partie qui manquait d'adhérence.

Les *bosses* sont le défaut inverse du précédent. Elles résultent de ce que le sable n'a pas été suffisamment et également tassé dans le moule.

Les *gouttes froides* sont des parties de fonte englobées dans la masse moulée et s'en distinguant par une solution de continuité plus ou moins apparente. Elles proviennent de gouttes de fonte qui se sont figées lors de la coulée et ont été ensuite environnées de métal fondu.

Les pièces de fonte présentant des solutions de continuité provenant soit de soufflures, de retirures, soit de chocs, rendent un son terne quand on les sonne au marteau.

16. Moulage en deuxième fusion. — Les moulages en fonte de fer sont dits de première ou de deuxième fusion, suivant que le moulage est fait près des hauts-fourneaux et rempli de fonte qu'on y a prise directement ou que la fonte a été refondue une ou plusieurs fois dans des petits fourneaux nommés *Cubilots*, ou fours à la Wilkinson.

La fonte de deuxième fusion offre plus de régularité et de ténacité. Elle est plus dense.

La refonte de la fonte au cubilot n'est pas dispendieuse. Il suffit de 10 kilog. de coke environ pour cent kilog. de fonte grise.

17. Fonte malléable. — Un grand nombre d'objets de petite mécanique, de serrurerie, de sellerie, d'ornementation sont en fonte dite malléable. Cette matière se rapproche du fer. Il eût été plus coûteux de fabriquer en fer les mors. étriers, pièces de serrurerie, pièces contournées de petite mécanique, que de les fondre.

Ces pièces sont coulées d'abord en fonte blanche qui est très fragile,

mais peut donner un moulage très délicat ; puis on leur fait subir un
recuit dans un milieu oxydant, un oxyde de fer en poudre par exemple.
Une partie du charbon de la fonte est brulé et après le recuit les pièces
sont devenues résistantes et malléables ; on peut les plier et les tordre
presque comme du fer. La matière ainsi obtenue, et nommée fonte malléable, diffère beaucoup du fer cependant, surtout en ce qu'on ne peut
la souder à elle même.

Pour que l'action du recuit oxydant se répande à toute la masse, il
faut que l'épaisseur des objets ne soit pas considérable. On peut dire
que si la plus grande dimension des sections ne dépasse pas 0 m. 010, la
pièce est très homogène. La texture, à grains très fins, est analogue à
celle de l'acier trempé.

Les objets fabriqués en fonte malléable ont un poids moindre que ceux
qui, de mêmes dimensions, seraient fabriqués en fer. Le poids spécifique de la fonte malléable est d'environ 7.3.

Il convient de remarquer que les pièces de serrurerie de choix doivent être exécutées en fer et non en fonte malléable.

CHAPITRE III

ACIER ET FER FONDU

Classification des fers et aciers. — Propriétés de l'acier. — Trempe et recuit. — Méthodes de fabrication de l'acier. — Étoffes. —Propriétés élastiques des aciers doux et fers fondus. — Défauts et essais des aciers et fers fondus. — Choix des aciers. — Travail de l'acier.

18. Classification des fers et aciers. — L'acier est formé de fer et de carbone ; sa composition est intermédiaire entre celle de la fonte et celle du fer. Le passage de l'acier au fer, qui ne contient que des traces de carbone, se fait par degrés nombreux et il est souvent difficile de distinguer promptement la nature d'un métal intermédiaire. Cependant ces divers métaux ont des propriétés assez différentes pour qu'il y ait lieu de rechercher les uns plutôt que les autres pour l'exécution d'un travail donné.

La caractéristique par excellence est la trempe. L'acier devient dur et fragile par la trempe ; tandis que le fer, du moins s'il s'agit d'échantillons de plus de 8 mm. d'épaisseur, devient plus malléable.

En 1876, à l'exposition de philadelphie, un comité international fut chargé d'étudier une classification des fers et aciers. Le résultat de cette étude fut la classification suivante en quatre catégories.

1° *Fer soudé*. — (*Wrought Iron, Weld Iron, Schweiss Eisen*). — Tout métal ferreux obtenu autrement que par fusion et qui ne durcit pas sensiblement par la trempe.

2° *Acier soudé*. — (*Weld Steel, Schweiss Stahl*). — Tout métal ferreux obtenu autrement que par fusion et qui durcit par la trempe.

3° *Fer fondu*. — (*Ingot Iron, Flusseisen*). — Tout métal ferreux obtenu par un procédé de fusion, mais qui ne durcit pas sensiblement par la trempe.

4° *Acier fondu*. — (*Ingot Steel, Fluss-Stahl*). — Tout métal ferreux obtenu par un procédé de fusion et qui durcit par la trempe.

Ces quatre genres comprennent de nombreuses variétés ; ainsi, le fer soudé comprend les fers soudés au bois, au coke, les fers puddlés ;

l'acier soudé comprend les aciers puddlés, les aciers naturels, les aciers corroyés ; l'acier fondu comprend, les aciers fondus au creuset, carburés, manganésés, chromés, tungstaté, les aciers au silicium.

19. Propriétés de l'acier. - *Dureté et composition*. — Les aciers comprennent trois grandes classes que l'on désigne d'après la dureté et la teneur en charbon :

1° *Les aciers durs à outils* (dits aciers fins). — Forgeables avec certaines précautions, fusibles à température inférieure à 1500°, susceptibles de prendre une trempe énergique.

L'acier dur renferme de 1,2 à 2 0/0 de carbone à l'état combiné ; plus la proportion de carbone est grande, plus l'acier est dur. *L'acier sauvage*, le métal le plus dur, que l'on emploie dans la construction des filières [1], renferme près de 2 0/0 de carbone.

2° *Les aciers doux*, plus faciles à forger que les précédents, moins fusibles (ils fondent entre 1500 et 1650°), se trempant légèrement.

Ils renferment de 1/4 à 1/2 0/0 de carbone. On les emploie dans l'artillerie et dans la construction des machines.

3° *Aciers extra-doux*. Ces aciers ne sont en définitive que le fer fondu de la classification précédente. Ils sont très faciles à forger mais très peu fusibles, ils fondent entre 1650 et 1800° et ne se trempent pas. Ces aciers contiennent moins de 1/4 0/0 de carbone.

Ils sont employés à la construction des ponts et charpentes, à la confection des coques de navires.

Texture. — La texture de l'acier est toujours à grains. La forme et la dimension du grain varient avec la composition de l'acier et avec la trempe. Moins l'acier renferme de carbone, plus il se rapproche du fer, plus il est doux en un mot, et plus le grain est gros. Le grain est plus fin après la trempe.

Poids spécifique. — Le poids spécifique de l'acier est de 7 k. 760 à 7 k. 880 au décimètre cube. Le poids spécifique varie suivant le degré de dureté et suivant le travail de forge auquel l'acier a été soumis. La trempe diminue légèrement le poids spécifique.

Élasticité. — L'acier dur, étiré en lames minces, présente une élasticité très énergique après la trempe, dont l'effet est d'augmenter non seulement la dureté, mais encore l'élasticité. L'élasticité est une propriété caractéristique de l'acier trempé ; c'est le métal le plus élasti-

---

[1] Les filières sont des plaques d'acier percées de trous dont les diamètres vont en diminuant de l'un à l'autre. Elles servent à la fabrication du fil de fer, que l'on étire en le faisant passer successivement dans des trous de diamètres de plus en plus petits.

que, c'est-à-dire celui qui a au plus haut degré la propriété de subir sans se rompre des déformations considérables sous l'action de forces extérieures, et de revenir complètement aux formes primitives dès que ces forces cessent d'agir.

L'acier dur, vu les qualités que lui donne la trempe, est celui qui doit être employé pour la construction des ressorts.

Tenacité. — L'acier est très tenace, c'est-à-dire qu'il peut supporter une tension considérable. Des fils d'acier préparés par les forges de Firminy ont pu résister à des charges de 250 kilog. par millimètre de section.

Forgeage. — Tous les aciers sont susceptibles d'être forgés. Il faut les chauffer, pour cette opération, à une température inférieure à celle de la fusion. On ne dépasse pas le rouge cerise (900° à 1 000°). A 1 300°, c'est-à-dire au rouge blanc, l'acier dur éclate sous le marteau.

L'acier dur, fondant avant le blanc soudant, n'est pas soudable. L'acier doux et l'acier extra-doux sont soudables.

Poli. — Tous les aciers sont susceptibles d'un beau poli ; cela tient à la finesse et à l'homogénéité du grain. Ce poli peut se conserver facilement parce que l'acier est peu oxydable.

Sonorité. — De tous les métaux ferreux, l'acier est celui qui a la plus grande sonorité.

20. La trempe et le recuit. — *Effets de la trempe*. — Nous avons déjà dit que par la trempe l'acier devient dur, élastique et tenace. Il faut pratiquer cette opération avec discernement, car elle peut avoir pour conséquence, si elle est mal conduite, de rendre l'acier cassant.

Si on chauffe au rouge cerise de l'acier fin à outil et si on le plonge dans l'eau, il durcit au point de rayer le verre. Sa texture, qui était à grains fins et brillants, bien formés avant la trempe, se transforme et devient sans éclat et composée de grains plus petits, à peine visibles. Si cet acier est de bonne qualité, il reste tenace ; on exprime cette qualité d'avoir de la dureté et de la ténacité en disant que l'acier a du corps.

L'acier trempé a un poids spécifique inférieur à celui qu'il avait avant la trempe. L'expérience a été faite sur un échantillon qui, pesant 7 k. 830 par décimètre cube avant la trempe, a donné un acier trempé pesant seulement 7 k. 810.

La dureté que l'acier acquiert par la trempe et la fragilité qui en résulte pour un acier ayant peu de corps, peuvent être modifiées par l'opération du recuit. Elle consiste à chauffer l'acier plus ou moins long-temps à l'abri du contact de l'air, et à le laisser ensuite se refroidir lentement.

On vérifie la propriété de l'acier de bien prendre la trempe en l'employant sous forme d'outil. On en fait un burin, un bédane, un taraud. S'il s'agit d'un burin ou d'un bédane, on s'en sert pour attaquer de la croûte de fonte blanche. Ni la tête ni le taillant de l'outil ne doivent se fendre, ni présenter de paille pendant l'attaque de la fonte.

Le refroidissement brusque doit se faire également sur toutes les parties de la pièce trempée. Le refroidissement détermine un état moléculaire définitif ; s'il était inégal sur divers points de la pièce, il se produirait des gauchissements. On évite qu'il en soit ainsi en prenant les précautions nécessaires au moment de l'immersion dans le liquide de trempe.

La trempe se fait souvent en deux fois ; on trempe l'acier une première fois après l'avoir chauffé à une température assez élevée, le rouge jaune (1000 à $1100°$), puis on le réchauffe au rouge sombre ($700°$) et on le trempe de nouveau. La ténacité s'est trouvée, dans des expériences faites à ce sujet, augmentée dans une forte proportion ; l'allongement de rupture, la résistance au choc se sont accrus dans de fortes proportions. La double trempe est une opération favorable pour les plaques de blindage, les projectiles, les bandages de roues.

Des trempes et recuits successifs ont donné des aciers d'une ténacité se traduisant par 250 k. par millimètre carré de la section d'un fil tendu.

Trempe douce. Trempe ferme. — On distingue deux sortes de trempe : la trempe douce et la trempe ferme. La trempe douce est obtenue par le contact de l'acier à haute température avec un liquide mauvais conducteur, l'huile, l'eau de savon. La trempe ferme est obtenue par le contact avec un liquide bon conducteur, l'eau froide en grande abondance, le mercure, le cyanure de potassium en dissolution.

Ainsi deux éléments sont surtout à considérer dans l'opération de la trempe : la température du métal à tremper et la nature du liquide de trempe.

Pour les aciers fins la température est celle du rouge cerise clair ($1000°$) au maximum. Si l'on chauffait au blanc orangé, l'acier serait brûlé ou fondu. Les aciers doux supportent une température plus élevée que les aciers durs.

Le meilleur liquide pour la trempe ferme d'un acier de bonne qualité est un courant d'eau vive. Dans un tel liquide un acier de mauvaise qualité se gercerait. On fait souvent emploi d'un mélange de 1000 parties en poids d'eau, 215 de sel marin, 42 de sel ammoniac.

La trempe faite dans un acide étendu d'eau donne à l'acier une très grande dureté, mais l'acier devient cassant.

Avec le mercure, l'acier devient aigre, cassant ; ce fait démontre l'influence de la conductibilité du liquide de trempe sur le résultat de l'opération.

La trempe douce s'obtient en plongeant l'acier, avons-nous dit, dans un liquide mauvais conducteur, dans un corps gras par exemple. On peut employer un bain d'huile, ou bien un bain de 50 parties en poids d'huile et de 50 de suif.

Les matières grasses s'enflammant (l'huile à 300° par exemple), il faut couvrir hermétiquement et de suite le bain d'huile pour étouffer la flamme et éviter les pertes.

Les petites pièces sont *trempées à la volée*, en les agitant dans l'air ; le contact de l'air remplace le contact d'un liquide de trempe.

Les pièces d'un certain volume peuvent être trempées superficiellement par leur contact avec un corps métallique froid. En les plaçant entre les plateaux d'une presse hydraulique par exemple, on a une trempe résultant de la conductibilité du métal composant les plateaux de la presse.

Effets du recuit. — La trempe a comme inconvénient, avons-nous dit, de rendre l'acier fragile, plus ou moins, suivant sa qualité et suivant l'énergie de la trempe. Le recuit corrige les effets trop vifs de la trempe.

Lorsque l'on chauffe une lame d'acier poli au contact de l'air, elle prend successivement les colorations suivantes à mesure que la température s'élève :

216° Jaune pâle.
232° Jaune paille.
242° Jaune d'or.
254° Brun.
265° Brun teinté de pourpre.
277° Pourpre.
282° Violet.
288° Bleu clair.
292° Bleu foncé.
316° Bleu noir.
332° Vert.
400° Gris d'oxyde.

Chaque coloration correspond à un degré de dureté à conserver aux outils en acier. Ainsi :

On recuit au *jaune paille* :

Petits outils de graveurs, matrices gravées. petits outils de tour ;
Jaune foncé :
Têtes de marteaux, lames des machines à raboter l'acier, petites fraises, alésoirs cannelés :
Jaune d'or :
Alésoirs carrés. triangulaires, demi-ronds ; grandes fraises, outils de sculpteur sur bois, lames de cisailles en général ;
Rouge cramoisi :
Outils de perçage du bois. canifs, ciseaux de tailleurs de pierres, lames de cisailles à papier, matrices, mandrins ;
Bleu violet :
Haches. herminettes, burins à buriner l'acier et la fonte, vrilles :
Bleu clair :
Grands ciseaux à bois, burins à buriner le fer, mèches de machines à percer ;
Bleu foncé :
Ressorts en général, tournevis, lames de cisailles pour matières dures.

Pour éviter d'être obligé de faire *revenir*. c'est-à-dire de recuire les outils après la trempe, il convient de mettre dans l'eau servant à l'opération, par litre :

20 grammes de gomme arabique pour alésoirs et tarauds ;

30   —   —   pour burins, forets, lames de ci-saille ;

50   —   —   pour ressorts.

Voici une formule de *dégras* pour tremper les outils d'ateliers :

Suif ou graisse de mouton.	1 k.
Dégras ou huile de lin crue.	0,250
Cyanure de potassium.	0,200
Borax.	0.200
Sel ammoniac.	0,150
Sel de cuisine.	0,150
Résine.	0,150

Les ressorts peuvent être trempés dans le dégras sans qu'il soit nécessaire de leur donner un recuit.

Dans l'industrie des chemins de fer les lames de ressorts sont trempées au rouge cerise 900 à 1000°) dans un courant d'eau vive. On recuit au rouge noir 550°, c'est-à-dire jusqu'au moment où un morceau de bois de sapin que l'on fait passer de temps à autre sur la lame,arrive à glisser facilement et à s'enflammer. La lame est ensuite retirée du four, jetée à terre, où elle se refroidit naturellement.

Trempe au plomb. — Les plaques de blindage, obtenues par moulage, ont besoin d'être recuites, car malgré les précautions prises lors de la coulée, malgré le refroidissement lent, il se produit toujours une certaine trempe, et les pièces ont par suite une certaine fragilité.

En trempant les blindages dans une masse de plomb fondu, soit dans un creuset, soit dans un four, ils subissent un effet de recuit qui rend au métal sa ténacité.

21. Méthodes de fabrication de l'acier. — Pour obtenir de l'acier :

1° On peut se proposer d'opérer directement le traitement des minerais de fer en vue d'obtenir un carbure dans les proportions voulues pour faire de l'acier. Le produit ainsi obtenu se nomme *acier naturel* ;

2° On peut obtenir de l'acier par la carburation du fer. Le carburateur s'obtient en chauffant le fer au contact de matières carburantes nommées *cément*. L'opération se nomme cémentation ;

3° On peut obtenir de l'acier en décarburant la fonte. *L'affinage de la fonte*, nom donné à la décarburation, portée plus ou moins loin, donnera de l'acier ou du fer. Il y a donc lieu de distinguer l'*affinage pour acier* et l'*affinage pour fer*.

Acier naturel. — L'acier naturel est le produit de l'opération métallurgique très ancienne qui consiste à traiter par le charbon de bois le minerai d'oxyde de fer FeO dans un foyer dit *bas foyer*.

Le carbone a pour effet de réduire l'oxyde de fer en s'emparant de l'oxygène de l'oxyde ; puis le fer s'allie à une certaine quantité de carbone ; on arrête l'opération quand la carburation est convenable. Par ce procédé les produits étaient de très bonne qualité quand l'opération avait pu être bien menée. Mais généralement ces produits étaient irréguliers, peu homogènes et très coûteux. Il fallait environ une demi-heure pour obtenir cent kilos d'acier.

On se sert peu actuellement de ce procédé ; il n'est guère employé que pour la fabrication des outils de taillanderie.

Aciers corroyés. — La cémentation consiste à chauffer au rouge sombre (700°) pendant plusieurs jours des barres de fer mises dans des cuves en terre réfractaire en présence de charbon de bois en poudre. Le produit que l'on obtient ainsi est un demi-produit nommé *acier poule*. Les barres sont cassantes, leur surface est couverte d'ampoules, la masse n'est pas homogène. On brise ces barres et on en fait des *paquets* que l'on martelle rapidement après un chauffage énergique, ce qui donne l'acier corroyé dit, *premier marteau*.

On fait des paquets d'acier premier marteau que l'on chauffe et martelle comme ceux d'acier poule et on obtient l'acier corroyé de deuxième marteau. — Cette opération peut être renouvelée et on obtient des aciers de troisième, quatrième et même cinquième marteau. A chaque corroyage l'acier gagne en qualité, et son homogénéité devient plus grande.

Acier fondu au creuset. — Les aciers de cémentation et les aciers corroyés ne sont pas parfaitement homogènes. Le meilleur raffinage de l'acier cémenté est obtenu par la fonte au creuset d'argile graphiteuse. On prend des petites barres d'acier cémenté, on les fond à 1500° au creuset par charges de 20 kilogrammes par creuset.

On peut, par la fusion au creuset, obtenir des aciers d'un dosage rigoureux en faisant un mélange de fer et de fonte très pure, dans des proportions basées sur le résultat à obtenir. C'est par ce procédé que l'on aura des aciers fins, très durs. C'est ainsi que l'on a obtenu ces fils d'acier ayant une résistance allant jusqu'à 250 kilogrammes par millimètre carré de section après trempages et recuits successifs.

Acier puddlé. — Le puddlage, dont nous parlerons plus loin à propos du fer, a été employé depuis plus d'un siècle pour la fabrication de ce métal. Il est employé à la fabrication des aciers depuis 1850. Les aciers puddlés ont eu une grande vogue jusqu'au moment où, vers 1865, le procédé Bessemer a pu passer dans la pratique de la fabrication de l'acier. Les aciers puddlés ne sont guère employés pour la fabrication des outils; ils servent plus spécialement à la fabrication de pièces de construction dont les masses ont de grandes dimensions. Ces aciers sont d'ailleurs peu carburés ; ce sont des aciers doux.

Le puddlage est employé quelquefois à la fabrication de demi-produits d'acier. Dans ce cas, on lamine l'acier obtenu en lames minces. Ces lames sont mises en paquet et corroyées, ou bien elles sont fondues au creuset comme on le fait pour les barres cémentées.

Aciers fondus doux et extradoux, fer fondu. — Le puddlage n'est pas aujourd'hui la seule méthode de décarburation de la fonte en vue de la production de l'acier. Plusieurs inventeurs ont donné les méthodes en usage maintenant pour fabriquer les aciers fondus doux et le fer fondu ou acier extradoux, dont on fait les rails, les barres profilées, les tôles d'acier, les larges plats, les fils, etc. Les inventeurs les plus connus sont : MM. Bessemer, Martin, Thomas et Gilchrist, Robert. C'est par leurs procédés que se fabriquent les métaux des constructions en acier, dont le tonnage est plus de cent fois celui des aciers dits aciers fins ou à outils.

L'acier doux est amené sous forme marchande par le laminage, c'est-à-dire par un passage entre deux cylindres pressés l'un contre l'autre.

Il peut aussi se mouler. L'acier doux se lamine plus facilement que l'acier dur : mais il se coule moins facilement que ce dernier. — Ces matières étant obtenues à une haute température, les lingots sont bien homogènes ; les scories se séparent complètement. L'acier doux est susceptible de forgeage et de contre-forgeage, c'est-à-dire qu'il peut être travaillé au marteau dans tous les sens. Si le métal est de bonne qualité, il ne se produit pas de dessoudures comme il s'en présente fréquemment dans le fer.

Quant au fer fondu, acier extra doux, il ne peut être coulé, étant peu fusible ; on ne l'emploie que pour le laminage. Cet acier est recherché pour l'étampage et l'emboutissage.

Voici la classification des aciers fondus doux : l'*acier Bessemer* est celui qui est obtenu dans la cornue Bessemer au moyen de fontes siliceuses et de la garniture argileuse (acide) ; l'*acier Thomas* ou le fer Thomas est le fer fondu obtenu dans la cornue Bessemer avec des fontes phosphoreuses et la garniture en dolomie (carbonate de chaux et de magnésie, garniture basique) ; l'*acier Martin* est obtenu dans des fours à sole avec garniture argileuse (acide). Le fer fondu peut être obtenu dans le four Martin avec garniture basique ou neutre (fer chromé).

Dans le procédé Bessemer, on se propose de transformer la fonte en acier directement. La fonte grise, siliceuse, est fondue préalablement dans un four ou dans un cubilot. On fait couler cette fonte dans une grande cornue nommée *convertisseur*, qui est mobile autour de deux tourillons. Par le fond méplat et percé de trous de la cornue, on fait passer un courant d'air violent dont la pression totale dans certaines périodes de l'opération, peut atteindre trois atmosphères. Les corps associés dans la fonte (carbone, soufre, silicium et un peu de fer) brûlent en donnant une quantité de chaleur considérable, la température atteint 1800 à 2000°.

Il se produit, au fond de la cornue, du fer, à l'état pâteux, mélangé d'oxyde de fer et de silicate de fer auquel on rend la liquidité et la quantité de carbone nécessaire pour obtenir de l'acier, en ajoutant au bain une minime dose d'une fonte spéciale, dite fonte miroitante, riche en carbone et en manganèse. Cette fonte est le spiegel ou le ferro-spiegel, dont nous avons déjà parlé. Le manganèse rend la scorie très fusible et réduit l'oxyde de fer, le silicate de manganèse étant plus stable et plus fusible que le silicate de fer.

La fonte que l'on emploie pour cette opération peut être sulfureuse. A la haute température du convertisseur le soufre est déplacé par le silicium, transformé en sulfure de carbone aux dépens du carbone de la fonte, et finalement expulsé sous forme d'acide sulfureux, à moins que la fonte ne contienne du manganèse. Dans ce cas, il se forme du sulfure de manganèse qui passe dans les scories.

Le silicium brûle en même temps que le manganèse; il se forme du silicate de manganèse qui passe dans la scorie.

Pour les aciers durs, le produit carburant ajouté à la fin de l'opération est un spiegel et, pour les aciers doux, c'est le ferro-manganèse. Cette addition doit être faite très rapidement afin d'éviter que le carbone ne soit brûlé, ou bien que les réactions sur les parois siliceuses du convertisseur ne réintroduisent du silicium dans la fonte par la réduction de la silice.

La fonte, traitée par ce procédé, ne doit pas contenir de phosphore. En effet, le silicium et l'oxyde de carbone réduisent l'acide phosphorique des phosphates de fer, de magnésie et de chaux des minerais, le phosphore se porte sur le fer et y reste incorporé.

Un ouvrier d'état, aidé de quelques manœuvres, produit par ce procédé de grandes quantités d'acier fondu. Une opération dure de 20 à 30 minutes et peut donner 8 à 10 tonnes d'acier.

Ce procédé, qui supprime l'affinage pénible et coûteux de la fonte ne donna pendant assez longtemps que des aciers encore assez durs, et il exigeait l'emploi de fontes grises de choix et très carburées ne renfermant pas de phosphore. En 1880 on est parvenu à traiter les fontes phosphoreuses en donnant à la cornue Bessemer une *garniture basique* composée de dolomie (de carbonate de chaux et de magnésie), et en maintenant la scorie à l'état basique en ajoutant du carbonate de chaux ou du spath fluor (fluorure de calcium). Le phosphore passe dans un phosphate de chaux qui se forme pendant l'opération et s'élimine par les scories. De plus, par l'association de fontes manganésées, produits pouvant contenir jusqu'à 80 0/0 de manganèse, on est parvenu, tout en poussant le procédé Thomas jusqu'à faire disparaitre le phosphore, à éliminer la totalité de l'oxyde de fer qui se produit dans l'opération. Le métal ainsi obtenu est à l'état de fer fondu soudable, non trempant. La température étant très élevée, on peut néanmoins couler en lingots.

Ce procédé, dit de *déphosphoration*, permet d'utiliser des minerais assez riches en phosphore, que l'on ne savait pas utiliser autrefois. Ces minerais sont abondants et par suite à bon marché.

La garniture basique facilite le départ du soufre, à l'état de sulfure de calcium, dans les scories.

Disons en quoi consiste le principe de la fabrication de l'acier sur sole. Siemens est l'inventeur du four à réverbère avec récupérateur de chaleur; Martin a fait l'application de ce four à la fabrication de l'acier et le procédé est connu sous le nom de *procédé par réaction* ou *pro-*

cédé Martin-Siemens. Sur la sole du four Siemens, on chauffe de la fonte blanche de bonne qualité, à laquelle on ajoute de la ferraille chauffée à l'avance. Le carbone de la fonte se porte en partie sur le fer dont on augmente la proportion, dans le cours de l'opération, jusqu'à ce que l'ensemble du bain soit au degré de carburation voulu. On épure le bain par une addition de ferro-manganèse.

La sole, suivant la qualité de la fonte employée, est basique, acide ou même neutre (à base de fer chromé). L'acier sur sole acide est généralement de meilleure qualité. Les réactions sont celles qui se passent au convertisseur ; ce procédé a l'avantage de permettre la transformation des vieux fers, vieux aciers, rails hors de service, etc.

Le garnissage neutre *Vallon-Remaury*, constitué par un revêtement de minerai chromé, cimenté avec mortier de chaux, est d'une durée très grande et permet de traiter toutes les fontes, qu'elles soient pures, siliceuses, manganésées ou phosphorées.

Le procédé *Robert* a pour objet d'éviter l'emploi coûteux des convertisseurs Bessemer. Ce procédé tient à la fois du procédé Bessemer et du procédé Martin. Il se répand depuis quelques années pour la fabrication des moulages d'acier.

Un autre procédé a pour objet la carburation directe du fer, que l'on obtient en faisant couler du fer fondu dans une bâche garnie intérieurement de terre réfractaire et remplie de morceaux de charbon. La bâche est fermée par le bas par une plaque réfractaire percée de trous par lesquels le fer convenablement carburé se répand dans la poche de coulée.

22. Fabrications diverses d'acier. — *Aciers de mélange.* — On vend dans le commerce, comme fabriquées en acier moulé, des pièces obtenues en fondant de la fonte blanche, à laquelle on ajoute, vers la fin de l'opération, 20 à 30 0/0 de déchets d'acier en petits fragments. Le mélange obtenu est moins riche en carbone dans la proportion de 1 1/2 0/0 environ que la fonte. Mais le métal n'est qu'une fonte assez tenace, ne présentant pas de malléabilité et se fendant si on vient à la tremper.

Aciers au chrome, à l'aluminium. — En ajoutant à l'acier, au moment de la coulée ou pendant l'opération de l'affinage, des alliages métalliques, on modifie ses propriétés d'une manière remarquable.

En ajoutant dans les creusets, où l'on affine l'acier de cémentation, un alliage de chrome et de fer, on obtient *l'acier chromé.* On obtiendrait de même l'acier au nickel, au manganèse, à l'aluminium, au tungstène.

L'acier chromé et l'acier au tungstène sont employés à la fabrication des outils qui exigent une très grande dureté, les outils tranchants, les poinçons, les tarauds, les filières. L'acier au tungstène possède, dit-on, la propriété de se tremper à l'air, et de s'affûter en quelque sorte par le travail.

L'acier chromé est extra-dur et s'emploie surtout pour la fabrication des projectiles.

L'aluminium donne des produits élastiques. Ce métal est ajouté à la masse d'acier à la fin de l'opération. Dans le four, dans les creusets, suivant le mode de fabrication, on ajoute à la masse en fusion du ferro-aluminium. La composition de ce ferro-aluminium est variable : on peut employer la composition suivante : 10 0/0 d'aluminium et 90 0/0 de fer.

Un kilogramme d'aluminium par tonne d'acier suffit pour obtenir des produits moulés sans soufflure et très élastiques. L'acier à l'aluminium a une fluidité plus grande que l'acier ordinaire et le point de fusion est abaissé. Cependant il ne faut pas exagérer la proportion de l'aluminium.

Le nickel donne les plaques de blindage les plus résistantes. 5 0/0 en poids de nickel dans l'acier lui donne une tenacité extraordinaire. Il agit comme agent de trempe.

Étoffes. — On désigne sous le nom d'étoffes les pièces de fer garnies d'une couverte d'acier fin et dur. On fabrique en ce genre de métal les pièces de taillanderie, les cisailles, les gros couteaux de suspension, les coussinets d'oscillation des ponts à bascule, les canons de fusils de chasse, les sabres, enfin toute pièce qui a besoin d'avoir du corps et d'être dure à la surface et qui ne doit pas être cassante. En fer seulement, ces pièces seraient trop molles, se mâcheraient ; en acier seulement, elles seraient trop fragiles.

De plus, une pièce en acier massif peut se fausser, se gauchir à la trempe et il est difficile de la redresser. Une trempe énergique peut même donner des gerçures.

Cémentation du fer pour fabriquer les étoffes. — Pour aciérer la surface seulement des pièces de fer, on les met dans un four après avoir garni de *cément* la partie à durcir. Ce cément est formé le plus souvent de charbon de bois pilé, mélangé de 5 0/0 de sel marin. Le cément est maintenu par une couverte en terre réfractaire.

On chauffe au rouge cerise 900° à 1000° pendant un temps plus ou moins long selon le poids des pièces. Sous l'enveloppe se trouvent en présence du fer, du charbon et de l'oxygène de la petite quantité d'air interposée. Les réactions qui se passent ont pour effet de combiner le fer et le carbone. La combinaison se fait d'abord à la surface, elle s'effectue peu à peu dans les couches plus profondes du métal en se propageant d'une couche à l'autre. Dans les pièces de fortes dimensions, on fait durer l'opération plus longtemps que pour celles dont les dimensions sont faibles, et toujours de telle façon que l'âme reste en fer. Dans la cémentation des pièces de machines finies, on a surtout pour but de durcir la surface afin qu'elle conserve son poli.

Trempe au paquet. — Les pièces de dimensions moyennes, que l'on doit durcir sur toutes les faces, sont placées dans des caisses en tôle par couches successives, entre lesquelles on interpose du poussier de charbon. Les caisses sont hermétiquement fermées et lutées, puis chauffées au rouge cerise pendant un temps qui dépend des dimensions des pièces à cémenter. L'opération ne doit pas être trop prolongée, on obtiendrait de l'acier poule.

On laisse un peu refroidir, pour tremper légèrement. En général, cette trempe a lieu dans l'eau froide.

Céments. — Le cément n'est pas toujours du charbon de bois pulvérisé.

Voici plusieurs compositions de cément :

1° Les os calcinés et pulvérisés donnent un bon cément, mais d'un prix élevé ;

2° La suie, mêlée de charbon de bois, donne un cément qui se boursoufle quand on chauffe au rouge, et le lut des caisses se fendille. Pour l'employer, il est bon de laisser un vide dans la caisse ;

3° Les vieux cuirs à demi-calcinés et arrosés de matières ammoniacales telles que l'urine, donnent d'excellent cément ;

4° Pour produire une aciération superficielle, on peut se servir de cyanure jaune de potassium. On saupoudre la partie à aciérer de ce cyanure, puis on chauffe légèrement ; le sel fond, se décompose ; une partie du charbon du cyanure s'associe au fer et la couche superficielle passe à l'état d'acier. On trempe la pièce ainsi préparée.

Ce procédé est connu sous le nom de *trempe au cyanure;*

5° Le cyanure peut être remplacé par un mélange de :

Corne calcinée.   .   .   75 parties
Salpêtre   25   —

23. Propriétés élastiques des aciers doux et fers fondus. — *Elasticité, allongement permanent, allongement élastique.* — Les aciers doux et les aciers extra-doux sont impossibles à classer par l'examen de leur aspect ; leurs propriétés élastiques donnent un moyen de classement très commode et très utile. Nous allons donner dans ce paragraphe quelques définitions sur l'élasticité et les déformations que prennent les corps soumis à l'action de forces extérieures.

L'*élasticité* est la propriété qu'ont les corps de reprendre leurs dimensions primitives quand les forces qui avaient amené des déformations cessent d'agir. Cette propriété est très relative. Il y a des corps qui paraissent n'en point être doués, les corps mous ; il en est d'autres où cette propriété paraît être très grande, le fer, l'acier. De tous les corps métalliques, c'est l'acier qui est le corps le plus élastique. Dans tous les cas cette propriété est limitée ; elle n'existe qu'autant que les déformations et les forces extérieures qui les produisent, n'ont pas dépassé respectivement certaines limites.

Il y a lieu de considérer deux parties dans l'allongement total produit par une force. Soit AB une tige métallique suspendue en A. On la charge d'un poids P en B ; elle s'allonge de BB'. Si on supprime le poids P, au lieu de reprendre la longueur primitive AB, la tige prend une longueur A*b* plus grande que AB. L'allongement B*b* reçoit le nom d'*allongement permanent* ; *b*B' est dit *allongement élastique*. Si on charge à nouveau la tige du poids P elle s'allonge de *b*B'. Si on augmente le poids P l'allongement permanent augmente, ainsi que l'allongement élastique.

On dit que l'allongement élastique est proportionnel à l'intensité du poids P.

Il est à noter que les déformations sont petites pour les métaux et qu'elles n'ont pas l'importance relative que nous donnons à l'allongement dans la figure. Il faut remarquer en outre que la proportionnalité des allongements aux forces n'est suffisamment approchée que si le poids P ne dépasse pas une limite spéciale pour chaque matière et que si le poids P est suspendu à l'extrémité de la tige sans que celle-ci prenne de vitesse sensible.

Si le poids P dépasse la limite dont nous venons de parler, l'allongement croît d'une manière rapide et d'autant plus vite que les métaux sont de moins bonne qualité au point de vue de la ténacité. Lorsque la *limite d'élasticité* a été dépassée, les métaux se rapprochent des corps fragiles qui se brisent dès que la déformation commence, tel le verre.

Le plus souvent on se contente d'enregistrer la *charge de rupture* et l'allongement permanent correspondant à la rupture ; dans les constructions on ne charge les métaux que d'une fraction de la charge de rupture. Les formules de la résistance des matériaux ont pour but de permettre de calculer, dans chaque section d'un solide prismatique entrant dans une construction, les forces élastiques maxima développées par les forces extérieures. On admet que ces forces élastiques ou que le *travail* ne doivent pas dépasser le cinquième environ de la charge de rupture. Cela donne approximativement les chiffres ci-dessous :

Travail des métaux dans les constructions.

Fonte à la traction de 1 k. 50 par millimètre carré.
    »   flexion de 2   50   »
    »   compression 6   00   »
Fer ordinaire, compression 4 k.   »
    »   flexion, traction 6 k.   »

Les bons fers, les fers fondus peuvent être chargés de 8 à 10 k. par millimètre carré.

L'acier peut être chargé de 12 k. par millimètre carré et même un peu plus.

Le prix des fers fondus tendant à se rapprocher de celui du fer, l'emploi de ces métaux se généralise dans les constructions métalliques. Leur limite d'élasticité est plus élevée que celle du fer et l'allongement de rupture est considérable. Ainsi on peut porter à 25 k. la limite d'élasticité, à 42 k. la limite de rupture et l'allongement à la rupture est de 24 0/0. Tandis que pour le fer on peut admettre que la limite de rupture est de 34 k. pour un allongement de 9 0/0 en moyenne.

Rivets. — Pour la fabrication des rivets on emploie des fers fondus doux, soudants, résistant au minimum à 36 k., avec 30 0/0 d'allongement. Ces fers ne doivent pas être rendus fragiles par la trempe. Leur résistance à la rupture par traction après la trempe doit être de 42 k. avec 22 0/0 d'allongement. Ce résultat est obtenu par le fer de Suède.

Nous parlerons des épreuves des rivets au moment où nous traiterons de la rivure.

Le tableau suivant donne la classification et l'usage des aciers d'après leurs propriétés élastiques et leur résistance.

23. Défauts et essais des aciers et fers fondus. — *Aciers fins à outils.* — Les aciers sont analysés avec soin de manière à obtenir des fabrications régulières. C'est par des essais chimiques d'une part et des essais de forge et de trempe, confiés à des forgerons habiles, d'autre part, que l'on fait le classement des aciers.

Voici la teneur moyenne en charbon des aciers, suivant l'usage que l'on en veut faire, d'après la classification adoptée au Creuset :

CLASSEMENT ET EMPLOI DES ACIERS ET FERS FONDUS.

(Bessemer et Martin)

Eprouvette pour l'essai des tôles par traction

Les aciers moulés soudables en fers fondus (hors classes) résistaient à 42 kilog en donnant un allongement de 15%, après recuit

les abcisses indiquent les charges de rupture en K^g par ($^m/_m$)² de section primitive

les ordonnées indiquent les allongements correspondants

les Allongements sont mesurés sur 100 $^m/_m$ de longueur utile

la section des éprouvettes dans la partie tournée est de 150 %□ (D. 13 $^m/_m$ Ø.)

Allongements moyens

Allongements minimums

Fers fondus laminés non trempants

x·I	x·II	x·III	x·IV	x·V	x·VI	x·VII	x·VIII	x·IX	x·X	x·XI
Burins Outils de tour.	Coutellerie		Ressorts	Glissières	fourreaux sabres		Chaudières ponts	Cornières et Profilés / coques de navires	Réservoirs	Blindages
	PLM	h.te Italie				Artillerie	Toles pour ponts chaudières foyers enveloppes garnitures et affuts	Toles		Rivets
	Ouest / Est	Nord		République argentine				Pièces forgées		Bandages de roues de voiture, soudables.
			Rails		Russie		Pièces de machines-traverses de pistons-pièces cementées - arbres coudés			
				PLM / Ouest	Nord	Orleans	Bandages de Wagons et Machines / Midi Est	Tréfilerie		

1,15 %   pour burins ;
1,10   limes, crochets de tour, forets de mines ;
1,00   rasoirs ;
0,80   scies ;
0,70   lames de sabres ;
0,65   marteaux de mines ;
0,60   ressorts ;
0,50   lames de baïonnettes.

Quand on achète un lot d'aciers fins pour outils, coutellerie fine, pièces de petite mécanique, il faut s'assurer par une série d'essais de la parfaite qualité de la livraison.

Nous avons vu déjà les essais après la trempe sous forme d'outils. Voici la série d'essais complète qu'il faut faire à froid et à chaud sur des échantillons convenablement choisis :

A froid, il faut examiner la cassure, la dureté, la malléabilité

A chaud, il faut faire des essais de forgeage, de perçage, de soudure, de trempe.

Texture. — La cassure d'une barre d'acier de bonne qualité présente un grain de couleur gris clair, argenté. Il est bien formé et les grains sont bien soudés sans interpositions de scories ni de graphite. Le grain est d'autant plus fin que l'acier est plus dur, plus carburé ; il est d'autant plus gros que l'acier est moins carburé, plus doux, et en un mot se rapproche davantage du fer.

Après la trempe le grain devient plus fin.

La cassure se fait toujours en biais, en sifflet ; et cette forme s'accentue encore quand la cassure est faite après la trempe.

Dureté. — Cette propriété est examinée après la trempe ; si l'acier est dur, la lime ne mord pas.

Malléabilité. — La malléabilité s'examine après la trempe, comme la dureté ; la trempe diminue la malléabilité, rend l'acier fragile. Cependant l'acier ne doit pas perdre toute malléabilité par la trempe.

On examine comment se comporte la tranche d'un burin quand on s'en sert pour couper la croûte de fonte blanche.

Forgeage. — Le chauffage de l'acier à outils doit être fait sur toute la surface, lentement et progressivement, à l'abri de toute action oxydante.

En chauffant brusquement, on produirait des tapures intérieures, des fentes qui apparaîtraient surtout à la trempe.

Les aciers durs sont les plus fusibles et les plus difficiles à chauffer convenablement ; on ne doit pas dépasser le rouge cerise.

Le forgeage est possible tant que les barres sont rouges ; il doit avoir pour effet d'augmenter la ténacité et la finesse du grain.

Perçage. — L'action du poinçon à chaud doit déterminer des trous dont les bordssoient nets, ne présentant aucune fente.

Essais de soudure. — Les aciers durs ne sont pas soudables ; ils fondent avant d'avoir atteint la température nécessaire pour la soudure. L'acier doux doit se souder dans de bonnes conditions, quand on choisit bien le moment propice.

Essais des aciers et fer fondus. — Les essais de résistance ne sont pas détaillés dans cet ouvrage, nous nous bornerons à énumérer les essais des aciers doux aux déformations.

Une cornière en acier doux est, sur diverses de ses parties, aplatie, ouverte, repliée forgée en pointe, percée sur le bord au poinçon, contreforgée (c'est-à-dire forgée en bout en vue de s'assurer de l'adhérence des mises), pliée à chaud.

Une barre plate est allongée en lame, coupée, soudée, percée dans la soudure, courbée à froid et à chaud.

Défauts apparents des aciers et des fers fondus. — Les défauts des aciers et fers fondus, peuvent se diviser en quatre catégories :

1° Les défauts provenant de la fabrication du lingot :

    Soufflures dans les lingots, qui entrainent les dédoublures dans les toles ;

    Tapures ou fentes ;

    Sablures ;

2° Les défauts provenant d'un mauvais chauffage :

    Criques ;

    Cendrures ;

3° Les défauts provenant d'un mauvais laminage :

    Pailles ;

4° Les défauts provenant d'un mauvais dressage à froid :

    Gerces ;

Les trois dernières séries se retrouvent dans les fers.

Les *soufflures* proviennent de gaz tels que oxyde de carbone, hydrogène sulfuré, qui n'ont pu se dégager de la matière devenue pâteuse avec les gaz provenant des réactions des matières mises en présence. Les gaz emprisonnés donnent lieu aux cavités dites soufflures qui altèrent l'homogénéité de la masse et nuisent par suite à sa résistance.

On évite les soufflures en coulant les lingots d'un seul jet, sans interruption et avec rapidité, de manière que l'acier ne se refroidisse pas trop, surtout pour la qualité extra-douce.

Les *tapures* sont des fentes qui se produisent brusquement par suite d'un chauffage inégal dans les fours, ou pendant le refroidissement. Les tapures résultent de ce qu'une pièce cède en un point aux efforts de traction provenant de retrait considérable et brusque sur ce point, ou de dilatations brusques sur d'autres points.

Ce défaut qui compromet complètement la solidité d'une pièce, est très dangereux parce qu'il est peu visible.

Les sablures résultent de grains de sable du four ou du moule qui se trouvent fixés à la surface des pièces pendant le refroidissement. Ce défaut est nuisible à l'aspect des pièces, qui sont rugueuses et inégales, et rend le travail ultérieur d'ajustage plus difficile quand les pièces doivent être ajustées ou coupées précisément dans les parties sablées.

Les criques sont des fentes extérieures qui se présentent dans le sens transversal des pièces et sur les angles. Elles se produisent surtout quand le métal a été trop chauffé ; on dit dans ce cas que le métal est brûlé. Ce défaut indique aussi un métal mal affiné renfermant des matières étrangères, telles que du silicate de fer, formant des solutions de continuité.

On évite souvent les criques en ébarbant les lingots à chaud, de manière à enlever tous les défauts extérieurs : bavures, plaquettes collées, etc.

Les cendrures, sont des petits points noirs, très durs, de peroxyde de fer incrusté à la surface des pièces. Elles font corps énergiquement avec elles, et il est impossible de les détacher.

Ce défaut fait rejeter les barres quand elles doivent être tournées à la surface, et surtout quand on les destine à la confection de pièces de frottement.

Les *Pailles* résultent d'un défaut de laminage ; ce sont des fentes non plus transversales, mais longitudinales. Elles proviennent de la présence à la superficie de petites lames, très minces, ou de petites écailles qui ont été détachées du corps de la pièce pendant l'une des périodes du travail, et qui ultérieurement ont été rapprochées et comprimées de manière à adhérer sans qu'il soit possible de les distinguer à première vue.

Ces parties adhérentes n'ont pas été ressoudées et ne font pas corps avec la masse ; on peut les en détacher.

Les *gerces* se produisent quand le métal dressé à froid se fend. Il se forme dans les couches extérieures de la masse une crevasse très mince, mais dont il est facile de constater la présence, parce qu'elle laisse voir la couleur claire du métal, au-dessous de l'épiderme plus foncé.

Ce défaut indique un métal aigre, peu tenace, surtout s'il se produit à la suite d'un faible effort, d'un faible pliage.

Il est important dans les constructions d'apporter la plus grande attention à la vérification des diverses pièces et de rejeter celles qui présentent des défauts, qui nuiraient à la solidité ou au bon fonctionnement. Si l'on achète une machine toute faite, il ne faut pas craindre de la vérifier minutieusement, en grand détail, en faisant démonter les pièces successivement.

24. Travail de l'acier. — *Moulage*. — On peut classer les aciers de moulage en trois catégories : les aciers durs, les aciers demi-doux, les aciers doux.

L'acier dur, c'est celui dont la fabrication est la plus ancienne ; il est caractérisé par une charge de rupture de 80 kilog. par millimètre et 5 0/0 d'allongement ; il est fusible à 1500° environ. Il se moule en ne donnant pas de soufflures. Il n'est pas soudable. Il est obtenu en fondant au creuset de l'acier de cémentation ou de l'acier corroyé, par masses de 20 kilogrammes.

On en fait des pièces de petites dimensions, pour lesquelles on exige une très grande dureté : roues, galets de frottement, engrenages, etc.

L'acier demi-doux est caractérisé par les propriétés suivantes : fusion vers 1600°, charge de rupture, 70 kilogrammes, allongement, 10 0/0. Il est soudable avec certaines précautions.

On en obtient au four Martin pour mouler les canons, plaques de blindage, arbres d'hélice.

L'acier doux est caractérisé par les propriétés suivantes : fusion vers 1650°, charge de rupture, 45 kilog., allongement, 15 0/0.

Voici la composition moyenne en kilogramme des aciers de moulage pour 100 kilogrammes d'acier :

	Carbone	Manganèse	Silicium
Acier dur	1,00	0,60	0,35
— demi-doux	0,40	1,00	0.40
— doux . . .	0,22	0,50	0,20

Il y a près de 400° de différence entre la température du moulage de la fonte et celle du moulage de l'acier ; cette dernière température est voisine de 1600°. Il importe que le sable dans lequel se fait le moulage soit absolument réfractaire.

Voici une composition qui réalise cette condition :

Silice, SiO^2	94,55
Sesquioxyde de fer, Fe^2O^3 .	3,04
Magnésie, MgO	0,72
Alumine, Al^2O^3	0,95

Le retrait de l'acier est de 17 à 20 pour mille ; il se produit en grande partie quand le métal est à l'état pâteux. Nous avons dit, à propos du moulage de la fonte (p. 15), quelles sont les précautions exigées par le retrait dans la disposition des jets de coulée, des masselottes, des modèles. Nous avons dit au même endroit que le mètre du mouleur doit être de $1^m,0185$ pour le moulage en acier.

On doit démouler rapidement et à l'abri du contact de l'air pour éviter les *tapures*. La texture est alors à gros grains et le métal est très fragile. On lui donne de l'élasticité et une certaine malléabilité par le recuit.

L'acier coûte un prix bien plus élevé que la fonte ; cependant on le préfère souvent, parce qu'il donne des pièces plus légères, plus résistantes et même plus malléables.

Les défauts de l'acier moulé sont, comme pour la fonte : les soufflures, les piqûres, les gouttes froides et les retirures ou tapures. Les soufflures, dues surtout à la présence du soufre et de l'oxyde de fer, seront évitées en rejetant l'emploi des fontes sulfureuses et en réduisant l'oxyde de fer. Le protoxyde de manganèse est le réactif qui élimine l'oxyde de fer en donnant un silicate très fusible, qui se dégage facilement de la masse. C'est au début de l'opération que l'on ajoute le manganèse, en jetant dans la masse du spiegeleisen à 18 0/0, ou du ferro-manganèse à 45 0/0.

Du silicium est ajouté à la fin de l'opération sous forme de silico-spiegel à 10 0/0 ; il agit principalement sur l'oxyde de fer.

Laminage, forgeage, étampage. — Les aciers doux et surtout les aciers extra-doux sont plus généralement étirés, laminés comme le fer. Ils sont débités sous forme de rails, de tôles, obtenus par le laminage ; sous forme d'arbres de machine, obtenus par le forgeage ; sous forme de pièces mécaniques telles que crochets de levage, crochets d'attache de wagons. Ces derniers objets s'obtiennent facilement par étampage et matriçage à chaud de l'acier. L'étampage et le matriçage consistent en définitive à refouler dans un moule ayant la forme de l'objet, l'acier porté à une haute température où il est à l'état pâteux. Le refoulement s'opère soit par le choc d'une masse pesante, soit par la pression d'une énergique presse hydraulique.

CHAPITRE IV

LE FER

*Propriétés du fer. — Classification et fabrication. — Défauts et essais des fers.
Travail du fer : forge, soudure, ajustage.*

25. Propriétés du fer. — Le métal ferreux le plus dépourvu
de carbone prend le nom de fer. Le fer chimiquement pur, que l'on
nomme *fer doux*, est très malléable; mais il n'a pas la ténacité nécessaire pour être utilisé dans les constructions.

Les métaux ferreux en usage dans la construction contiennent tous
plus ou moins de carbone ; nous avons déjà donné leur classification et
nous la résumons dans la figure suivante :

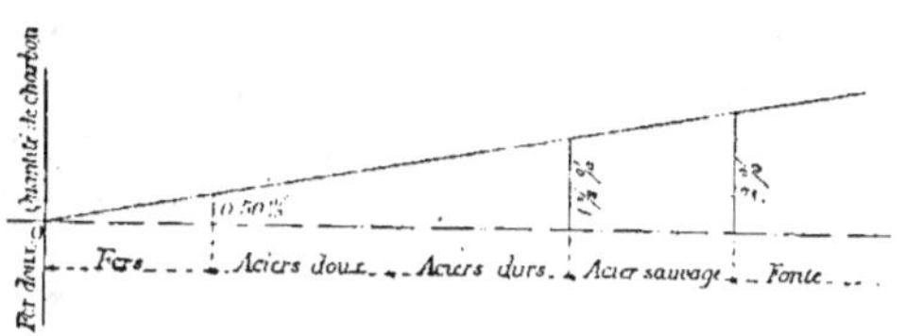

Les fers se divisent industriellement en deux catégories : 1° les fers
doux qui se rapprochent du fer chimiquement pur. Ils sont tous de
bonne qualité ; la proportion de carbone descend jusqu'à 0,1 0/0, et
même moins du millième du poids du métal. Cette qualité se ramollit par
la trempe ; 2° les fers durs associés à une proportion de charbon qui
peut être de 0,5 0/0. Ils se rapprochent des aciers doux par leur composition et par l'aspect de leur cassure qui est à grain assez fin, rond
et bien formé.

Il faut étudier dans les fers leurs propriétés physiques et mécaniques, à froid et à chaud :

1° A froid : la ductilité, l'élasticité, la sonorité, la malléabilité, la
ténacité, la texture, l'écrouissage, le poids spécifique ;

2° A chaud : le forgeage, la soudure, la fusion, la trempe.

La *ductilité* est la propriété qu'a le fer de pouvoir s'étirer dans le

sens longitudinal sans se rompre. Le fer possède cette propriété à un
haut degré ; on a pu obtenir des fils de fer de deux dixièmes de millimètre de diamètre.

Élasticité. — Les coefficients de résistance et d'allongement qui donnent la mesure du degré d'élasticité sont moindres pour le fer que pour
l'acier.

On peut résumer ainsi ces coefficients :

	Charge limite de rupture	Allonge- ment
Fer de qualité ordinaire .	32 k. par mm. carré	6 0/0
— supérieure.	36 —	12 »
— fondu	42 —	24 »

La *sonorité* du fer est intermédiaire entre celle de la fonte et celle de
l'acier, qui est la plus grande. La sonorité d'une barre de fer varie
avec la charge que l'on met sur cette barre. Cette propriété n'a pas
été étudiée fructueusement jusqu'ici pour établir les tensions qu'il
est convenable de faire supporter à chacune des barres d'une charpente.

La *malléabilité*, ou la propriété de résister au choc du marteau dirigé de
manière à étendre ou à ployer une pièce à chaud ou à froid, sans altéra-
tion, est une propriété des fers de bonne qualité. Ils supportent ces
épreuves sans déchirure, sans gerces. Sous un choc violent, une masse
malléable peut se déformer quand elle n'a pas la raideur voulue pour
résister au choc ; mais elle ne se brise pas et on peut la redresser.

Un métal malléable est entamé facilement à froid par le ciseau et la
lime.

A l'inverse, un fer de moins bonne qualité, d'une malléabilité moins
grande, ne se déformera pas aussi facilement au choc qu'un fer très malléable ; mais dès qu'une déformation importante se produira, elle sera
accompagnée de rupture.

La *ténacité* du fer résulte de la liaison de ses molécules entre elles ; la
résistance à la flexion, à la torsion est en rapport avec la texture.

La *texture* du fer est la disposition de ses molécules, disposition que
l'on peut étudier facilement en brisant une barre de fer. Le fer est
homogène lorsque l'aspect de la texture est bien uniforme ; il est compact si la texture est serrée, sans vide, sans solution de continuité. Un
fer de bonne qualité présente une cassure de couleur gris clair bleuâtre, et un fer de mauvaise qualité une cassure noirâtre. La texture est
grenue, c'est-à-dire semble être composée de grains juxtaposés, ou fibreuse, c'est-à-dire que les molécules semblent être disposées par fibres.
La cassure fibreuse se termine par de petits filaments déliés et crochus.

Dans ce dernier cas, on dit que le fer est à nerf. Si le grain est plat, large, sans arrachement, en petites lames, la texture est dite lamelleuse. La texture peut être à la fois fibreuse et grenue, lamelleuse et grenue ; mais elle n'est pas à la fois lamelleuse et fibreuse.

Le fer lamelleux, où se trouve en général une certaine quantité de phosphore, se travaille bien à chaud, il pénètre bien dans les étampes où il prend facilement les formes que l'on veut lui donner.

Les fers de bonne qualité auront une texture à grains, ou une texture fibreuse, ou même une texture à grains fibreuse. La texture d'ailleurs est due en grande partie au mode de fabrication du fer. Elle varie bien avec la nature des minerais, le mode de traitement ; mais elle dépend peut-être plus encore du chauffage des fours, du martelage et du laminage.

Pour obtenir bien nettement la texture du fer, il faut le casser dans de bonnes conditions. On commence par faire une coupure à l'aide d'une *tranche* qui n'est autre qu'un gros burin emmanché. On frappe la tête de la tranche reposant par son taillant sur le fer. Cette première fente faite, on met la barre en porte-à-faux et on la casse brusquement. Si on frappait doucement, en ménageant le coup, le nerf se développerait plus ou moins, et la cassure n'offrirait pas la texture réelle.

Le fer à texture fibreuse ne peut être contreforgé, c'est-à-dire frappé sur la tranche ou en bout. Si la soudure des fibres n'est pas parfaite, le fer ainsi frappé s'ouvre facilement. Le fer à grains et le fer lamelleux au contraire peuvent aussi bien être forgés que contreforgés, c'est-à-dire frappés sur la tranche que sur le plat. Le fer à grains sera donc choisi pour la fabrication des rivets en fer.

Quand les trous ne dépassent pas 25 millimètres de diamètre on les fait au poinçon, c'est-à-dire en enfonçant de force, au moyen d'outils puissants, une tige courte en acier nommée poinçon. Quand les trous ont de plus grandes dimensions, généralement on les obtient au moyen d'un foret qui, en tournant sur lui-même, use le fer à l'emplacement du trou que l'on veut obtenir.

Le perçage au poinçon se fait mieux avec le fer à grains. Le fer à nerf demande une qualité supérieure pour supporter le poinçonnage parce que les fibres, dans cette opération, ont une tendance à se décoller sur une longueur plus ou moins considérable alentour du trou.

En résumé, le fer à grains résistant mieux à une action de frottement, à une torsion, servira à faire des arbres de transmission. Ce fer se forgeant et se contreforgeant dans de bonnes conditions sera employé à la fabrication des rivets. Le fer à nerf sera employé à la fabrication des pièces soumises à une traction, telles que chaines, boulons, frettes ; à la fabrication de celles qui doivent être ployées sous des angles vifs, telles que des équerres.

Le *poids spécifique* varie suivant le degré d'épuration et suivant la fabrication ; les fers martelés sont les plus denses. Le poids spécifique au décimètre cube varie de 7 k. 60 à 7 k. 80.

Action de la chaleur sur le fer. — Si l'on chauffe une lame de fer, on la voit successivement prendre les couleurs suivantes, qui servent de moyen rapide d'évaluation des hautes températures :

Vers 470°, couleur bleue ;

»	500°,	»	noire, parce que le fer s'oxyde ;
»	525°,	»	rouge naissant dans toute la masse [1] ;
»	700°,	»	rouge brun sombre, c'est la température du recuit que l'on fait subir aux pièces façonnées pour remédier à l'aigreur due à l'écrouissage.
»	800°,	»	rouge cerise naissant ;
»	900°,	»	rouge cerise ;
»	1000°,	»	rouge cerise clair ; à cette température on pare les pièces de forge au marteau, pour en corriger les défauts.
»	1100°,	»	rouge orangé foncé ;
»	1200°,	»	rouge orangé clair ;
»	1300°,	»	rouge blanc ; à cette température le fer peut être façonné et étiré ;
»	1400°,	»	rouge blanc éclatant ou soudant ;
»	1500-1600°,		blanc éblouissant ; à cette température le fer se soude, lance des étincelles et brûle ;
»	1600-1700°,		blanc électrique ou bleu clair de lune.

Vers 470° le fer devient bleu foncé et fragile ; il se casse facilement sous le choc du marteau. C'est la raison de cette locution « il faut frapper le fer quand il est chaud. » C'est une attention que les forgerons doivent avoir de ne point frapper le fer quand sa température n'est pas assez élevée. Cette fragilité persiste jusqu'au rouge clair (1000°). Cette fragilité est d'autant plus grande que le fer contient plus de soufre. Le fer qui contient du soufre est dit *rouverain*.

Au rouge orangé clair (1200 à 1300°) le fer s'amollit et devient plastique sous le marteau. Il s'allonge, s'étire, se renfle et prend en un mot

---

[1] A partir de 525°, les colorations sont lumineuses ; elles ne sont plus seulement superficielles ; elles appartiennent à toute la masse.

toutes les formes que l'on veut en conduisant convenablement l'opération du forgeage à cette température.

Au rouge blanc éclatant (1400°) le fer se soude à lui même directe·ment. Il se produit un phénomène analogue au *regel*. Une fusion superficielle sous le choc du marteau, suivie d'une solidification immédiate, explique le phénomène de la soudure.

La présence du phosphore augmente la malléabilité du fer à chaud et facilite la soudure; mais elle rend le fer cassant à froid.

Le carbone combiné en très faibles quantités ne nuit pas à la soudure. Le carbone du foyer de forge ne saurait nuire; et même il est nécessaire que la flamme du foyer soit chargée d'oxyde de carbone et non d'oxygène. L'oxyde de carbone étant réducteur, on risque moins de brûler le fer.

Le silicium agit comme le carbone.

Le soufre combiné au fer est nuisible, mais on peut employer sans grand inconvénient de la houille ou du coke sulfureux pour chauffer le fer avant de le souder ou de le forger.

Le cuivre mélangé dans le fer rend la soudure difficile. La soudure peut même devenir impossible si la quantité de cuivre est grande.

L'étain et le zinc ont les mêmes inconvénients que le cuivre. La présence de ces métaux rend le fer aigre, cassant, difficilement soudable.

26. Classification et fabrication du fer. — *Classification d'après la structure.* — D'après la structure on classe les fers en fers à nerf et en fers à grains. Chacune de ces variétés possède des qualités différentes, ainsi que nous l'avons vu plus haut. Un nerf court, peu développé, de couleur foncée, mélangé de grains indique un fer de qualité médiocre. Un nerf long, soyeux, argenté est l'indice d'une qualité supérieure.

Un fer lamelleux est de mauvaise qualité.

Classification d'après le mode de fabrication. — D'après le mode de fabrication, on classait autrefois les fontes et les fers en fontes et fers au bois et fontes et fers au coke, suivant que le traitement du minerai était fait au charbon de bois ou au coke.

Les fontes au bois et fers au bois étaient de qualité supérieure. Aujourd'hui on obtient des fontes et des fers au coke valant les fontes et fers au bois, quand le minerai et le coke ont été convenablement choisis.

La classification des fers, au point de vue de la fabrication, se fera donc rationnellement en les désignant sous le nom des opérations qu'ils ont subies :

Le *fer puddlé*, qui n'est qu'un demi-produit, est le résultat du puddlage ou brassage de la fonte liquide dans un bain oxydant. L'invention du puddlage remonte à 1769. Cette opération consiste à faire fondre de la fonte sur la sole d'un four à réverbère et sous un lit de scories. Les scories sont formées en grande partie de silicate de fer, produits d'opérations précédentes. Ces scories fondent et recouvrent le bain de fonte. Leur oxyde de fer, en présence de la fonte, se réduit en partie, fournissant de l'oxygène qui brûle le carbone de la fonte. Le carbone de la fonte brûle aussi en partie au contact de l'air. Un ouvrier *puddleur*, armé d'un ringard, longue barre de fer munie d'un crochet, remue la masse de manière à amener toutes les parties de la fonte en contact avec l'air et la scorie oxydante. Le silicium d'abord et le carbone sont brûlés ; la température s'élève considérablement et il se produit dans le bain des fragments de fer pâteux que l'ouvrier réunit les uns aux autres pour en former des paquets ou boules de 40 kilogrammes environ qu'il sort de la masse. On peut, par ce procédé, obtenir en deux heures 200 kilogrammes de fer environ.

Le produit ainsi obtenu est spongieux, sans consistance. On le porte sous un marteau pour lui faire subir d'abord une pression considérable qui chasse la scorie, et ensuite pour subir un martelage qui soude entre eux les éléments de la masse. On obtient au marteau, et mieux aujourd'hui au laminage, des barres d'aspect inégal, à surface rugueuse. Tel est le fer puddlé.

Le *fer misé* est le produit obtenu en traitant par corroyage le fer puddlé. Les barres de fer puddlé sont cassées en fragments, qui reçoivent le nom de mises et que l'on réunit en *paquets* (voir la figure). On porte les paquets au four, et une fois à 1300° on les lamine de nouveau.

Si l'on a eu soin de marteler légèrement le paquet au rouge avant de le laminer ; on obtient le fer *corroyé laminé*. Le martelage préalable a pour but de souder les mises ensemble avant de leur donner au laminoir la forme marchande. Le fer obtenu ainsi est plus dense, plus serré, mieux soudé que celui qui est laminé sans martelage préalable. Dans le travail ultérieur ce fer ne se fend pas, parce que les mises étant soudées ne tendent pas à se séparer.

Dans le cas où le paquet est amené à sa forme par le martelage, on dit que le produit obtenu est en *fer corroyé au marteau*.

Les paquets pour la fabrication des tôles ont une couverte en dessus et en dessous ; de plus les joints des morceaux sont croisés dans le corps du paquet. Cette disposition a pour but d'éviter que les faces de la tôle s'effeuillent et de faire que l'intérieur soit plus homogène.

Qualité par numéro	Fers en barres — Usages et emplois normaux. Les dimensions des barres et tôles ordinairement fabriquées sont indiquées dans les albums des forges	Tôles	Ronds de 200 m/m carrés de surface — Résistance par m/m² de la section primitive	Résistance par m/m² de la section de rupture	Allongement % mesuré sur 100 m/m de long.	Coefficient à chaud d'après le nombre de crochets	Tôles — Résistance par m/m² Section primitive	Section de rupture	Allongement % mesuré sur 100 millimètres de longueur	Travail à chaud au rouge cerise en une chaude
N° 1	Rails en fer, aujourd'hui sans emploi.	Baquets, boîtes, ponts et charpentes.	41,1	45,5	8,2	40	en long. / en travers			
N° 2	Ronds, carrés, plats, cornières, Zorès, T, I du commerce, colonnes, grilles, mains-courantes.	Ponts, charpentes, réservoirs. gazomètres.	39,8	55,0	12,0	50	long. 33.2	35,6	4	5 crochets en une chaude au blanc.
			39,8	57,5	14,0	55	travers 31.8	33,2	2,5	
N° 3	Fer maréchal, feuillards, rubans, serrurerie.	Chaudières ordinaires, bateaux en fer.	39,7	60	16,0	60	long. 33.7	37,6	7	 enroulement cylindrique $d = 50e$
							travers 32.0	34,5	4	
N° 4	Boulons, rivets, fer tréfilé, travaux de mécanique simples.	Corps de chaudières, parties façonnées de balcons, réservoirs.	38,08	65	19,0	70	long. 34.4	40,5	8,8	 enroulement cylindrique $d = 25e$
							travers 32.5	38,0	5,8	
N° 5	Fers de quincaillerie, boulons, cornières, fers à clous.	Chaudières (locomotives, marines), bouilleurs et fonds de chaudières.	38,08	70	20,0	,80	long. 34.8	43,0	12,8	Disque ou carré de 0m,320 embouti en calotte sphérique.  $f = 5e$
							travers 32.0	40,0	8,0	
N° 6	Arbres moteurs, essieux, bielles, rivets de chaudières, chaudronnerie.	Foyers de chaudières, plaques tubulaires, boites à feu, conduites de fumée.	38,5	77,5	22,0	90	long. 35.6	48,0	15,2	Plaque emboutie en calotte sphérique. $f = 10e$
							travers 33.4	42,5	10,17	
N° 7	Têtes pour tiges de pistons, bielles motrices, essieux coudés, axes, taillanderie.	Dômes de locomotives, tôles extra pour parties exposées aux coups de feu.	39,10	90,0	25,0	115	long. 36.7	52,5	20,0	Plaque emboutie en calotte sphérique $f = 15e$
							travers 34.7	47,5	15,5	enroulement cylindrique $d = 2e$

Épreuves des crochets. — Un bout de barre ayant été chauffé au blanc, on forme à un décimètre de l'extrémité un crochet à angle droit et à arêtes vives ; ce crochet est ensuite redressé et l'on forme un second crochet pareil au premier, mais en sens opposé : on redresse ce crochet et ainsi de suite jusqu'à ce que le bout tombe, l'opération est faite vivement et d'une seule chaude.

Tous ces fers, que l'on peut nommer fers misés pour les distinguer des fers fondus, renferment toujours de la scorie, en fibres ou en lames. On s'en aperçoit en traitant un morceau de ces fers par un acide.

Suivant la manière dont le travail a été conduit, on obtient des fers de qualités bien différentes soit comme fer à grains, soit comme fer à nerf. Les *Ardennes* fournissent ce que dans le commerce on appelait la qualité A, fer ordinaire à gros grains, à facettes, peu résistant, employé pour les pièces de forge courantes. Le *Berry* fournit la qualité B, fer de qualité moyenne, laminé à nerf, recherché pour sa bonne fabrication. La *Franche-Comté* fournit la qualité C, fer de qualité supérieure surtout à grains, employé pour les pièces de forge très soignées.

Nous donnons un tableau indiquant la classification commerciale actuelle (p. 55).

Classification au point de vue de la forme. — Les figures suivantes sont celles des principales formes adoptées dans le commerce :

Ces fers de formes variées sont obtenus au laminage. Il faut s'en tenir

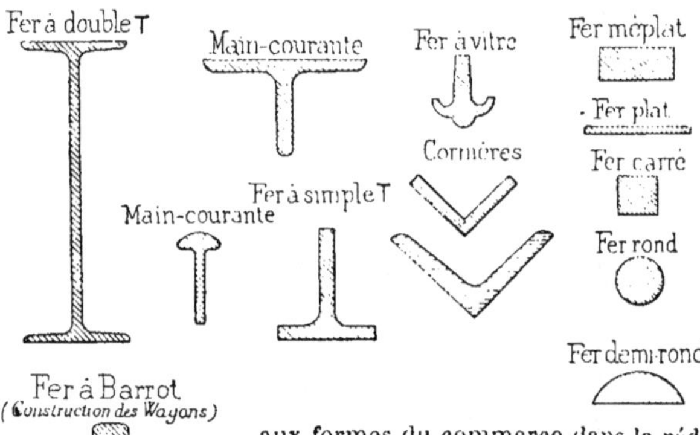

aux formes du commerce dans la rédaction des projets et dans leur exécution. Il faudrait faire exprès des cylindres de laminoir si l'on désirait des formes différentes. Cela exigerait, même pour de grandes quantités, un supplément de prix et un temps plus long pour l'exécution de la commande. On peut obtenir, sans payer de plus value, une légère variation de l'épaisseur de l'âme et de la largeur des tables ; il suffit pour cette modification d'écarter ou de serrer un peu les laminoirs.

Les longueurs des fers sont limitées par la longueur des wagons qui servent à opérer le transport. En général, les dimensions sont de 3^m5 à 6 mètres. Quand les dimensions sont plus grandes, il faut des précautions spéciales pour le chargement qui doit se faire sur plusieurs plate-formes. Les forges pourraient donner des fers d'une longueur de 30 à 40 mètres ; ce n'est donc bien qu'une question de transport qui limite la longueur des barres du commerce.

Les épaisseurs des tôles varient ainsi que leurs autres dimensions suivant la malléabilité du métal et sa ténacité. On peut faire des tôles en acier doux de 1/10 de millimètre d'épaisseur. La largeur ne peut être grande pour ces tôles, parce que cette fabrication exige des cylindres bien dressés et qui ne fléchissent pas au milieu, ce qui ne peut être obtenu qu'avec des cylindres de peu de longueur. Les grosses tôles se font sur toutes les épaisseurs de 10 à 40 millimètres, sur une largeur de 3^m20 et une longueur pouvant aller à 15 mètres.

27. — Défauts et essais des fers. — *Défauts*. — Les défauts des fers en général sont analogues à ceux des aciers. On peut les classer comme suit :

1° Défauts provenant de la fabrication dans les fours :
 Dessoudures,
 Doublures ;
2° Défauts provenant d'un mauvais chauffage :
 Criques,
 Cendrures ;
3° Défauts provenant d'un mauvais laminage :
 Pailles,
 Travers ;
4° Défauts provenant d'un mauvais dressage à froid :
 Gerces.

Les dessoudures proviennent d'impuretés, scories, oxyde de fer ou autres, restées dans la masse. Il peut s'en trouver dans les fers misés surtout. Elles constituent une masse vitreuse, sans consistance, qui empêche les molécules de fer de se rapprocher pour se souder entre elles. Le résultat est une notable diminution dans la résistance des pièces.

Les doublures sont des dessoudures intérieures.

Les travers sont des fentes se produisant dans le laminage, si le chauffage a été insuffisant, ces fentes proviennent de ce que les différentes couches dont la masse est formée ne sont pas soudées dans toute leur largeur et dans toute leur longueur. Si ce défaut est extérieur on peut y remédier en chauffant au blanc soudant et en martelant pour souder les parties désunies.

Essais. — Le fer doit supporter une chaude suante, c'est-à-dire pouvoir être porté à une température de 1500 à 1600° sans fondre. On constate qu'il n'y a pas eu de fusion en laissant refroidir et en observant les angles ; ils doivent être restés vifs.

Porté de nouveau à cette haute température, le fer doit pouvoir, sous les chocs assez forts d'un gros marteau à main, s'étirer en une barre unie, lisse et luisante et l'extrémité de la barre doit pouvoir être allongée en pointe sans crique, ni fente.

La barre étant aplatie à chaud, on doit pouvoir y percer des trous d'environ 15 millimètres de diamètre dont les bords soient sans défauts.

D'un coup de tranche à chaud on fend une barre de fer sur six centimètres de sa longueur ; on perce un trou pour terminer cette fente de manière qu'elle ne se prolonge pas, puis on écarte les bords de la fente et on les rabat contre le corps de la barre. Cette opération doit se faire sans criques si le fer est bon.

Les cornières sont ouvertes, fermées, cintrées au rouge cerise.

Les fers destinés à la fabrication de pièces supportant des efforts de traction sont soumis à des essais de pliage à chaud et à froid.

Des échantillons de tôle en petites bandes de 6 à 8 centimètres de large doivent pouvoir être pliés à froid à 45° dans le sens du laminage et à 135 dans l'autre sens. Le pliage se fait à chaud si l'épaisseur est plus grande que 10 millimètres.

Si une tôle mince est de qualité supérieure, on peut en former à froid un cylindre d'un diamètre égal à 25 fois l'épaisseur de la tôle. Si elle est d'une qualité inférieure, le diamètre du cylindre que l'on pourra former sans criques sera plus grand que 25 fois l'épaisseur. Les génératrices des cylindres dans ces essais sont dans le sens du laminage.

La malléabilité des tôles se constate encore en les emboutissant au marteau pour leur donner la forme d'une calotte sphérique ; suivant la qualité, la flèche de la calotte que l'on peut obtenir sans criques varie de 5 à 15 fois l'épaisseur de la tôle.

Les essais sur la résistance à la traction, donnant la charge de rupture et l'allongement permanent correspondant, sont de la dernière importance pour l'étude des métaux. On n'est pas d'accord sur tous les détails de l'opération ni sur les dimensions des éprouvettes. Voici les dimensions qui paraissent le mieux admises pour ces essais.

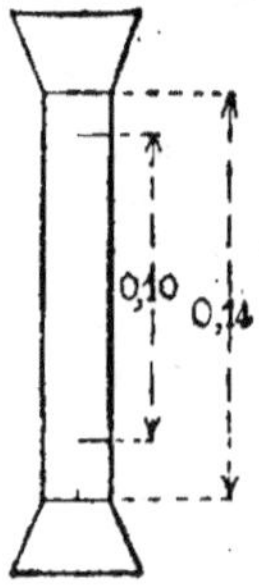

La figure représente les éprouvettes d'acier ou de fer. La section doit représenter 150 millimètres carrés, l'allongement permanent est mesuré entre deux repères tracés à la pointe et distants de 0^m10. Les parties renflées aux extrémités servent à donner prise aux mâchoires de la machine à essayer.

Pour les essais à la traction de la tôle, on découpe, en pleine tôle, des *éprouvettes* de forme rectangulaire que l'on ajuste à la lime ; la largeur dépend de l'épaisseur de la tôle on la règle de manière que l'aire de la section soit de 150 millimètres carrés ;

Il faut noter si l'éprouvette est taillée dans le sens du laminage ou dans le travers. La résistance dans le travers est bien moindre que dans

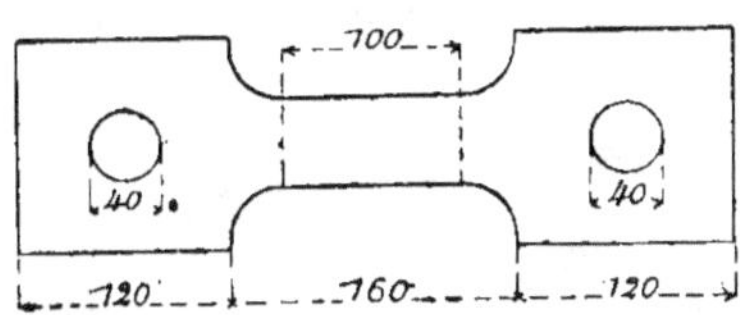

le sens longitudinal. On exige en général une résistance à la rupture de 32 kilog. et un allongement de 8 0/0 pour une traction exercée dans le sens de laminage ; 26 kilogrammes de résistance, 3 0/0 d'allongement pour une traction dans le travers du laminage.

L'allongement se mesure sur la longueur de 100 millimètres comprise entre deux repères tracés sur l'éprouvette.

Les œils qui sont aux extrémités servent à engager les boulons par lesquels la machine à essayer exercera la tension sur l'éprouvette.

28. Travail du fer. — *Forge*. — La forge est la partie du travail des métaux qui en général demande le plus d'intelligence et de force. C'est la partie la plus coûteuse, à tel point que l'on doit étudier les projets de manière à éviter le plus possible les travaux de forge.

Étant donnée une pièce à forger, le forgeron doit apprécier la quantité de métal qui lui sera nécessaire, il devra prévoir la surépaisseur à donner pour l'ajustage, tenir compte du retrait que la pièce prend par le refroidissement après le travail de la forge. Le forgeron doit apprécier la qualité du métal qu'il emploie de manière à conduire convenablement son foyer. Il devra se rendre compte du nombre des *chaudes*, c'est-à-dire des passages de la pièce au foyer, nécessaires pour faire le travail et de la quantité de métal perdu dans ces diverses manipulations·

Autrefois le travail de la forge se faisait à la main ; et c'était une difficulté de forger un gros essieu de voiture. On fabriquait cette pièce par voie de rechargement, en additionnant successivement à chaud des languettes de fer. Pour forger une grosse pièce, le forgeron l'amenait sur l'enclume après l'avoir convenablement chauffée. D'un marteau à main, léger, il frappait la pièce à l'endroit où ses servants la frappaient à toute volée à l'aide de gros marteaux, dits *marteaux à devant*, parce que les servants ou *frappeurs* se tiennent devant l'enclume.

Depuis une cinquantaine d'années, les moyens de travailler le fer à chaud ont acquis une puissance considérable. Le développement des constructions métalliques a entraîné le développement de l'outillage. Les engins de la forge moderne se réduisent à deux types principaux : le marteau pilon et les presses hydrauliques.

Les puissantes usines possèdent des marteaux pilons de 100 tonnes ;

elles peuvent forger des arbres de 40 centimètres de diamètre et même plus, des plaques de blindage de 40 tonnes et de 70 centimètres d'épaisseur. Le Creusot possède une presse d'une puissance de 4000 tonnes.

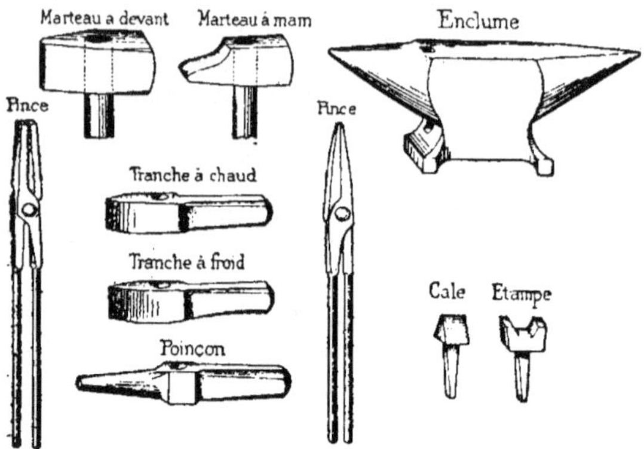

La presse a l'avantage sur le marteau pilon de demander un moins grand nombre de chaudes pour un même travail. Les chaudes successives altèrent toujours le métal, de sorte que, sans parler de l'économie de matière et surtout de temps, le travail à la presse est avantageux pour l'acier en particulier, parce que le métal conserve mieux ses qualités. La presse exerce plus efficacement son action. Le choc du marteau est brusque et le métal change de forme trop soudainement ; la surface du bloc absorbe la plus grande partie de la puissance du choc et le centre n'en perçoit qu'une quantité relativement faible. La presse a une action graduée ; elle agit sur le lingot entier et en fait une masse homogène.

Dans la fabrication des pièces de forge, il y a toujours un écrouissage qui altère le grain du métal, qui, de métal à grains fins, se transforme en métal à grains lamelleux. C'est une cause de fragilité de la pièce. Dans les fabrications soignées, on exige que toutes les pièces soient recuites en vase clos après le travail de la forge.

On réchauffe les pièces au rouge cerise sur la sole d'un four ; puis, cette température obtenue, on ferme hermétiquement toutes les ouvertures du four, et on laisse refroidir lentement.

Il ne faut pas oublier, à propos du travail de la forge, ce que nous avons dit sur la fragilité du fer à une température voisine de 500°.

Divers procédés de soudure. — Pour souder des pièces dans le prolongment l'une de l'autre, on procède de trois manières : 1° *par amorce en chaude portée ;* 2° par *soudure en bout ;* 3° par *soudure en queule de loup.*

Dans la soudure par amorce en chaude portée, les extrémités sont renflées puis taillées en biseaux en ayant soin de donner des formes bombées aux faces inclinées à rapprocher. Ces opérations faites à chaud, on porte les deux parties à rapprocher au blanc soudant, puis on les ajuste et on martelle. Par suite de la forme bombée des faces rapprochées, le cœur se soude d'abord et aussi les scories s'écoulent facilement ; voir la fig. 6 de la planche, p. 62.

Dans la soudure en bout on renfle les extrémités des pièces à souder en les terminant par des plans perpendiculaires à l'axe des pièces. On a soin de strier ces faces planes. Les deux pièces ainsi préparées sont chauffées au blanc soudant, rapprochées et martelées. Les stries ne laissent pas échapper suffisamment les scories ; mais les pièces se chauffent facilement, fig. 7 de la même planche.

La soudure en gueule de loup sert à réunir des métaux de qualités différentes. On termine la pièce A, qui supporte mieux le feu, par un

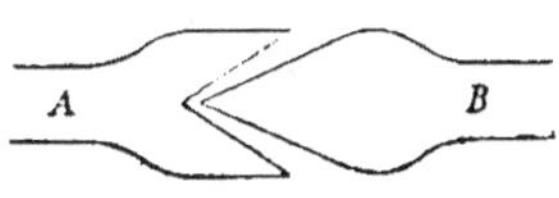

renflement dans lequel on pratique une ouverture en forme d'angle. L'autre pièce est renflée et terminée par un angle plus petit que le premier. Cette disposition a pour but d'assurer le départ des scories du sommet de l'angle rentrant. On chauffe au blanc soudant et l'on martelle. La soudure se fait d'abord dans l'angle. La pièce B peut être moins chauffée que la première. Ce procédé permet de souder une barre d'acier B, à une barre de fer A, fig. 31, p. 64.

Les renflements donnés aux pièces à souder ont pour but d'assurer à ces pièces leurs dimensions après la soudure. Il y a toujours une perte de métal dans le foyer et il faut en tenir compte afin de ne pas s'exposer à avoir une soudure maigre. Le renflement s'obtient en refoulant le métal à chaud en le frappant en bout si les pièces sont de petites dimensions, ou bien en le soulevant et en le laissant retomber sur une masse si les dimensions sont un peu fortes.

Soudure en coin. — Pour souder les bandages de roue on termine en angle les extrémités à souder et on remplit les vides par des coins métalliques Le tout est porté au blanc soudant et martelé ensuite.

La soudure par encollage à chaude portée sert à réunir deux pièces prismatiques dont les axes se rencontrent. Voir *Encollages*, fig. 11, 12, 13, 14 de la première planche.

L'examen des figures montre dans quels cas il faut pratiquer les divers systèmes d'encollage qui y sont indiqués.

Soudures avec lardon. — Une pièce en forme de fourche est fabriquée

Principes de l'art du forgeron.

d'après le tableau de M. Clair exposé dans les galeries du Conservatoire des Arts et Métiers

Désignation et forme des préparations	Désignation et forme des pièces obtenues	Désignation et forme des préparations	Désignation et forme des pièces obtenues	Désignation et forme des préparations	Désignation et forme des pièces obtenues
1 Corroyage et soudure	1 Lopin ou trousse	6 Soudure croisée à chaude portée	6 Allongement de barre	11 Encollage à chaude portée	11 Pièce à chapeau (fers de même dimension)
2 Étirage et reboulage	2 Pointe et tête de clou	7 Soudure en bout	7 Allongement d'arbre	12 Encollage à gueule de loup	12 Pièce à chapeau (fers d'inégales épaisseurs)
3 Corroyage avec larsen	3 Œil percé dans du mauvais fer	8 Soudure à grosse pour lame d'acier	8 Réparation de lame de ressort	13 Encollage à plat avec amorces croisées	13 Ferrure de bâtiment
4 Corroyage fer et acier	4 Damas pour armes	9 Soudure avec crampon	9 Réparation de fer cinqué	14 Encollage d'équerre	14 Ferrure de bâtiment
5 Corroyage, soudure en paquet	5 Chardon	10 Soudure en enfourchement	10 Tête de tirant		

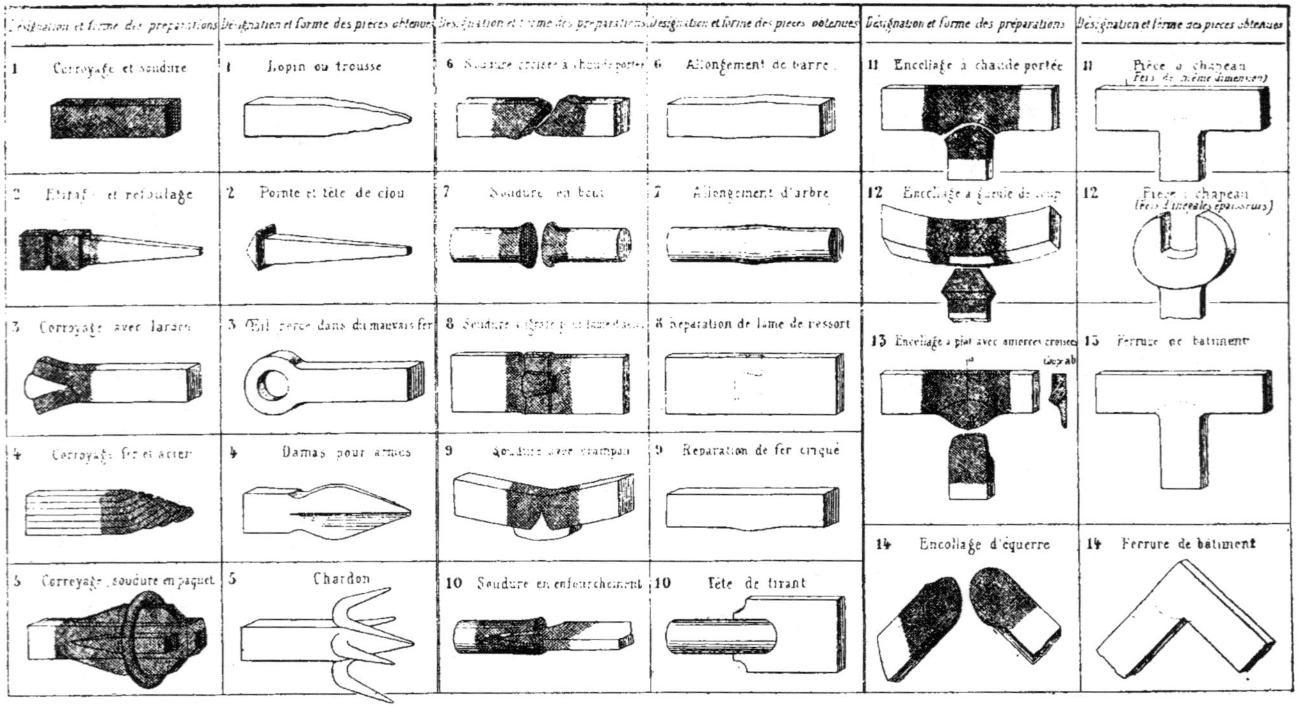

Principes de l'art du Forgeron
d'après le tableau de Mr Clair, exposé dans les galeries du Conservatoire des Arts et Métiers

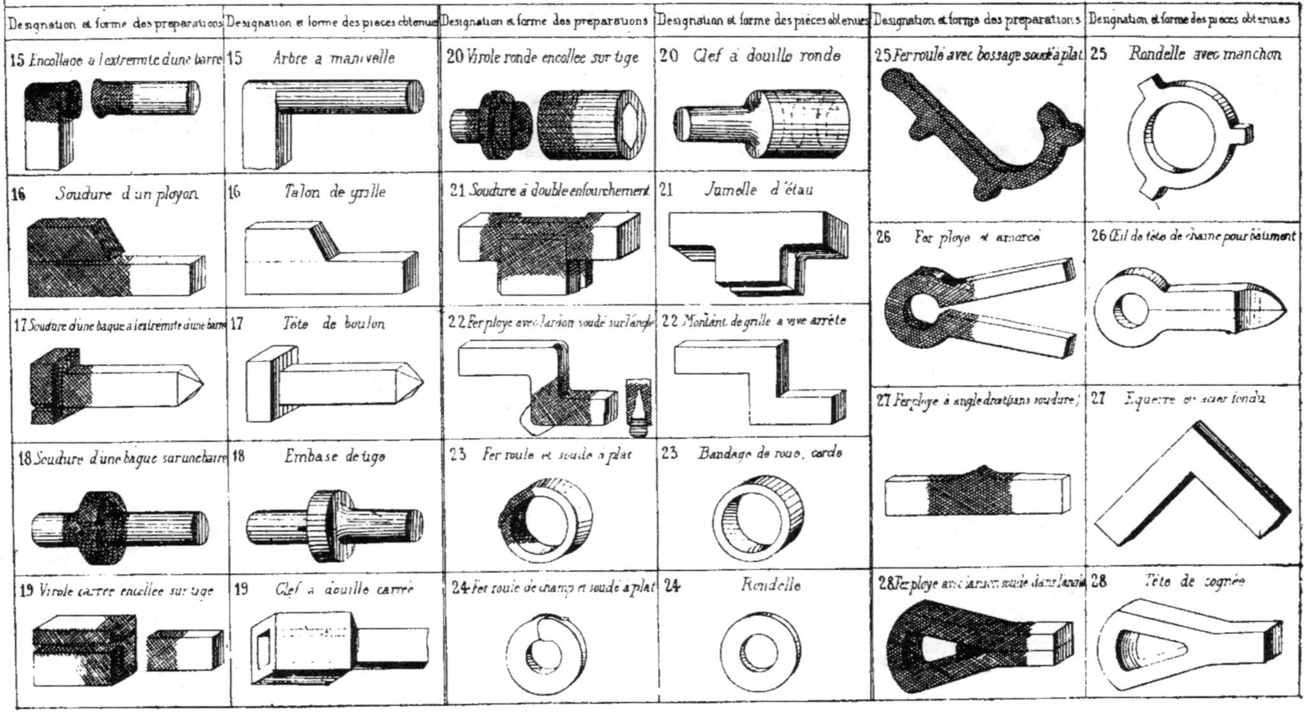

Désignation et forme des préparations	Désignation et forme des pièces obtenues	Désignation et forme des préparations	Désignation et forme des pièces obtenues	Désignation et forme des préparations	Désignation et forme des pièces obtenues
15 Encollage à l'extrémité d'une barre	15 Arbre à manivelle	20 Virole ronde encollée sur tige	20 Clef à douille ronde	25 Fer roulé avec bossage soudé à plat	25 Rondelle avec manchon
16 Soudure d'un ployon	16 Talon de grille	21 Soudure à double enfourchement	21 Jumelle d'étau	26 Fer ployé et amorcé	26 Œil de tête de chaîne pour bâtiment
17 Soudure d'une bague à l'extrémité d'une barre	17 Tête de boulon	22 Fer ployé avec larson soudé sur l'angle	22 Montant de grille à vive arrête	27 Fer ployé à angle droit sans soudure	27 Equerre ou acier fondu
18 Soudure d'une bague sur une barre	18 Embase de tige	23 Fer roulé et soudé à plat	23 Bandage de roue, cerdé	28 Fer ployé avec larson soudé dans l'angle	28 Tête de cognée
19 Virole carrée encollée sur tige	19 Clef à douille carré	24 Fer roulé de champ et soudé à plat	24 Rondelle		

Nota. Les hachures croisées indiquent la partie de la pièce qui doit être chauffée

Principes de l'art du forgeron

d'après le tableau de M. Clair, exposé dans les galeries du Conservatoire des Arts et Métiers

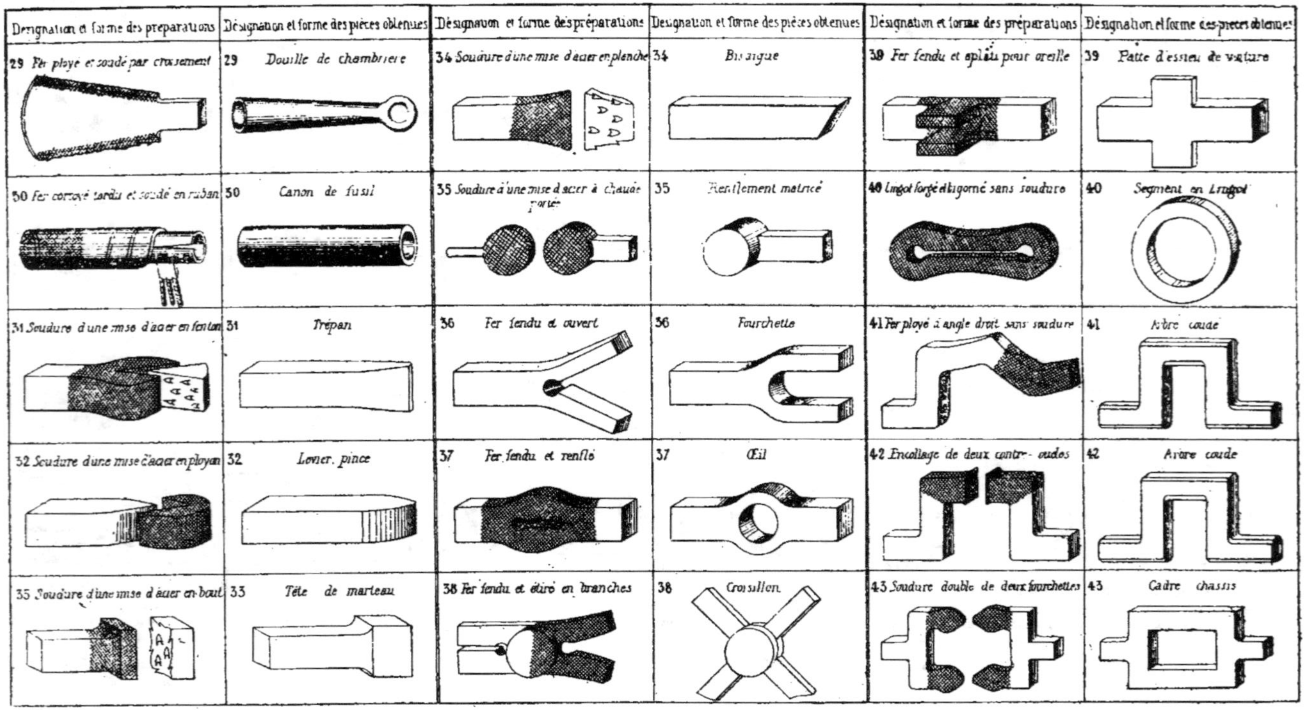

Désignation et forme des préparations	Désignation et forme des pièces obtenues	Désignation et forme des préparations	Désignation et forme des pièces obtenues	Désignation et forme des préparations	Désignation et forme des pièces obtenues
29 Fer ployé et soudé par croisement	29 Douille de chambrière	34 Soudure d'une mise d'acier en planche	34 Bisaigue	39 Fer fendu et aplati pour oreille	39 Patte d'essieu de voiture
30 Fer corroyé tordu et soudé en ruban	30 Canon de fusil	35 Soudure à une mise d'acier à chaude portée	35 Renflement matricé	40 Lingot forgé dégorné sans soudure	40 Segment en Lingot
31 Soudure d'une mise d'acier en fenton	31 Trépan	36 Fer fendu et ouvert	36 Fourchette	41 Fer ployé à angle droit sans soudure	41 Arbre coudé
32 Soudure d'une mise d'acier employée	32 Levier, pince	37 Fer fendu et renflé	37 Œil	42 Encollage de deux contre-coudes	42 Arbre coudé
33 Soudure d'une mise d'acier en bout	33 Tête de marteau	38 Fer fendu et étiré en branches	38 Croisillon	43 Soudure double de deux fourchettes	43 Cadre châssis

en ouvrant le fer. L'angle ainsi obtenu a besoin d'être corrigé au sommet et même le sommet doit souvent être remplacé par un arrondi. Pour rectifier la pièce. on engage à chaud un lardon dans la gerce formée au sommet de l'angle, après avoir ouvert l'angle convenablement.

Soudure par rechargement. — Le renflement d'un arbre peut être obtenu par refoulement. On chauffe la pièce à l'endroit à renfler et on la frappe ensuite en bout. S'il s'agit d'un gros arbre, on le dresse et on le laisse tomber plusieurs fois d'une certaine hauteur sur un tas, son axe restant toujours bien vertical.

Le renflement peut se faire par une soudure par rechargement. On entoure la partie à renfler de morceaux de verges disposés longitudinalement autour de l'âme de la pièce à renfler et maintenus en place par du fil de fer. On chauffe au blanc soudant et on martelle.

Soudure par pièces parallèles. — Quand on doit fabriquer un arbre de fortes dimensions, on forme un *paquet* composé d'une série de fers mé-

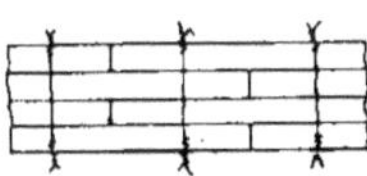

plats dont on croise les joints. Le tout est maintenu par des ligatures de fer. On chauffe le paquet au blanc soudant dans un four, puis on martelle au pilon en étirant, c'est-à-dire en allongeant jusqu'à ce que l'on soit parvenu au diamètre voulu.

Remarque. — On facilite souvent la soudure en interposant entre les pièces à souder, après les avoir chauffées au blanc soudant, un mélange composé de *Borax* vitrifié, c'est-à-dire fortement chauffé, puis broyé en poudre (2/3 en volume) et de limaille de fer (1/3).

Les figures des trois planches, p. 62, 63. 64, résument les principes de l'art du forgeron, d'après le tableau de M. Clair exposé dans les galeries du Conservatoire des arts et métiers.

Ajustage. — Le travail de l'ajustage comprend le traçage des pièces, le travail du tour pour celles qui ont des formes cylindriques, le travail au *bédane* et au burin pour celles qui doivent avoir des surfaces ne pouvant s'obtenir au tour, ces dernières surfaces sont achevées à la lime. Ces diverses opérations, sauf le traçage, se font économiquement au moyen de machines spéciales, qui constituent le grand outillage que nous ne décrirons pas. Nous décrirons simplement les outils à main, qui constituent le petit outillage. Ce n'est pas seulement au fer qu'on l'applique, mais encore aux autres métaux.

Traçage. — Les dimensions sont prises au moyen de mètres, de compas et de pieds à coulisse.

Les compas sont à branches droites ou à branches courbes, avec ou sans vis d'arrêt (fig. 1 et 2). La figure 2, représente un compas à l'usage spécial des forgerons ; la figure 3 représente le compas dit *maître de danse.*

Les branches courbes servent à mesurer des dimensions extérieures, comme par exemple le diamètre de corps cylindriques ; les branches droites, entre les pointes *a* et *b*, servent à mesurer des dimensions intérieures.

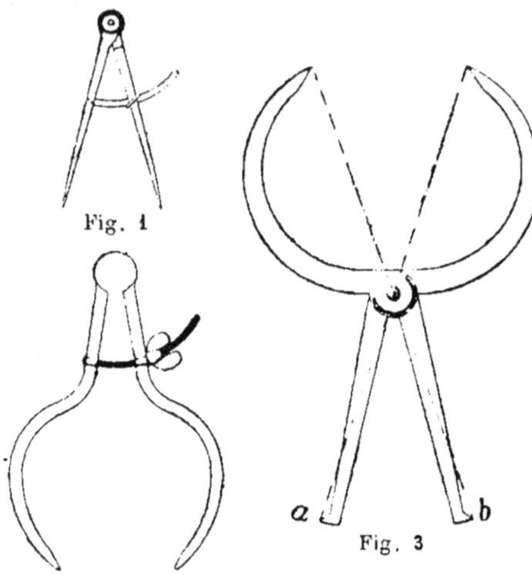

Les branches des compas doivent être appuyés à frottement doux sur les surfaces dont on veut mesurer les dimensions.

Le *pied à coulisse*, figure ci-dessous, se compose d'une règle graduée R portant un talon A et une douille mobile B. C'est entre ces deux pièces ou entre leurs pointes que l'on place les objets dont on veut mesurer les dimensions. La douille B est munie

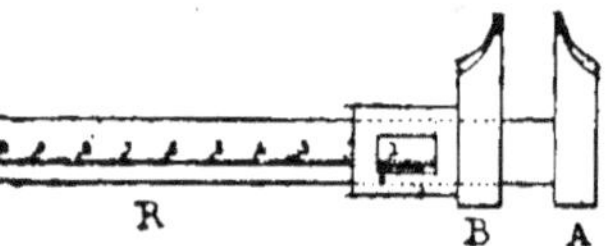

d'un vernier qui permet d'apprécier à 1/10 de millimètre près.

Le traçage pour les pièces mécaniques se fait en les plaçant sur le *marbre*, table en fonte rigoureusement plane. On se sert d'équerres simples, fig. 1, *d'équerres à chapeau*, fig. 2, en fer. Celles-ci sont munies d'une plate-bande sur une des branches.

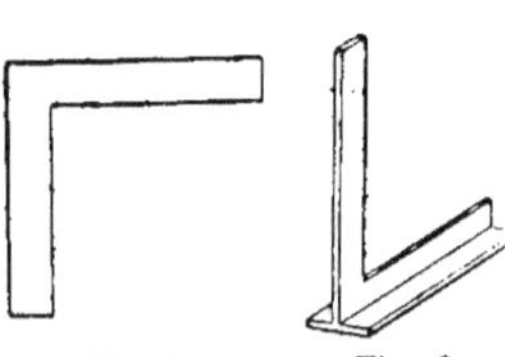

Pour tracer sur une pièce des lignes planes, on se sert du *trusquin*, instrument dont le pied est posé sur le marbre, et qui porte une pointe à tracer que l'on peut fixer plus ou moins haut sur un pied vertical. En déplaçant le trusquin sur le marbre, la pointe à tracer marque une ligne plane dont le plan est parallèle à la face du **marbre** (voir p. 67).

Bec d'âne, ou bédane, et burin. — Les bédanes et burins ont pour objet le dégrossissement des pièces. Ils opèrent plus rapidement que la lime en taillant dans le métal. Le bédane prépare le travail; on s'en sert pour faire de distance en distance des rainures, plus ou moins profondes, nommées *saignées* ; le burin enlève ensuite la matière comprise entre les saignées.

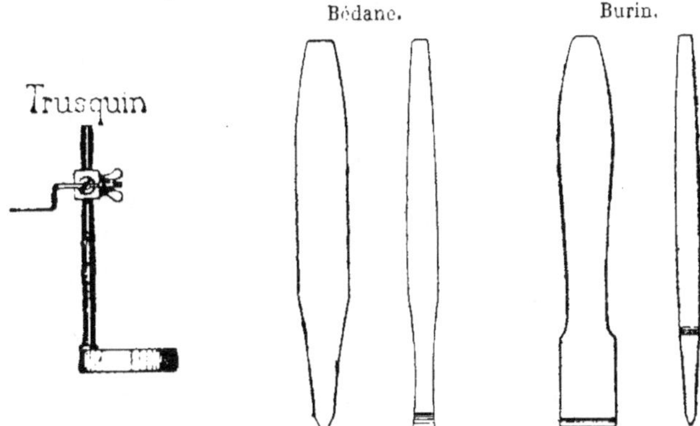

Le biseau ou coupant doit être d'autant plus court que les matières à entailler sont plus dures. L'affutage doit être fait de manière que le tranchant soit bien droit.

Limes. — Le dressage des faces ébauchées au burin est achevé à la lime. Les limes se distinguent par la taille et prennent les noms de *grosses*

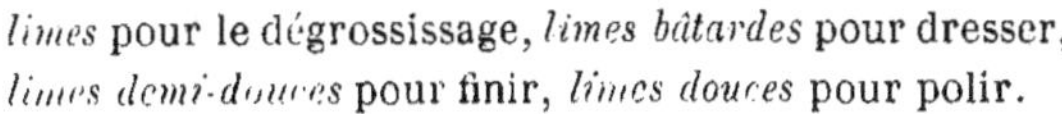

limes pour le dégrossissage, *limes bâtardes* pour dresser, *limes demi-douces* pour finir, *limes douces* pour polir.

La grosseur de la taille va en diminuant des premières aux dernières.

Les limes sont encore désignées par la forme de leur section. On distingue les *limes plates d'Allemagne*, qui sont presque toujours grosses ou bâtardes; les limes *demi rondes*, les *limes carrées* qui, les uns et les autres, comprennent les quatre tailles; les *tiers-points* ou limes triangulaires et les *queues de rat* ou limes rondes qui comprennent généralement les trois dernières tailles.

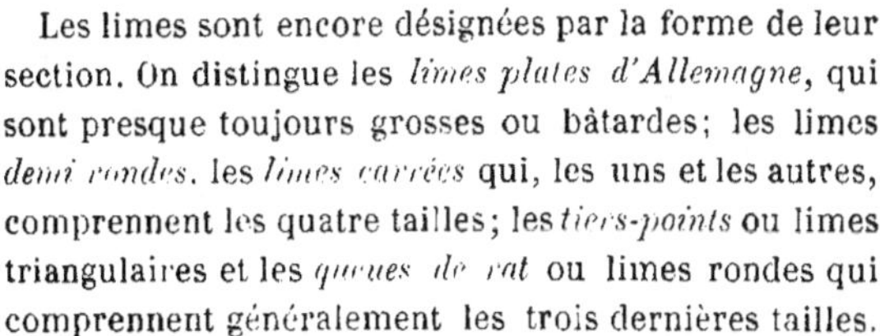

Marteaux. — Le marteau d'ajusteur a la forme que nous indiquons ci-contre. La panne, partie étroite, doit être bien d'équerre sur le corps du marteau. La tête est légèrerement arrondie et bien lisse. La panne et la tête sont aciérées.

Le poids du marteau varie suivant les travaux à faire ; un poids de

800 grammes suffit pour buriner, un de 2 kilogrammes suffit pour le rivoire.

Forets. — Les forets sont des outils qui servent à percer les trous. Ils s'adaptent par leur corps, de section carrée, à des machines qui leur donnent un mouvement de rotation autour de leur axe. Nous ne saurions décrire ici ces machines, qui sont de formes et de dimensions très variées; nous donnerons simplement le croquis des forets les plus employés.

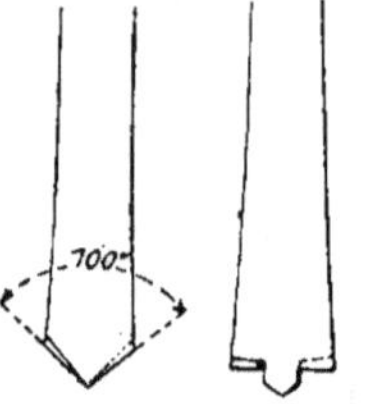

Fig. 1, foret à langue d'aspic ;

Fig. 2, foret à téton, employé pour percer des trous qui doivent être aussi bien ajustés que possible.

Fig. 1   Fig. 2

Le téton est affuté ; il prépare le passage du foret et le guide.

Les pointes des forets doivent être placées bien exactement dans l'axe, afin que les trous soient bien ronds et bien centrés.

Alésoirs. — Les alésoirs ont pour but de dresser des trous percés dans des pièces différentes et qui doivent se correspondre parfaitement. Les alésoirs ont encore pour but d'augmenter légèrement le diamètre des trous.

Les *alésoirs, clefs, tarauds, filières, fraises,* sont décrits aux chapitres où l'on traite plus spécialement de leur usage.

CHAPITRE V

CUIVRE, ZINC, ÉTAIN

NICKEL, PLOMB, BRONZE, LAITON
SOUDURES DIVERSES

29. Le cuivre. — *Propriétés*. — Le cuivre est un métal de couleur rouge, d'une cassure rose, susceptible d'un beau poli. L'odeur du cuivre est spéciale et désagréable; on la constate en frottant le métal avec les doigts humides. Il est très ductile et peut s'étirer en fils d'un très petit diamètre, à la condition d'être recuit à plusieurs reprises.

Il est très malléable et susceptible d'être laminé, après chauffage au rouge clair, en plaques très minces. Les feuilles de *clinquant* ont une très faible épaisseur. La malléabilité est augmentée par la présence d'une très faible quantité d'aluminium dans la masse. On doit réchauffer souvent le cuivre que l'on veut amener à l'état de feuilles très minces.

La résistance à la rupture du métal est de 24 kilogrammes par millimètre carré de section; et l'allongement correspondant est de 30 0/0. Il en résulte que le cuivre est plus facile à mettre en œuvre que le fer, mais est moins résistant. Le forgeage augmente dans une certaine mesure la ténacité; cependant le forgeage finit par écrouir le métal qui devient cassant, si l'on n'a pas le soin de le recuire.

Le cuivre fond vers 1050°. Il n'est pas soudable directement à lui-même.

Son poids spécifique est de 8 k. 85 à 8 k. 95, en prenant le décimètre cube par unité.

La présence du carbone dans la masse le rend aigre et cassant.

Le cuivre s'oxyde moins que le fer. La surface seule s'oxyde.

Une propriété du cuivre est sa grande conductibilité pour l'électricité. Mais il suffit d'une très faible quantité de corps étrangers (fer, nickel, arsénic) pour altérer cette propriété considérablement.

Usages du cuivre. — La France consomme environ 17 000 tonnes de cuivre, dont un tiers environ sous forme de laiton. C'est surtout du Pérou, du Mexique, de la Californie, que nous tirons cette matière par l'intermédiaire de l'Angleterre. La Russie en fournit également.

Sous forme de cuivre sensiblement pur, ou cuivre rouge, le cuivre est employé pour la tuyauterie des conduites de vapeur et d'eau chaude, et à la fabrication des chaudières et des appareils des sucreries.

A l'état de *bronze*, on l'emploie à la fabrication des coussinets, colliers d'excentriques, robinets, parce que le frottement des pièces en mouvement relatif est moins grand qu'avec tout autre métal. On l'emploie encore, à l'état de *laiton*, à la fabrication des tuyaux, des robinets.

Le principe de la fabrication des tuyaux en cuivre rouge peut se résumer de la manière suivante. On enroule une feuille de cuivre et on soude les bords rapprochés. Nous parlerons plus loin de cette soudure. Ensuite, on fait passer, en le tirant, le tuyau dans une lunette d'un diamètre un peu plus petit que le diamètre primitif du tuyau. En recommençant avec des lunettes de diamètres de plus en plus petits, on étire le cuivre et on obtient des tuyaux de diamètres variés. La grande malléabilité du cuivre fait qu'on peut donner à ces tuyaux et sur place les formes les plus compliquées. Pour obtenir ces formes sans que le tuyau soit bossué, on l'emplit à chaud d'un mastic résineux ; quand le mastic est froid, on peut couder le tuyau sans risquer de le déformer transversalement. Quand l'opération est finie, on chauffe le tuyau pour en faire couler le mastic.

L'emboutissage s'opère de plusieurs manières :

1° En étirant le métal sur des mandrins, comme on le fait pour toute la chaudronnerie industrielle ;

2° En le repoussant au moyen de maillets en bois, à petits coups, dans des coquilles ou contre-moules en métal, présentant en creux la forme des pièces à obtenir. C'est le procédé employé pour les pièces d'art ou d'ornement en cuivre repoussé ;

3° En *étampant le métal*, c'est-à-dire en lui faisant prendre peu à peu les formes qu'il doit avoir, en le pressant successivement entre des moules et des mandrins dont les formes sont convenablement calculées pour arriver graduellement à la forme définitive.

Le travail d'étampage se fait souvent à la presse hydraulique.

30. Zinc. — Le zinc est un métal gris bleu. Il est plus blanc que le plomb. La texture est cristalline ou lamelleuse. Il est plus ductile entre 120° et 150° qu'il ne l'est à froid ; à 250°, il se pulvérise sous le pilon. Il fond à 410° et se volatise à 1040°. Fondu, il brûle à l'air. Son poids spécifique varie de 6 k. 86 à 7 k. 29. Il s'oxyde promptement à la surface. Il est peu malléable à froid et se gerce sous le choc du marteau. On le réduit en feuilles minces au laminoir, mais à la condition de lui faire subir de nombreux recuits. On doit le laisser se refroidir très lentement.

Son élasticité est très faible et la charge de rupture est de 4 kilog. par millimètre carré.

L'étain, le plomb, le cuivre et le fer sont connus de toute antiquité ; le zinc n'est guère connu industriellement que depuis le commencement de ce siècle. On s'en est servi longtemps à la fabrication exclusive du laiton.

Le zinc en lingots sert à la fabrication du zinc d'art fondu, à celle du fer dit galvanisé. La *galvanisation* consiste à décaper le fer, c'est-à-dire à le laver par un acide, et à le plonger ensuite dans un bain de zinc fondu très chaud. Le bain est recouvert d'une couche de sel ammoniacal pour le préserver du contact de l'air.

Le zinc laminé sert pour la confection de la couverture des toitures, le doublage des navires, l'emballage des objets précieux, le satinage du papier. Les feuilles de zinc ont une épaisseur variable de 5/10 de millimètre à 2,66 millimètres. La longueur est de 2 mètres et la largeur de 0 m. 50 à 0 m. 80.

Les feuilles de zinc doivent pouvoir résister à deux ploiements à 90° et à deux redressements sans criques, si le pli est fait perpendiculairement au laminage ; si le pli est dans le sens du laminage, on ne peut faire qu'un ploiement à 90° et le redressement ne peut se faire sans de légères criques.

Le zinc a le défaut de *graisser la lime*, c'est-à-dire d'empâter la lime et de la rendre moins mordante.

Les minerais de zinc sont abondants en Silésie, en Carinthie. Il s'en trouve en Angleterre. La Belgique possède les mines de la Vieille-Montagne, la Prusse rhénane celles de Stolberg. En France, on en trouve dans le Gard et dans le Lot.

Tableau des poids et dimensions des feuilles de zinc

Numéros	Épaisseur des feuilles	Dimensions et poids des feuilles pour toitures et autres emplois			POIDS du MÈTRE CARRÉ
		larg. 0 m. 50 long. 2 m. 00	larg. 0 m. 65 long. 2 m. 00	larg. 0 m. 80 long. 2 m. 00	
10	0.00051	3k50	4k55	5k60	3k50
12	0.00069	4, 60	6, 00	7, 40	4, 60
14	0,00087	5, 75	7, 45	9, 20	5, 75
16	0,00110	7, 55	9, 80	12, 10	7, 55
18	0,00136	9, 40	12, 20	15, 00	9, 40
20	0,00166	11, 20	14, 55	17, 90	11, 20

On fait de bonnes couvertures peu inclinées en zinc n° 12, feuilles de 0 m. 65 ; les bandes de recouvrements, les bavettes se font généralement en zinc n° 12, ainsi que les gouttières.

On emploie le zinc n° 14 pour les cheneaux. Le plomb est préférable au zinc pour les cheneaux.

31. Étain — L'étain est un métal blanc, clair, assez ductile et malléable, peu oxydable ; par le battage, on obtient des feuilles d'étain de moins de 1/10 de millimètre d'épaisseur. Il fond à 228° et son poids spécifique est de 7 k. 29. Il a une odeur caractéristique. Quand on ploie des baguettes d'étain, on entend un craquement particulier nommé *cri de l'étain*, qui indique un arrachement moléculaire.

L'étain, en raison de ses propriétés, ne peut être employé pur. On l'emploie à l'état d'alliages avec le cuivre, le plomb ou le zinc. Avec le cuivre, on obtient un composé nommé *bronze* ; avec le plomb, on obtient la *poterie d'étain* et la *soudure au plomb* ; avec le zinc, on obtient une composition employée à la fabrication des ornements moulés dits en zinc.

Il sert à recouvrir les tôles minces de fer pour former le *fer blanc*. On l'emploie pour étamer les surfaces à réunir au moyen d'une soudure après décapage. L'étain en feuilles est employé à l'étamage des glaces.

Les principales mines d'étain d'Europe sont celles de Cornouailles en Angleterre. La France et l'Allemagne ont quelques extractions d'étain. L'étain le plus estimé est celui des Indes. Le Mexique fournit aussi de l'étain.

32. Nickel. — Le nickel est d'un blanc gris bleuâtre, d'une texture fibreuse. Il est presque aussi ductile et malléable que l'argent. Ce métal est très dur, très peu oxydable à l'air et conserve le beau poli et le bel éclat qu'il est susceptible de prendre. Ce métal est moins fusible que le fer pur, il est presque aussi peu fusible que la platine. Son poids spécifique est 8 k. 4.

Il s'allie facilement aux métaux, et longtemps il n'a été employé qu'en raison de cette propriété pour faire l'alliage nommé *maillechort*. Associé au fer fondu, il lui donne une très grande résistance. Le Creusot a fabriqué au ferro-nickel des plaques de blindage d'une grande solidité.

Le nickel pur peut être employé sous toutes les formes : moulé, laminé, étampé, tréfilé, forgé.

Les propriétés d'inaltérabilité du nickel l'ont désigné pour un grand nombre d'applications. On a songé à généraliser l'emploi d'une monnaie composée d'environ 25 0/0 de nickel et 75 0/0 de cuivre, qui remplacerait le billon. Les réflecteurs des signaux de la marine et des chemins de fer sont fabriqués en feuilles de nickel repoussé.

On rencontre des mines de nickel en Angleterre (Cornouailles), en France, en Saxe, en Styrie, en Suède, en Russie, en Nouvelle-Calédonie.

33. Plomb. — Le plomb est un métal gris-bleuâtre, dont la section fraiche est de la couleur de l'argent. Il est très mou, n'a aucune élasticité. ne s'écrouit pas par le marteau. Son poids spécifique est de 11 k. 350. Il fond à 330°. Il a une odeur forte et caractéristique. Il se ploie facilement en tous sens et se coupe facilement. Le plomb s'oxyde peu à l'air et ce n'est qu'à la surface.

On le travaille par laminage à froid et on peut l'étirer en fils.

Le plomb s'emploie au scellement des montants en fer dans la pierre [1]. On s'en sert, sous forme de plaques, pour répartir uniformément les pressions exercées par des pièces métalliques sur de la maçonnerie.

On l'emploie à la fabrication des tuyaux de conduite d'eau et de gaz. En feuilles, on s'en sert pour garnir des cuves contenant des acides, pour couvrir les toitures, garnir les cheneaux. Les feuilles de plomb ont de 1 à 6 millimètres d'épaisseur. Les diamètres des tuyaux varient de 10 à 100 millimètres et leurs épaisseurs de 1 millimètre 1/2 à 7 millimètres.

Le plomb forme les éléments des accumulateurs d'électricité.

Les minerais de plomb sont très abondants dans la nature : les plus importants sont au Hartz, en Saxe, en Autriche, en Espagne et en Angleterre. En France, des minerais de plomb se trouvent dans le Finistère (Poullaouen, Huelgoat), dans les Vosges (Sainte-Marie-aux-Mines et Giromagny), dans le Puy-de-Dôme (Vialas et Villefort).

34. Alliages. — Les caractères généraux des alliages sont ceux des métaux proprement dits. Ils ont l'éclat, la texture, la dureté, la conductibilité, l'élasticité, la ductibilité, la malléabilité, la sonorité. Mais ces propriétés sont développées dans les métaux purs et dans les alliages à des degrés très divers. Suivant l'usage à faire d'un métal ou d'un alliage. c'est surtout l'une ou quelques-unes des propriétés précédentes que l'on désire utiliser. Nous avons déjà vu, à propos du fer, de la fonte et de l'acier, combien les propriétés d'un métal sont modifiées par son alliage ou sa combinaison avec un autre métal ou avec un métalloïde. En traitant des alliages nous retrouverons des modifications analogues·

Les alliages de cuivre sont moins malléables que le cuivre ; mais ils sont plus fusibles et se moulent mieux. Le bronze, alliage de cuivre et d'étain, une fois formé et refondu, fond à 900°.

L'étain et le zinc ajoutés au cuivre lui donnent de la dureté ; le plomb ajouté au bronze lui donne de la douceur.

---

[1] Il faut battre le plomb pour éviter que le retrait ne rende le scellement peu solide.

Le nickel, associé à l'acier dans la proportion de quelques millièmes donne un alliage très malléable et très résistant. Avec 1 0/0, le métal, non recuit, résiste à 90 kil. avec 11 0/0 d'allongement, et, après recuit, il résiste à 87 kil. avec 45 0/0 d'allongement.

L'industrie crée incessamment des alliages nombreux dont elle utilise les propriétés remarquables. Nous avons parlé des ferro-silicium, ferro-manganèse, ferro-chrôme, silicospiegel, destinés à la fabrication d'aciers spéciaux ; nous allons plus spécialement parler maintenant des alliages où entre le cuivre.

35. Bronze. — Le bronze est un alliage de cuivre et d'étain. Plus l'étain est en forte proportion, plus le bronze est dur.

L'alliage des canons est à 90 0/0 de cuivre et 10 0/0 d'étain ; c'est un métal résistant et doux.

Le métal des cloches et des miroirs de télescope est à 80 0/0 de cuivre et 20 0/0 d'étain. C'est un métal dur, sec, cassant.

La coloration varie suivant les proportions, d'autant plus claire qu'il y a plus d'étain.

Le bronze des canons est employé pour la robinetterie et pour les colliers d'excentriques, parce qu'il est résistant, doux, et donne un bon frottement. On en fait encore les fils des tamis employés dans la papeterie.

Pour les coussinets, on emploie la proportion : 82 0/0 cuivre, 18 d'étain. En ajoutant 1/2 0/0 de fer à cet alliage, on lui donne de la dureté ; en y ajoutant 2 0/0 de zinc, on facilite le moulage ; 1 à 2 0/0 de plomb adoucissent le métal.

Les pièces de machines en bronze sont de bonne qualité avec la composition suivante :

Cuivre. . .	86 0/0
Étain . . .	11,5 »
Zinc . . .	2 »
Fer. . . .	0,5 »

La fabrication du bronze exige certains tours de main en raison des différences de température de fusion et de poids spécifique des métaux qui le composent.

On fait fondre les métaux et on les additionne dans l'ordre de croissance des températures de fusion. Les additions de zinc ne peuvent se faire directement en raison de ce que le zinc s'enflamme à 460°. En versant du zinc dans un bain de cuivre, il se produit une grande effervescence ; il est préférable d'employer un laiton composé d'une grande proportion de zinc : 60 0/0 de cuivre, 40 0/0 de zinc.

Le bronze écroui par forgeage ou étirage résiste à 49 kilogrammes par millimètre carré avec 4 0/0 d'allongement.

Le recuit rend le bronze fragile ; après recuit à 200°, il ne résiste plus qu'à 20 kilogrammes et l'allongement est augmenté considérablement ; il peut atteindre jusqu'à 40 0/0.

Voici quelques indications sur la composition et les usages du bronze :

Cuivre	Etain	
95	5	Malléable ;
90	10	Boisseaux de robinets, canons, colliers d'excentriques ;
88	12	Coussinets pour paliers de transmissions à petite vitesse ;
86	14	Clefs de robinets ;
82	18	Coussinets pour transmissions à grande vitesse ;
80	20	Cloches.
78	22	

Bronze phosphoreux. — Le bronze phosphoreux, dont la composition peut être :

$$\begin{array}{ll} \text{Cuivre} & 87 \quad 0/0 \\ \text{Étain} & 10 \ 3/4 \ \text{»} \\ \text{Phosphore} & 2 \ 1/4 \ \text{»} \end{array}$$

est très dur, très tenace. Il donne surtout un très bon frottement.

L'addition de phosphore ou de silicium au cuivre lui donne de la ténacité sans nuire à la conductibilité électrique. On fait des conducteurs électriques en bronze phosphoreux.

Le *bronze d'aluminium* est obtenu en alliage à environ 90 0/0 de cuivre, 10 0/0 d'aluminium. L'aluminium fond à 625° et prend en se solidifiant un retrait de 2 0/0. Son poids spécifique est de 2 k. 50. Le bronze d'aluminium résiste bien à l'oxydation, à l'air humide et à l'attaque de l'eau de mer ; il est léger ; il a une résistance considérable, 55 kilogrammes avec 10 0/0 d'allongement. En fils, la résistance s'élève à 84 kilogrammes. Ce bronze peut être employé avantageusement pour la fabrication des coussinets, des pompes, des hélices. Il a l'inconvénient de coûter cher.

Le *bronze de manganèse* est très résistant. Coulé sous pression, il a de la flexibilité et de la dureté tout à la fois. Il est inoxydable. Son emploi est recommandé pour la fabrication des hélices.

Le *bronze de nickel*, qui est plutôt une variété de laiton, est très ductile, très malléable et susceptible d'un beau poli. Il a un usage important dans la confection des réflecteurs de lanternes. On peut le composer de :

Cuivre . . .	65
Zinc	15
Nickel	20

Le *maillechort* contient une plus grande proportion de zinc et un peu moins de cuivre que le métal précédent. La bonne composition est :

Cuivre. . . .	60
Nickel. . . .	20
Zinc	20

Ce métal a été destiné à remplacer le plaqué d'argent dans les usages qu'il avait en orfévrerie et dans la construction des grands réflecteurs.

Le métal suivant jouit de propriétés élastiques remarquables, et en même temps d'une grande résistance aux liquides corrosifs. Il est connu sous le nom de *métal delta*. C'est un alliage de cuivre, de fer, de zinc avec un peu de phosphore. Il est tenace comme l'acier, très malléable, fusible à 950° et peu oxydable. Son poids spécifique est 8,6 ; sa cassure est grenue.

Laminé, il résiste à 52 k., avec 18 0/0 d'allongement ;
Coulé,   —   38   —   25   —

Il peut être matricé, forgé ou coulé ; son retrait est plus grand que celui du laiton ou du bronze.

On l'emploie pour construire des hélices de navires, et dans l'outillage des usines de produits chimiques.

Le *laiton* est un alliage de cuivre et de zinc. Le laiton, s'il n'est composé que de cuivre et de zinc surtout, *graisse* la lime, c'est-à-dire s'attache à la lime, parce que c'est le défaut très prononcé du zinc. Ce défaut est corrigé en partie par l'addition d'un peu de fer ou d'un peu de plomb ; ce dernier métal donne d'ailleurs de la malléabilité au laiton. Voici une composition de laiton bonne pour les tubes de chaudières :

Cuivre. . . .	66
Zinc	31
Plomb. . . .	2,75
Fer.	0,25

Le laiton est un métal jaune clair, plus dur que le cuivre, moins oxydable. Il est ductile, malléable et se moule bien. Il donne de moins bons frottements que le bronze.

Son poids spécifique varie entre 7 k. 30 et 7 k. 65.

Le laiton composé de 60 0/0 de cuivre et de 40 0/0 de zinc est le métal le plus riche en zinc que l'on puisse laminer. On peut employer les feuilles de ce laiton au revêtement des coques des navires en bois. Il les préserve des coquilles, des insectes marins, des herbes. On ne pourrait mettre ces feuilles sur des coques en fer ou en acier. Le fer ou l'acier formerait avec le laiton un élément de pile, et la coque serait très rapidement attaquée par l'eau de mer.

Le laiton sert à faire des toiles métalliques, des tubes pour conduite de vapeur et de fumée.

La fabrication du laiton ne se fait pas sans difficulté, vu la basse température de fusion du zinc et son inflammabilité à cette température. Il faut toujours compter sur un déchet dans la proportion du zinc. On procède de deux manières pour incorporer le zinc au cuivre : 1^0 on fond le cuivre et on ajoute au bain très rapidement le zinc en petits fragments ; 2^0 on opère par cémentation : on chauffe lentement de la tournure de cuivre, ou des copeaux de cuivre au milieu desquels on a mis des fragments de zinc. On porte la température jusqu'à celle de volatisation du zinc, celui-ci peu à peu s'allie au cuivre.

35. Soudure. — Nous avons dit que le fer se soude à lui-même par un phénomène de surfusion, lorsqu'on l'a porté à une température où il devient pâteux ; que la fonte et l'acier ne peuvent se souder à la forge comme le fer. Le platine se soude à lui-même à froid sous le choc répété du marteau.

La *soudure autogène* est celle qui se pratique pour réunir un métal à lui-même. On a essayé la soudure autogène du fer par l'électricité ; ce procédé n'a pas encore donné de résultats satisfaisants. L'étain peut être soudé à lui-même au moyen d'un fer chaud. Le plomb peut être soudé à lui-même au moyen du jet de flamme d'un chalumeau.

Dans la *soudure par interposition*, on rapproche les métaux à souder en les réunissant par un alliage plus fusible que chacun d'eux et dont la température de fusion est inférieure à celle où les pièces à réunir se déformeraient. Cet alliage interposé se nomme *soudure*, comme l'ensemble de l'opération ; il doit être formé de corps ayant une action chimique sur les corps à réunir.

Dans le commerce, on distingue :

La *soudure du plombier* : **2** parties de plomb, **1** d'étain ;

La *soudure du ferblantier* : **1** partie de plomb, **2** d'étain ;

La *soudure du chaudronnier* : cuivre et zinc, dans les proportions diverses que nous indiquons ci-dessous.

L'étain fondant à 228° et le plomb à 330°. la soudure du ferblantier est plus fusible que celle du plombier.

La soudure de chaudronnier, dite aussi *brasure*, est composée, pour la soudure dure de :

$$\text{Cuivre rouge} \quad . \quad . \quad . \quad 52$$
$$\text{Zinc} \quad . \quad . \quad . \quad . \quad . \quad 48$$

et pour la soudure douce, molle, très fusible, de :

$$\text{Cuivre.} \quad . \quad . \quad . \quad . \quad 25$$
$$\text{Zinc} \quad . \quad . \quad . \quad . \quad . \quad 75$$

Cette soudure sert à réunir des pièces de fer trop délicates pour pouvoir être soudées directement l'une à l'autre à haute température. Elle sert aussi à réunir des pièces de fer à des pièces de bronze et de laiton.

La soudure du plombier et celle du ferblantier s'exécutent au moyen de *fers à souder*, dont les formes et les dimensions varient suivant les formes et les dimensions des objets à réunir. Les fers à souder ont la forme générale d'un marteau ; mais la masse est en cuivre rouge et emmanchée dans un œil en fer. Les fers à souder sont chauffés dans un foyer en ayant soin de tenir en dessus la partie travaillante de la masse, c'est-à-dire le biseau. On ne doit pas les laisser rougir Quand le fer est neuf, on commence par décaper la partie travaillante à l'esprit de sel (acide chlorhydrique) ou à la lime, afin d'enlever l'oxyde de cuivre qui est à la superficie ; puis on le chauffe assez pour qu'il fonde l'étain et on le frotte dans de la soudure d'étain.Le fer est ainsi en état de se charger de soudure quand,suffisamment chaud, on le frotte sur de la soudure en baguette.Le cuivre n'a pas cette propriété à un degré suffisant avant d'avoir subi cette opération, que l'on nomme étamage.

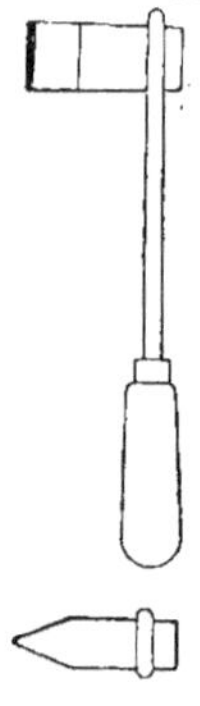

Si le fer avait été chauffé au point d'oxyder tout l'étain dont il est recouvert, et à plus forte raison s'il avait été *brûlé* superficiellement, c'est-à-dire si le cuivre s'était oxydé, il faudrait recommencer l'opération de l'étamage. Les plombiers ont l'habitude du chauffage des fers au point de n'être point obligés de recommencer cette opération.

Chaque fois que le fer est sorti du foyer, on le passe sur un morceau de résine mélangée de sel ammoniac (chlorhydrate d'ammoniaque). Cette opération a pour but d'enlever l'oxyde qui s'est formé sur le fer.

Les pièces à souder sont décapées à l'esprit de sel aux points où doit porter la soudure.

Soudure d'un tuyau de plomb à un tuyau de plomb. — Le diamètre d'une des extrémités est augmenté, le diamètre de l'autre est diminué. Pour élargir un tuyau, il suffit de forcer un mandrin dans le bout à

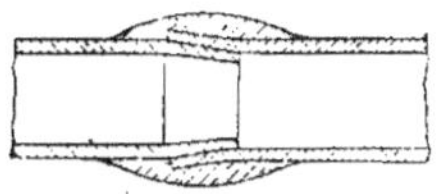

élargir et de frapper légèrement sur le bord du tuyau. Le plomb étant très mou, s'étend ou se rétreint facilement. Les parties qui doivent recevoir la soudure sont avivées à la lime ou à l'acide. Les pièces étant en place, ou on fait fondre de la soudure en baguettes pour en empâter le joint, ou on entoure le joint d'une sorte de moule où l'on verse de la soudure de plombier que l'on a fait fondre préalablement dans un vase de fonte. Lorsque le joint est suffisamment chargé de soudure, et que cette soudure a été préalablement bien répartie en la frottant à chaud avec un tampon de chiffons, on égalise et on façonne la surface au moyen d'un fer chaud.

Soudure autogène plomb sur plomb. — Les feuilles de plomb sont rapprochées, on décape à l'acide les parties où doit se faire la soudure à l'aide de la flamme d'un chalumeau, ou on fait fondre une baguette de soudure de plombier en la promenant sur le joint à souder.

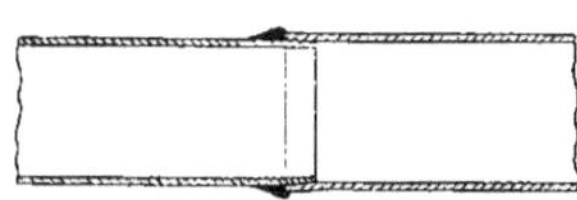

Soudure de zinc sur zinc, ou fer blanc sur fer blanc. — Le joint à souder étant préparé, on passe l'acide et aussitôt on touche le joint avec le fer chargé de soudure de ferblantier.

Soudure de plomb sur cuivre, laiton ou bronze. — Pour souder une pièce de cuivre ou de bronze à une pièce de plomb, il faut prendre certaines précautions, parce que la soudure s'applique difficilement sur le cuivre ou sur le bronze. On décape avec grand soin la partie du bronze ou du laiton qui doit porter la soudure, et on étame cette partie. Le joint est fait en recouvrant le bronze ou le laiton avec le plomb à assembler, et la soudure est pratiquée comme celle des tuyaux en plomb.

Brasure d'une bride de fer sur un tuyau de cuivre. — La bride étant

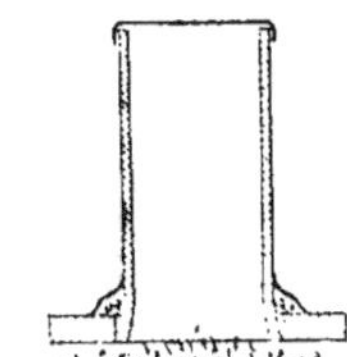

mise en place, après décapage de cette bride et du tuyau, on met sur le joint des grains de brasure, et l'on saupoudre de borax qui sert de fondant L'extrémité du tuyau opposée à la bride est fermée pour éviter un appel d'air qui refroidirait le tuyau. On chauffe légèrement l'ensemble formé par la bride et l'extrémité du tuyau qui doit la porter. La brasure fond, se répand dans le joint et on saisit le moment où le joint est rempli pour retirer le tout du feu.

CHAPITRE VI

LE BOIS

Classification. — Structure. — Composition, propriététés, usages. — Bois durs. Bois blancs. — Bois fins. — Bois résineux. — Bois exotiques. — Abattage, débitage, cubage. — Qualités et défauts des bois. — Séchage et conservation.

36. Classification et structure des bois. — La *classification* suivante comprend les bois en usage dans la construction des machines, dans la menuiserie, l'ébénisterie et la carrosserie.

Classification générale des bois

Bois indigènes	1re classe. Bois durs :	Chêne, frêne, houx, orme, châtaignier, noyer, hêtre.
	2me classe. Bois blancs :	Peuplier, saule, tremble, aulne, bouleau, tilleul, platane, acacia, charme, érable, marronnier.
	3me classe, Bois fins :	Olivier, sorbier ou cormier, poirier, pommier, alisier, merisier, cornouiller, buis.
	4me classe. Bois résineux :	Pin, sapin, mélèze, eucalyptus.
	5me classe. Bois exotiques :	Gayac, ébène, palissandre, tuya, pitchpin, teack

Structure des troncs d'arbres exogènes. — L'accroissement des arbres dont la nomenclature précède se fait à l'extérieur ; ils sont désignés sous e nom de végétaux exogènes. Ils font partie des végétaux dicotylédones. Toutes les parties du tronc n'ont pas les mêmes propriétés et la même valeur industrielle. Nous allons les examiner successivement en considérant la figure suivante qui représente schématiquement deux sections, l'une transversale et l'autre longitudinale, d'un tronc d'arbre. Procédons de l'intérieur à l'extérieur.

La *moelle,* visible dans les arbres jeunes, est une substance humide et spongieuse qui peu à peu disparaît et se convertit en bois quand l'arbre se développe. Elle est très apparente dans le sureau.

Le *bois parfait* entoure la moelle ; il se développe par couches extérieures annuelles qui constituent, dans la section transversale, des anneaux dont le nombre est égal à celui des années d'existence de l'arbre. Ces anneaux vont en diminuant d'épaisseur en s'éloignant du cœur de l'arbre. Le bois parfait est la partie utilisée comme bois d'œuvre.

L'*aubier* est le bois imparfait, entourant le bois parfait. L'aubier est chargé des sucs de la vie végétative et, outre qu'il n'a pas la solidité du bois parfait, il ne peut se conserver aussi facilement que celui-ci. Il ne résiste pas longtemps à l'humidité ni aux vers. Chaque année des couches d'aubier se transforment en bois parfait.

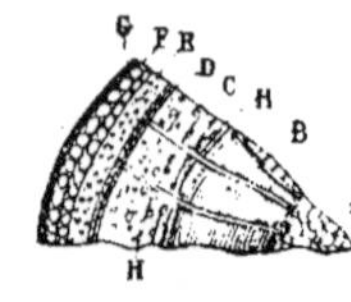

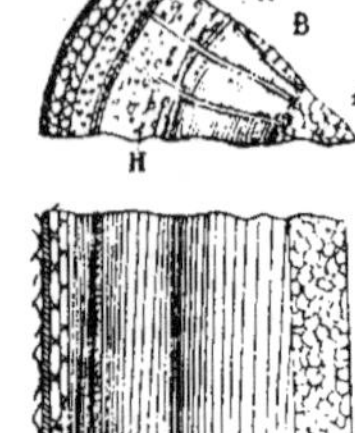

A Moelle
B Bois parfait
C Aubier
D Cambium
E Liber
F Substance subéreuse
G Épiderme
H Rayons médullaires

L'aubier doit être rigoureusement rejeté des bois de construction.

Autour de l'aubier est le *cambium* ; c'est une substance mucilagineuse qui se forme surtout au printemps et à l'été. C'est en définitive de la sève concrète, qui peu à peu se charge de cellules et donne lieu à une nouvelle couche d'aubier. Le cambium donne naissance aussi à une couche de liber dont nous allons parler.

Les couches extrêmes constituent l'écorce ; elles sont au nombre de trois : le *liber*, la *substance subéreuse* et *l'épiderme*.

Le *liber* est un ensemble de couches cylindriques minces, formées de fibres longitudinales. Ces couches sont superposées comme les feuillets d'un livre.

La *couche subéreuse* est celle qui, dans le chêne liège, prend un développement considérable et constitue le produit connu sous le nom de *liège*.

Les *rayons médullaires* sont sur la coupe transversale les traces des lames verticales ayant même nature que la moelle.

37. Composition, propriétés et usages des bois. — *Composition.* — La grande masse du bois est composée d'une substance nommée *cellulose* végétale ; de 15 0/0 de matières minérales, qui forment les cendres lors de la combustion ; de 37 à 48 0/0 d'eau, quand les bois sont verts. Les bois secs se chargent très facilement de 10 0/0 d'eau hygrométrique.

La distillation des bois produit de l'oxyde de carbone, de l'acide carbonique, de l'acide acétique, de l'acétate de méthylène et différentes substances goudronneuses, résineuses et antiseptiques.

La cendre de bois contient des sels alcalins, sels de potasse et de soude, de l'acide phosphorique, de la chaux, de la magnésie, de la silice, des oxydes de fer.

Il est bien évident que les proportions et la nature des corps que donne le bois, soit comme résidu de combustion, soit comme produit de distillation, varient suivant les essences de bois.

Propriétés. — Les bois ont des propriétés bien différentes suivant les essences, et qui les font rechercher pour les usages les plus variés ; ainsi, pour les bois fins, la structure et la couleur sont utilisées pour l'effet décoratif ; dans les bois de construction, la ténacité, l'élasticité sont les qualités recherchées. Notons que le chêne résiste mieux que le sapin à la compression et que le sapin résiste mieux à la flexion que le chêne.

Certains bois se recommandent parce qu'ils sont durs et donnent de bons frottements. C'est en chêne vert ou en cormier que l'on fait les dents d'engrenages en bois.

D'autres se recommandent parce que leur structure est tourmentée et que les fibres du bois n'ont pas de sens. Il en résulte qu'ils peuvent offrir dans tous les sens une grande résistance, résultant d'une sorte de feutrage des fibres; pour cette raison l'orme tortillard est le bois préféré pour faire les moyeux de roues, pièces qui sont travaillées dans tous les sens.

L'humidité augmente les dimensions transversales des bois, c'est-à-dire dans le travers des fibres, et a peu d'influence sur les dimensions longitudinales, c'est-à-dire dans le sens des fibres. De plus les bois mouillés sont moins raides, moins compacts et moins durs que les bois secs ; mais les bois trop secs sont cassants. Il ne faut pas descendre beaucoup au-dessous de 10 0/0 d'eau hygrométrique dans le dessèchement des bois de construction.

Voici un tableau des poids spécifiques des diverses essences de bois :

Poids d'un mètre cube des principales essences de bois

Désignation		Poids du mètre cube	Désignation	Poids du mètre cube
Chêne de Provence	Vert	1220 kg	Tilleul	557k à 600k
	Sec	1015	Platane	628 à 714
Chêne de Champagne	Vert	988	Marronnier d'Inde	657
	Sec	643	Acacia	785 à 800
Chêne de Lorraine	Vert	930	Charme	757
	Sec	643	Érable	557 à 643
Chêne ordinaire	Vert	1000 à 1157	Cormier	900 a 914
	Sec	785 à 914	Poirier	657 à 714
Frêne		785	Pommier	757 à 800
Orme		743 à 942	Alisier	871 à 885
Châtaignier		685	Merisier	714 à 857
Noyer		600 à 743	Cornouillier	761
Hêtre		714 à 885	Buis	900 à 1328
Peuplier		371 à 614	Pin du Nord	814 à 828
Tremble		538	Sapin	528 à 671
Aulne		543 à 800	Mélèze	657
Bouleau		700	Gaïac	1328 à 1342
			Acajou	910

Usages des bois. — Les usages des bois sont des plus variés. De tout temps on les a employés dans les constructions civiles, dans les constructions navales, dans la carrosserie, dans le charronnage, dans la menuiserie. Aujourd'hui on utilise la cellulose, substance dont se compose le bois en grande partie, à la fabrication du papier, à la fabrication d'objets moulés ; on en fait des pièces mécaniques, des poulies ; on a essayé d'en faire des roues.

31. Bois durs. — *Le chêne.* — Le chêne est le meilleur des bois indigènes pour sa dureté, sa ténacité et sa durée. Il faut, bien entendu, que le chêne ait été débarrassé de sa couche d'aubier, qui est d'environ 5 centimètres, pour que l'on puisse parler ainsi.

Le chêne plongé dans l'eau se conserve presque indéfiniment ; il en est de même s'il est dans un endroit bien sec ; mais il ne résiste pas aux alternances de sécheresse et d'humidité. Le chêne employé dans les constructions hydrauliques devra être toujours placé plus bas que les plus basses eaux ; et, dans les constructions des édifices, il sera bon de ménager une ventilation convenable autour des abouts de charpentes, reposant sur la maçonnerie, afin d'éviter que l'humidité ne pénètre et ne séjourne dans le bois.

Les chênes poussant dans les pays élevés et secs sont de meilleure qualité (Vosges, Champagne).

Le chêne brunit en vieillissant ; c'est dû à l'action de l'acide gallique.

Ce bois est d'un usage fréquent et ce n'est généralement que par raison d'économie qu'on lui substitue d'autres bois en construction et en menuiserie. Il sert comme bois de charpente, comme pilotis ; on l'emploie comme bois de construction des navires, des wagons ; il sert à l'ameublement, aux parquets, à la confection des modèles, des alluchons, des futailles, des lattes. Il est très recherché pour la sculpture sur bois.

Les variétés de chênes sont nombreuses ; quatre d'entre elles sont surtout recherchées : 1° le chêne blanc ou chêne pédonculé, qui pousse droit jusqu'à 20 mètres de hauteur, dont les branches sont à un niveau élevé. Il a des fibres longues, élastiques, sans nœuds. L'écorce du chêne blanc est lisse et d'une couleur claire. Les *glands* ont de longs pédoncules et sont isolés ; 2° le *chêne commun* ou *chêne rouvre* (Bourgogne) a une couleur foncée, ses fibres sont moins droites et moins résistantes que celles du précédent. Les branches sont à un niveau moins élevé que celles du chêne blanc. L'écorce est rugueuse et les glands pendent à de courts pédoncules et par groupes de cinq ou six ; 3° le *chêne noir,* plus petit que les précédents, a un bois très dur et foncé. Cet arbre pousse lentement. On le trouve dans l'Ouest et le Midi de la France ; 4º le *chêne vert* ou *chêne liège* est un arbre de petites dimensions ; l'aubier est blanc et le bois parfait est brun. Ce bois résiste bien dans l'eau, mais il se *tourmente, travaille* à l'air, c'est-à-dire se gauchit. On l'emploie pour les petites pièces qui demandent une grande dureté, parce qu'il donne un bon frottement. L'écorce d'une variété de chêne vert donne le liège que, dans les constructions mécaniques, on emploie comme matière isolante. Cette espèce se trouve en Provence, dans les Pyrénées et en Algérie surtout.

Frêne. — Le frêne est un bois dur, résistant, d'une couleur blanche, veinée de jaune ; il est composé de zones dures, serrées, alternant avec des zones poreuses. Il est facilement attaquable par les vers dans les zones tendres.

Les fibres sont droites, presque aussi tenaces que celles du chêne et plus souples et plus élastiques.

On le fend pour le débiter au lieu de le scier, afin de ne pas couper les fibres.

Ce bois est employé pour faire des brancards de voitures, des manches d'outils, des leviers, des rames, des échelles, des roues de voitures, des pieds de table, des sabots.

Houx. — Le bois de houx est un bois fin et résistant, d'un blanc jaunâtre gris. On l'emploie à la fabrication des manches des marteaux à main.

Orme. — On distingue deux variétés d'orme : *l'orme ordinaire* et *l'orme tortillard*. L'orme ordinaire pousse droit et très haut, il est d'une qualité entre celle du frène et celle du chêne. L'écorce est lisse, le bois résiste dans tous les sens sans éclater. On l'emploie en charronnage à la confection des jantes et des raies de roues ; on en fait des vis de pressoir.

L'orme tortillard est d'une écorce raboteuse. Son bois est rouge, sauf l'aubier qui est clair, presque blanc. Les fibres de ce bois sont ondulées et présentent une grande résistance au choc. Il est réservé à la fabrication des moyeux, qui sont percés de trous dans tous les sens.

Châtaigner. — Le châtaigner donne un bois jaune roux, plus souple que le chêne, mais plus léger. On le distingue du chêne, avec lequel on pourrait quelquefois le confondre à première vue, en remarquant l'absence de rayons médullaires. Le chêne est un bois dit *Maillé*, c'est-à-dire ayant des rayons médullaires et le châtaigner n'en a pas. Il se conserve bien sous l'eau. On l'emploi comme bois de charpente, comme pilotis ; on en fait des frises de parquet.

Noyer. — Le bois du noyer est brun grisâtre, quelquefois il est blanc jaunâtre. C'est un bois qui peut avoir de grandes dimensions, qui est souple et se courbe facilement après débitage quand il est mouillé.

Les fibres sont serrées, le grain est fin, ce qui permet de couper ce bois dans tous les sens. Il est susceptible d'un beau poli.

Il est utilisé en ébénisterie. Dans la construction des machines, il sert à faire les modèles de formes difficiles. En carrosserie, il sert à faire les panneaux des voitures. Les crosses de fusils sont en noyer.

Hêtre. — Le hêtre est un arbre qui pousse droit, haut et vite. Son bois est ordinairement d'une couleur claire : parfois cependant la couleur est rouge brun, veinée de parties brillantes d'un ton plus clair. Le grain est fin, les fibres sont peu apparentes.

Il se fend facilement ; il est attaqué par les vers et ne se conserve pas, même à l'abri de l'humidité. Ce sont là de graves défauts ; cependant il se conserve assez bien s'il est complètement immergé.

Il ne faut pas le laisser en grume pendant les chaleurs.

Il sert à faire des meubles de cuisine, des fonds de meubles, des rames, des bois pour les brosses.

39. Bois blancs. — *Peuplier*. — Le bois du peuplier est tendre, léger, blanchâtre. Les couches annuelles sont peu visibles. Le grain du bois est assez fin et serré. Les fibres sont tenaces et bien soudées ; elles supportent le choc du marteau sans se détacher. Ce bois résiste donc bien au frottement et aux chocs ; on l'emploie à faire des caisses de brouettes, des tombereaux, des tonneaux et des caisses d'emballage.

Ce bois, comme le frêne, le hêtre, le charme, doit être débité tout de suite après la coupe. Le peuplier se développe bien et vite dans les terrains argileux et frais.

On distingue trois sortes de peupliers : le *peuplier noir*, caractérisé par des feuilles lisses, d'un vert foncé, donnant un bois ferme, solide ; 2° le peuplier de Hollande, dit *grisard*, dont le bois est de teintes claires diversement nuancées, d'où vient d'ailleurs le nom de grisard. Les feuilles sont chargées en dessous d'un duvet qui se détache et rend malsain le voisinage de cet arbre. L'écorce est blanche, lisse, mouchetée de points noirs. Le bois étant fin, serré, les fibres ne s'arrachent pas ; il est tendre, facile à découper. Ce bois est employé pour faire de menus objets de formes délicates et pour faire des sabots, des planchers de moulins ; 3° le *peuplier d'Italie* dont les branches poussent verticalement, très serrées autour du tronc, et depuis le pied de l'arbre. Le bois en est à gros grains ; il est peu serré et parsemé de gros nœuds rouges. Il est surtout employé pour faire des voliges.

Saule. — Le saule, comme le peuplier, pousse très vite. Il acquiert en peu d'années une hauteur de 30 mètres. Son bois peut remplacer celui du frêne et celui du hêtre dans la fabrication des manches d'outils, surtout des manches de bêches. On l'emploie à faire des sabots en concurrence avec le frêne ; et, comme il est très léger, la marche est facile.

Tremble. — Le bois de cet arbre est très mou et ne sert qu'aux travaux grossiers.

Aulne. — Cet arbre pousse rapidement dans les terrains humides. Son bois est blanc roux, léger, plus dur que celui du peuplier. Le bois de l'aulne est moins dur que l'aubier, aussi retire-t-on le bois et fait-on des tuyaux avec le tronc de cet arbre.

Ce bois résiste mal à l'air sec et se conserve bien immergé dans l'eau ; on peut en faire des pilotis.

Bouleau. — Cet arbre offre cette particularité que son écorce se détache chaque année. La fibre du bois parfait est souple et longue; c'est le plus dur des bois blancs. Le liber de cet arbre sert à la fabrication de la pâte à papier. L'écorce sert au tannage des cuirs. Le bouleau est spécialement employé au chauffage des fours à pain. Il se travaille bien cependant et on peut en faire des chaises légères, des sabots, des échelles.

Tilleul. — Le bois de cet arbre est blanc-rougeâtre, léger, tendre, tenace toutefois et homogène. Il se travaille facilement dans tous les sens. Il est recherché pour la sculpture, la fabrication des modèles ; la carrosserie, la gainerie emploient ce bois. On l'emploie aussi à la fabrication de la pâte à papier.

L'écorce est fibreuse et textile ; on s'en sert pour faire des cordages communs, des cordes à puits.

Le tilleul est susceptible d'un grand développement.

Platane. — Le bois du platane est blanc légèrement roux. C'est un bois assez dur à grain fin, qui se travaille bien quand il n'est pas trop sec. Il joue à l'air et il est attaqué facilement par les vers. Dans l'eau, il se conserve assez bien. On l'emploie pour la sculpture, la fabrication de panneaux pour la peinture. L'écorce de cet arbre tombe par grandes écailles.

Acacia. — Le bois de l'acacia est jaune, avec des veines brunes. C'est un bois raide ; il casse brusquement sans plier à la limite de résistance. Ce bois se travaille fort bien au tour. Il sert à la fabrication des raies de voiture, des échelons, des chevilles d'alluchons.

Charme. — Le bois du charme est blanc-jaunâtre, à grain fin. Il prend un grand retrait en séchant et devient cassant. C'est un bois dur, plus dur que le hêtre et qui se travaille bien au tour. Il est recherché pour la construction des charpentes de machines placées à l'abri de l'humidité, pour le charronnage. On en fait des cames, des fuseaux, des engrenages, des coins et des maillets.

Erable. — Le bois de l'érable est clair, jaune pâle ou roux, à grain fin. La texture est mouchetée de petits nœuds qui lui donnent un aspect varié. Il est employé pour la décoration par les menuisiers et les ébénistes. C'est le meilleur des bois blancs ; il est résistant et doux à la fois ; il se polit et se tourne bien.

On l'emploie au charronnage ; on l'utilise à l'établissement de l'ossature des wagons ; on en fait des robinets, des chaises, des manches d'outils.

Marronnier. — Le marronnier a un bois blanc roux, tendre, homogène. Ce bois est employé dans la confection des modèles.

40. Bois fins. — *Olivier.* — L'olivier a un bois jaune avec des nuances grises. C'est un bois très dur employé pour faire des meubles. On pourrait l'utiliser au besoin pour les pièces mécaniques frottantes, alluchons, cames, dents d'engrenages.

Sorbier ou cormier. — Le bois du sorbier ou cormier est gris roux, parfois rougeâtre. La surface se polit et donne de très bons frottements.

Ce bois sert à faire les bois de rabot, les dents d'engrenage, les fuseaux de lanternes, des règles, des équerres, des rouleaux qui servent aux corroyeurs pour lisser les cuirs.

Poirier. — Le bois du poirier est demi-dur, rouge ; on l'emploie à faire les rouleaux où sont sculptées des empreintes pour l'impression des papiers peints.

Ce bois est employé en placages de 1/2 centimètre d'épaisseur ; on en fait des meubles, des frises de parquet. Il se noircit bien et permet de faire des imitations de bois d'ébène. Le poirier sauvage est préféré souvent à cause de sa dureté.

Il sert à la fabrication des bois des outils de menuisiers et à celle des instruments de dessin.

Pommier. — Le bois du pommier a la même couleur que celui du poirier. Il est de moins bonne qualité que ce dernier et sert aux mêmes usages.

Alisier. — L'alisier donne un bois jaune blanchâtre ou quelquefois rougeâtre, moins dur que celui du pommier.

On l'emploie aux mêmes usages que les précédents.

Cerisier et merisier. — Le bois de ces deux arbres est rouge clair le plus souvent. La couleur passe facilement. Elle se développe en trempant le bois dans de l'eau aiguisée d'acide sulfurique.

Ce bois se travaille bien au rabot et au tour. Il est employé par les luthiers ; dans l'ébénisterie, il sert à faire surtout les montants de chaises tournées.

Cornouiller. — Le cornouiller donne un bois roux, qui brunit à la longue. Il est plus dur que le cerisier ; on en fait des bâtons d'enrayage très résistants. Il est employé aux mêmes usages que le cerisier ; de plus on l'emploie dans la carrosserie à la fabrication des raies de roues.

Buis. — Le buis fournit un bois jaune, très compact, homogène, d'un grain très fin. Ce bois est très résistant. Il n'éclate pas et se polit parfaitement. Il se travaille dans tous les sens, ce qui le rend très facile à travailler sur le tour. Il sert à la fabrication des instruments de mesure, des coussinets. En petites planches on l'utilise à la gravure sur bois.

41. Bois résineux. — *Pin.* — Parmi les arbres résineux, c'est le pin qui renferme le moins de résine. Cet arbre pousse très droit, en forme de cône régulier et atteint de grandes hauteurs. Le pin de Californie donne des poutres qui ont jusqu'à 40 centimètres d'équarrissage et 50 mètres de longueur. Les planches du pin ont de grandes veines rougeâtres.

En France, on le trouve surtout dans les Vosges, en Auvergne, dans la Gironde et dans les Landes. La Russie, la Suède et la Norvège nous en fournissent ; celui de Suède résiste surtout bien à l'humidité, parce qu'il est très chargé de résine.

Le bois du pin sert à faire des pièces de charpente, des poteaux télégraphiques, des poteaux de mines, des traverses de chemins de fer, de la pâte à papier, du pavage en bois.

Sapin. — Le bois de sapin est analogue à celui du pin. La couleur et la dureté du bois dépendent du terrain sur lequel l'arbre s'est développé. Le bois de sapin du Nord donne des menuiseries très belles ; il se polit.

Le *sapin argenté* est la plus commune des espèces de sapins ; l'*épicéa* est un arbre qui atteint de gros diamètres.

Le sapin fournit des pièces de charpente de grandes dimensions pour les constructions, les échafaudages. Le sapin s'emploie en perches, en lattes, en planches. Des bois communs on fait des caisses d'emballage. Le bois de sapin sert à faire des moulures minces. On l'emploie à la fabrication des allumettes.

Les luthiers emploient le bois de sapin à la construction des instruments à corde.

Mélèze. — Le bois du mélèze a un grain plus fin et plus serré que celui du bois de sapin. C'est un bois dur, plus rouge et plus résineux que celui du pin. Il se conserve bien dans l'eau et dans l'air.

Le mélèze vient surtout sur les hauts sommets, ce qui le rend difficile à exploiter. On le recherche pour les grosses pièces de charpente et la construction des navires.

Eucalyptus. — Cet arbre, originaire de l'Australie et de la Nouvelle-Hollande, s'acclimate bien dans les régions tempérées de l'Europe. Il a la précieuse propriété d'assainir les contrées marécageuses. On en a planté en Italie et en Algérie pour utiliser cette propriété. Il croit avec une rapidité très grande. Il est abondamment chargé de résine et est inattaquable par les insectes et par l'humidité.

On l'emploie pour la construction des bateaux, la charpente, l'ébénisterie, la menuiserie.

Certaines espèces donnent une huile essentielle, qui, distillée, fournit un gaz propre à l'éclairage, brûlant avec une flamme très brillante. Cette huile associée au colza, à l'alcool, brûle et éclaire sans donner de fumée.

Résines, térébenthine, colophane. — Les couches annuelles des bois résineux sont composées de deux parties : l'une dure et imprégnée de résine, l'autre tendre.

La résine se recueille en pratiquant dans l'arbre une ou deux entailles ou saignées par lesquelles s'écoule la résine que l'on recueille dans des vases suspendus au-dessous de ces saignées. Il importe de faire celles-ci avec discernement pour ne pas affaiblir l'arbre et ne pas nuire à la qualité de son bois. Les bois se conservent d'autant mieux aux alternatives de sécheresse et d'humidité que les arbres ont été moins saignés.

En distillant la résine, on obtient l'essence de térébenthine. Le résidu est le goudron végétal. La colophane, le baume de Canada sont des extraits du goudron végétal.

42. Bois exotiques. — *Gayac.* — Le bois de gayac est très dur, d'une couleur vert brun foncé. Il se travaille bien, n'ayant pas de fibres. Il ne se fend pas. En raison de ses qualités, ce bois est employé à faire des coussinets, des alluchons, de petites poulies pleines, des roulettes pour meubles.

Ebène. — Le bois d'ébène est très dur, de couleur noire très foncée. Son grain est serré, très régulier ; il se travaille dans tous les sens. Ce bois est très recherché en ébénisterie ; mais il est rare et cher.

Acajou. — Le bois d'acajou est moins dur que le bois d'ébène. Il a une couleur rouge avec de belles veines. Il est parfois moucheté. On l'emploie en ébénisterie sous forme de placages très minces ; rarement les meubles sont en bois d'acajou plein. Ce bois ne se tachant pas par l'huile, on l'emploie quelquefois pour faire des enveloppes extérieures de cylindres à vapeur.

Palissandre. — Le bois de palissandre est noir à reflets violacés. Il est employé surtout en ébénisterie.

Thuya. — Le bois de thuya est compact, rouge avec taches jaunâtres. Il sert principalement dans la marqueterie.

Teack. — Le bois de teack est un bois de construction. Il est très solide et inaltérable ; aussi l'emploie-t-on pour la construction des portes d'écluses. Il est susceptible d'un beau poli ; son grain est très serré. La couleur rappelle celle du noyer.

Pitchpin. — Le pitchpin est le bois du pin dit rigide ; arbre de grandes dimensions atteignant jusqu'à 30 mètres de hauteur et 3 mètres de tour. Ce bois est jaune rougeâtre, plus dur que celui du pin ordinaire et aussi plus résistant ; mais ce bois est peu élastique et cassant.

Il est difficile de trouver des arbres parfaitement sains, ce qui rend le pitchpin cher et en limite l'usage.

Sa couleur agréable le fait rechercher pour la menuiserie, l'ébénisterie, la construction des wagons. On le tire surtout de la Géorgie et du Texas.

43. Abattage, débitage et cubage des bois. — *Abattage.* — Pour qu'un bois ait les meilleures qualités requises pour la construction, il importe de n'abattre l'arbre qu'à l'âge où il acquiert une saine maturité. Mais il faut un temps considérable pour qu'un arbre soit dans de bonnes conditions et susceptible d'être exploité comme bois d'œuvre. Aussi les bois de construction deviennent-ils de plus en plus rares, même en Norvège, où l'on déboise sans méthode, et l'on peut prévoir, dans cette contrée même, un prochain épuisement des futaies.

Voici un aperçu de l'âge auquel il convient de couper les arbres.

Noyer	300 ans.
Chêne rouvre	250
Chêne blanc Châtaignier	200
Tilleul Orme	101 à 125
Hêtre Sapin	95
Platane	50
Aulne Peuplier Merisier	50 à 60.

Les arbres ont une longévité dont il ne faut pas attendre la limite pour les abattre. Au-delà de la maturité complète et saine, le cœur de l'arbre subit des altérations. Quand un arbre est atteint par l'âge on dit qu'*il est sur le retour*.

L'époque de l'année où doit se faire l'abattage est très discutée. Il est cependant certain qu'un arbre résiste mieux aux intempéries, aux insectes, et a une plus grande résistance quand il est abattu dans une saison plutôt que dans une autre.

Il paraît que le mieux est d'abattre les arbres *hors sève*, à la fin de l'automne, à la chute des feuilles. Dans tous les cas, ce n'est jamais pendant le mouvement de la sève, qu'il faut les abattre.

Il y a trois principaux procédés d'abattage : 1° L'abattage à la hache consistant à faire, près du pied et de deux côtés opposés, de larges entailles à la hache. Puis, au moyen d'une série de coins que l'on enfonce, on détermine la chute de l'arbre. Les entailles et les coins doivent être placés de manière que l'arbre tombe convenablement sans endommager ses branches, ni les arbres voisins ;

2° L'abattage à la scie consiste en ceci : on dégage le terrain autour du pied ; on perce deux trous, un de chaque côté du pied, puis on détermine les coupures au moyen d'une large scie dite passe-partout manœuvrée par deux hommes, de telle sorte que le mouvement de la scie soit bien horizontal. Cette manœuvre de la scie est pénible et on préfère l'abattage à la hache ;

3° L'abattage à blanc consiste à enlever l'arbre et ses racines. On dégage le tronc de l'arbre en faisant une tranchée suffisante autour du pied. On coupe les racines à la hache, l'arbre ayant été primitivement attaché par trois cordages aux arbres voisins.

Les bois abattus sont dits *bois en grume*, tant que l'on n'en a pas retiré l'écorce.

Débitage des bois. — Les bois en grume sont enlevés au moyen d'équipages spéciaux formés principalement de deux grandes roues. On les transporte à l'endroit où ils doivent être équarris et débités.

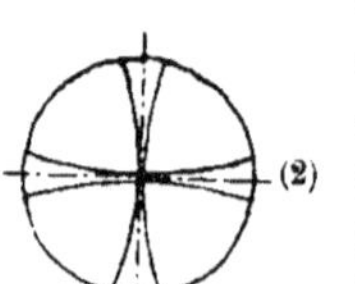

Le débitage doit être réglé de manière à retirer d'un arbre le cube maximum de bois d'œuvre ayant bien exactement les dimensions commerciales, les arêtes étant vives et le bois sans défaut, sans *flaches*, ni *aubier*. Par le mot flache, il faut entendre un défaut d'équarrissage, un manque pour que les dimensions de la pièce soient complètes. C'est généralement une partie d'arête de la pièce qui manque.

Le débitage doit suivre l'abattage afin de prévenir les gerces. Le débitage fait en commençant par un trait de scie diamétral ou par deux traits de scie diamétraux et rectangulaires est mauvais. Les faces se voilent par suite du retrait sous l'action desséchante de l'air (voir figures 1 et 2). On dit que le bois *tire à cœur*.

Cet inconvénient n'a pas lieu quand le *débit* est fait *sur maille*, c'est-à-dire dans le sens des rayons médullaires ; mais ce débitage amène un grand déchet vers le cœur de l'arbre et donne des planches ayant une épaisseur variable dans le sens transversal.

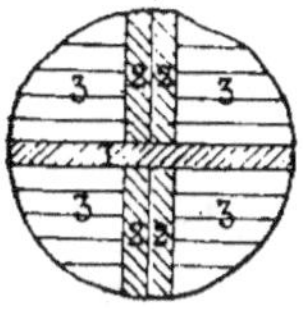

Le débitage généralement employé consiste à faire une planche à cœur et des planches n'ayant qu'un champ à cœur. La fig. 3 indique le mode de débitage et l'ordre dans lequel on fait les planches.

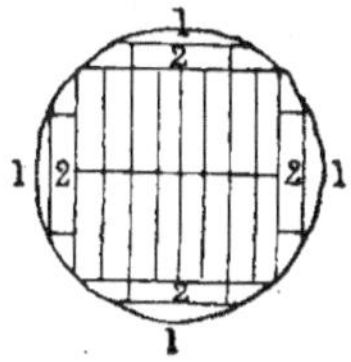

La figure 4 représente le meilleur mode de débitage, celui qui ne laisse de cœur dans aucune des planches. Le cœur, en séchant, se fend suivant une ligne tortueuse. Les segments 1 sont détachés pour l'équarrissage. On obtient 16 planches de bois parfait. Les planches 2 jouent, parce qu'une des faces approche de l'aubier et devient concave en séchant, tandis que la face opposée devient convexe.

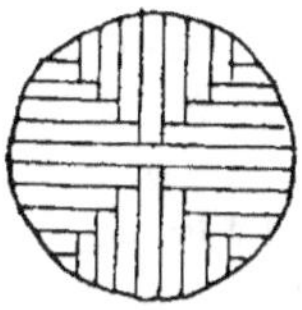

L'aspect de la surface des bois découpés dépend du sens dans lequel on les découpe. La figure 5 représente un débitage avantageux où il y a plusieurs planches débitées presque sur maille. Les rayons médullaires tranchés obliquement donnent lieu sur le chêne à une surface mouchetée.

Le platane coupé sur maille donne une teinte grise uniforme.

Le pitchpin donne des côtes régulières et d'un bel effet.

Voici les désignations et les dimensions du commerce :

1° *Bois de charpente.*

Chêne.

Ordinaire : jusqu'à 0 m. 29 de grosseur et au-dessous de 8 m. de longueur.

Petit arrimage : grosseur, 0,30 à 0,36 et de 8 m. de longueur et au-dessus.

Moyen arrimage : grosseur de 0,37 à 0,42 et de toutes longueurs.

Gros arrimage : grosseur de 0,43 et au-dessus et de toutes longueurs.

Sapin. { Ordinaire : jusqu'à 0,29 d'équarrissage,
de qualité : grosseur de 0.30 et au-dessus.

2° *Bois de menuiserie.*

Chêne jusqu'à 3,75 de long.

Feuillet	0.013×0.23
— . . .	$0,020 \times 0,23$
Entrevous . . .	$0,027 \times 0.23$
Echantillon . . .	$0,034 \times 0,23$
— . .	$0,041 \times 0,21$
Doublette . . .	$0,054 \times 0,32$
Petit battant . .	$0,075 \times 0,23$
Membrure . . .	$0.080 \times 0,16$
Gros battant . .	$0,110 \times 0,32$
Chevron	$0,08 \ \times 0,08$

Sapin de Lorraine jusqu'à 4 m. de long.

Feuillet	$0,013 \times 0,32$
Planche	$0,027 \times 0,32$
—	$0,034 \times 0,32$

Sapin du Nord 1re qualité et toutes longueurs.

Madrier blanc . .	$0,08 \ \times 0,22$
— rouge . .	$0,08 \ \times 0.22$
Feuillet	$0,010 \times 0,22$ dit 5 traits
—	$0,014 \times 0,22$ dit 4 traits.
—	$0,018 \times 0,22$ dit 3 traits.
Planche	$0,027 \times 0,22$ dit 2 traits.
—	$0,034 \times 0,22$ dit 1 trait.
—	$0,041 \times 0,22$ dit 1 trait.
—	$0,054 \times 0,22$ dit 1 trait.
Chevron	$0,08 \ \times 0,08$ dit 2 traits bas.
Basting	$0,065 \times 0,17$ —

Dans les cas où les bois doivent être débités suivant des dimensions exactes, il faut tenir compte du déchet amené par le passage de la scie pour les débiter et du déchet de rabotage pour le dressage des faces.

La scie circulaire exige 3 millimètres à 3 mm. 5 pour son passage. La scie alternative 2 millimètres. Chaque face de rabotage comprend une diminution d'épaisseur de 1 millimètre.

Si dans un madrier de 0 m. 076 on veut faire quatre panneaux, il faudra compter 3 traits sur champ à 2 millimètres l'un et huit faces de rabotage à 1 millimètre l'une, soit en tout 14 millimètres de déchet. Chaque panneau aura donc 15,5 millimètres d'épaisseur.

Dans le commerce, les bois sont divisés en trois catégories :

1° Les bois en grume, ceux qui portent leur écorce.

2° Les bois de fente ou débités à la hache. On les désigne encore sous le nom de *Merrain* et on les emploie à faire des frises de parquet, des douves de futailles, de tonneaux et quelques travaux de menuiserie. Le merrain qui n'est pas droit, celui qui a des nœuds sert à faire des lattes, des échalas, des palissades. Le chène et le châtaignier, sont des bois que l'on débite ainsi.

Les bois de placage sont débités au moyen de lames très minces en feuilles pouvant n'avoir que 1/10 à 1/20 de millimètres. Pour obtenir les bois de placage, on a eu soin de les ramollir au préalable, en les chauffant pendant 10 à 12 heures dans des vases clos où circule de la vapeur. Cette opération, pour obtenir des placages, remplace avantageusement celle que l'on fait à la scie; dans celle-ci, en effet, il y a une perte qui peut s'élever à 10 0/0 et plus du volume du bois à débiter. D'ailleurs, plus la feuille de placage est de faible épaisseur, plus le déchet est grand, puisque pour chaque lame il faut perdre l'épaisseur d'un trait de scie. Le débitage des placages à la lame coupante ne peut donner de déchet.

3° Les bois de sciage obtenus à la scie. Le débitage à la scie a l'inconvénient de trancher les fibres une ou plusieurs fois si l'arbre n'est pas droit. Les bois de sciage présentent donc moins de solidité que les bois de fente, dans ceux-ci les fibres ne sont point tranchées. Les *bois équarris* sont obtenus à la scie.

Cubage des bois. — Les bois en grume sont mesurés en tenant compte de l'écorce, de l'aubier, de la conicité et enfin des défauts.

En France, la formule du volume est : le produit de la section par la longueur. La difficulté est la mesure de la section. On l'obtient de plusieurs manières : On prend le périmètre de la section du milieu de l'arbre au moyen d'un cordeau, et on élève au carré la longueur du quart de ce périmètre. En admettant que la section du milieu soit une circonférence de rayon R, la section serait

$$a^2 = \left(\frac{2\pi R}{4}\right)^2$$

D'autres fois, on prend le quart de la circonférence après avoir retranché de cette circonférence le 1/5 ou le 1/6. Dans le 1er cas, on dit que a est estimé au cinquième réduit, on a :

$$a = \frac{1}{4}\,\frac{4}{5}\,2\pi R = \frac{2\pi R}{5}.$$

Dans le 2° cas, on dit que a est estimé au sixième réduit, et on a :

$$a = \frac{1}{4}\,\frac{5}{6}\,2\pi R = \frac{5}{12}\,\pi R$$

A Paris, on vend et on achète généralement les bois au quart de la circonférence. Certaines administrations prennent le 1/4 ou le 1/5 réduit.

Le volume réel étant pris égal à 1.

Le volume calculé au 1/4 de la circonférence en sera les. . . .   0,77

Le volume au 1/6 réduit, en sera   0,54

Et le volume au 1/5 réduit, en sera.   0,50

Les bois équarris se mesurent au volume réel, donné par les formules de la géométrie. Il n'y a qu'à remarquer que, pour les longueurs on est dans l'usage d'arrondir de cinq en cinq centimètres ; pour les largeurs on arrondit de centimètre en centimètre.

44. Qualités et défauts des bois. — *Qualités du bois.* — Le bois doit être dur, de structure uniforme, d'un grain serré. Le bois doit être sec, élastique et droit fil.

Quand un bois a poussé régulièrement à l'abri des grands vents, les couches annuelles sont bien cylindriques, les fibres sont droites, l'écorce est unie, le bois est dense et dur. La structure est homogène.

La couleur d'un bois de qualité doit être claire par rapport à la couleur du bois de l'espèce considérée. L'odeur doit être fraiche et agréable. On perçoit l'odeur sur un copeau fraichement détaché. Un bois pourri aurait une odeur aigre, piquante, nauséabonde.

La sonorité est encore un signe de bonne qualité. Si, frappant l'extrémité d'une pièce de bois au moyen d'un marteau, on perçoit à l'autre extrémité un bruit sourd, cela dénote la présence de cavités internes.

Le bois doit offrir une grande résistance dans le sens des fibres, et celles-ci doivent avoir de la souplesse et de l'adhérence entre elles. Pour constater ces diverses propriétés élastiques, on détache un copeau et on l'éprouve en long, c'est-à-dire dans le sens des fibres, et en travers, c'est-à-dire perpendiculairement à la direction des fibres.

Défauts des bois. — 1° Les défauts des bois sur pied ou en grume sont : les nœuds, l'aubier, l'ulcère, les gélivures, les roulures, les gerces, les cadranures, la carie, la vermoulure.

Les *nœuds*, dans les bois en grume, ne sont pas toujours un défaut ; mais il faut sonder les nœuds provenant des branches mortes avant l'abattage. L'eau séjournant dans le vide produit peut avoir pourri le bois et cette pourriture peut s'étendre jusqu'au cœur de l'arbre.

L'*aubier* est un défaut qui entraine une perte, un déchet important, parce qu'on ne doit pas mettre en œuvre du bois contenant de l'aubier.

Les *ulcères* constituent une maladie ; ils se produisent sur l'épiderme de l'arbre. Ils sont accompagnés de végétations malsaines, d'excroissances et d'un suintement nauséabond.

Les *gélivures* sont des fentes verticales et profondes dues à l'action de la gelée sur la sève. Les fentes sont dans la direction des rayons médullaires et sont souvent très étendues du centre à la circonférence.

Les *roulures* sont des vides circulaires entre les couches de bois parfait. Elles résultent de l'action du vent qui a détaché sur une certaine étendue deux couches qui n'avaient point encore adhéré avec une énergie suffisante. Les bois présentant des roulures sont employés, suivant leur qualité, à la fabrication des merrains, des lattes, des échelons.

Les *gerces* sont des fentes allant de la circonférence vers le centre. Elles se produisent dans les bois durs principalement. Elles proviennent d'une dessiccation rapide au soleil.

Les *cadranures* proviennent de gélivures et de gerces dans de vieux arbres ayant poussé dans des terrains humides. Le mot cadranure vient du mot cadran et indique bien la forme affectée par la cadranure. Lorsqu'elle s'étend jusqu'au cœur de l'arbre, la section de celui-ci est échancrée entre deux rayons.

La *carie* est la décomposition du bois parfait. Elle peut ne pas s'apercevoir. Un arbre peut avoir une écorce saine et être carié sur une grande longueur et sur une grande étendue de sa section. La partie cariée est de teinte rougeâtre et sans cohésion ; la matière cariée peut se détacher à la main.

La *vermoulure* est le résultat de l'attaque des vers. Le bois est attaqué sous l'écorce et tombe en poussière.

Les *bois tords* sont ceux dans lesquels les fibres sont disposées en hélices autour de l'axe du tronc. Dans le débitage, les fibres sont coupées plusieurs fois ; il en résulte une diminution de résistance.

Le *bois séchon* est celui d'arbres morts sur pied. Ces bois se pourrissent facilement, on peut les émietter avec l'ongle.

2° Les défauts des bois débités sont les flaches, les nœuds vicieux, les gerces, la vermoulure, la pourriture. les fentes.

Les *flaches* ne sont que des manques. Elles ne nuisent ni à la solidité, ni à la qualité. Il n'y a lieu de les considérer comme défaut que si elles nuisent à l'effet d'un parement ou d'une arête.

Un *nœud* résulte du passage des fibres d'une branche dans le bois parfait qui s'est formé après l'apparition de cette branche. Les fibres du bois parfait sont déviées de leur direction autour de la naissance de la branche et n'adhèrent pas aux fibres de celle-ci. Un nœud est dit vicieux, dans une pièce de bois ou dans une planche, quand la matière qui le remplit peut se détacher.

Les *gerces* se produisent par l'action desséchante du soleil ou des courants d'air sec.

La *pourriture* se produit quand le bois est soumis à l'influence alternative de l'air sec et de l'humidité. Elle se produit encore quand le bois est enfermé vert dans un lieu clos : il y a fermentation de la sève, qui se corrompt. Le bois se transforme en une poudre brune qui se détache facilement.

Les *fentes* se produisent quand les fibres sont tranchées lors du débitage. Elles sont dangereuses quand elles peuvent présenter par rapport à un plan de sciage une inclinaison supérieure à 1/10.

45. Séchage et conservation des bois. — *Séchage des bois.* — Le bois, pour être employé dans de bonnes conditions, doit avoir trois ans de coupe.

Immédiatement après l'abattage, les arbres sont ébranchés et rognés du côté de la tête. On les conserve en grume pendant un an. Les arbres, reconnus bons à ce moment, sont débités en plateaux ou en madriers ; et on les conserve encore pendant un an sous cette forme en les faisant

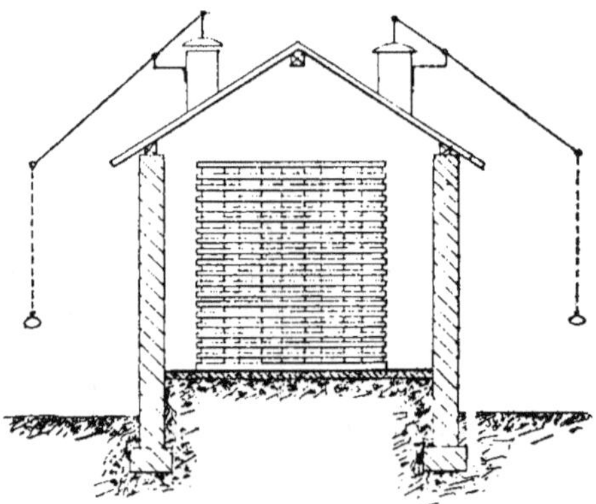

sécher comme il sera dit plus loin. Enfin, les plateaux et madriers reconnus bons, après ce délai, sont débités sous la forme définitive et conservés en magasin pendant un an encore.

Le plus souvent la dessiccation est obtenue en plaçant les bois sous des hangars, où on les empile en les croisant et en laissant entre les

pièces les vides nécessaires pour que la circulation de l'air soit active.
D'ailleurs on règle cette circulation au moyen d'orifices placés à la partie inférieure des murs et de registres qui permettent d'ouvrir plus ou
moins ces orifices. Sur le toit sont placées des cheminées munies de
registres. On a eu soin de relever le sol du séchoir et de le garnir de
bitume, afin de s'assurer que l'humidité extérieure ne pénètre pas
dans le séchoir. Les pièces de bois. placées sur le sol du séchoir et qui
servent d'appui à la pile de bois, reçoivent le nom de *chantiers*. La
hauteur des piles est d'environ 4 mètres.

Les bois ne doivent pas porter directement les uns sur les autres.
Si les bois sont de calibre, on sépare les couches successives par de
petits bouts de planche ; s'ils ne sont pas de calibre, on rétablit les niveaux au moyen de cales.

Ce mode d'empilage est suffisant pour les bois de construction. Pour
les bois de prix, on opère un peu différemment. Les couches successives sont séparées entr'elles par des tasseaux de 0 m. 03 au carré. Ces
tasseaux, nommés *épingles* sont dans le sens perpendiculaire à celui des
poutres. Il en résulte qu'il n'y a qu'une très petite partie des bois qui
n'est pas soumise directement au courant d'air.

Les murs des séchoirs sont orientés de manière que les côtés ouverts
reçoivent le vent qui règne le plus ordinairement dans la contrée. On
manœuvre les registres de manière à créer des appels d'air traversant
en tous sens les empilages. On active la dessiccation en faisant passer
dans le hangar un courant d'air chaud. Cela se fait surtout pour les bois
de prix.

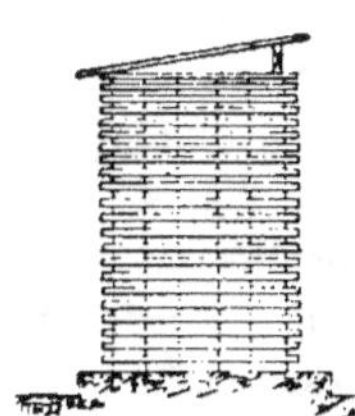

Par raison d'économie, on peut faire le séchage
des bois de construction à l'air. Les piles sont
faites sur des élévations du sol et elles sont recou-
vertes de toits en voliges.

C'est le chêne qui se déforme le plus pendant
le séchage. En opérant sur de petits échantillons,
on a remarqué qu'il faut 11 jours pour qu'il perde
le quart du poids d'eau que doit lui enlever le
séchage sous hangar, 2 mois pour qu'il perde le deuxième quart,
11 mois pour qu'il perde le troisième quart. Pour que le dernier quart
disparaisse, il a fallu un délai de 7 ans.

La rapidité de la dessiccation est proportionnelle à la surface exposée à l'air ; elle est en raison inverse du poids spécifique du bois.

Flottage. — En vue d'activer la dessiccation, on fait flotter les bois,
c'est-à-dire qu'on les laisse plongés dans l'eau pendant un certain
temps, cinq ou six semaines. L'eau remplace peu à peu la sève et la

dessiccation est plus rapide. Quand l'eau est courante, l'opération est plus vite terminée ; il suffit de quelque dix jours quand on peut faire flotter dans de l'eau à 30°.

Conservation des bois. — Les matières albuminoïdes que contient la sève sont sujettes à la décomposition, surtout sous les alternatives de sécheresse et d'humidité. Le bois est donc sujet à pourrir, à être attaqué par les insectes et les parasites végétaux. On conçoit toute l'importance des procédés de conservation des bois quand on considère la longueur du temps de la croissance des arbres. Les bois employés à des usages qui peuvent nuire à leur conservation, les traverses de chemins de fer, les poteaux télégraphiques, les bois de la marine, sont injectés de substances antiseptiques telles que le bichlorure de mercure, le chlorure de zinc, le pyrolignite de fer, le sulfate de fer, le sulfate de cuivre, la créosote. La créosote est l'un des produits de la distillation du goudron de gaz.

Nous indiquerons ici le procédé de conservation des bois par injection de créosote. Dès 1832 on a commencé à injecter la créosote par le procédé Bream, consistant à soumettre le bois, en vase clos, d'abord à l'action d'une pompe à vide, qui a pour but de faciliter le départ de la sève et des gaz qui se trouvent dans les cellules et les pores des bois, et ensuite à l'action d'une pompe foulante, qui a pour but de faire pénétrer la créosote dans les fibres du bois.

L'appareil consiste en une chaudière cylindrique horizontale de 5 à 12 m. de long, suivant les dimensions des bois, et de 1 m. 75 de diamètre. L'un des fonds est mobile autour d'une charnière et donne passage aux bois à préparer. Ce fond est muni d'un large rebord, qui permet de l'attacher solidement et de manière à faire un joint étanche. Ce joint est d'ailleurs calfaté avec de la mousse et au moyen d'un matage de terre grasse mêlée de feutre ou de toute autre matière liante. Ce cylindre est en communication, d'une part avec une pompe à vide, et d'autre part avec un réservoir de créosote où ce produit est maintenu à l'état liquide par une circulation de vapeur dans un serpentin.

Une locomobile met en mouvement les pompes.

Le vide que l'on obtient est de 0 m. 56 de mercure, c'est-à-dire que la pression n'est plus dans le cylindre des bois que de 0 m. 20 de mercure. On maintient ce vide pendant une heure. Ceci fait, on laisse entrer la créosote sous l'effet de la pression atmosphérique d'abord, puis sous l'action d'une pompe foulante jusqu'à ce que le cylindre soit complètement rempli. La pression maxima est de plusieurs atmosphères. La créosote est absorbée par les bois dans la proportion de 70 à 150 litres par mètre cube, suivant les essences.

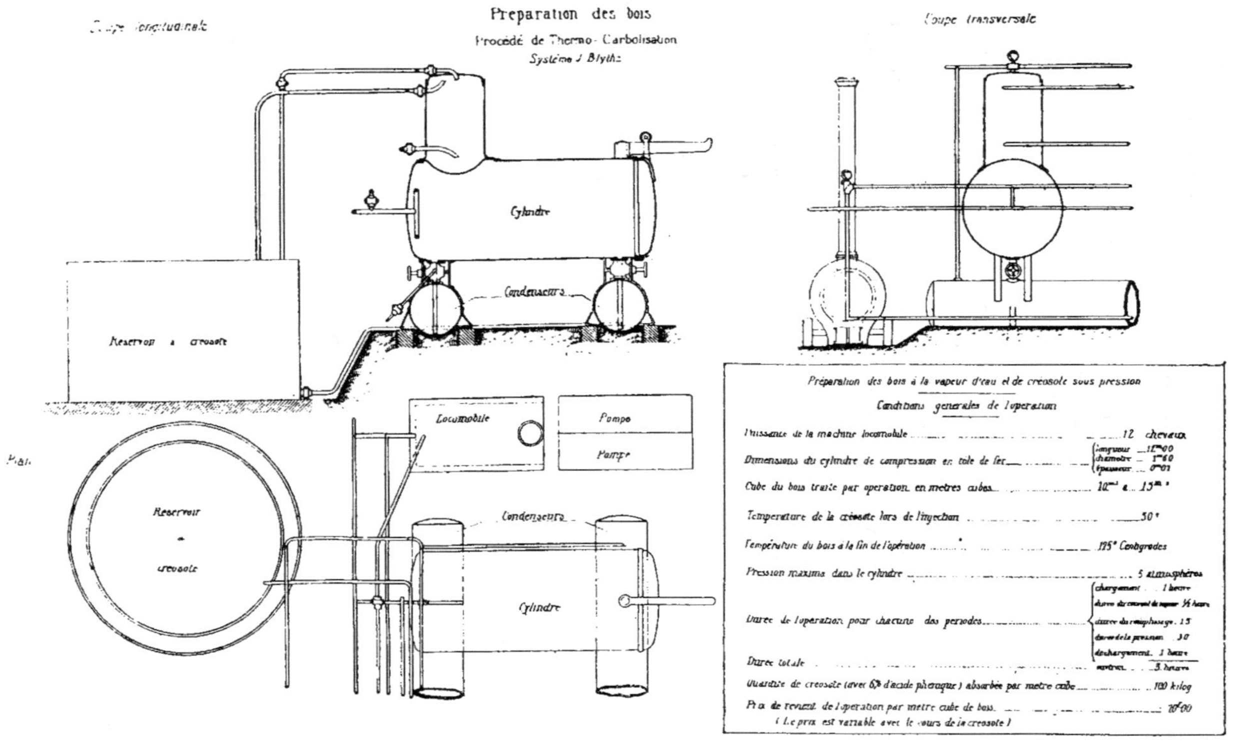
Coupe longitudinale
Préparation des bois
Procédé de Thermo-Carbolisation
Système J. Blyth
Coupe transversale
Réservoir à créosote
Cylindre
Condenseurs
Locomobile
Pompe
Pump
Réservoir à créosote
Condenseurs
Cylindre
Préparation des bois à la vapeur d'eau et de créosote sous pression
Conditions générales de l'opération
Puissance de la machine locomobile .... 12 chevaux
Dimensions du cylindre de compression en tôle de fer .... longueur — 1E"00
diamètre — 1"60
épaisseur — 0"01
Cube du bois traité par opération en mètres cubes .... 10m³ à 15m³
Température de la créosote lors de l'injection .... 50°
Température du bois à la fin de l'opération .... 125° Centigrades
Pression maxima dans le cylindre .... 5 atmosphères
Durée de l'opération pour chacune des périodes .... chargement .. 1 heure
durée du courant de vapeur ½ heure
durée du remplissage . 15
durée de la pression 30
déchargement . 1 heure
Durée totale .... environ .. 3 heures
Quantité de créosote (avec 6% d'acide phénique) absorbée par mètre cube ... 100 kilog
Prix de revient de l'opération par mètre cube de bois ...... 10'00
(Le prix est variable avec le cours de la créosote)

Chaque opération donne environ 2 m⁼ de bois, soit 20 traverses de 2,40 de longueur. Le prix de revient est estimé à 20 francs par mètre cube de bois. Une traverse en hêtre absorbe 24 kilog. de créosote et une en chêne 7 k.

Ce procédé a été modifié par M. J. Blythe de la manière suivante. Au lieu de traiter des bois déjà secs, il traite des bois encore verts et renfermant en grande partie leur sève. L'aspiration de la sève par une pompe, dans le premier procédé, est remplacée par une arrivée au cylindre de vapeur d'eau chargée d'une minime proportion de vapeur créosotée.

On termine l'opération en faisant pénétrer dans le cylindre le liquide provenant de la condensation des vapeurs créosotées. Pour cela on se sert de la pression de la vapeur produite par une chaudière demi-fixe. Dans ce procédé il y a économie de temps et de matière créosotée. Il faut 15 minutes pour remplir le cylindre ; on maintient la pression pendant environ 30 minutes. L'opération doit être conduite de manière à faire pénétrer dans le bois 100 kilog. de créosote par mètre cube de bois de hêtre et 30 kilogr. par mètre cube de bois de chêne en demi-traverses rondes. Le prix de revient est réduit à 10 francs par mètre cube au lieu de 20 francs, prix indiqué pour la préparation à la créosote brute du système précédent.

CHAPITRE VII

CUIR, CAOUTCHOUC, MATIÈRES TEXTILES
COURROIES ET CABLES
MASTICS, LUBRIFIANTS, MATIÈRES A POLIR
ENDUITS

46. Cuir, Courroies. — Le cuir est une matière très utile en construction des machines pour former les *liens flexibles*. Il tire ses avantages de sa souplesse, de sa solidité ; de plus, il est imputrescible et imperméable. Les pays qui fournissent le plus de cuirs sont la Colombie, la République Argentine, la Russie, l'Irlande.

Propriétés du cuir dit de Hongrie. — Les peaux *vertes*, c'est-à-dire fraîches, sont, à la sortie de l'abattoir, traitées par l'acide sulfurique étendu d'eau, dans le but de faire tomber les poils et de détacher les matières organiques étrangères. On les traite ensuite par une solution de chaux qui a pour objet de neutraliser l'acide en excès. Enfin, on les imprègne de sel marin (chlorure de sodium) ou d'alun qui préservent les peaux de la putréfaction. L'alun est préférable, parce que le chlorure de sodium étant déliquescent, le cuir préparé avec un excès de sel marin prend l'humidité.

Pour assouplir le cuir, on peut mettre les peaux en tas et les piétiner ; ensuite on les enduit de suif qui doit être à une température comprise entre 70° et 90°. Le cuir ainsi préparé est dit cuir de Hongrie.

Le cuir de Hongrie est d'une couleur jaune claire. Il est à grain fin, serré. Ce cuir est flexible, il s'emploie en lanières minces pour coudre les courroies. On peut l'employer pour courroies et garnitures de piston ; mais son prix est élevé.

Propriétés des cuirs tannés. — Les cuirs tannés sont préparés de la manière suivante. Les peaux vertes sont lavées à grande eau, puis foulées et étirées. Pendant une quinzaine de jours, on les fait séjourner dans des bassins rectangulaires remplis d'eau de chaux. Les peaux sont prêtes pour l'opération dite *débourrage*. Cette opération a pour but d'enlever le poil et l'épiderme en raclant les peaux au moyen d'un couteau émoussé ou avec un morceau d'ardoise ; on a ainsi préparé le *côté fleur*. On enlève ensuite les impuretés adhérentes à la face interne, *côté chair*; l'*écharnage* ou travail de la face interne, se fait avec une lame plus aiguë que celle qui sert au débourrage.

Le tannage proprement dit vient ensuite. Les peaux sont gonflées par l'effet d'un séjour de un mois à six semaines dans une série de cuves, contenant des eaux chargées de tan et de plus en plus concentrées. Le tan est l'écorce de certains arbres, tels le chêne, le peuplier. Enfin on laisse les peaux dans des fosses sous l'action de tan sec. L'empilage se fait par couches alternées de tan et de peaux.

Ces opérations du tannage durent de six à huit mois, suivant l'épaisseur du cuir. En abrégeant ces opérations on obtient un cuir cassant.

On a cherché un procédé pour tanner le cuir dans l'espace de quelques heures. Il paraîtrait que de grands progrès ont été réalisés dans des expériences préparatoires et que l'on n'est pas éloigné du succès.

Les cuirs, injectés de tannin, sont durs et raides, on les amollit en les frottant avec un outil en bois, nommé *lissoir*, muni de brassards en cuir où l'on passe la main pour saisir l'outil. Le cuir est, pendant cette opération ; replié sur lui-même.

Le côté chair du cuir est fibreux ; on l'enduit de colle. Les deux côtés sont enduits de suif. Ces opérations achèvent d'amollir le cuir.

Usages du cuir dans la construction des machines. — Dans la construction des machines, le cuir est principalement employé à faire les joints de tuyaux pour conduites d'eau froide, les garnitures de pistons, les clapets des pistons de pompes, les courroies de transmission.

Le plus souvent le cuir est découpé en lanières plus ou moins larges parallèlement à la ligne dorsale, qui est le sens de la plus grande résistance. Les lanières sont réunies entre elles au moyen de rivets ou bien encore collées au moyen de colle de poisson et de gutta-percha. Les lanières ne sont collées au bout les unes des autres qu'après avoir été amincies aux extrémités qui doivent se recouvrir.

Dans les usages que l'on fait du cuir aux courroies, le côté fleur est placé à l'extérieur et le côté chair est en contact avec les poulies.

Quand le cuir est employé comme garniture ; le *côté fleur* est placé contre les parois frottantes. Ce côté étant le plus lisse, le frottement est meilleur.

Le cuir doit être *embouti* pour prendre la forme d'un piston. L'emboutissage se fait de la manière suivante : on découpe une plaque de cuir de dimensions convenables ; on l'amollit suffisamment avec de la graisse et on la met sur l'ouverture d'une matrice dont le diamètre est exactement le diamètre extérieur du cuir embouti. On refoule ensuite

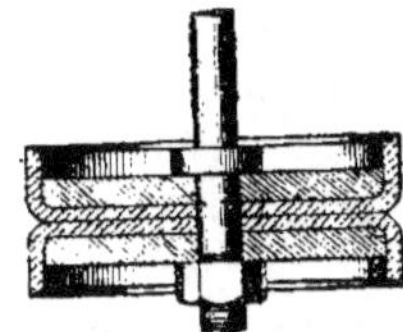

Piston avec double cuir embouti

le cuir à l'intérieur de la matrice à l'aide d'un piston ayant un diamètre égal à celui de la matrice diminuée de deux épaisseurs de cuir.

Le cuir ne peut être employé dans les appareils à température élevée.

Les cuirs en contact avec l'eau doivent être très gras. Les plombiers garnissent les robinets de *cuirs gras* afin que le serrage soit plus complet. S'ils employaient du cuir sec, celui-ci serait bientôt désagrégé et des fuites se produiraient.

Les courroies en cuir de 0 m. 005 d'épaisseur sont formées d'une seule épaisseur de cuir ; lorsque l'épaisseur de la courroie doit dépasser 6 à 7 millimètres, il faut superposer et coudre ensemble plusieurs lanières de cuir. L'épaisseur du cuir est généralement de cinq à sept millimètres et, le plus souvent, on ne peut trouver de lanières d'épaisseur constante de plus de 35 centimètres de largeur.

Nous avons dit que, pour faire une courroie, les lanières, qui ont jusqu'à 1 m. 50 de longueur, sont réunies les unes aux autres par des parties amincies que l'on colle à la colle forte et au caoutchouc.

Les courroies de plusieurs épaisseurs de cuir sont cousues entre elles en croisant joint. Pour faire la couture, on se sert de lanières en cuir de Hongrie.

Pour faire le joint, qui ferme une courroie, si elle est d'une seule épaisseur de cuir, on fait une couture au cuir de Hongrie.

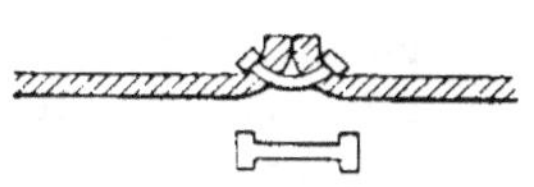

On peut employer le joint à rivets qui se compose d'un écrou fileté dont la tête est noyée dans le cuir et qui reçoit un boulon. On peut encore se servir d'agrafes en cuivre, fig. ci-dessous.

On est toujours obligé de resserrer les courroies parce qu'elles s'allongent dans le travail. On coupe une des extrémités et on refait le joint.

Pour les cas où on a besoin de plus de 0m.015 d'épaisseur et d'une grande largeur, on se sert de courroies formées de lanières placées de champ que l'on réunit par une série de coutures transversales.

La durée des courroies de cuir est de 8 à 10 mois pour un service actif.

La maison Domange a fait des courroies de 37 m. de longueur, 2 m. 10 de largeur et 0 m. 020 d'épaisseur pouvant transmettre 10000 chevaux à la vitesse de 20 mètres par seconde.

Courroies de coton. — Ces courroies sont formées d'une étoffe épaisse de coton recouverte de minium et trempée dans l'huile de lin. Cette

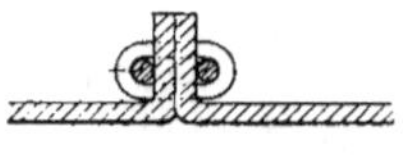

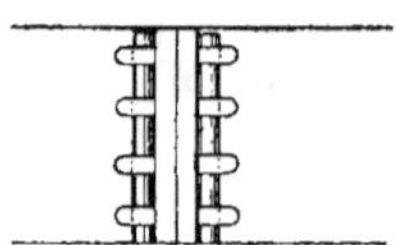

étoffe est repliée sur elle-même un nombre de fois suffisant pour faire l'épaisseur voulue ; elle est ensuite cousue.

Ces courroies sont très souples, très adhérentes ; leur durée est double de celle des courroies en cuir. Elles s'allongent moins facilement. Elles ne sont altérées ni par la chaleur, ni par la graisse. Il faut cependant éviter l'humidité.

Elles sont surtout applicables sur les poulies marchant à de **grandes** vitesses.

Le joint se fait au moyen d'agrafes en cuivre et de broches en fer.

47. Caoutchouc. — Le caoutchouc a deux provenances principales : le Para, au Brésil, et le Gabon. Celui du Para est meilleur ; celui du Gabon est poisseux.

Le caoutchouc vulcanisé doit avoir la composition suivante :

Caoutchouc naturel du Para . . . . .   94 à 96 0/0
Soufre combiné . . . .   2 à 3 0/0
Matières étrangères. . . . .   2 à 3 0/0

Le caoutchouc doit être homogène, souple, élastique, compact et sans soufflures. La section faite par un instrument tranchant doit être brillante et translucide. Le caoutchouc ne doit pas s'altérer avec le temps et doit résister à un grand nombre d'allongements répétés de 12 fois sa longueur initiale.

Les usages du caoutchouc sont très nombreux. Les couches de caoutchouc en fondation amortissent les chocs, diminuent le bruit des marteaux et des machines. Le caoutchouc sert à faire des ustensiles pour le maniement des acides, des joints étanches de conduites d'eau, des conduites d'eau, des soupapes de pompes, et le reste.

En augmentant la proportion de soufre et en prolongeant l'opération de la vulcanisation, on obtient l'*ébonite* ou caoutchouc durci, matière aussi dure que le bois et qui sert dans la construction des appareils électriques.

Courroies en caoutchouc. — On emploie des courroies en caoutchouc vulcanisé de 1 m. à 1 m. 25 de largeur. Le caoutchouc vulcanisé s'al-

tère moins que le caoutchouc pur ; mais il est moins plastique et ne
peut se souder à lui-même.

Les courroies en caoutchouc sont d'un mauvais usage, si elles sont
exposées à la chaleur et si elles reçoivent de l'huile.

18. Matières textiles. — Les matières textiles végétales sont
nombreuses, mais un petit nombre seulement sont utilisées ; citons le
lin, le chanvre, la ramie, le coton, le phormium tenax, l'aloës. Les
trois premières espèces poussent très bien en Europe et les dernières
en certaines contrées d'Amérique et d'Asie.

Chanvre. — Le chanvre, qui en France vient surtout dans le Nord,
est la matière textile la plus utilisée dans les constructions mécaniques. Cette matière se tire de la partie corticale des tiges du chanvre
en faisant subir à la tige un *rouissage* ou macération, dont le résultat
est de séparer l'écorce filamenteuse de la partie ligneuse de la tige
qu'elle recouvre. On dépose, pendant un temps plus ou moins long, la
plante dans l'eau stagnante ou dans l'eau courante. Les *routoirs* étant
insalubres et répandant une odeur infectieuse, on a le plus souvent
renoncé à les installer dans l'eau courante. On a même cherché des
procédés pour éviter l'usage des routoirs à eaux stagnantes. Ainsi, on
a essayé d'activer la fermentation qui s'opère dans les routoirs en traitant les plantes textiles par de l'eau à 33° environ. Dans un autre procédé, on fait arriver entre les tiges de la vapeur d'eau qui s'y condense
et les désagrège ; un trop-plein sert à l'écoulement du liquide en excès
et le lavage est continu. Dans un autre procédé encore, on traite les
plantes d'abord par une lessive de carbonate de soude et ensuite par
un lavage à l'eau aiguisée d'acide sulfurique. Ce dernier procédé donne
des fibres ayant une grande blancheur, mais n'ayant généralement pas
la même solidité que celles obtenues par les autres procédés.

Les produits du rouissage sont séchés, puis *teillés*, c'est-à-dire
débarrassés de la *chènevotte* ou partie ligneuse. On obtient ainsi la
filasse.

Les qualités du chanvre sont variables suivant le terrain où la plante
a poussé et suivant les opérations que l'on a faites pour obtenir la
filasse. Le chanvre de bonne qualité est souple, résistant, à brins parallèles, d'un gris pâle, d'une odeur fraîche. Le chanvre est d'autant plus
apprécié que les brins sont plus longs.

Le chanvre de mauvaise qualité est noirâtre, d'une odeur désagréable qui indique qu'il est pourri ou moisi.

Câbles. — La fabrication des câbles et des cordes se divise en deux
parties : le *filage* et le *commettage*. Le filage a pour objet de réunir les

fibres filamenteuses aussi également et aussi solidement que possible. On y arrive en les assemblant par torsion ; ainsi unies, les fibres rompent plutôt que de glisser les unes sur les autres. Le fil à longs brins est filé à raison de soixante hélices au mètre courant. Le fil ainsi préparé se nomme *caret* ; il a la même résistance que si les fibres avaient la même longueur que le fil.

Le commettage est l'opération par laquelle on réunit les fils de caret pour obtenir le bitord, les bitords pour obtenir le *toron*, les torons pour obtenir le *grelin* et en continuant ainsi le *câbleau* et le *câble*.

L'opération du commettage s'exécute de la manière suivante. Entre deux poteaux, dont la distance égale la longueur de la corde à fabri-

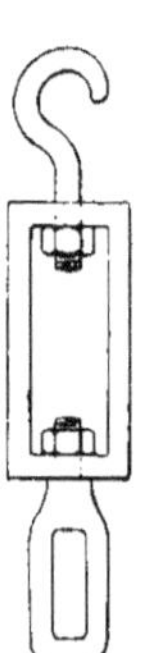

quer, on étend deux ou trois fils de caret. Puis on les attache par une extrémité à un rouet et par l'autre extrémité à un *émerillon*. L'émerillon est un crochet dont l'axe tourne librement dans une douille (fig. ci-contre). Cette douille porte un anneau qui reçoit une corde tendue par un poids après avoir passé sur une poulie. Il en résulte que l'émerillon peut avancer sous l'action de la torsion qui se développe par suite de la traction résultant de l'enroulement des éléments de la corde. La torsion des fils du caret les uns autour des autres est produite par la rotation du rouet. Plus spécialement, le bitord est composé de deux fils de caret et le *merlin* de plus de deux.

Le bitord et le merlin constituent ce que l'on nomme la ficelle.

Des bitords on passe aux torons, comme on a passé du fil de caret au bitord ou au merlin.

Plusieurs torons réunis ensemble forment une *haussière* ou *aussière*. Si l'aussière est ronde, les torons sont au nombre de sept. On fait des

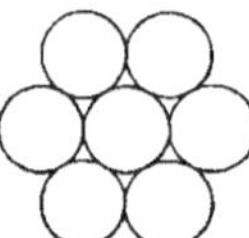

aussières plates ; les torons sont alors placés sur un même plan, côte à côte, et cousus transversalement.

Les câbles plats n'ont pas le désavantage des câbles ronds consistant à *vriller*, c'est-à-dire à faire tourner le poids dont ils sont chargés. Les câbles plats ont en outre plus de flexibilité et s'enroulent mieux sur les tambours.

Les aussières servent à former les câbles proprement dits, plats ou ronds. Le diamètre des câbles ronds peut atteindre jusqu'à 30 centimètres.

Le chanvre est quelquefois remplacé par l'aloès, produit beaucoup plus léger que le chanvre et presqu'aussi résistant. L'aloès est d'un prix plus élevé que celui du chanvre ; mais il résiste mieux à la chaleur humide. On emploiera l'aloès pour fabriquer les câbles de mines qui, en raison de leur grande longueur, ont un poids considérable.

Raideur et résistance des câbles blancs et des câbles goudronnés. — Pour garantir le chanvre, on goudronne les câbles à l'extérieur, une fois qu'ils sont faits, ou bien encore on goudronne chaque brin qui doit servir à les fabriquer. Les câbles goudronnés ont une raideur (résistance au ploiement) plus grande que celle des câbles blancs.

Les câbles blancs sont plus résistants que les câbles goudronnés. Ils résistent très bien à 8 kilog. par centimètre carré de la section pleine, en prenant 15 0/0 d'allongement. Les gros câbles, ceux d'un diamètre supérieur à 15 centimètres, sont moins résistants par unité de surface que les plus petits, dans la proportion de 15 à 20 0/0.

Les câbles mouillés prennent un retrait considérable. Il faut en tenir compte dans le montage des charpentes et ne pas tendre à l'excès les câbles et les haubans employés dans ces opérations. L'orsqu'un chantier est momentanément abandonné, le soir par exemple, il faut desserrer les haubans en prévision de la pluie.

Câbles métalliques. — Les câbles en fils de fer ou en fils d'acier se font d'après les mêmes principes. Ils sont composés de torons constitués de fils de fer ou d'acier enroulés en hélices, d'un très long pas, autour d'une âme en chanvre ou autour d'une âme en fer. Plus le fil métallique est fin, plus le câble est flexible et résistant.

Les câbles métalliques sont employés dans les mines à supporter les bennes. Ils sont employés dans les transmissions de mouvement à grande distance et dans la construction des ponts suspendus.

49. Mastics. — *Mastic au minimum.* — Le mastic au minimum est composé de 1/2 en poids de minium (oxyde rouge de plomb), 1/2 de céruse (carbonate de plomb) ; on mélange avec de l'huile de lin siccative. On broie jusqu'à ce que la matière ne colle plus aux doigts. Ce mastic acquiert en séchant une grande dureté ; il est très adhérent et permet toutefois un démontage facile des joints qu'il sert à rendre étanches.

Le minium est souvent falsifié avec du sulfate de baryte et de la brique pilée.

Mastic de fonte. — Le mastic de fonte ne sert que pour les joints qui ne doivent pas être démontés ; il est composé de :

Fer non rouillé en limaille ou en tournure.	50 parties.
Fleur de soufre en poudre.	2 —
Sel ammoniac (chlorhydrate d'ammoniaque).	1 —

On gâche avec de l'eau ces matières jusqu'à ce que la pâte soit bien homogène et consistante. On emploie frais. La composition sèche vite et acquiert une grande solidité. On fait pénétrer le mastic dans les joints en tassant avec un matoir. On doit avoir soin préalablement de nettoyer la place avec du sel ammoniac.

Pour les hautes températures, on emploie la composition suivante : 7 de fonte en limaille, 2 d'argile, le tout humecté de vinaigre ou d'un acide étendu.

50. Corps lubrifiants. — *Graissage*. — Les corps lubrifiants ont pour but de faciliter le frottement des pièces qui ont un déplacement relatif par rapport à d'autres. Sans l'interposition des corps lubrifiants entre les surfaces en contact, le travail perdu en frottement serait considérable, et de plus ces surfaces s'échaufferaient, *gripperaient ;* il pourrait même arriver que les pièces vinssent à se caler. Il résulterait de ce calage des ruptures ou tout au moins des déformations sensibles et permanentes dans les pièces.

Pour que la lubrification soit convenable, il importe que la pression ne soit pas assez forte pour chasser le corps lubrifiant. Ainsi, connaissant la pression qu'un arbre exerce sur ses coussinets, tant par son poids que par l'action des forces qui y sont appliquées, il faudra calculer la *portée* de l'arbre, c'est-à-dire la partie par laquelle il repose sur ses coussinets, de telle sorte que la pression ne dépasse pas 15 kilogrammes par centimètres pour la graisse, 20 kil. pour les huiles, 10 kil. pour l'eau.

Les matières lubrifiantes sont la plombagine, les huiles végétales, les huiles minérales, les huiles animales et les graisses.

Plombagine. — La plombagine n'est autre que du carbone sous un état demi-cristallin où on le rencontre dans la nature ; c'est la matière dont on fait ce que l'on nomme la *mine des crayons*, c'est le charbon sous la forme *graphiteuse*. On en trouve en Bavière, dans le Piémont, dans les Pyrénées. La plombagine s'emploie pour les arbres en bois qui gonfleraient si l'on employait la graisse ou les huiles ; elle s'emploie encore dans les cas où les huiles se dénatureraient sous l'influence d'une température élevée. Les cylindres de machines soufflantes à hautes pressions sont graissés à la plombagine.

Huiles. — Le choix de l'huile à graisser une machine est très important. Ainsi, les machines à vapeur seront graissées avec une huile ne se décomposant pas à 180° et lubrifiant encore à cette température. Cette huile ne devra pas être acide, afin de n'attaquer ni le cylindre, ni le tiroir de vapeur. Enfin, il faudra prendre une huile ne se congelant pas, si une machine est exposée au froid.

Les huiles végétales et les huiles animales se décomposent rapidement dans la vapeur d'eau. Elles donnent des acides gras qui attaquent le cylindre. Ces acides, entraînés dans le condenseur et reportés dans la chaudière. attaquent les tôles et font courir des dangers d'explosion.

Les huiles minérales résistent bien mieux à l'action de la vapeur d'eau et sont généralement préférées aujourd'hui pour le graissage des cylindres.

Les huiles végétales se tirent des graines des plantes, sauf l'huile d'olive que l'on extrait des fruits de l'olivier. A 250° elles se décomposent.

En présence de la vapeur d'eau, cette décomposition est plus rapide ; enfin elles se congèlent très rapidement. Un peu de glycérine ajoutée aux huiles les empêche de geler. Les huiles végétales de colza, de lin, d'œillette, de coton sont siccatives et conviennent moins au graissage que l'huile d'olive qui, seule, donne d'excellents résultats ; mais elle coûte très cher. Cette huile est bonne pour les cas où il y a une forte pression entre les surfaces ; elle a de l'adhérence.

En distillant le pétrole ou le naphte, huile minérale qui se trouve en abondance dans le Caucase et dans l'Amérique du Nord, on a divers produits, dont les plus volatils sont employés pour l'éclairage et les autres pour le graissage. Les plus lourdes de ces huiles sont employées au graissage à chaud et les moins lourdes au graissage à froid. L'huile minérale lourde est très bonne pour le graissage des pistons de machines à vapeur ; elle ne donne pas de cambouis avec les produits de l'usure du cylindre et des segments du piston.

Les huiles de naphte ont une valeur égale au quart de celle de l'huile d'olive et donnent un frottement aussi doux que celle-ci. De plus, la consommation est moindre que celle des huiles végétales pour un même graissage.

Les huiles minérales ne gèlent pas en hiver ; il faut, pour les solidifier, une température de —24°.

Le pétrole mélangé à 20 ou 25 0/0 d'huile de colza donne le produit connu sous le nom de naphtoléine.

Graisses. — Le suif (graisse de mouton), donne au cylindre de la machine à vapeur un cambouis qui alourdit le mouvement du piston et celui du tiroir. La tige du piston se corrode quand on fait usage du suif. Le graissage au suif, mauvais pour les cylindres à vapeur, est bon pour les organes supportant à froid de fortes pressions : arbre d'hélice, presse-étoupes des locomotives, boîtes à graisse des wagons. Le graissage de ces divers organes se fait de bien des manières : on emploie un

mélange de suif et d'huile de lin, des huiles minérales visqueuses, et
le reste.

Les roues d'engrenage peuvent être lubrifiées avec de la graisse.

51. Matières à user et à polir. — Les matières à user et à
polir servent à enlever une très faible épaisseur de matière.

Pour user, enlever de la matière, on se sert de meules en pierre dure
alumineuse, ou on se sert d'*émeri* (alumine cristallisée, mélangée de
peroxyde de fer). On emploie aussi le grès (sable quartzeux), le tripoli
(silice et oxyde de fer), la pierre ponce (sorte de lave), la potée d'étain
(oxyde d'étain), la sanguine ou rouge d'Angleterre (oxyde de fer préparé en calcinant le sulfate de fer).

On commence par user les rugosités avec les plus gros échantillons
des matières précédentes mélangées avec de l'eau ; et on finit par les
plus petits mélangés avec de l'huile.

Pour polir les arbres on se sert du *rodoir*. On place l'arbre sur le

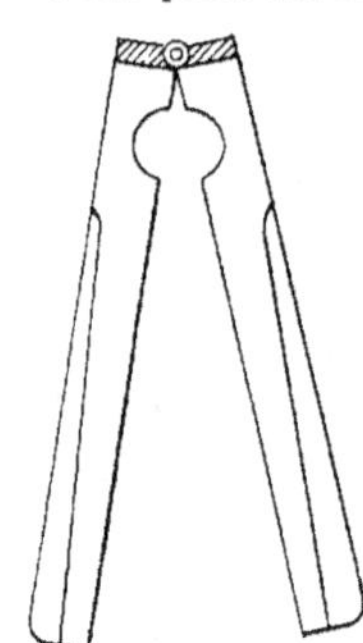

tour, on le fait tourner et on promène le rodoir
longitudinalement en versant sur l'arbre de l'huile
et de l'émeri, fig. ci-contre.

Pour les surfaces planes, on se sert d'un polis-
soir ; c'est un tambour en bois de 0 m. 7 à 0 m.8
de diamètre recouvert sur le pourtour d'une peau
de buffle. Sur ce cuir on fixe à la colle forte de
l'émeri. Le tambour est monté sur un arbre faisant
800 à 1000 tours par minute. On approche de la
jante du tambour les objets à polir. On peut ainsi
polir le fer, l'acier.

Les meules artificielles d'émeri sont composées de deux parties principales : le mordant et l'agglomérant. L'émeri est le mordant ; l'agglomérant est généralement la gomme laque ou le caoutchouc. Ces meules
sont moins fragiles que les meules en grès naturel.

Le *nettoyage des pièces* de machines se fait avec un mélange d'huile,
de pétrole et de paraffine. La solution bien mélangée est étendue sur la
pièce à nettoyer au moyen d'un chiffon de laine. Vingt-quatre heures
après, on frotte au moyen d'un chiffon de laine sec. On enlève ainsi
la graisse ; et les surfaces, après frottement, apparaissent propres et
brillantes.

52. Enduits. — Les enduits sont destinés à préserver les pièces
qu'ils recouvrent contre l'action oxydante de l'air humide, qui est con-

sidérable sur les métaux et surtout sur le fer. Ils servent à protéger le bois contre l'humidité, les attaques des insectes.

Passons en revue les principaux enduits.

Le *goudron de houille* ou goudron minéral est un des produits de la distillation de la houille en vase clos. Il est d'une couleur noire. Il s'emploie sur le fer, la fonte, mais encore faut-il que ces pièces ne soient pas exposées à la pluie qui entraînerait le goudron.

Le *goudron végétal* est le produit de la distillation des bois résineux. Il est de couleur brune. Il résiste mieux à l'air que le précédent, il est insoluble dans l'eau. On l'emploie surtout pour préserver les bois.

Le *brai* est le résultat de la dessiccation complète du goudron. Le brai est ajouté au goudron de houille.

Les *peintures à l'huile* sont des produits composés d'oxydes ou de sels minéraux intimement broyés avec une huile végétale. Sur les bois on donne trois couches pour obtenir une peinture solide. La première, dite *impression*, a pour but de préparer la surface du bois, en bouchant les pores apparents. Pour l'impression, la couleur doit être employée avec beaucoup d'huile qui pénètre dans le bois. On procède ensuite au *rebouchage* des trous et des ferrures, au moyen du mastic à l'huile composé de céruse et d'huile de lin. Une deuxième couche à l'huile prépare la teinte que doit recevoir le bois ; et la troisième couche, légèrement siccative, donne le ton juste de la décoration.

Entre chaque couche, s'il s'agit d'un travail très soigné, on procède à un rebouchage et à un *ponçage*. Le ponçage se fait en frottant la surface avec du *papier de verre*.

La peinture achevée, on passe une ou plusieurs couches de vernis en polissant chaque couche, sauf la dernière. Mais ces polissages ne sont nécessaires que pour peinture soignée, telle que peinture extérieure de voitures, de wagons.

Les vernis sont obtenus en dissolvant des gommes résineuses, notamment la gomme copal, dans de l'huile grasse et de l'essence de térébenthine.

On prépare des vernis à l'alcool ou à l'éther ; ils sont dits siccatifs, parce qu'ils sèchent très vite ; mais ils ne peuvent être employés pour les extérieurs.

Par raison d'économie, on donne souvent la dernière couche de peinture avec un mélange au verni qui donne immédiatement un ton brillant.

Parmi les couleurs employées, citons le blanc de plomb (carbonate de plomb), le blanc de zinc (carbonate de zinc), le minium (oxyde rouge de plomb), le noir de fumée, les ocres rouges ou jaunes (oxydes de fer). Un kilogr. de peinture au minium peut recouvrir 4 à 5 mètres superficiels de fer ou de fonte.

Graisses. — Pour préserver de la rouille les fers, les machines qui voyagent, on les enduit de suif. Les pièces de la machine d'un bateau sont enduites d'un mélange de céruse et de suif posé à chaud.

CHAPITRE VIII

LA RIVURE

*Planages des tôles, cisaillage, chanfreinage.— Rivets. — Rivure à froid, à chaud.
— Rivure mécanique. — Assemblages. — Planchers.*

53. Opérations de la chaudronnerie. — On considère deux grandes classes d'assemblages des pièces métalliques, indépendamment de la soudure : les *assemblages démontables* et les *assemblages fixes*, c'est-à-dire non démontables. Les premiers sont effectués au moyen de boulons, goujons, clavettes, pièces auxiliaires qu'ils suffit de supprimer, sans les détruire, pour que l'assemblage n'existe plus. Les seconds sont effectués à l'aide de rivets, placés soit à chaud, soit à froid, et dont le serrage résulte de la déformation qu'on leur fait subir sur place. Pour défaire l'assemblage, il faut détruire les rivets.

Les assemblages fixes sont ceux qui sont en usage dans la chaudronnerie. Les ateliers de chaudronnerie peuvent être divisés en trois classes : 1º Les ateliers de chaudronnerie en fer où l'on construit les appareils à joints étanches, chaudières à vapeur, réservoirs d'eau, coques de navire ; 2º les ateliers de chaudronnerie en fer, qui prennent aussi le nom d'ateliers de grosse serrurerie, où l'on exécute les charpentes métalliques, appareils dont les joints n'ont pas besoin d'être étanches ; 3º les ateliers de chaudronnerie de cuivre où s'exécutent les enveloppes de locomotives, les appareils de sucreries, de distilleries.

On se rendra compte de l'importance des travaux de chaudronnerie, si l'on considère que, par suite des progrès réalisés, les chaudières des navires de grande navigation, des navires de guerre, doivent fournir la vapeur nécessaire pour des puissances de dix mille chevaux et plus ; on a été jusqu'à seize mille.

Le pont sur le Forth, en Écosse, achevé en 1889, a exigé dix mille tonnes d'acier. La tour Eiffel en a exigé six mille.

Les matières premières mises en œuvre dans la chaudronnerie sont:
1º des *tôles* ou feuilles d'acier, de fer, de cuivre. Les tôles minces sont

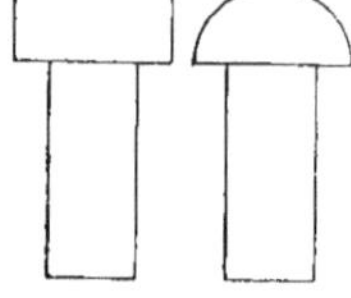

celles qui ont moins de 6 millimètres d'épaisseur : les fortes tôles sont celles dont l'épaisseur est plus grande que 6 millimètres ; il y en a qui ont jusqu'à 30 millimètres. Les autres dimensions sont constamment 2 m. 00 $\times$ 1 m. 10.

2° Les *rivets* qui sont livrés sous l'une des formes représentées par la figure ci-contre, se composent d'une partie cylindrique et d'une partie hémisphérique. cylindrique ou tronc-conique, désignée sous le nom de *tête du rivet*.

3° Les *fers cornières*, figure ci-contre, dont l'épaisseur et la largeur des ailes de l'équerre sont en rapport avec l'épaisseur des tôles.

Les opérations dont l'ensemble constitue le travail de la chaudronnerie sont les suivantes :

1° La réceptions des tôles ;

2° Le cintrage des tôles pour les chaudières, les bouilleurs de chaudières, le planage des tôles pour les réservoirs et les charpentes métalliques, l'emboutissage pour les fonds de chaudières ;

3° Le traçage des pièces et des trous des rivets ;

4° Le cisaillage et le perçage des trous des rivets ;

5° Le chanfreinage des tôles sur les bords ;

6° Le rivetage ou pose des rivets ;

7° Le matage des rivets et des chanfreins.

54 Travail des tôles. — *Réception des tôles*. — Dès que les tôles arrivent des forges à l'atelier, il faut en faire l'essai pour les accepter ou pour les refuser suivant leurs qualités ou leurs défauts. Une première épreuve consiste à les frapper sur les deux faces, à les *tâter* à l'aide d'un marteau dont le poids n'a pas besoin d'être grand. Si en frappant la tête du marteau sur la tôle

de fer on obtient un son clair, vibrant, la tôle est saine, homogène sans solution de continuité ; si le son est mat, sourd, on est prévenu que la tôle présente des soufflures, des vides.

La tôle d'acier trop dure fait entendre, sous le marteau, un bruit spécial qui accompagne un déchirement moléculaire.

Les essais à la traction se font en découpant des barreaux dans le sens du laminage et d'autres dans le sens perpendiculaire.

Ces barreaux ou éprouvettes sont soumis à une traction et on relève les allongements et les charges de rupture. Pour les tôles de fer de qualité commune on admet des charges de rupture de 25 k. par millim.

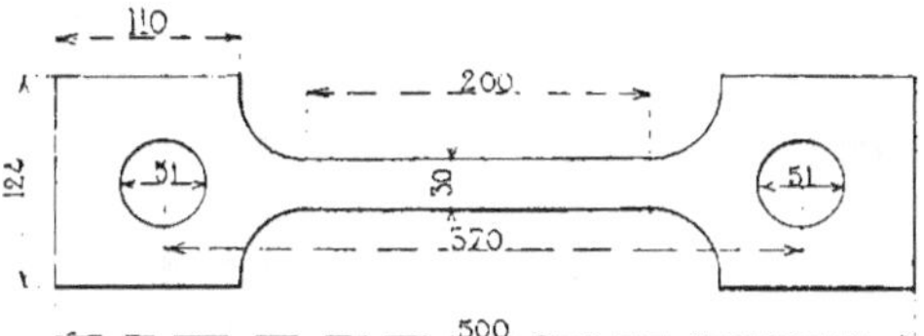

carré pour les éprouvettes prises dans le travers du laminage, 28 pour celles qui sont prises dans le sens longitudinal, avec des allongements de 2,5 0/0 pour les premières et de 3,5 pour les secondes. Pour les tôles fines les nombres précédents sont respectivement remplacés par 30, 35, 7,5, 10.

Les épreuves à chaud consistent à emboutir les tôles en fonds de chaudières ayant une flèche de 5 fois l'épaisseur pour les tôles communes et 15 fois l'épaisseur pour les tôles fines, le diamètre étant 30 fois l'épaisseur.

Pour les tôles d'acier, la charge de rupture peut être prise de 42 k. à 47 k., les moins épaisses devant avoir une plus forte charge de rupture ; la flèche d'un fond de chaudière embouti est de 20 fois l'épaisseur sur un diamètre égal à 40 fois celle-ci.

Planage des tôles. — Le planage des tôles est une opération de grande importance. Si l'on mettait en œuvre des tôles gondolées, elles ne se trouveraient pas dans de bonnes conditions de résistance. Les forces extérieures n'agiraient pas sur ces tôles dans les mêmes conditions que sur des tôles ayant exactement les formes pour lesquelles les calculs ont été faits. Un autre inconvénient se produirait : les joints faits avec des tôles non planées ne seraient pas étanches.

Le planage s'effectue de la manière suivante : on place les feuilles de tôle sur un *tas* ou plaque de fonte épaisse de 0 m. 10 à 0 m. 15 et parfaitement dressée à sa partie supérieure. Les tôles sont frappées de la tête d'un marteau pesant de 6 à 8 kilogrammes.

Le dressage peut encore être opéré en faisant passer la tôle entre des cylindres.

Pour dresser les rives des feuilles de tôle, on les frappe à petits coups de la tête du marteau. La panne du marteau sert à amincir les bords.

Traçage, épure, gabarit. — L'épure en *vraie grandeur* et rigoureusement exacte des pièces à exécuter est faite sur une aire en tôle.

Pour chaque élément de construction, qu'il soit plan ou courbe, on taille d'après l'épure un *gabarit*, en tôle très mince : sur lequel on rapporte, en *long et en travers*, les lignes d'axes des trous des rivets. Les centres des trous des rivets se trouvent aux intersections de ces diverses lignes d'axes. Ces lignes sont reportées sur la tôle que l'on a préalablement recouverte de blanc afin de pouvoir y indiquer le tracé. Afin que

les lignes et les axes des rivets ne s'effacent pas, on frappe légèrement un poinçon spécial nommé *pointeau* dont la pointe est placée successivement sur les centres des trous ou sur divers points des contours à conserver.

Cisaillage et perçage. — La feuille de tôle est ensuite portée à la cisaille afin d'être découpée suivant les contours tracés. La description des cisailles fera partie d'un traité spécial sur les machines-outils.

La tôle cisaillée est portée à la poinçonneuse ou à la machine à percer, pour être percée de trous bien centrés sur les empreintes faites au pointeau dans l'axe des rivets.

On donne plus spécialement le nom de machines à percer aux machines dans lesquelles l'outil perforant est un *foret*, outil tranchant recevant de la machine un mouvement rotatif. L'usage de ces machines est nécessaire pour le travail des tôles d'acier.

On donne plus spécialement le nom de poinçonneuse aux machines dont l'outil perforant est un *poinçon* agissant par compression et arra-

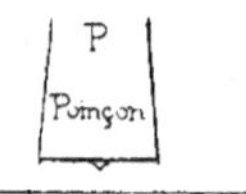

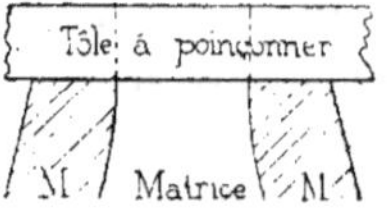

chement, comme un emporte-pièce. L'usage des poinçonneuses est bon pour les tôles de fer ou de fer fondu.

Le foret donne un trou parfaitement cylindrique ; le poinçon donne un trou conique et la différence entre le grand diamètre et le petit est évidemment variable avec l'épaisseur de la tôle.

Pour poinçonner la tôle, on la place sur une matrice M, et on abaisse le poinçon P ; celui-ci agit d'abord en comprimant la tôle et en arrachant. Il se produit une rondelle métallique à laquelle on donne le nom de *débouchure*. Le poinçon est une simple tige cylindrique en acier munie à sa partie inférieure d'un *téton* que l'on ajuste sur l'axe du rivet et qui sert à guider la marche du poinçon. Le diamètre du poinçon, vu la conicité du trou, est plus petit que celui de la matrice de 1 à 4 mm. suivant l'épaisseur des tôles à percer. Le diamètre du poinçon est lui-même plus grand que celui du rivet que l'on emploiera : la différence entre ces deux diamètres peut aller jusqu'à **2** millimètres : elle dépend d'ailleurs de la grosseur du rivet. Ainsi, pour des rivets de **20** millimètres de diamètre, le diamètre du poinçon est 21.5 millimètres et celui de la matrice 23.5 millimètres.

Il faut se garder de donner à la matrice un trop grand diamètre parce que le métal, près des bords de cet instrument, subirait un allongement qui pourrait être supérieur à celui que devra supporter la tôle poinçonnée une fois mise en œuvre. De plus, le fer se plie, s'emboutit près de la matrice; et les diverses *mises* ou couches superposées, dont se compose la tôle, peuvent se dessouder.

On évite en partie l'emboutissage et la déformation, que des tôles au-dessous de 10 millimètres d'épaisseur pourraient subir au poinçonnage, en se servant de poinçons dont la face inférieure est inclinée au lieu d'être horizontale. Par suite de cette disposition le poinçon n'agit que progressivement et par *cisaillement*. Il en résulte encore une moindre dépense de force pour l'opération. La partie conique des trous de rivets à tôles fraisées, fig. p. 120, s'obtient en engageant dans le trou, suivant son axe, un outil nommé *fraise*, auquel on donne un mouvement de rotation, figure ci-contre.

Diamètre des trous, répartition des trous. — Le diamètre des trous des rivets varie avec l'épaisseur de la tôle à assembler. Il est déterminé par la condition que le poinçon puisse percer la tôle sans s'écraser. La charge de rupture de la tôle par cisaillement étant prise égale à 30 kilogrammes par millimètre carré, la force nécessaire pour produire une débouchure d'un diamètre égal à D et d'une hauteur égale à H est $\pi DH.30$. La limite d'élasticité de l'acier à la compression étant prise égale à 60 kilogrammes par millimètre carré, la section d'un poinçon, d'un diamètre égal à D, pourrait supporter un effort égal à $1/4\,\pi D^2 60$. En égalant ces deux quantités. on trouve $D = 2H$. C'est-à-dire que le *diamètre du poinçon doit être égal au double de l'épaisseur de la tôle.*

Le diamètre du rivet est en définitive déterminé par l'épaisseur de la tôle, et c'est le nombre des rivets nécessaires à un assemblage qu'il faut calculer d'après les forces auxquelles cet assemblage doit résister. L'expérience fournit encore une dimension des assemblages par rivets, c'est l'écartement de ceux-ci, d'axe en axe. On a reconnu que pour empêcher les tôles de bailler, il suffit de prendre l'écartement des rivets égal à 10 mm. + 2D pour les rivets de 10 mm. de diamètre et au-dessus ; 10D pour les petits rivets, ceux qui ont moins de 10 mm. de diamètre.

La rivure agit de la manière suivante : le rivet une fois posé à chaud se refroidit, diminue de longueur et serre l'une contre l'autre, les tôles comprises entre la tête et la rivure. Ce serrage produit entre les tôles un frottement considérable qui constitue toute la résistance de l'assemblage par rivure.

Chanfreinage, matage des rivets et des chanfreins. — Le matage des joints et des rivets est une opération indispensable chaque fois que l'on veut des joints étanches, tels que des joints de chaudières et des joints de réservoirs. Les tôles, avant d'être assemblées, sont chanfreinées sur leurs bords, c'est-à-dire biseautées. Cette opération se fait avec une machine spéciale ou avec le burin et la lime.

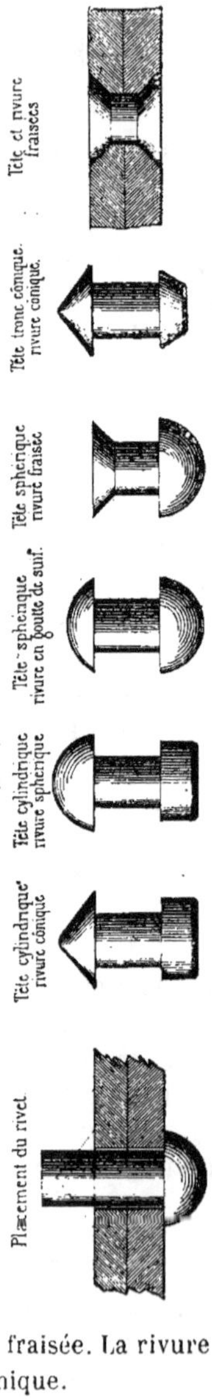

La rivure, dont nous parlerons plus loin, étant achevée, on fait le matage en frappant le bord du chanfrein et la base de la rivure de manière à les refouler. L'outil dont on se sert est le *matoir*, sorte de burin dont le tranchant est arrondi, que l'on frappe avec un marteau à deux têtes. L'opération est importante ; elle se fait avec précaution en deux fois ; on se sert d'abord d'un matoir qui produit un léger arrondi et ensuite d'un matoir qui en produit un plus fort, mais il faut éviter de faire une gorge.

55. Rivure. — *Rivets.* — Les rivets se font en fer, en fer fondu, en cuivre. On les fabrique en prenant des cylindres de métal dont on refoule à chaud une extrémité pour former ce que l'on nomme la *tête du rivet*. La partie restée cylindrique est dite *corps du rivet* (figures ci-contre). Une fois le rivet mis en place, on fait la *rivure*, c'est-à-dire qu'on aplatit la partie de la tige qui excède les tôles à réunir ; on obtient ainsi une deuxième tête. Cette opération se fait à chaud ou à froid, suivant les cas et suivant le diamètre du rivet. La tête d'un rivet peut admettre cinq formes différentes ; elle peut être cylindrique, tronc conique, hémisphérique, en goutte de suif, fraisée. La rivure n'admet que quatre formes différentes : elle peut être conique ou en pointe de diamant, ce que l'on appelle encore rivure à l'anglaise ; elle peut être demi-sphérique, en goutte de suif ou fraisée. La rivure ne se fait pas sous les formes cylindrique et tronc conique.

On nomme rivets borgnes ceux dont la rivure seule est apparente, comme ceux qui servent à fixer les bandages de roues de locomotives, figure ci-dessous.

La rivure en goutte de suif et la rivure hémisphérique sont les plus 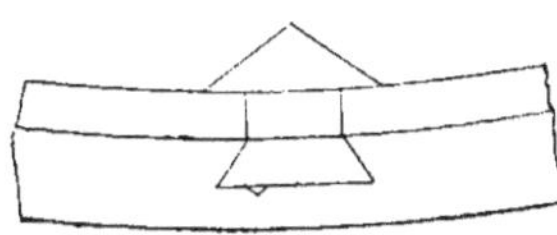 usitées comme étant les plus solides. Elles sont les moins sujettes à être décolletées. La forme en goutte de suif s'emploie surtout pour les tôles minces, des réservoirs de faibles dimensions, en raison de ce que cette rivure, ayant un épatement large, soutient mieux la tôle. On emploie encore la forme en goutte de suif dans les assemblages des *tôles de coup de feu* des chaudières, c'est-à-dire des tôles au-dessus du foyer.

La forme conique est bonne pour les chaudières à vapeur, parce que cette forme se prête à un matage énergique. Cependant, elle donne au rivet trop de saillie pour être employée aux tôles de coup de feu.

La rivure fraisée est employée dans les cas où l'on ne veut pas de saillie sur l'assemblage. Cette forme convient pour les abouts de ponts, dans les parties qui portent sur les pierres d'appui.

Disons enfin qu'avant d'engager le rivet borgne dans le trou à *queue d'hironde*, on fait, à l'aide d'un pointeau, un trou excentré dans la face de fond de la queue d'hironde. Cette précaution est prise de manière que le rivet ne tourne pas quand on le perce pour changer le bandage.

Le tableau suivant indique les dimensions commerciales adoptées communément pour les rivets.

Rivets

Dimensions en millimètres					Sections en millimètres carrés	Poids d'une tête Densité = 7,8
D	R	H	L	F		
6	5,2	4,0	10.0	2.6	38.5	0k 0014
8	6.9	5,3	13.3	3.6	63.6	0.0036
10	8.6	6.6	16.6	4.4	95.0	0.0069
12	10,3	7,9	19.9	5.3	132.7	0.0117
15	12,9	9,9	24.9	6.7	201.1	0.0231
18	15.5	11,9	29.9	8.0	283.5	0.0400
20	17,2	13,2	32.2	8.9	346.4	0.0546
22	18,9	14,5	36.5	9.8	415.5	0.0725
35	21.5	16.5	41.5	11.1	530.0	0.1067

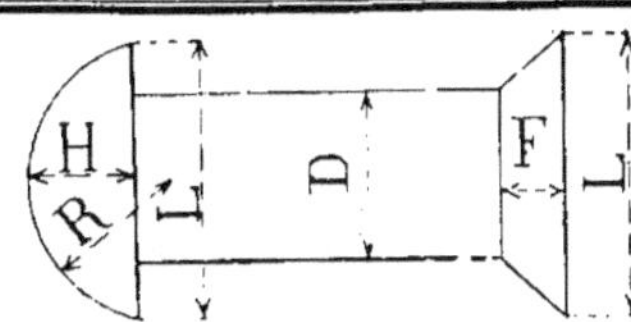

Les dimensions adoptées généralement par le rivet à deux têtes hémisphériques, si D désigne le diamètre du corps du rivet, variable de 2 à 25 millimètres, sont :

$$L = 1,2 \text{ à } 1,6 \, D$$
$$H = 0,6 \, D.$$

L'excédent de longueur à donner à la tige pour former la rivure au-dessus de l'assemblage est $l = 1,3$ à $1,5$ D.

Formation de la tête du rivet. — La tête du rivet est formée soit à froid, soit à chaud, suivant le diamètre, par refoulement d'une partie de la tige cylindrique dans laquelle le rivet

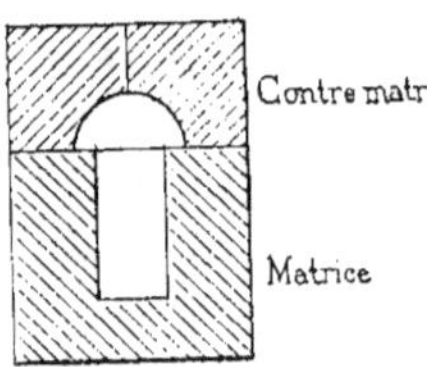

est pris. Au-dessus de 10 millimètres de diamètre, cette opération se fait toujours à chaud. La figure représente le principe de l'appareil qui sert à cette opération ; la contre-matrice qui porte en creux la forme de la tête est mue par un balancier à vis. La longueur de tige à écraser est calculée de manière qu'il n'y ait guère d'excès de fer, afin d'éviter les bavures trop grandes. Ce qu'il s'en forme est d'ailleurs enlevé en passant la tête de rivet dans une lunette coupante ; cette opération s'appelle l'*ébarbage*.

La contre-matrice doit être en deux pièces, afin de permettre de dégager la tête.

Essais des rivets. — La réception des rivets n'a lieu qu'après les essais suivants : 1° pliage à 180° de la tige à froid suivant la forme indiquée fig. 1 ; 2° aplatissement au marteau de la tête de manière à

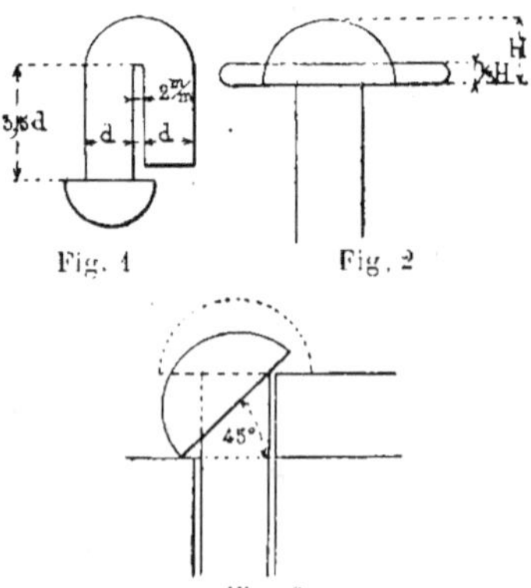

Fig. 1   Fig. 2

Fig. 3

réduire sa hauteur au tiers, comme l'indique la fig. 2 ; 3° déviation au marteau de la tête du rivet à 45°, fig. 3.

Ces opérations doivent pouvoir être effectuées sans qu'il se produise de criques, de gerçures, ni à plus forte raison d'arrachement.

Rivure à froid. — Si les tôles à assembler sont de faible épaisseur, 6 millimètres et au-dessous, les rivets sont posés à froid. On écrase la rivure au moyen d'un marteau dit marteau à river ou marteau de chaudronnerie. Ce marteau est représenté à la figure ci-contre. Son poids est de 2 kilogrammes environ. Les rivets posés à froid ont dû être préalablement recuits, c'est-à-dire portés au rouge et refroidis très lentement à l'abri du contact de l'air, soit dans le four même, soit dans une couche de *frasil* ou menu charbon.

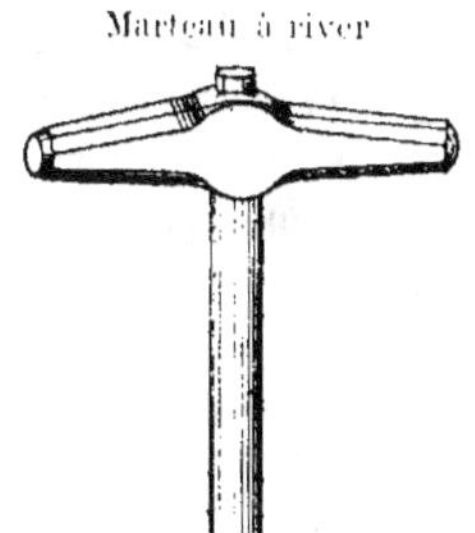

Le rivet, une fois engagé, la tête en dessous, dans les trous correspondants des tôles à assembler, on soutient la tête par une masse, nommée *tas*, et on écrase la rivure. Le tas doit être d'une grande masse par rapport à celle du marteau, pour qu'il ne ressaute pas sur la tête du rivet quand on fait la rivure, de manière à *supporter le coup*, pour prendre l'expression en usage dans les ateliers. La forme de la rivure est donnée au moyen de la *bouterolle* (fig. p. 126).

Pour les tuyaux en tôle mince, comme par exemple ceux qui sont

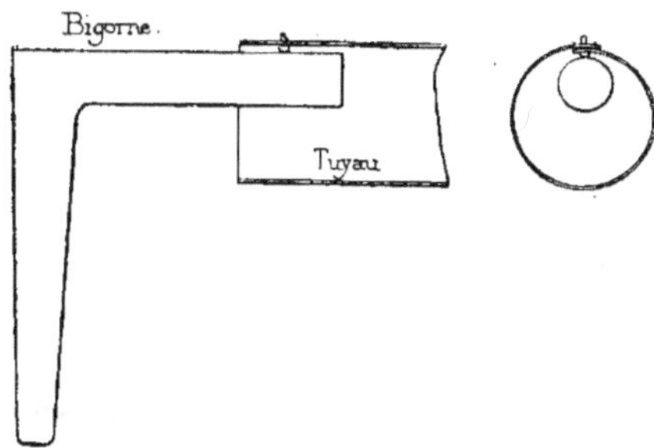

employés en fumisterie, dans les sondages de faible diamètre, le tas est remplacé par une *bigorne* figure ci-dessus.

Rivure à chaud. — Dès que le diamètre des rivets atteint 10 millimètres et au-dessus, la rivure se fait à chaud. D'après ce que nous avons dit sur le perçage des tôles, les trous se superposent comme l'indique la figure ci-contre. On commence par régulariser le trou en y passant un *équarrissoir*, broche en acier légèrement conique ayant une longueur de 25 centimètres envi-

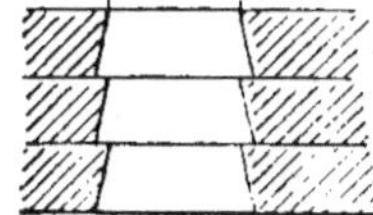

ron, et présentant à sa surface soit des méplats, soit des évidements longitudinaux dont les arêtes sont vives et tranchantes. On manœuvre

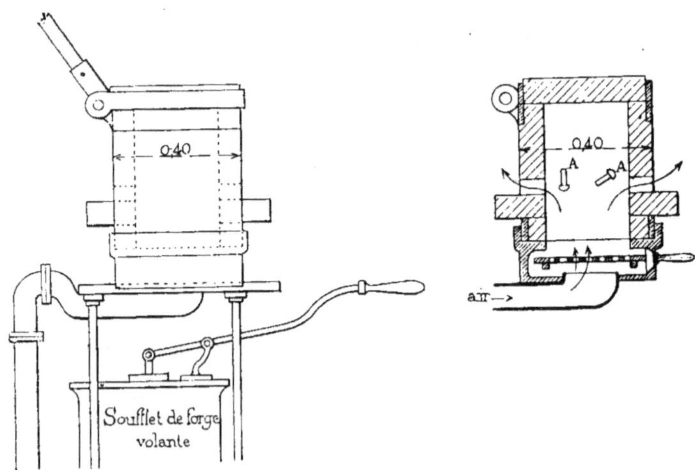

cet outil en engageant sa tête, à section rectangulaire, dans la mortaise de même forme d'un levier dit *tourne à gauche*.

Les rivets sont chauffés dans toute leur étendue au rouge clair, environ 1150°, au moyen de forges volantes ou de fours à chauffer les rivets. Il importe que toute la masse du rivet soit rendue malléable. Les forges volantes ne produisant pas suffisamment, on a cherché depuis longtemps des fours à chauffer les rivets. Nous donnons ci-après l'élévation et une coupe d'un four ayant donné d'assez bons résultats. On y peut chauffer 8 rivets de 20×55 en 5 minutes, soit environ 100 rivets à l'heure. Ce four peut servir pour plusieurs équipes sur le chantier de pose.

Il se compose d'un coffre en terre réfractaire d'environ 0 m. 40 sur 0 m. 40, muni d'un couvercle en terre mobile autour d'une charnière. Ce coffre est placé sur un cadre en fonte. Le courant d'air provient d'un soufflet de forge volante et arrive par dessous la grille. Celle-ci est une plaque de fonte percée de trous, placée sur deux barrettes

transversales. Comme combustible, on emploie un mélange de coke et de menue houille. Les rivets sont placés au milieu même du combustible en A, en face des portes latérales.

Il importe que les rivets soient en dehors du courant d'air et de l'acide carbonique. Si l'on ne prenait pas de dispositions pour qu'il en soit ainsi, on aurait des rivets brûlés. L'acide carbonique à une haute température devient instable. Il se transforme en oxyde de carbone et alors donne de l'oxygène ; il devient donc oxydant.

Exécution de la rivure à chaud. — Le rivet est retiré de la forge ou du four au moyen d'une *main* représentée fig. ci-dessous. Avant d'engager

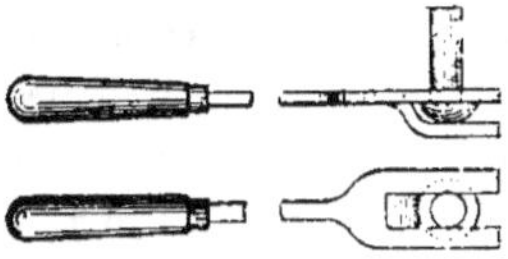

le rivet dans le trou qu'il doit remplir, on le frappe sur un tas afin de faire tomber l'oxyde de fer et le charbon adhérent au rivet. On place le rivet la tète en dessous et on le soutient en place par une pièce dite *abattage* représentée fig. ci-dessous. Une extrémité du levier est appuyée sur la tète du rivet engagé dans le trou

qu'il doit remplir. A l'autre extrémité, un homme appuie de tout son poids. Le point fixe du levier est constitué par un tas sur lequel il porte.

Pour soutenir la tète, on se sert encore de l'appareil nommé *turc*,

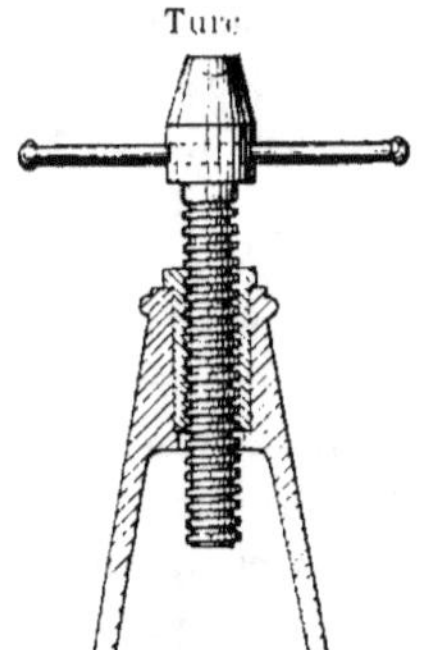

qui consiste en un bloc évidé à la forme de la tète du rivet, bloc qui est soulevé par le moyen d'une vis dont l'écrou est fixé dans un bàti en fonte.

La rivure s'effectue en écrasant d'abord la tige du rivet sur l'assemblage, et la forme est obtenue quand le rivet est déjà noir, soit au marteau à river pour les rivures coniques, soit à la bouterole pour les rivures hémisphériques ou en goutte de suif (fig. p. 126). La *bouterolle* est une barre de fer de 4 centimètres de diamètre et d'environ 40 centim. de long. On place le bout qui a la forme de la rivure sur le rivet et on frappe l'autre extrémité au moyen d'un *marteau à devant* de 4 à 6 kilogrammes. En dernier lieu, c'est à toute volée que l'on frappe la bouterolle. Les bords de celle-ci ne doivent pas être coupants, car il arriverait que l'on entamerait la tôle de l'assemblage, ce qui diminuerait la résistance de celui-ci.

Les rivets ont quelquefois des positions que l'on ne pourrait atteindre au moyen de la bouterolle droite ; on en fait qui sont coudées pour ces cas spéciaux.

Bouterolle à la main pour terminer la tête du rivet

Enfin on *ébarbe* le contour des rivets bouterollés, c'est-à-dire qu'on enlève le métal qui a été refoulé par la bouterolle autour de la base de la rivure. La dimension de la tige du rivet a d'ailleurs dû être calculée pour que ce métal en excès soit en très petite quantité.

L'opération s'effectue au moyen du marteau et de la *gouge*, qui est un ciseau à section circulaire. Voir cette section ci-dessous.

La rivure terminée, on procède au matage pour la rendre étanche. Nous avons déjà dit l'utilité de cette opération et la manière dont elle doit s'effectuer.

Section de gouge

Une rivure est bien faite si elle est bien dans l'axe du rivet, si le trou est parfaitement rempli et si la rivure porte bien sur l'assemblage. Les rivets à rivures excentrées reçoivent dans les ateliers le nom de *rivets gascons*. Les rivures bien faites se reconnaissent en sonnant l'assem-

Rivet gascon

blage au marteau. Le son rendu par une bonne rivure est clair, le son rendu par une rivure mal serrée est sourd.

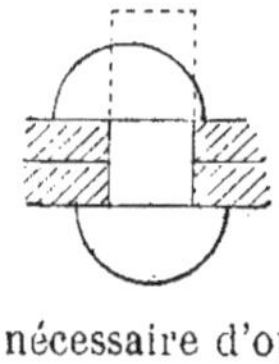

Principes de la rivure mécanique. — Une équipe de trois hommes et un gamin font de 150 à 200 rivets à la main par jour. Dans les travaux considérables, il est nécessaire d'opérer plus rapidement ; pour y arriver, on fait mécaniquement la rivure, et on arrive avec la même équipe de trois hommes et un gamin à faire de 1 500 à 2 000 rivets par jour.

Les appareils mécaniques pour river ont d'ailleurs des avantages spéciaux : 1° ils permettent de poser un grand nombre de rivets dans un temps relativement court ; 2° les tôles à assembler sont mieux serrées les unes contre les autres ; 3° les vides des trous sont rigoureuse-

Principe de la machine à river

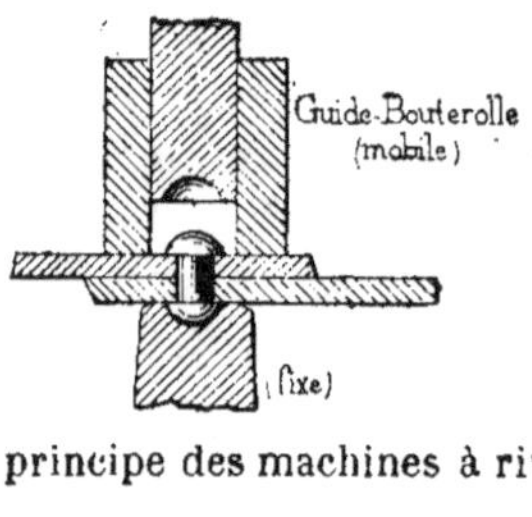

ment remplis par la matière du rivet ; 4° ces appareils mécaniques permettent d'effectuer la rivure des rivets ayant une position difficile à atteindre ; 5° les appareils permettent d'effectuer commodément les rivures qui ne doivent être exécutées qu'au montage.

Guide-Bouterolle (mobile)

(fixe)

La fig. ci-dessus représente en définitive le principe des machines à river, qui consiste à serrer les tôles les unes

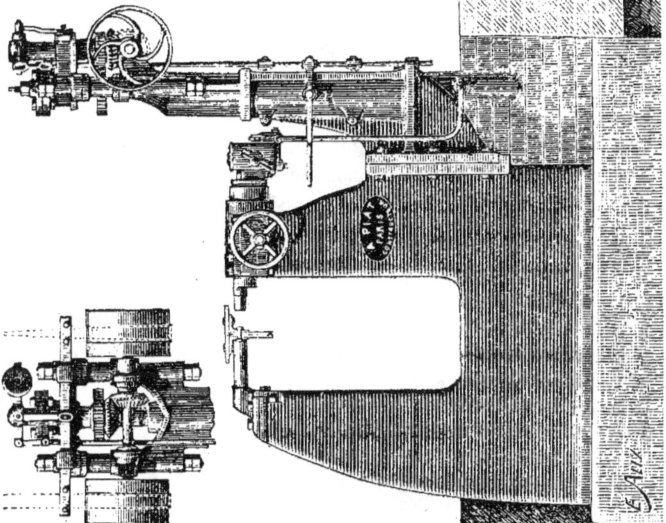

Riveuse fixe

Riveuse mobile

contre les autres au moyen du guide-bouterolle et à faire le rivet au moyen de la bouterolle. Dans les anciennes machines, la manœuvre de ces pièces se faisait à la main à l'aide de leviers. Dans les machines Twedel et Delaloë et Piat, la bouterolle est approchée du rivet par une manœuvre à la main et l'écrasement de la tête se produit par l'action de l'eau comprimée à 50 atmosphères. Cette compression s'obtient en refoulant de l'eau par un piston manœuvré au moyen d'un volant que porte la machine mobile. Les figures, page 127, donnent le type mobile et le type fixe de la riveuse Delaloë et Piat.

Dans les machines Allen, c'est l'air comprimé à 5 atmosphères qui sert de moteur.

56. Applications. — *Assemblages*. — Les joints ou assemblages de tôles sont de quatre sortes : 1° les joints à rivure droite ; 2° les as--

Rivure droite à plat joint

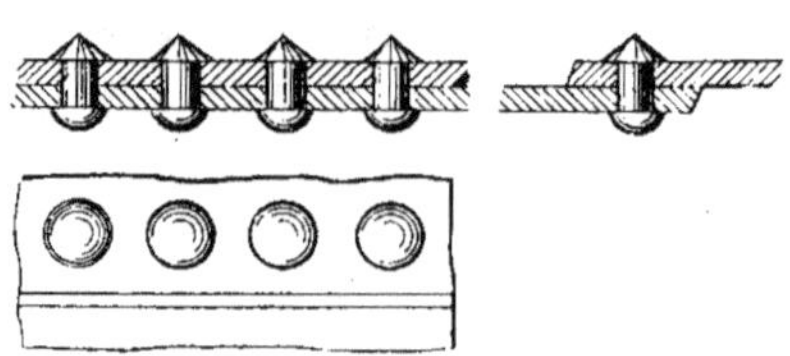

semblages à recouvrement ; 3° les assemblages d'angle ; 4° les assemblages avec pinces.

Les *rivures droites* sont : *à plat joint*, *à bords relevés*, enfin la *rivure à l'anglaise*. Ces dernières ont pour but de permettre de poser le *fond* d'un réservoir sur des sommiers à la même *hauteur*. Ces deux rivures constituent en définitive un assemblage défectueux, parce que le joint ne peut avoir une résistance aussi bonne dans le plan des tôles assemblées que le joint plat.

Bords relevés

Rivure anglaise

Pour les assemblages de grande résistance, on pratique la rivure multiple ou en *quinconce* (fig. p. 129) ou la rivure à recouvrement ; le recouvrement peut être effectué au moyen d'un *couvre-joint* (fig. p. 129).

Dans la rivure en quinconce, l'écartement des rivets dans chaque fil est $a = 10 + 2D$ pour les gros rivets, 10 D pour les petits, D désignant le diamètre des rivets. La distance de l'axe de la première rangée au bord de la tôle est $b = 1,5$ D ; enfin la distance des axes de deux rivets voisins en passant d'une file à une autre, est $a = 10 + 2D$ dans les gros rivets et $a = 10\,D$ pour les petits rivets (D évalué en millimètres).

Rivure en quinconce

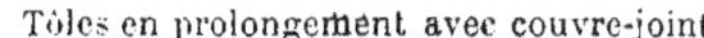

Tôles en prolongement avec couvre-joint

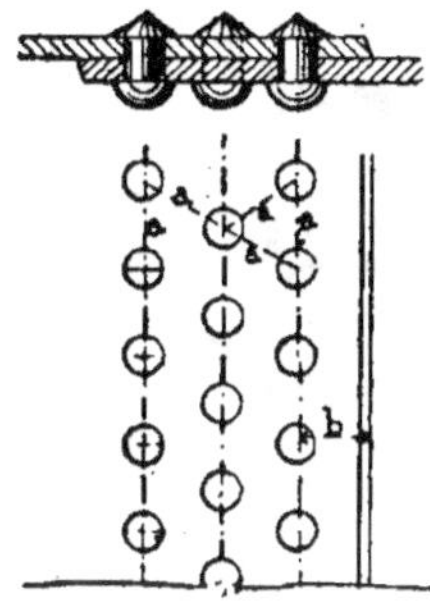

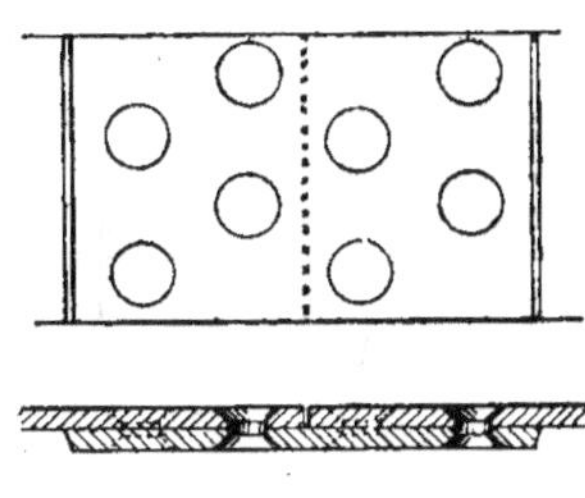

La fig. 1 est celle d'un assemblage d'angle étanche réalisé au moyen d'une cornière. Les rivets sur les deux ailes de la cornière sont chevauchés.

Assemblage d'angle étanche

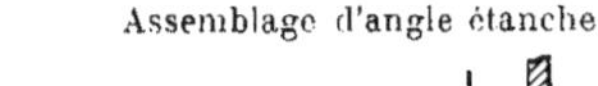

Fig. 1

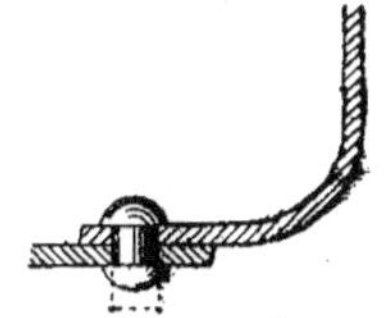

Fig. 2

La fig. 2 est un assemblage d'angle réalisé au moyen d'une tôle emboutie. La rivure est faite du côté extérieur.

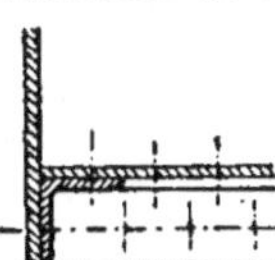

Les fig. 3, 4, 5 sont d'autres assemblages d'angle. La rivure n'est représentée que par des axes.

Aux points où se superposent plus de deux des tôles, dont la réunion constitue une surface continue d'une épaisseur générale de une tôle, il est nécessaire d'amincir sur les bords certaines de ces tôles près du point

Fig. 3

de jonction. Cette opération se fait à chaud par le martelage ; on forme

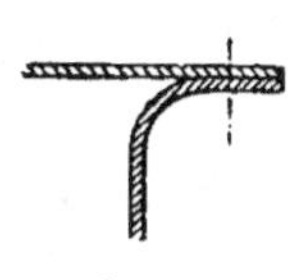

Fig. 4

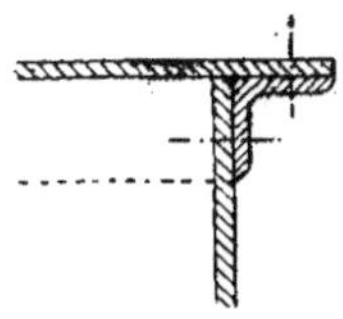

Fig. 5

ce que l'on appelle une *pince*. La fig. 6 indique le mode de jonction de quatre tôles d'un fond de réservoir. Les tôles 2 et 3 ont une pince chacune. La superposition de ces deux pinces donne l'épaisseur d'une

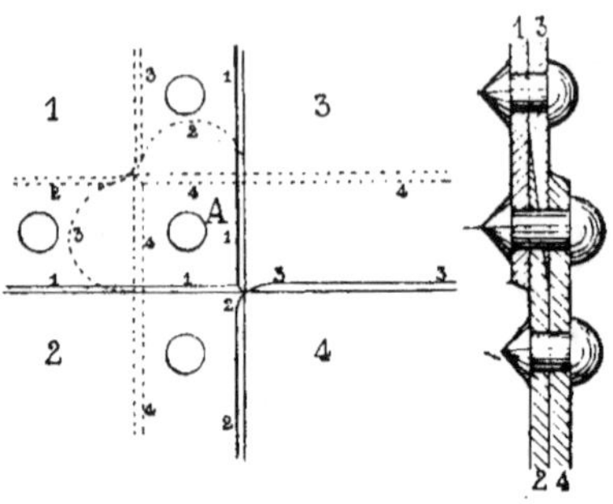

Fig. 6

tôle. On assemble d'abord les tôles 1 et 2 ; mais on ne met pas le rivet A. On assemble ensuite les tôles 1 et 3, sans mettre le rivet A.

Ensuite c'est 3 et 4 que l'on assemble ; et l'on pose le rivet A. Enfin on assemble 2 et 4.

Chaudières. — Les chaudières sont construites de la manière suivante : les tôles, bien dressées, sont tracées à l'aide de gabarits, puis percées, cintrées et assemblées. Les rivets sont placés la tête à l'intérieur

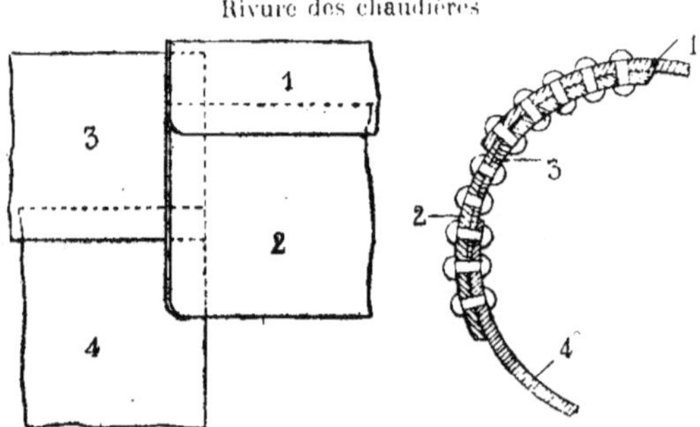

et la rivure à l'extérieur, la rivure est généralement conique, sauf celle des tôles de coup de feu, qui est sphérique. Enfin on mate les rivets, les bords des tôles et des pinces.

Le corps de la chaudière se compose de plusieurs viroles, c'est-à-dire des parties cylindriques d'une ou plusieurs tôles suivant le diamètre de la chaudière. Le bord de la feuille placée à l'intérieur est aplati en forme de pince dans la partie en prise, figure ci-dessus.

Les figures représentent un fond de chaudière sphérique et un fond embouti ; la tôle a reçu à chaud sa double courbure.

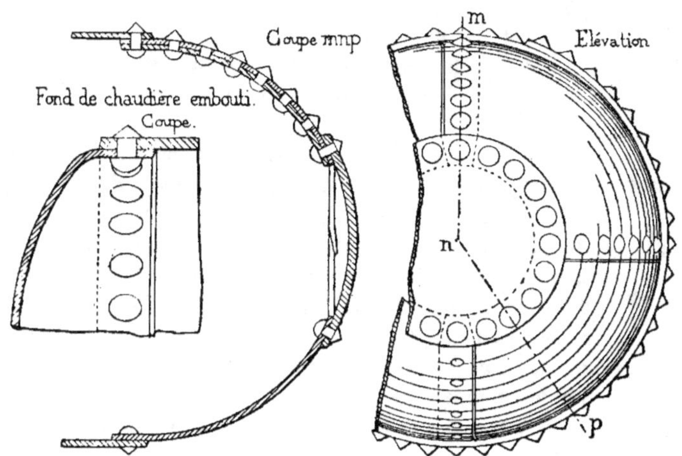

Réservoirs. — Les réservoirs sont composés de viroles comme les chaudières à vapeur. Nous ferons remarquer qu'il faut augmenter un peu l'épaisseur des tôles du fond, car c'est la partie qui fatigue le plus et qui est soumise à l'action corrosive des impuretés contenues dans l'eau et qui s'amassent sur le fond.

Foyers de locomotives. — L'enveloppe du foyer des chaudières de locomotives est entourée d'une seconde enveloppe, dont les joints sont un

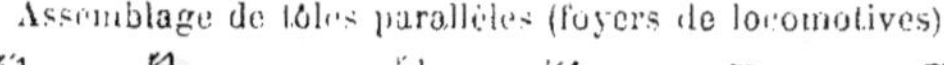

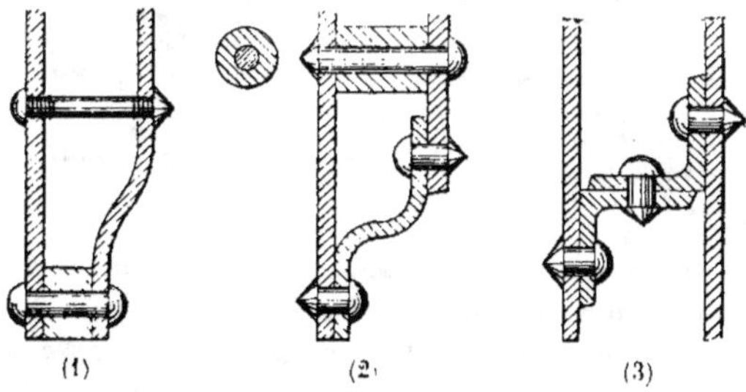

exemple de joints étanches. Les joints de cette double enveloppe se font de plusieurs manières : par rivets filetés, par rivets et entretoise en acier, par l'emploi de deux cornières, et enfin par l'emploi d'une

entretoise filetée à ses deux bouts. Chaque bout est percé d'un trou conique où l'on enfonce un coin en frappant dessus
deux ou trois coups de marteau. Le diamètre du
trou s'agrandit et il se produit un serrage énergique
et une étanchéité parfaite sans rivure.

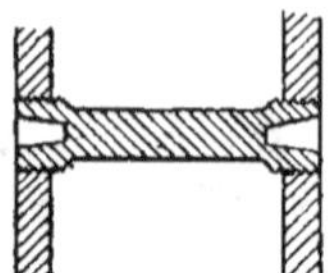

Ce dernier système est employé à la construction
des *boîtes à feu* des locomotives du *North-London
Railway*.

Planchers en fers. — Les poutres en fer ont la forme d'un
double T, la partie *a* est dite âme, les parties *t* sont dites tables,
semelles ou plate-bandes. Elles donnent de chaque côté des
saillies nommées ailes. Cette forme est celle qui correspond
à la plus grande résistance pour un même poids de matière.

Lorsque les charges que supporte un plancher sont telles
que l'on est conduit à donner, aux poutres en *double T* qui le composent, des hauteurs supérieures à celles que l'on rencontre dans le
commerce, on doit composer le double T de tôles assemblées. La figure
représente un fragment de plancher, comprenant une poutre prin-

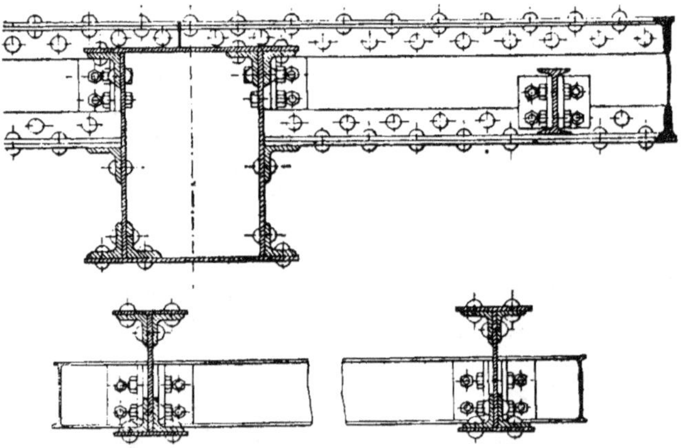

cipale, dite poutre en caisson. Cette forme se ramène à la forme
type du double T, si on suppose que les deux âmes de la poutre sont
rapprochées à se confondre dans l'axe de sa section transversale. Cette
forme en caisson est employée quand, les ailes de la poutre ayant de
grandes dimensions, on peut craindre que l'âme soit insuffisante pour
empêcher le gauchissement. La poutre en caisson a une rigidité dans
le sens transversal plus grande que celle de la poutre en double T.

Sur la poutre principale s'assemblent des poutres secondaires, nommées poutrelles, et sur celles-ci des poutres tertiaires nommées solives. Ces assemblages sont maintenus rigides par des *équerres ;* on fixe ceux-ci par boulons, parce que, dans le montage des planchers, on ne fait pas de rivures généralement. Cependant les équerres pourraient avoir une aile rivée à l'atelier, l'autre aile devant s'assembler par boulons au montage.

Lorsque les poutres ont une grande longueur, il arrive que l'âme et les tables ne peuvent être faites en tôle d'une pièce. On place les tôles bout à bout et, afin de parer au défaut de solidité qui résulte du manque de continuité dans les tôles, on recouvre la jonction de deux tôles d'une plaque, nommée *couvre-joint* ; si on n'en met une que d'un côté, on a l'assemblage à *couvre-joint simple ;* si on en met une de chaque côté, on a le *couvre-joint double* ; la figure représente un couvre-joint double.

Poutre composée

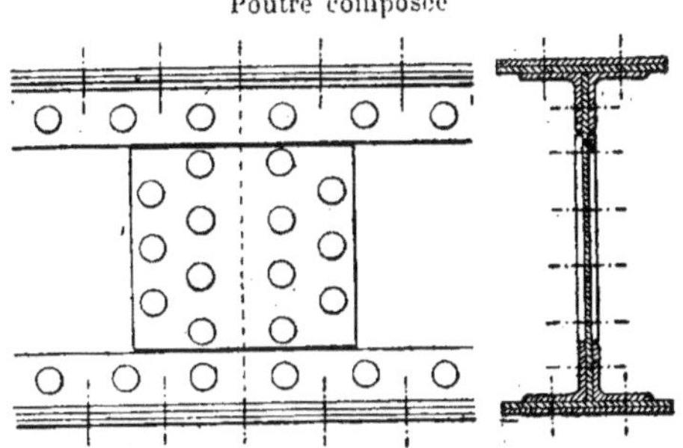

Une règle empirique pour déterminer la longueur d'un couvre joint consiste à prendre, sur l'assemblage du couvre-joint à une des tôles à assembler bout à bout, un nombre de rivets ayant, dans l'ensemble de leurs sections, une surface au moins équivalente à une fois et demi la surface de la section de chacun de ces fers.

CHAPITRE IX

BOULONS, VIS ET ÉCROUS, CLEFS

Assemblages démontables : goujons ; boulons ; écrous; vis ; filetages. — Dimension des boulons. têtes, rondelles et goupilles ; tableau de détail concernant les écrous à six pans. Filières. — Rondelles. — Clavettes d'arrêt, contre-écrous. — Boulons de scellement. — Machine à percer. — Clefs.

57. Boulons. — *Assemblages démontables*. — Les assemblages démontables sont de trois genres : 1° les assemblages proprement dits qui ont pour but de relier entre elles diverses pièces dans des positions relatives invariables ; 2° les assemblages qui ont pour but de serrer les pièces les unes contre les autres ; 3° les assemblages qui unissent des pièces mobiles les unes par rapport aux autres ; ces assemblages prennent plus spécialement le nom d'articulations.

Les organes qui servent à faire ces assemblages sont les boulons, les vis, les clavettes, les tire-fonds.

Désignation des boulons. — Les boulons tirent leurs noms, soit de leur

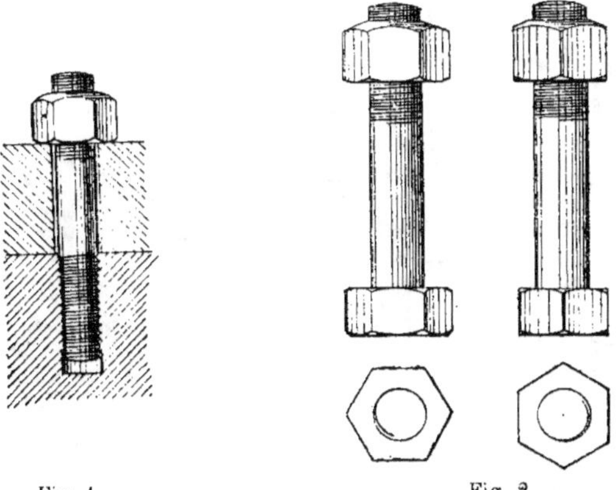

Fig. 1   Fig. 2

forme, soit de la forme de leur tête ou de leur écrou, soit encore de l'usage que l'on en fait.

Les *goujons* sont des corps cylindriques vissés dans l'une des pièces à réunir et recevant un écrou pour serrer et fixer l'autre pièce de l'assemblage, figure 1, page précédente.

Les boulons proprement dits sont des corps cylindriques ayant une partie saillante fixe, nommée tête, et une partie mobile nommée écrou; l'écrou est fileté intérieurement d'une vis ayant le même pas et les mêmes dimensions que la vis qui termine le corps cylindrique du boulon, fig. 2.

Les boulons sont à tête carrée, à tête sphérique, à tête fraisée, à tête cylindrique, à tête en goutte de suif.

Afin d'empêcher le boulon de tourner quand on serre l'écrou, on y place un *ergot* qui vient se loger dans une encoche faite à l'une des pièces à assembler. Les boulons munis d'ergots reçoivent le nom de *boulons à ergot*. La dernière des figures ci-dessus représente un boulon dont une partie de la tige est carrée. Cette portion de la tige se place dans un trou carré d'une des pièces à assembler. Cette disposition empêche le boulon de tourner et remplace l'ergot.

La fig. 1 représente le boulon à crochet.

Ergot rapporté

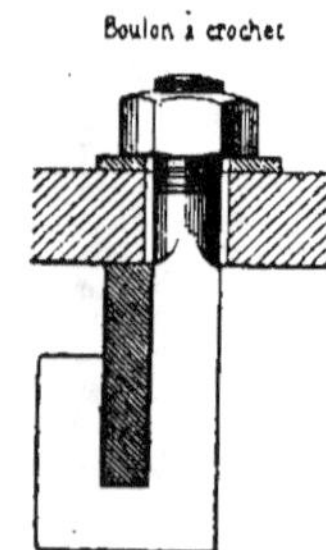

Ergot venu de forge

La fig. 2 représente le boulon à coulisse, la tête peut circuler, avant le serrage, dans une coulisse *a*. Les figures suivantes représentent des boulons à œil; ces boulons servent à serrer les garnitures de tiges de piston dont nous parlerons plus loin.

La figure (*a*) représente un boulon à deux écrous ou à double serrage.

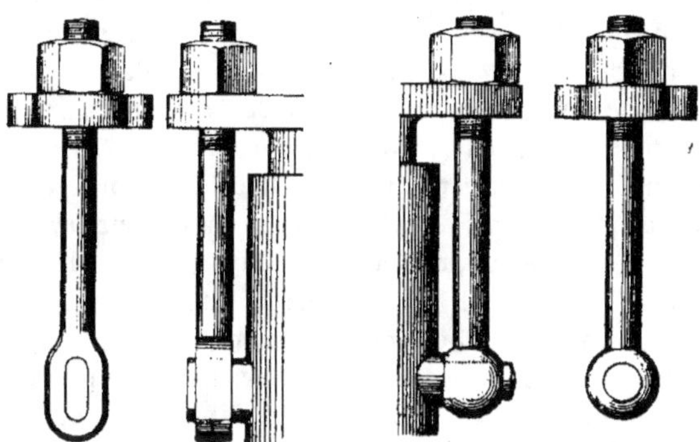

Ce boulon a une *embase*, un ergot et deux écrous. Il sert à assembler, indépendamment l'une de l'autre, deux pièces à une troisième, la pièce intermédiaire de la figure.

Au point de vue de leur usage, les boulons sont nommés *boulons de fondation*, quand ils servent à fixer une machine, un bâti sur des fondations ; *boulons de scellement*, quand le corps est scellé dans la maçonnerie ; *boulons d'écartement*, quand ils ont pour fonction de maintenir deux pièces à une distance déterminée ; *boulons d'articulation*, quand ils réunissent des pièces mobiles.

Goujons. — Nous ne nous arrêterons pas aux goujons qui ne diffèrent pas des boulons en ce qui concerne les détails de leur fabrication. Nous ferons remarquer seulement que leur emploi exige que l'on perce un *trou borgne*, c'est-à-dire à une seule ouverture, dans l'une des pièces à assembler et que l'on y pratique un pas de vis intérieur correspondant au pas de vis extérieur du goujon.

Enfin, nous ferons remarquer que les goujons font de mauvais assemblages démontables pour la fonte, si le goujon doit se visser dans celle-ci. En effet, il faut éviter de fileter la fonte en vue d'obtenir des assemblages démontables ; les filets de vis en fonte s'égrènent très rapidement. Il faut donc considérer comme fixe tout goujon vissé dans la fonte, si l'on est conduit à en employer.

Boulons. — Dans le boulon il y a trois parties à considérer : la tête, le corps du boulon et l'écrou.

La tête, dont nous avons indiqué les diverses formes, peut s'obtenir de trois manières. On peut la forger séparément du corps et la souder ensuite au corps du boulon. On peut, pour les boulons à tête cylindrique, enrouler à chaud, autour d'une extrémité du corps du boulon, la quantité de matière nécessaire à faire la tête et ensuite souder. Enfin on peut procéder par *étampage* ; c'est-à-dire refouler au balancier, dans une matrice ayant en creux la forme de la tête, une extrémité du corps du boulon préalablement portée au rouge.

La tige du boulon, en général, est cylindrique ; mais elle reçoit quelquefois d'autres formes. La partie filetée est toujours cylindrique.

Nous devons faire remarquer ici qu'il est essentiel que la face de la tête et celle de l'écrou, qui doivent serrer, soient exactement parallèles aux faces à serrer. S'il en était autrement, le serrage ferait naître dans le boulon des tensions dont la résistance ne serait pas dans l'axe du boulon ; ce serait une condition défavorable à sa résistance.

On a soin d'abattre les angles des têtes et des écrous de manière que l'on ne se blesse pas en les touchant et aussi pour que les arêtes coupantes n'entament pas les surfaces sur lesquelles tourne l'écrou.

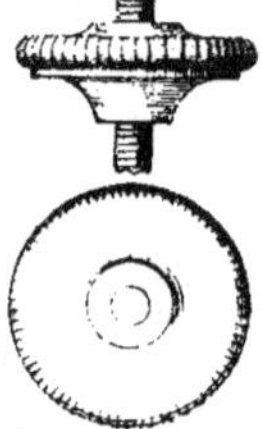

Fig. 1.

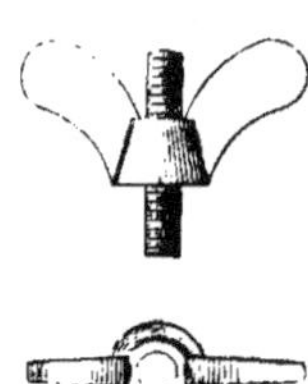

Fig. 2.

Pour les petites machines, les machines de précision, l'écrou est muni d'une *molette*, c'est-à-dire d'une couronne striée, fig. 1. Cette disposition rend le contact de l'écrou plus certain et permet de le serrer convenablement à la main.

L'écrou à oreilles, que nous représentons également, fig. 2, permet un serrage considérable à l'aide des doigts.

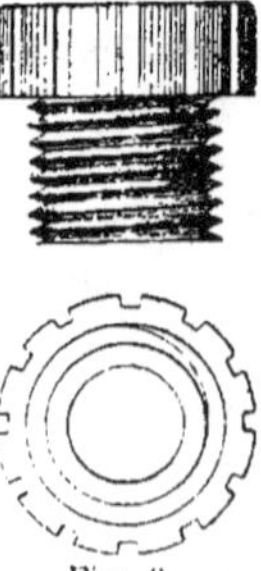

Fig. 3.

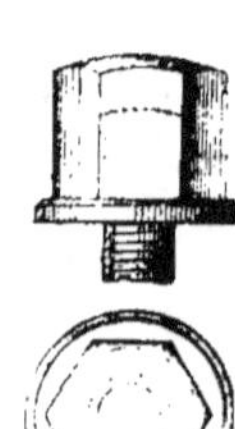

Fig. 4.

La figure 3 ci-dessus représente l'*écrou à entailles* employé dans les raccords des conduites d'eau.

Enfin, la dernière figure 4 représente, en élévation et plan, l'*écrou à chapeau*, en usage dans les appareils où il est nécessaire de préserver le boulon du contact de l'eau. L'écrou est percé d'un trou borgne qui est fileté pour recevoir la vis de l'écrou.

Pour les boulons en fer et même pour les boulons en acier, l'écrou est en fer. Pour les boulons en cuivre, l'écrou est en cuivre ou en bronze.

Boulons à bois. — Les boulons à bois présentent, près de la tête, une partie carrée. Le boulon est chassé à coup de marteau dans un trou rond, percé à la tarière dans les pièces à assembler. La partie carrée s'enchasse dans le bois et le boulon ne peut tourner quand on serre l'écrou.

On a soin d'ailleurs de mettre sous l'écrou une rondelle métallique destinée à répartir la pression sur une surface plus grande que celle de la face de l'écrou.

Les boulons à bois sont bruts de forge et l'abattage des angles de la tête est inutile parce que la tête est noyée dans une entaille. La tête est généralement de forme carrée, forme commode pour les entailles à faire dans le bois.

Boulons à métaux. — Les boulons à métaux, surtout ceux qui servent à articuler des pièces mobiles, sont ajustés. Ils portent en général un ergot venu à l'étampage, figure page 136, ou rapporté après coup

dans un évidement fait au burin. L'ergot rapporté est maintenu dans son logement par un matage soigné des bords.

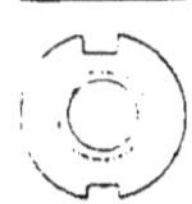

Si le boulon n'a pas d'ergot, on donne à la tête la forme à six pans afin que l'on puisse la maintenir par une clef pendant que l'on serre l'écrou.

L'abattage des angles est nécessaire sur les têtes et écrous non noyés. Les têtes et écrous noyés sont de forme

cylindrique, afin que les entailles soient aussi petites que possible. Les écrous cylindriques sont à entailles ou à trous, figure ci-contre. Ces entailles et ces trous servent à loger les griffes des clefs spéciales pour serrer ces écrous.

58. Dimensions des têtes et des écrous. — D étant le diamètre de la tige d'un boulon à écrou de six pans, la hauteur H de la tête est de 2/3 D à 3/4 D. Le rayon du cercle, dans lequel la section hexagonale de l'écrou et de la tête est inscriptible, est égal au diamètre D du boulon.

Nous donnons plus loin les dimensions des boulons usités dans le commerce pour boulons à six pans.

Le côté du carré des boulons à têtes et à écrous carrés est de 2,5 D ;
D désignant le diamètre de la tige.

Vis. — La tige filetée des boulons porte un filet triangulaire ou carré
qui peut être considéré comme engendré par un triangle ou un carré,

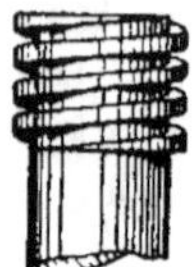

Fig. 1   Fig. 2

toujours placés dans un plan passant par l'axe du boulon, et qui se déplacent sur la paroi latérale d'un cylindre, de telle sorte qu'un côté ait la
direction d'une génératrice du cylindre et qu'un point, déterminé de ce
côté, se déplace suivant une *hélice* tracée sur ce cylindre.

On sait que l'hélice est une ligne tracée sur un cylindre et qui a pour
propriété de se transformer suivant une ligne droite, quand on développe sur un plan la surface cylindrique. La figure 3 représente le tracé

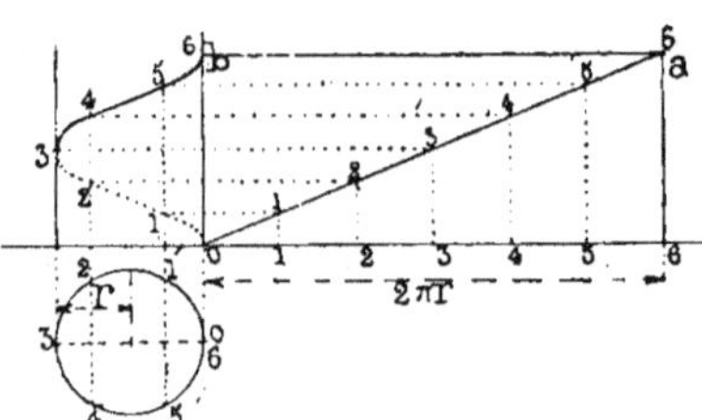

Fig. 3

d'une hélice sur un cylindre donné. Le développement de la surface
cylindrique est le rectangle à droite de la figure; *oa* est la transformée de l'hélice et les projections de cette courbe sont sur la gauche de
la figure. Il suffit de comparer les points affectés d'un même numéro
pour comprendre les opérations à effectuer pour obtenir les projections
de l'hélice.

La longueur *ob*, comptée sur une génératrice d'une *spire* à une autre,
est ce que l'on nomme le *pas* de l'hélice.

L'écrou reçoit une vis de mêmes filets, de même pas et du même sens;
il en résulte que, si le boulon est immobile et si l'on imprime à l'écrou
un mouvement de rotation en sens convenable, les filets du boulon s'engagent dans ceux de l'écrou et celui-ci descend. L'*enroulement* des filets
dit *à droite* est le plus fréquent ; c'est le sens du serrage des écrous.
Pour desserrer un écrou il faut tourner à gauche.

Dimensions des filetages. — Les vis peuvent être classées ainsi : 1° Les vis des boulons, écrous, goujons qui servent aux assemblages de pièces mécaniques ou de charpentes, et dont le diamètre varie de 6 à 100 millimètres. Ces vis sont employées plus spécialement dans la construction et dans l'industrie des machines ; on peut les dénommer *vis mécaniques ;* 2° les vis dont le diamètre est au-dessous de 6 millimètres, que l'on dénomme *vis horlogères ;* 3° les vis tracées sur des tubes de peu d'épaisseur et dont la saillie des filets ainsi que le pas, doivent être très faibles, telles sont les vis des appareils à gaz, celles des instruments d'optique ; 4° les vis des machines-outils, les vis des appareils de précision ; celles, en un mot, qui servent à la transformation des mouvements ou à la mesure ; 5° les vis à bois ; elles ont des filets larges, minces, d'un grand pas.

On a déjà proposé d'uniformiser les pas de vis des deux premières catégories afin de faciliter le remplacement d'un boulon, d'un écrou, ou d'un goujon ; afin de diminuer l'approvisionnement considérable d'un grand nombre de types, rendre plus faciles la fabrication, le contrôle et l'entretien. Pour la troisième catégorie, il est plus difficile de la soumettre à des règles fixes ; cependant tous les appareils pour le gaz à Paris sont filetés sur le même modèle et sont échangeables quelle que soit leur origine. Les vis de la quatrième catégorie doivent être combinées chacune d'après la fonction qu'elles ont à remplir. Quant à la cinquième catégorie il n'y a pas à uniformiser les pas, parce que la vis forme son écrou dans le bois.

En France, divers systèmes ont été proposés pour le filetage des vis mécaniques, en particulier par MM. Armengaud, Ducommun et Steinlen, Poulot, Polonceau. En Angleterre, les constructeurs de machines ont adopté le système Withworth. Aux États-Unis, c'est le système Sellers qui s'est répandu.

En octobre 1891, M. Sauvage, Ingénieur des Mines, a appelé tout spécialement l'attention sur la question de l'uniformisation des filetages et a proposé un système de filetage.

Voici quelques généralités sur les dimensions des diverses parties du filet. Le diamètre extérieur de la partie filetée doit être plus petit de 1/4 à 1/2 millimètre que le diamètre du corps afin que le filet puisse être engagé facilement dans le trou réservé pour recevoir le boulon.

Dans la détermination des dimensions des filets, il faut prendre garde au graissage. La partie filetée doit être graissée avec soin avant la pose de l'écrou, afin que les surfaces des filets frottent moins énergiquement les unes sur les autres. Cette précaution est d'autant plus indispensable que le boulon devra être démonté un plus grand nombre de fois.

Les boulons d'articulations, en particulier devront être l'objet d'un graissage soigné. Pour que le graissage soit convenable, il importe de calculer les surfaces des filets en contact et de s'assurer que la pression normale ne dépasse pas 1 kilogramme par millimètre carré.

Le pas de la vis ne devra pas être trop élevé afin que le boulon ne se desserre pas de lui-même sous l'influence des vibrations de la machine ou du système dont il fait partie. Ce pas ne devra pas non plus être trop petit, afin que les efforts irréguliers et plus ou moins brusques, produits dans le serrage de l'écrou, ne produisent pas la rupture de la partie filetée. Si l'on cherche de quelle manière le couple des forces, exercées pour faire tourner l'écrou, fait équilibre à la pression de l'écrou sur les faces à serrer, on verra que dans le cas d'un filet raide, d'un grand pas, un couple relativement grand produit un serrage relativement faible et que le contraire se produit si le pas est faible.

Au point de vue de la forme les vis se subdivisent en vis à filets carrés, vis à filets triangulaires, vis à filets ronds. Le filet carré est très bon pour les vis de gros diamètres et supportant de fortes charges. Les vis à filets ronds joignent l'avantage des filets triangulaires et celui des filets carrés : une grande résistance du filet à la base et une grande surface de contact. Ils sont très bons dans le cas où ils doivent résister à des efforts considérables et être exposés à des vibrations et à des chocs.

La *série Withworth* date de 1841 ; elle a été retouchée en 1857. Le filet dérive d'un triangle isocèle dont la base, parallèle à l'axe du boulon, est égale au pas et dont l'angle au sommet est de 55°. Le pas $p = 1$ mm. $+ 0,08$ D, formule où D désigne le diamètre du boulon. Les parties rectilignes du profil sont raccordées par des arcs de cercle. Les boulons de petits diamètres de cette série ont des vis mal formées, fig. 1.

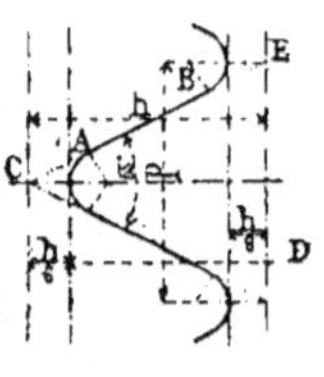 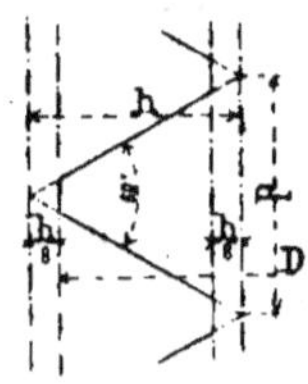

Fig. 1   Fig. 2

La *série Sellers* date de 1865 ; elle a été adoptée par l'Institut Franklin et s'est répandue en Amérique. Les filets sont engendrés par un triangle équilatéral et ont une forme plus robuste que les précédents. fig. 2. Les filets de cette série se conservent mieux que ceux de la série Withworth et le diamètre extérieur ne diminue pas. Dans cette série on prend $p = 1$ mm. $+ 0,08$D.

La marine française a adopté le filet Sellers avec cette modification
que le diamètre D est compté à partir du sommet extérieur du triangle
équilatéral, fig. 3.

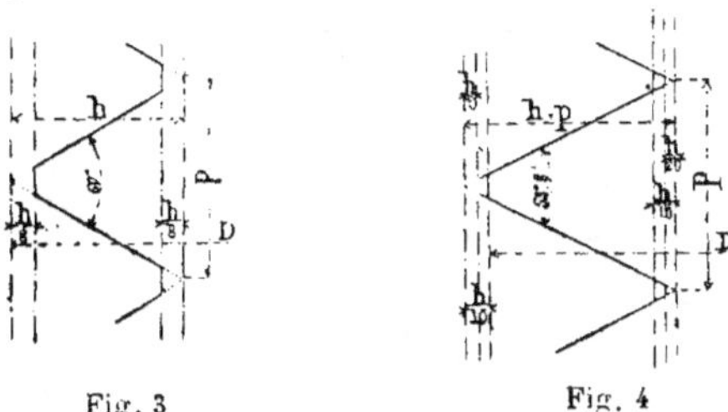

Fig. 3   Fig. 4

Le filet adopté par l'artillerie se rapproche du filet de la série Withworth, fig. 4.

Nous donnons les tableaux suivants sur la *série décimale*, c'est-
à-dire dont les dimensions varient par millimètres ou multiples du
millimètre.

Tableau des dimensions des écrous à six pans.

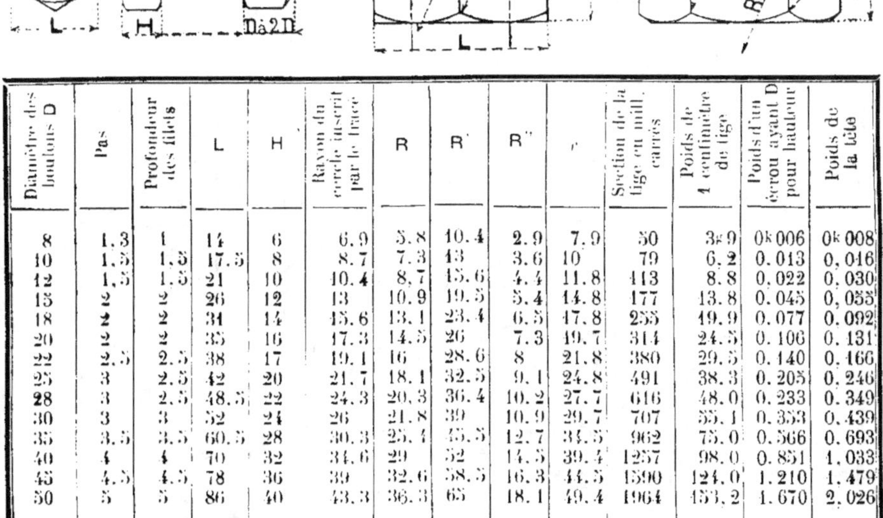

Diamètre des boulons D	Pas	Profondeur des filets	L	H	Rayon du cercle inscrit par le tracé	R	R'	R"	r	Section de la tige en mill. carrés	Poids de 1 centimètre de tige	Poids d'un écrou ayant D pour hauteur	Poids de la tête
8	1.3	1	14	6	6.9	5.8	10.4	2.9	7.9	50	3ᵍ9	0ᵏ006	0ᵏ008
10	1.5	1.5	17.5	8	8.7	7.3	13	3.6	10	79	6.2	0,013	0,016
12	1,5	1.5	21	10	10.4	8,7	15.6	4.4	11.8	113	8.8	0,022	0,030
15	2	2	26	12	13	10.9	19.5	5.4	14.8	177	13.8	0,045	0,055
18	2	2	31	14	15.6	13.1	23.4	6.5	17.8	255	19.9	0,077	0,092
20	2	2	35	16	17.3	14.5	26	7.3	19.7	314	24.5	0,106	0,131
22	2.5	2.5	38	17	19.1	16	28.6	8	21.8	380	29.5	0,140	0,166
25	3	2.5	42	20	21.7	18.1	32.5	9.1	24.8	491	38.3	0,205	0,246
28	3	2.5	48.5	22	24.3	20.3	36.4	10.2	27.7	616	48.0	0,233	0,349
30	3	3	52	24	26	21.8	39	10.9	29.7	707	55.1	0,353	0,439
35	3.5	3.5	60.5	28	30.3	25.4	45.5	12.7	34.5	962	75.0	0,566	0,693
40	4	4	70	32	34.6	29	52	14.5	39.4	1257	98.0	0,851	1,033
45	4.5	4.5	78	36	39	32.6	58.5	16.3	44.5	1590	124.0	1,210	1,479
50	5	5	86	40	43.3	36.3	65	18.1	49.4	1964	153.2	1,670	2,026

Diamètre de la tige du boulon			8	9	10	12	15	18
Têtes à 6 pans.............	Largeur	L	14	16	17.5	21	26	31
	Hauteur	H	6	7	8	10	12	14
Têtes carrées encastrées dans le fer..................	Largeur	L	5	6	6	7	9	11
	Hauteur	H	14	15	16	20	24	28
Têtes carrées reposant sur le fer..................	Largeur	L	14	15	16	20	24	28
	Hauteur	H'	5	6	6	7	9	11
	Hauteur	H	6	7	7	8	10	12
Têtes cylindriques..........	Diamètre	L	14	15	16	20	24	28
	Hauteur	H	5	6	6	7	9	11
	Hauteur	h	1	1	1	1	2	2
Têtes demi-sphériques	Diamètre	L	14	15	16	20	24	28
	Hauteur	H	7	7.5	8	10	12	14
Têtes goutte-de-suif (sur fer)..	Diamètre	L	14	15	16	20	24	28
	Hauteur	H	5	5	6	7	9	10
Têtes fraisées	Diamètre	L	14	16	17	20	25	30
	Hauteur	H	4	4	5	6	7	9
Têtes à T.................	Longueur	L	18	20	22	26	33	40
	Largeur	D	8	9	10	12	15	18
	Hauteur	H	7	8	9	10	13	15
	Rayon	r	5	6	7	8	10	12
Têtes carrées reposant sur le bois..................	Largeur	L	18	20	22	26	33	40
	Hauteur	H	6	7	8	10	12	14
	Longueur du renflement	E	8	9	10	12	15	18
	Diamètre sous la tête	D'	9	10	11	13	16	19
Têtes goutte-de-suif sur bois.	Diamètre	L	20	22	24	29	36	38
	Hauteur	H	4	4	5	5	6	7
	Hauteur	h	1	1	2	2	2	2
	Longueur de l'ergot	E	7	7	8	9	10	10
	Largeur de l'ergot		5	5	6	7	8	9
Pas........................			1 3	1.3	1.5	1.5	2	2
Profondeur des filets............			1	1	1.5	1.5	2	2
Ecrous à 6 pans............	Largeur	L	14	16	17.5	21	26	31
	Haut. H { forte		12	13.5	15	18	22	27
	ordin.		8	9	10	12	15	18
	faible		5	6	7	8	10	12
Rondelles	Diamètre	a	9	10	11	13	16	20
	Dia- { sur fer		16	18	20	24	30	36
	mètre b { sur bois		20	22	24	29	36	43
	Hau- { sur fer		2	2	2	3	3	4
	teur c { sur bois		3	3	3	4	4	5
Goupilles..................	Diamètre	a	3	3	3	3	4	4
	Longueur	b	30	30	30	30	40	40
Ergots	Longueur		4	4	5	6	7	9
	Largeur		4	4	5	5	6	7

rondelles et goupilles

20	22	23	25	28	30	35	40
35	38	40	42	48.5	52	60.5	69
16	17	18	20	22	24	28	32
12	13	14	15	17	18	21	24
32	34	36	40	44	48	56	64
32	34	36	40	44	48	56	64
12	13	14	15	16	17	20	23
14	15	16	17	18	19	22	26
32	34	36	40	44	48	56	64
12	13	14	15	17	18	21	24
2	3	3	3	4	5	5	6
32	34	36	40	44	48	56	64
16	17	18	20	22	24	28	32
32	34	36	40	44	48	56	64
11	12	13	14	15	17	20	22
34	37	39	42	47	51	55	63
10	11	11	12	14	15	17	20
44	48	50	55	62	66	77	87
20	22	23	25	28	30	35	40
17	18	19	21	23	25	29	33
14	15	16	17	19	20	23	26
44	48	50	55	62	66	77	87
16	18	19	20	22	24	28	32
20	22	23	25	28	30	35	40
21	23	24	26	30	32	37	42
40	»	»	»	»	»	»	»
8	»	»	»	»	»	»	»
2	»	»	»	»	»	»	»
10	»	»	»	»	»	»	»
0	»	»	»	»	»	»	»
2	2.5	2.5	3	3	3	3.5	4
2.5	2.5	2.5	2.5	2.5	3	3.5	4
35	38	40	42	42.5	52	60.5	69
30	33	34	37	42	45	52	60
20	22	23	25	28	30	35	40
13	15	16	17	19	20	23	27
22	24	25	27	30	32	37	42
40	44	46	50	56	60	70	80
48	53	56	60	67	72	84	96
4	4	5	5	6	7	7	8
5	5	6	6	7	8	8	9
5	5	5	5	6	6	7	8
55	55	55	55	60	60	75	80
10	11	11	12	14	15	17	20
8	9	9	10	11	12	14	16

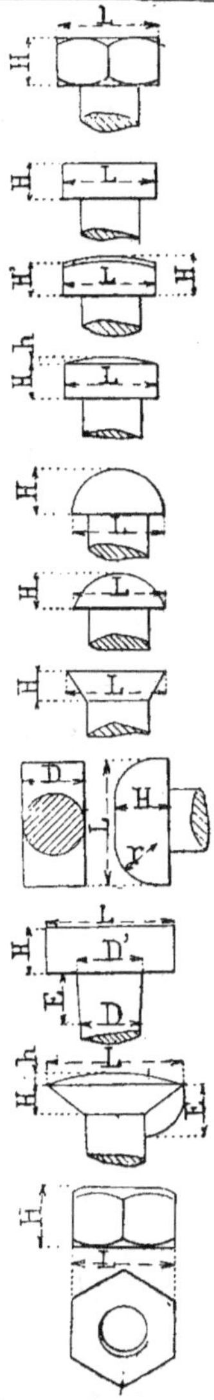

convient pour les contre-écrous

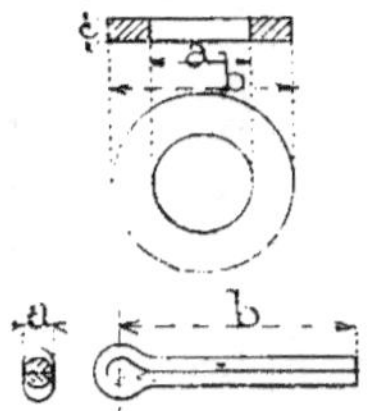

Complètons les renseignements des tableaux précédents par le pas, la profondeur de filet et le rayon du raccord des parties rectilignes du filet triangulaire.

Diamètre	Hauteur du pas.	Profondeur du filet.	Rayon du raccord.
	m/m		
12	1,5	1,5	1/5 de mm.
15	2	2	1/4
18	2	2	1/4
20	2	2,5	1/3
22	2,5	2,5	1/2
25	3,	2,5	1/2
28	3	2,5	1/2
30	3	3	2/3
35	3,5	3	3/4
40	4	4	3/4

Filières. — Les vis à filets carrés sont obtenues au tour à fileter. Les vis à filets triangulaires et les vis à filets ronds sont obtenus à la filière. Il y a deux sortes de filières : 1° La *filière à lunette ou filière simple*, figure 1 ; elle donne des filetages qui sont exactement du même diamètre.

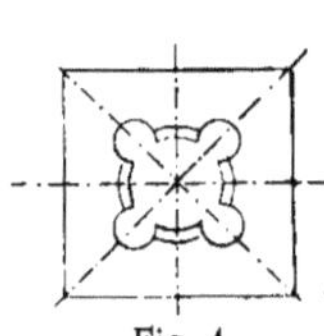

Fig. 1

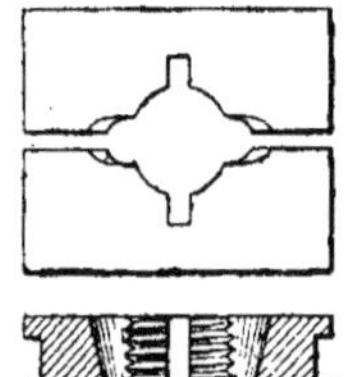

Fig. 2

2° La *filière à coussinets* dont les coussinets sont représentés à la figure 2. Lunette et coussinets sont fixés dans un tourne-à-gauche qui sert à les manœuvrer. Les coussinets peuvent être serrés plus ou moins, et par suite peuvent fileter des tiges de diamètres un peu différents et donner, soit des filetages *gais*, soit des filetages *serrés*. De plus les coussinets peuvent s'affuter sur la meule.

Filetage de l'écrou. — Les filets triangulaires ou ronds de l'écrou sont obtenus au *taraud*. On ménage dans la masse de l'écrou un trou où l'on engage le taraud, tige conique filetée et coupée de gorges longitudinales. Les arêtes déterminées sur les filets par leur intersection avec les gorges sont très vives, et constituent des burins qui entament la matière de l'écrou et y impriment des filets continus du même pas que ceux du taraud. Les filets du bas du taraud ont pour effet d'ébaucher la vis et les filets du haut la finissent.

Les gorges ont l'avantage de servir de réceptacle aux copeaux métalliques qui se forment sous l'action du taraud.

Le taraud est manœuvré en engageant sa tête carrée dans un trou carré fait au milieu d'un levier et en imprimant à ce levier un mouvement de rotation autour de l'axe du taraud.

Filière et taraud mères.— Chaque modèle de boulon a sa filière et son taraud mères ; c'est-à-dire qu'en dehors des filières et tarauds, qui journellement sont mis en œuvre à la fabrication des vis des boulons et de leurs écrous, il y a une série de filières et tarauds spéciaux dont les dimensions sont rigoureusement exactes et qui servent à la vérification des vis des boulons et de celles des écrous.

59. Rondelles, portées d'ajustement, goupilles, clavettes, contre-écrous, freins. — *Rondelles et portées d'ajustement.* — Les écrous des boulons ne portent pas directement sur les pièces à serrer.

Sur le bois la rondelle a pour effet de répartir la pression de la tête et de l'écrou du boulon sur une plus grande surface ; elle a aussi pour effet d'empêcher le bois de s'érailler par le frottement de l'écrou. Voir fig. 1.

On adjoindrait une rondelle à un écrou de boulon assemblant des pièces métalliques qui n'auraient pas été munies de portées d'ajustement ; il est inutile de mettre une rondelle sous la tête portant sur un métal.

Dans le cas où le boulon devrait exercer un effort considérable sur des pièces rugueuses, on pourrait, afin d'en assurer la répartition, mettre une feuille de

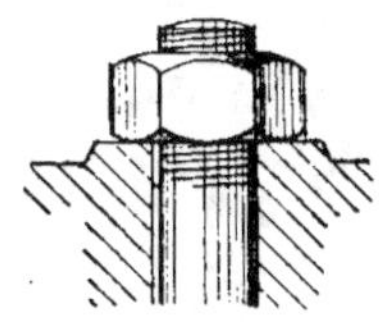

Fig. 1.

plomb entre la rondelle et la surface rugueuse.

Les pièces de fonte qui doivent recevoir des boulons, sont munies de *portées d'ajustement*. A la surface de la pièce, autour du trou préparé pour le boulon, on fait venir de fonte une légère saillie circulaire ayant un diamètre un peu plus grand que celui du cercle circonscriptible à la section de l'écrou. La nécessité de cette précaution résulte de ce qu'il faut que la face inférieure de l'écrou agisse dans toute son étendue également ; elle doit donc être rigoureusement perpendiculaire à l'axe du boulon et elle doit porter sur une surface *ajustée* bien perpendiculairement à ce même axe. L'ajustement se fait par le *rabottage* de la surface de la portée. Si l'on n'avait pas disposé une portée d'ajustement, il aurait été nécessaire de dresser une grande partie de la surface de la pièce à assembler, si ce n'est toute sa surface.

Les portées d'ajustement sont, d'une manière générale, toutes les parties qui subissent un travail de dressage pour assurer un bon contact entre des pièces brutes à assembler, à faire porter les unes sur les autres, ces pièces ne devant pas recevoir d'autre travail d'ajustage. On comprend que les portées d'ajustement diminuent la main-d'œuvre, tout en assurant aux organes des machines l'aplomb qui leur est nécessaire.

Dans la figure suivante, *ab*, *cd* représentent une portée d'ajustement entre deux pièces A et B.

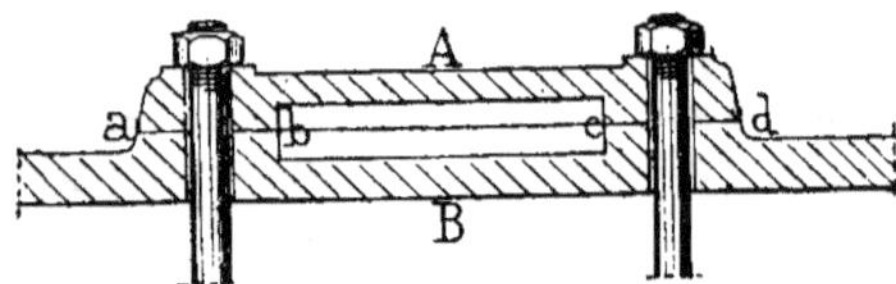

Appareils destinés à empêcher le desserrage des écrous. — La *goupille d'arrêt*, fig. 1 est un fil de fer de section demi-ronde replié sur lui-même. Quand la goupille est en place on écarte les deux extrémités de ce fil de fer. Le trou où se loge la goupille est percé dans le boulon juste au-dessus de l'écrou.

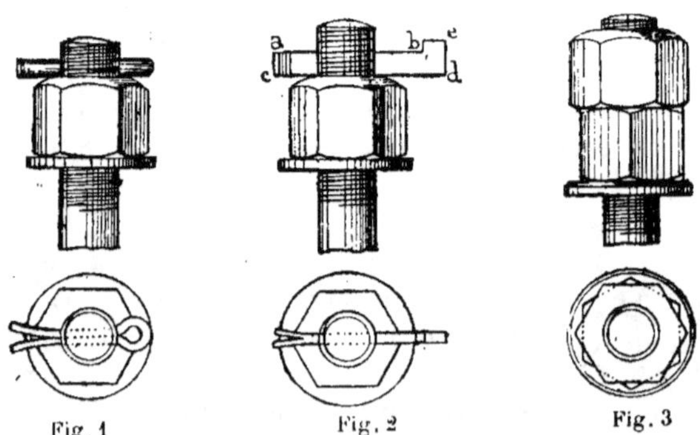

La *clavette d'arrêt*, fig. 2, est un fer méplat refendu ; la face supérieure *ab* est légèrement inclinée par rapport à la face inférieure *cd* de façon qu'en chassant la clavette, en la frappant sur la face *de*, elle serre sur l'écrou.

L'*écrou et le contre-écrou*, fig. 3, constituent le système le plus fré-

quemment employé dans les machines pour empêcher le desserrage
des écrous. L'écrou du boulon étant en place et serrant l'assemblage,
on serre dessus un deuxième écrou. Par l'effet de ce nouveau serrage,
les filets de la vis engagés dans le premier écrou sont comprimés vers
l'assemblage et ceux qui sont engagés dans le deuxième écrou sont com-

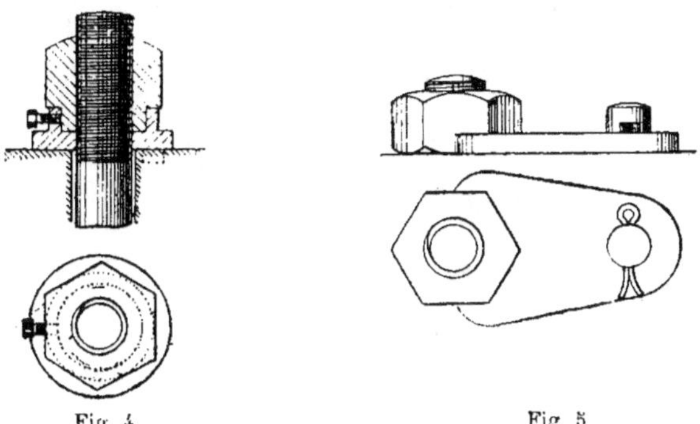

Fig. 4   Fig. 5

primés en sens contraire. Ce double serrage rend très difficile le déplacement des écrous dans un sens ou dans un autre.

On verrait expérimentalement l'effet de ce système de boulons superposés en les engageant sur une même vis et en les serrant simplement
l'un contre l'autre.

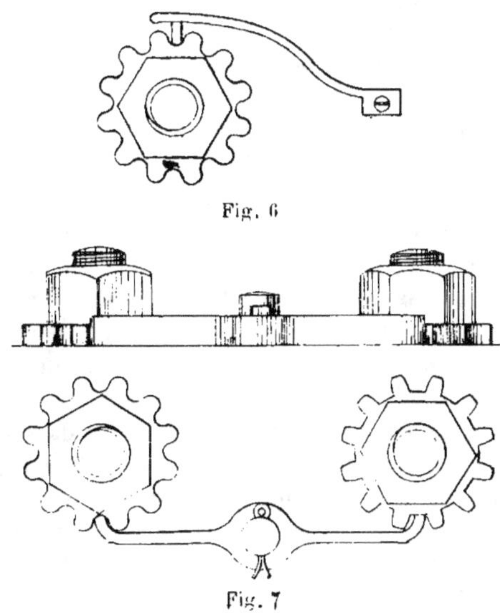

Fig. 6

Fig. 7

La fig. 4 représente un écrou maintenu par une vis d'arrêt.

Les fig. 5, 6, 7, représentent des écrous maintenus par des freins. Ces figures n'ont pas besoin d'explication.

60. Applications des boulons et des vis. — *Vis de pression.* — Si l'on fait tourner une vis dont l'écrou est fixe, elle prend un

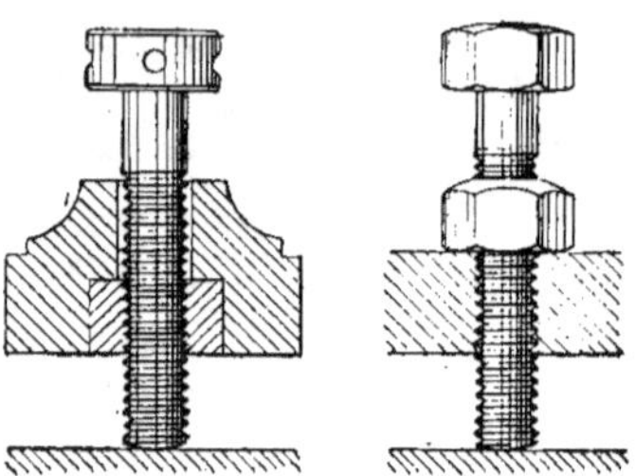

mouvement de translation parallèle à son axe en même temps qu'elle tourne autour. Il en résulte que si l'on rend fixe l'écrou, la vis peut servir à exercer une pression. On peut par un contre-écrou empêcher la vis de se desserrer et maintenir la pression qu'elle exerce.

Boulons de scellement. — La fig. 1, page 151, représente le boulon de scellement au plâtre. La tête du boulon est remplacée par une *queue de carpe* que l'on engage dans un trou fait à profondeur convenable dans la maçonnerie et on remplit le trou de plâtre.

La fig. 2 représente le boulon de scellement au soufre ou au plomb. La tige est conique et présente des barbelures faites à chaud. Quand le boulon est engagé dans la cavité qui lui est destinée, on coule autour du soufre ou du plomb fondu que l'on a soin de mater.

Boulons de fondation. — La fig. 3 représente un boulon de fondation en place. Il se compose d'un corps cylindrique fileté à une extrémité pour recevoir le boulon. Le corps cylindrique est renflé à la partie opposée au filetage, parce que cette partie doit être percée d'une mortaise qui affaiblirait le boulon. Cette mortaise doit recevoir une clavette. Elle a une hauteur au moins égale à celle de la clavette et de ses talons.

Afin de faciliter la pose du boulon, le puits fait dans la maçonnerie D a un diamètre plus grand que celui du boulon. On y engage le boulon, l'écrou n'ayant que quelques filets en prise, et on l'appuie sur la rondelle A. Le boulon est ensuite engagé dans la rondelle B que l'on soulève afin de placer la clavette C. Enfin, on achève le serrage du boulon.

D figure le massif de maçonnerie sur lequel doit être fixé le bâti
E d'une machine. Ce massif est latéralement isolé et présente des
évidements destinés à la manœuvre des clavettes des boulons de fondation.

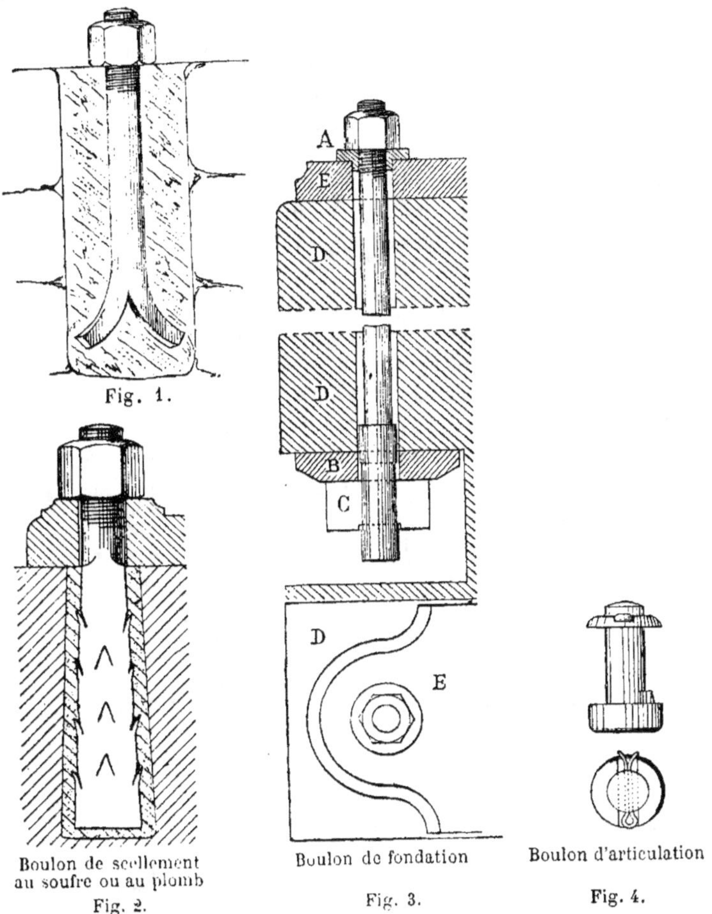

Fig. 1.

Boulon de scellement
au soufre ou au plomb
Fig. 2.

Boulon de fondation
Fig. 3.

Boulon d'articulation
Fig. 4.

Boulon d'articulation. — Nous en verrons de nombreux exemples dans
la description des organes des machines.

La fig. 4 représente un boulon d'articulation avec ergot, rondelle et
goupille d'arrêt.

Turc, robinet-vanne. — Le turc que nous avons déjà décrit, page 126 à
la rivure et le robinet-vanne dont nous parlerons plus loin, offrent des

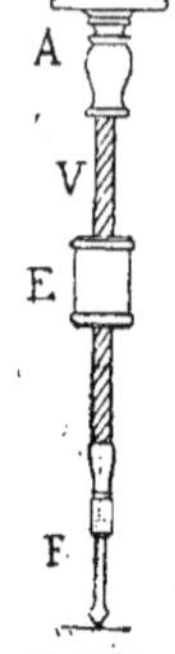

Machine
à percer
à la main

applications de vis dont l'écrou est fixe et qui, par suite, prennent un mouvement de translation en même temps qu'on leur imprime un mouvement de rotation.

Machine à percer à la main. — Cette machine est un nouvel exemple de la transformation de mouvement que l'on peut obtenir par une vis et son écrou. Dans cette machine c'est l'écrou qui a un mouvement de translation, et la vis prend un mouvement de rotation autour de son axe. On appuie la main gauche sur la tête A de l'instrument et de la main droite on élève et on abaisse successivement l'écrou E. La vis, qui a un jeu libre dans la tête A, prend un mouvement de rotation alternatif. E est un foret ajusté dans une cavité percée à l'extrémité inférieure de la vis.

61. Clefs. — La clef est un outil que l'on emploie pour serrer les écrous. C'est un levier qui présente une encoche où l'on engage l'écrou ; celui-ci est entraîné dans le mouvement de rotation que l'on donne au levier ; pour avoir un serrage énergique, il convient de donner à la clef un manche long, $0^m,40$, pour gros écrous. Cependant il ne faut rien exagérer, surtout si le pas des vis est faible ; on risquerait de casser. les boulons. Les clefs sont *simples* quand elles ne portent qu'une enco-

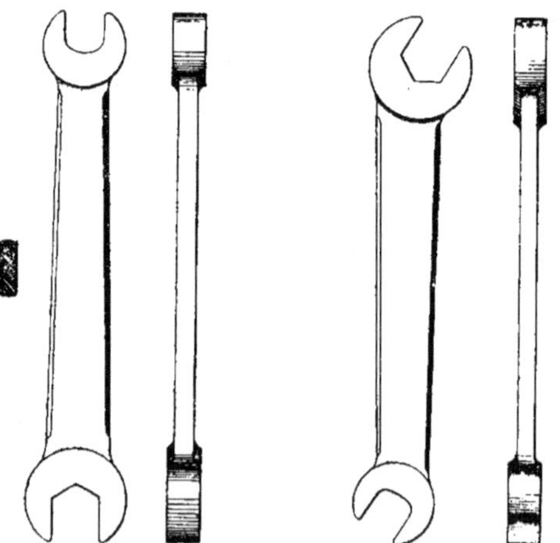

Fig. 1. — Clef ouverte, droite   Fig. 2. — Clef ouverte, coudée

che. Elles sont *doubles*, quand elles en présentent deux et peuvent par conséquent être utilisées pour deux modèles d'écrous.

Elles sont *ouvertes*, fig. 1, 2, 3, quand elles ont une simple encoche,

Elles sont *fermées*, fig. 4, quand l'encoche est remplacée par une
alvéole où l'on peut loger la tête du boulon ou l'écrou. Ces dernières

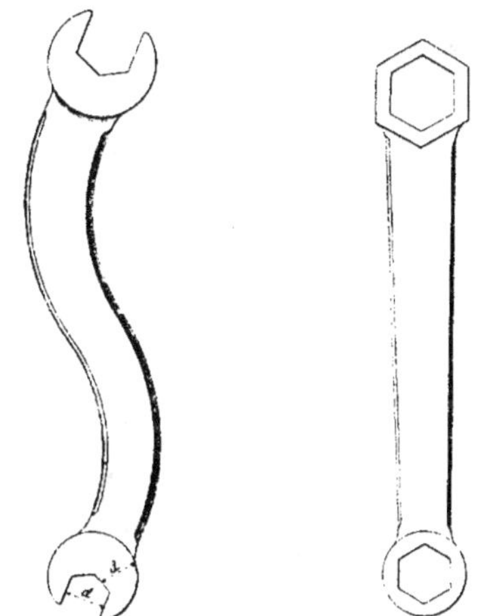

Fig. 3. — Clef ouverte, en S   Fig. 4. — Clef fermée

clefs ne sont pas d'une manœuvre commode parce qu'il faut les en-
rayer en les orientant sur l'axe du boulon ; mais elles sont d'une
grande résistance et par suite d'un bon usage pour les gros écrous.

Ces modèles de clefs exigent une série de clefs correspondant à la
série des boulons en usage à l'atelier. C'est un inconvénient à l'atelier
et en campagne, il serait bien difficile d'amener ces séries de clefs sur
le chantier de montage définitif. On a disposé des clefs ayant une *mâchoire* mobile, de manière à pouvoir s'adapter à un grand nombre de
modèles de boulons. Ces clefs n'ont pas la solidité des clefs ouvertes et
ne peuvent permettre le *serrage à bloc*, surtout pour des dimensions
d'écrou un peu fortes.

La *clef anglaise* est représentée par la figure 5, qui en donne une élévation et trois coupes. Elle est formée de deux mâchoires, dont l'une
est retenue par une virole au manche de la clef et dont l'autre est munie d'une tringle rectangulaire qui s'engage dans une mortaise faite
dans la première. Cette tringle est suivie d'une vis qui prend un
mouvement de translation suivant son axe, quand on fait tourner le
manche qui lui sert d'écrou. Ce manche est garni de méplats à l'endroit de la poignée.

La figure 6 représente la clef à molette. Une des mâchoires est munie

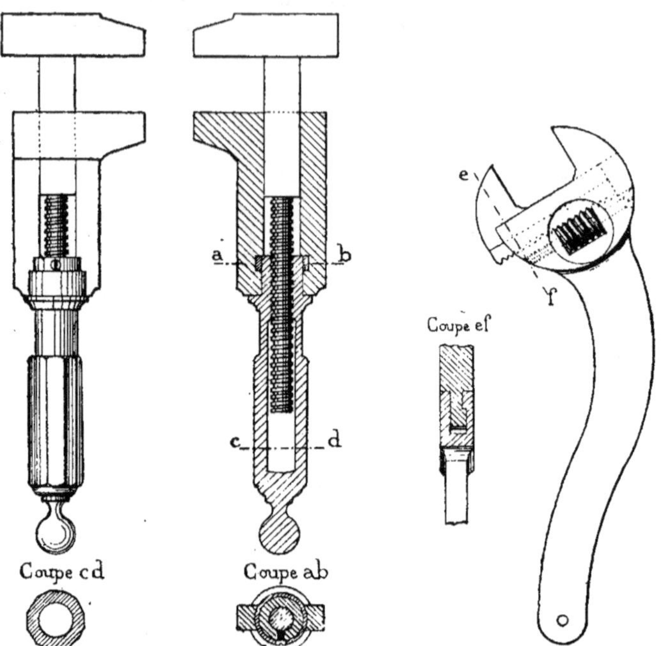

Fig. 5. — Clef anglaise

Fig. 6.— Clef à molette (vis sans fin)

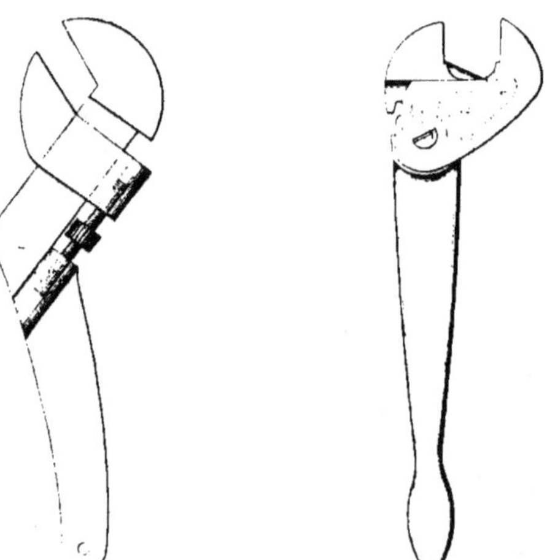

Fig. 7. — Clef à molette à double taraudage   Fig. 8. — Clef à engrenage

d'une crémaillère actionnée par une vis sans fin dont l'axe est fixe longitudinalement.

La figure 7 représente une clef à molette à double taraudage. La molette prend un mouvement de translation dans le sens de l'axe de la vis; et la mâchoire portant écrou est entrainée et par le fait de la pénétration de la vis dans le manche et par le *rappel* qui résulte de ce que les filets de la vis pénètrent dans l'écrou de la mâchoire mobile.

La clef représentée figure 8 a un serrage automatique produit par le jeu du manche lui-même. Le manche est terminé par quelques dents qui engrènent avec une crémaillère faisant partie d'une des mâchoires. Les deux mâchoires sont mobiles et leurs faces frottantes se rapprochent l'une de l'autre ou s'éloignent, suivant le sens du mouvement donné au manche. Cette clef est délicate ; elle est utile dans la petite mécanique de précision, ne demandant pas beaucoup de force pour le serrage des écrous, et elle s'applique à tous les types d'écrous usités.

Ces clefs sont employées dans l'industrie des vélocipèdes.

Les clefs à douille servent à manœuvrer les écrous, les vis qu'il est difficile d'aborder. La figure 9 représente la clef à béquille; la *béquille*

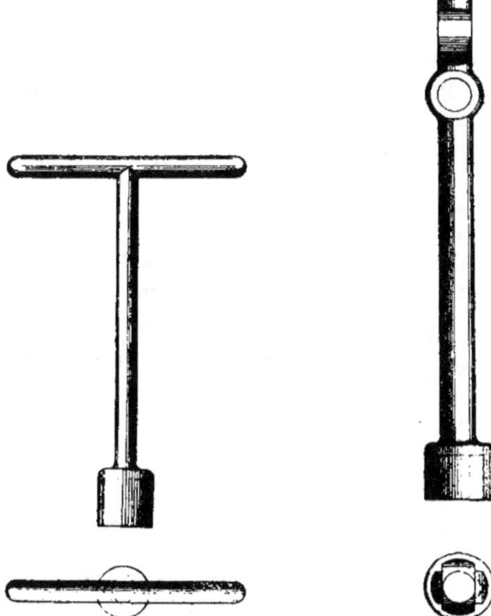

Fig. 9. — Clef à douille et à béquille.   Fig. 10. — Clef à douille et à œils

est le levier horizontal qui sert à faire tourner le corps de la clef. La figure 10 est une clef à douille munie d'œils pour passer des leviers.

Les clefs à griffes servent à manœuvrer les écrous cylindriques. On

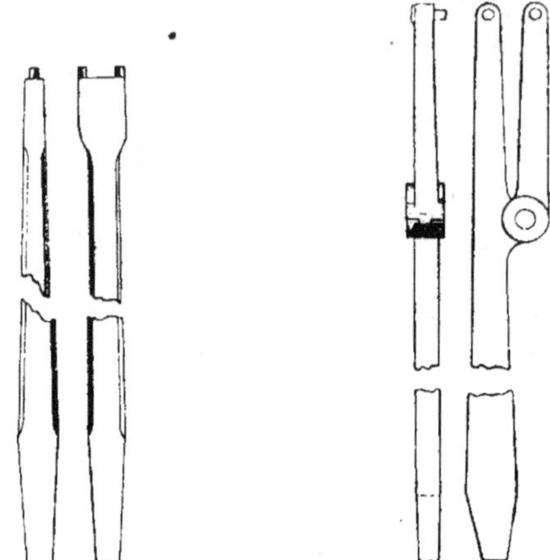

Fig. 11. — Clef à griffes (simple)   Fig. 12.—Clef à griffes,double,à charnière

engage les griffes dans des trous ménagés sur les écrous (figures 11 et 12).

Matière composant les clefs. — Les clefs à formes simples, comme les clefs ouvertes, sont fabriquées en fer et on a soin de *cémenter* les parties frottantes, c'est-à-dire la face interne des mâchoires, afin que l'usure en soit moins rapide. On peut les faire encore en acier doux moulé ou en fer fondu.

Quand les clefs sont de formes compliquées, on ne les fabrique plus en fer, ce qui exigerait un travail d'*étampage* ou de forge. On les fabrique en acier moulé ou bien en fonte malléable.

Les clefs à douille ont un corps et une béquille en fer par raison d'économie. La douille est en acier. Elle est rapportée et soudée à la tige en fer.

CHAPITRE X

VIS A BOIS, VIS A MÉTAUX.

TIREFONDS, CLAVETTES.

62. Vis à bois. Vis à métaux. Tirefonds. — *Vis d'assem-blage.* — Les vis d'assemblage ne sont en définitive que des dérivés des boulons ; l'écrou est remplacé par un filetage fait dans l'une des pièces de l'assemblage. Il y en a de deux espèces bien distinctes : 1° les vis à bois ; 2° les vis à métaux. Dans les premières les filets sont minces, profonds, et disposés sur un corps légèrement conique, de sorte que le serrage résulte de la pénétration de la vis et de ses filets dans les fibres élastiques du bois. Les vis à métaux sont engagées dans le métal de la même manière que les goujons. Leur corps est cylindrique et le logement des filets dans les pièces à assembler est exactement préparé d'avance par un taraudage semblable à celui de l'écrou.

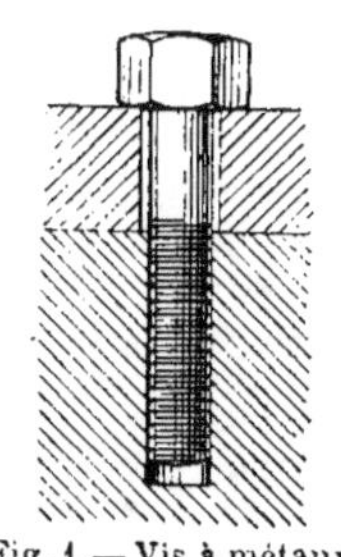

Fig. 1.—Vis à métaux à 6 pans

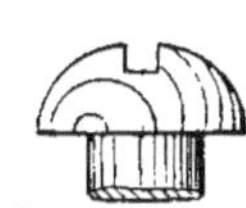

Fig. 2. — Tête de vis ronde

Fig. 3. — Tête de vis goutte de suif

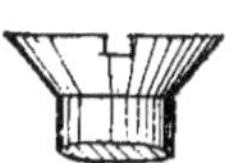

Fig. 4. — Tête de vis fraisée

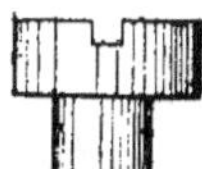

Fig. 5. — Tête de vis cylindrique

Les têtes des vis ont les formes représentées dans les figures 1 à 5 ci-dessus ; elles sont à six pans, rondes, en goutte de suif, fraisées, cylyndriques. Les vis à têtes fraisées sont employées chaque fois que la tête ne doit pas faire saillie sur l'assemblage, en particulier, elles sont généralement employées pour fixer les ferrures des menuiseries.

Pour placer une vis dans le bois, on perce préalablement un trou au moyen d'un poinçon ou d'une vrille, s'il s'agit d'une petite vis, ou d'une *tarière*, s'il s'agit d'une grosse vis. Le diamètre de ce trou doit être moindre que celui de la vis afin d'assurer le serrage.

La précaution de percer un trou préablement est nécessaire afin d'éviter que la vis ne fende le bois.

La rainure de la tête des vis est destinée à recevoir l'extrémité d'un tournevis, sorte de ciseau émoussé dont on se sert pour faire tourner la vis.

Dans le cas où il faut produire un serrage énergique, le tournevis est emmanché dans un *villebrequin*.

Les vis à têtes à pans sont serrées comme les écrous à l'aide de clefs

Les vis sont classées d'après le diamètre et la longueur.

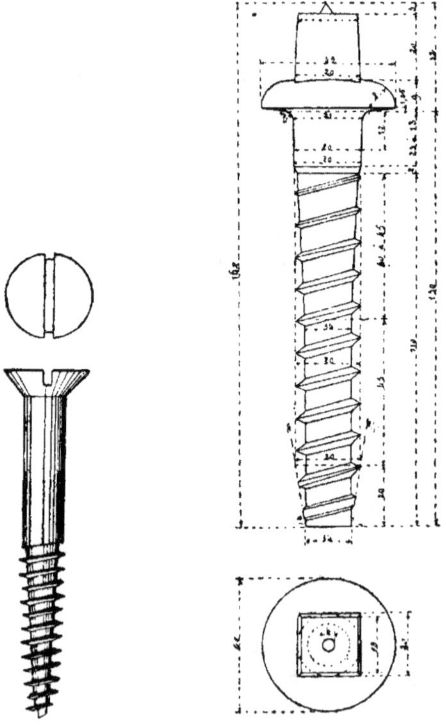

Vis à bois   Tirefond n° 5 de la Cie P.-L.-M.

Tirefonds. — Les vis destinées à résister à de grands efforts d'arra-

chement sont nécessairement d'un fort diamètre, 10 millimètres et au-
dessus ; de plus le filet doit être plus saillant et surtout plus résistant
proportionnellement que celui de la vis ordinaire. Le filetage des tirefonds en fer se fait à froid à l'aide d'une filière comme celui du boulon.

Depuis quelques années les tirefonds sont souvent faits en acier ; la
tête est d'abord refoulée, puis le filetage se fait à chaud mécaniquement par un procédé nouveau de laminage oblique (procédé Mannessmann). La pointe au-dessus de la tête (P. L. M.) a pour but de prévenir l'enfoncement à coup de marteau : dans ce cas, l'écrasement de
cette pointe décèle la mal façon.

63. Clavettes. — Les clavettes s'emploient dans deux circonstances bien caractérisées : 1° pour assembler des parties de machines
qui doivent être fixées ou démontées d'une manière rapide. Ce résultat
est obtenu par les *clavettes d'arrêt*, dont la base est large. C'est ainsi
que l'on assemble une poulie, un engrenage sur un arbre. 2° Pour assembler des parties de machines qui sont susceptibles de prendre du
jeu et qu'il importe de resserrer sans arrêter la marche. Ce résultat
est obtenu par les *clavettes de serrage* qui sont utilisées à l'assemblage
des têtes de bielles par exemple.

L'assemblage par clavettes a donc en définitive les avantages suivants : il peut être défait ou refait avec rapidité. Il se prête à un serrage fait en marche ; et enfin c'est un mode d'assemblage solide et
simple.

Une clavette est de forme à peu près parallélipipédique. Une des
grandes faces est inclinée sur la face opposée ; l'inclinaison totale reçoit le nom de *tirage*, qui doit être au moins égal à 0,01 de la longueur
de la clavette. L'extrémité la plus forte se nomme *tête de la clavette*.

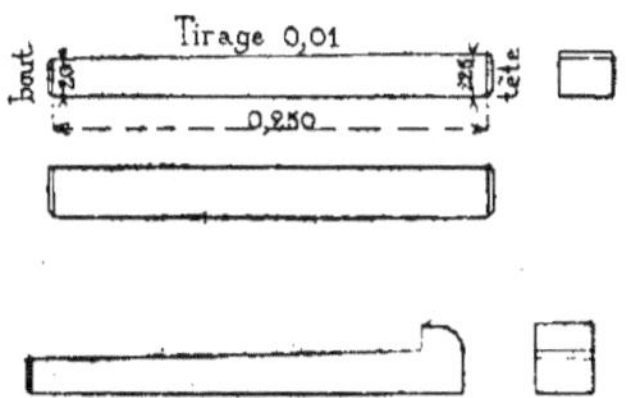

Fig. 1. — Clavette d'arrêt simple et clavette d'arrêt à talon

Elle est quelquefois munie d'une saillie que l'on nomme *talon* ; c'est le
cas de la figure inférieure. La clavette s'engage à force dans un logement ménagé dans les pièces à assembler. On frappe la clavette sur la
tête. Mais afin de ne pas détériorer l'ajustage de cette pièce, on la frappe

d'un maillet de bois ou bien encore on maintient sur la tète un morceau de bois que l'on frappe d'un marteau.

Ce procédé est d'ailleurs général pour la pose des pièces ajustées
que l'on doit fixer à leur place au moyen des chocs répétés des marteaux.

Pour déclaveter on chasse la clavette par le *bout* au moyen d'une
sorte de coin chasse-clavettes. On peut encore se servir de cet outil en
l'engageant entre le talon et la pièce à déclaveter.

Clavettes d'arrêt. — Les clavettes d'arrêt ont en général plus de largeur que les clavettes de serrage. Les figures suivantes représentent

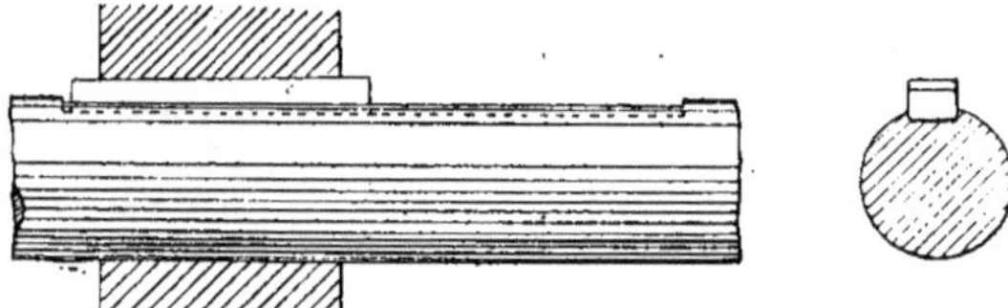

Fig. 2. — Roue fixée sur un arbre au moyen d'une clavette d'arrêt

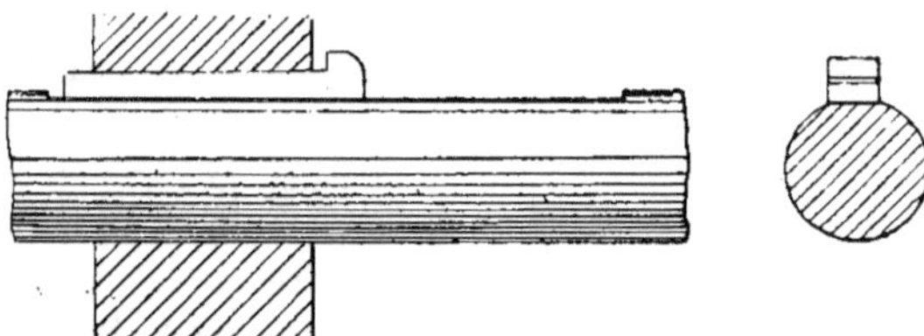

Fig. 3. — Autre cas d'une roue fixée sur un arbre au moyen d'une clavette d'arrêt

divers moyens de fixer des roues, des volants, des poulies sur des arbres au moyen d'une clavette.

Dans les figures **2** et **3** l'arbre se trouve affaibli, d'autant que la
rainure ou le plat de l'arbre doivent être prolongés d'une longueur

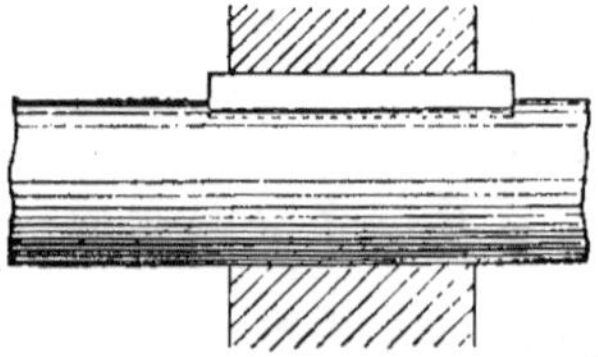

Fig. 4. — Roue fixée sur un arbre au moyen d'une clef fixe

égale à celle de la clavette, pour que l'on puisse retirer celle-ci dès que
le déclavetage est accompli. Si l'on ne prenait cette précaution la clavette ne serait pas démontable, comme celle de la figure 4.

Les *rainures* qui constituent le logement de la clavette et les dimensions de celle-ci sont déterminées de manière que la clavette puisse produire un bon serrage ; il faut donner au moyeu des dimensions suffisantes pour qu'il résiste à l'action de la clavette.

Pour éviter tout affaiblissement de l'arbre, on peut employer la dis-

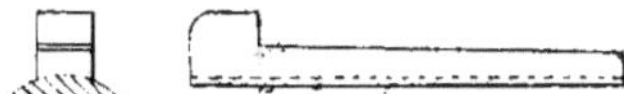

Fig. 5. — Clavette d'arrêt pour efforts peu considérables

position de la figure 5 ou celle de la figure 6. Dans cette dernière, la roue est fixée sur une *portée*, ou renflement de l'arbre. Cette disposition a l'avantage de permettre un montage facile de plusieurs roues

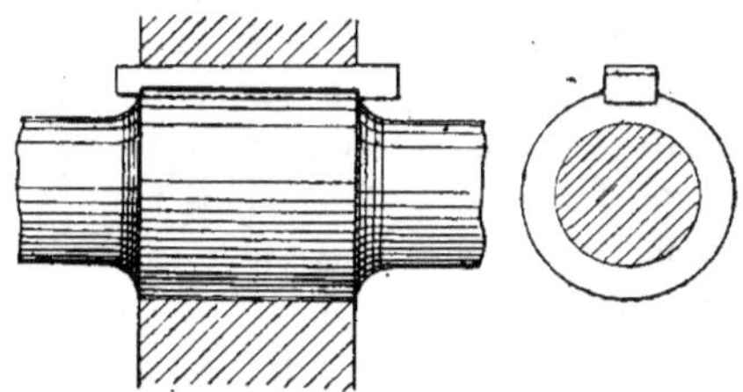

Fig. 6. — Roue fixée sur un arbre portant un renflement

sur le même arbre. De plus, dans l'ajustage de l'arbre, il devient inutile de tourner l'arbre en son entier, il suffit de tourner les portées.

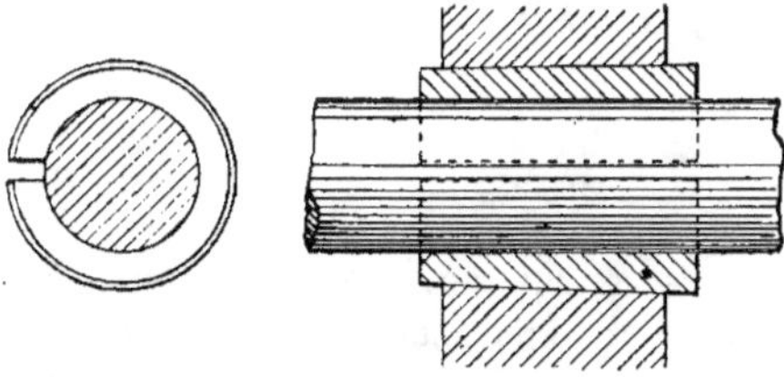

Fig. 7. — Clavette annulaire

La figure 7 indique l'emploi d'une pièce, nommée clavette circulaire, pour fixer sur un arbre une roue qui aurait un moyeu alésé à un diamètre plus grand que celui de l'arbre.

Clavettes de serrage et contre-clavettes. — Les clavettes de serrage peuvent être inclinées sur une face ou sur deux faces opposées se partageant l'inclinaison totale de l'une par rapport à l'autre. Le tirage est pris sur les faces de moindre épaisseur. Les clavettes sont exposées à sortir de leur logement ; pour que cela n'arrive point, on fait usage d'une *contre-clavette*, dans le cas d'une seule face inclinée, et de deux contre-clavettes dans le cas où deux faces sont inclinées. La contre-clavette a d'ailleurs l'avantage de permettre de pratiquer dans les pièces à assembler des mortaises à faces parallèles. La figure 8 re-

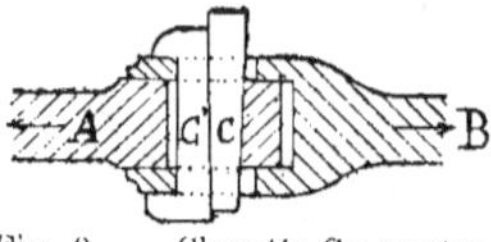

Fig. 8. — Clavette C ; contre-clavette C'

présente deux pièces A et B tirées dans le sens des flèches et maintenues par une clavette C et une contre-clavette C'. La contre-clavette porte deux talons qui l'empêchent de sortir de la mortaise. Ils ont, ces talons, un autre avantage, ils maintiennent l'écartement des branches qui terminent la pièce B.

Dans les clavettes de serrage, le tirage doit être faible, 0,01 de la longueur. Plus le tirage est faible et plus le serrage est grand pour un même coup frappé sur la tête de la clavette. Plus le tirage est grand, plus la clavette a de facilités pour se desserrer. On conçoit donc qu'un faible tirage produit et assure un serrage convenable.

Arrêts des clavettes de serrage. — Pour empêcher les clavettes de se desserrer, on emploie divers moyens. Le plus simple consiste à fendre en deux la clavette par le bout et à écarter les deux parties de la clavette ainsi fendue quand elle est en place.

Un autre moyen consiste à munir la contre-clavette d'une douille et la clavette d'une tige filetée. Le serrage est maintenu par un écrou et un contre-écrou (fig. 9).

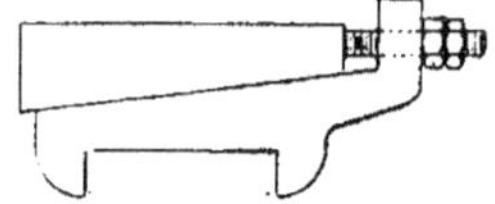

Fig. 9. — Contre-clavette à douille

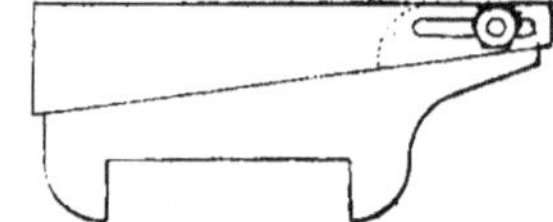

Fig. 10. — Contre-clavette à fourche

La figure 10 représente une contre-clavette munie d'une joue contre laquelle frotte la clavette. Une cheville fixée sur la joue de la contre-clavette passe dans un œil allongé de la clavette. Un écrou vissé sur la cheville maintient le serrage de la clavette.

Quand l'effort pour maintenir une clavette en place n'est pas trop grand, on peut faire sur les faces en contact de la clavette et de la contre-clavette des alvéoles demi-circulaires disposées à la façon des traits d'un vernier. Lorsque deux alvéoles se rencontrent, elles forment un trou cylindrique dans lequel on peut engager une goupille qui maintient le serrage.

Dimensions des clavettes d'arrêt. — Le tableau suivant donne les dimensions des clavettes d'arrêts pour les arbres dont les dimensions, usitées couramment dans l'industrie, sont données en millimètres à la première ligne.

Clavettes d'arrêt

Diamètre de l'arbre a	40	45	50	55	60	65	70	75	80	85	90	95	100	110	120	140	160
Largeur de la clavette b	12	14	15	18	19	20	20	22	24	24	25	30	30	33	35	40	45
Épaisseur de la clavette c	9	9	9	12	13	13	13	14	15	15	16	18	20	22	24	26	30
Entaille dans l'arbre d	5	5	5	7	7	7	7	8	8	8	9	10	11	12	13	14	16
Entaille dans la roue e	4	4	4	5	6	6	6	6	7	7	7	8	9	10	11	12	14

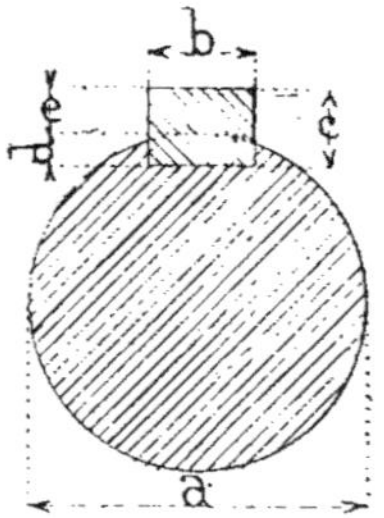

CHAPITRE XI

ASSEMBLAGES DES BOIS ET FERRURES

Conditions générales des assemblages. — Classification et description. — Assemblages de madriers et de planches. — Ferrures des assemblages des bois.

64. Conditions générales que doivent remplir les assemblages des bois. — Les assemblages des bois doivent satisfaire aux conditions fondamentales suivantes : 1° Les pièces doivent être disposées dans le sens où elles *travaillent le mieux,* c'est-à-dire dans le sens où elles supportent de plus fortes charges ; 2° les nœuds, s'il y en a, doivent être placés de manière que, dans le travail de la charpente, ils soient comprimés par les fibres environnantes ; 3° les assemblages doivent tendre à se fermer ; 4° les bois doivent se placer dans le sens *à plat,* c'est-à-dire dans une direction perpendiculaire à celle des couches ligneuses. Celles-ci résistent très bien à cette action. Dans aucun cas, les assemblages ne devront être disposés de telle sorte que les couches tendent à être soulevées ; 5° les joints doivent être étanches.

Duhamel du Monceau, Inspecteur général de la Marine, fit, en 1760, des expériences sur la *résistance* des bois sous l'action des charges qu'ils supportent. Ces expériences peuvent être considérées comme l'origine de la théorie de la résistance des matériaux. Parmi ces expériences, il en est une série dont les résultats sont la justification des conditions énoncées sous les numéros 2 et 3. Ces expériences ont porté sur des barres de saule, bois dont l'homogénéité est très grande ; elles avaient 0 m. 975 de longeur et une section carrée de 0 m. 04 de côté. On les plaçait horizontalement sur des appuis écartés de 0 m. 935 et on les chargeait, sur le milieu de la face supérieure, en y suspendant un plateau de balance. Certaines de ces pièces avaient une section entière, les autres portaient un trait de scie sur la face supérieure et au milieu de la longueur. Le trait de scie était prolongé soit au 1/3, soit à 1/2, soit à 3/4 de la hauteur de la section. Le vide laissé par la scie était comblé au moyen d'une planchette en chêne sur laquelle appuyaient

les fibres. On remarque que la rupture de ces barres se produisit à
peu de choses près sous la même charge dans les divers cas. Dans ces
expériences les fibres de la partie supérieure des barres sont comprimées et celles de la partie inférieure sont tendues. On remarque une légère augmentation dans les deuxième et troisième résultats contenus
dans le tableau suivant. Cela peut tenir à ce que les fibres du chène ont
une plus grande résistance à la compression que celles du saule et
à ce que celles-ci se comportent mieux à l'extension qu'à la compression.

Pièce entière	1	charge de rupture	256,91
Pièce sciée au	1/3	»	269,71
»	1/2	»	265,31
»	3/4	»	259,76

Ce qui d'ailleurs résulte nécessairement de ces expériences. c'est
que l'effet d'une charge transversale sur une pièce prismatique en bois
produit une compression des fibres supérieures et une extension des
fibres inférieures.

65. Classification et description des assemblages. —
Classification des assemblages. — L'extrémité d'une pièce de bois se
nomme *about*. On nomme *portée d'about* la partie d'une pièce qui reçoit
l'about d'une autre. Les *faces de parement* d'une pièce de bois sont celles
qui sont parallèles à la vue générale de la charpente. Les *faces d'épaisseur* sont les faces perpendiculaires aux faces de parement.

Nous établirons entre les assemblages la classification suivante : [1]

1° Assemblages d'une pièce sur un parement ou sur une face d'épaisseur d'une autre pièce ;

2° Assemblages d'abouts ou d'angle ;

3° Assemblages par entures ;

4° Assemblages moisés.

*Assemblages d'un about d'une pièce sur un parement ou sur une face d'é-
paisseur d'une autre pièce.* — L'assemblage *à tenon et mortaise*, fig. 1,
se fait en pratiquant une saillie, nommée tenon, à l'about d'une pièce
et une cavité correspondante, nommée mortaise, sur une face d'épaisseur de l'autre pièce. L'assemblage est consolidé par une cheville en
bois qui traverse le tenon vers son milieu. Les dimensions du tenon
sont indiquées sur la figure. Les quatre angles de l'about du tenon sont

---

[1] Une classification des assemblages assez rationnelle est la suivante: 1° assemblages des pièces dont les axes se rencontrent ; 2° assemblages des pièces
dont les axes ne se rencontrent pas ; 3° assemblages pour allonger les bois ;
4° assemblages pour augmenter les dimensions des bois.

abattus afin de faciliter l'entrée dans la mortaise. La hauteur du tenon est dans le sens de l'effort à supporter.

Pour faire la mortaise, on pratique deux trous partageant la largeur de

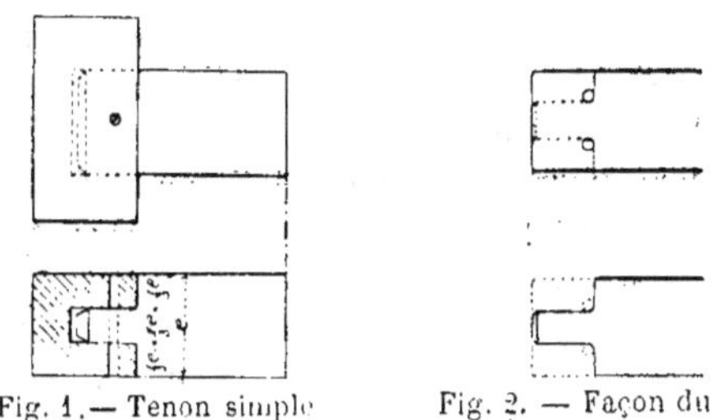

Fig. 1.— Tenon simple pour pièces perpendiculaires

Fig. 2. — Façon du tenon

la pièce en trois parties égales, puis on évide au *ciseau* ou à la *bisaigue*. Ce dernier outil consiste en une tige de fer terminée d'un bout par un

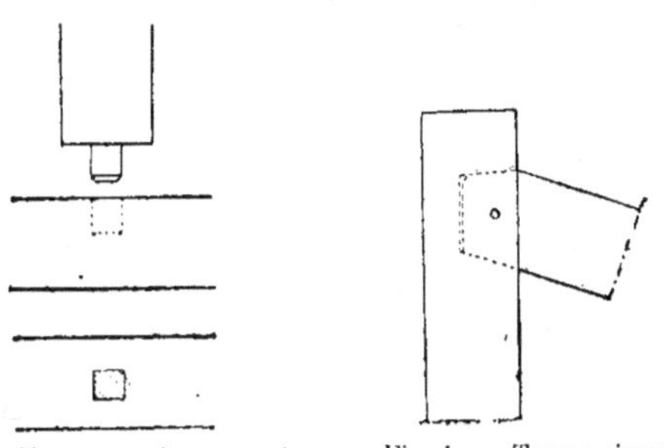

Fig. 3.— Tenon carré pour poteau et pièce horizontale

Fig. 4. — Tenon simple pour pièces obliques

tranchant de ciseau et portant latéralement une poignée. Cet outil se manœuvre debout.

Pour faire les tenons, on perce deux trous qui partagent la pièce en

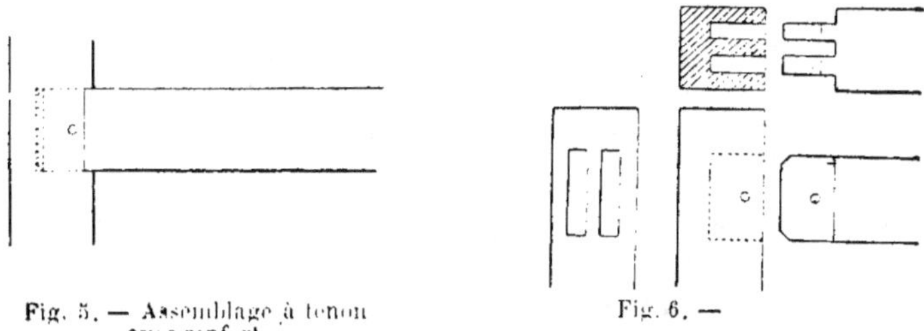

Fig. 5. — Assemblage à tenon avec renfort

Fig. 6. —

trois parties égales et avec une scie on fait tomber l'excédent du bois.

En opérant ainsi la base du tenon est renfoncée d'un *congé* circulaire et l'on n'est pas exposé à surcouper et par suite à affaiblir le tenon fig. 2.

La figure 5 représente le tenon à renfort ou à repos. Cet assemblage a pour but de suppléer à la faiblesse du tenon, dans le cas où la pièce assemblée debout supporterait un effort transversal trop grand par rapport à la résistance du tenon.

La figure 6 a pour objet un assemblage à deux tenons, plus solide que l'assemblage à un tenon, mais moins simple et surtout moins solide que celui donné à la figure précédente.

Pour renforcer l'assemblage dans le cas où la pièce assemblée d'about est oblique et soumise à un effort longitudinal, on a recours à l'embrèvement fig. 7. La largeur de l'épaulement est le pas de l'embrèvement.

Fig. 7. — Embrèvement ordinaire   Fig. 8.— Autre embrèvement

Dans l'embrèvement représenté à la fig. 8, le pas de l'embrèvement et la face du tenon à la suite sont inclinés de manière à refouler les unes sur les autres les couches de fibres de la pièce de bois recevant la mortaise.

L'embrèvement à encastrement, fig. 9, se fait quand la pièce assemblée

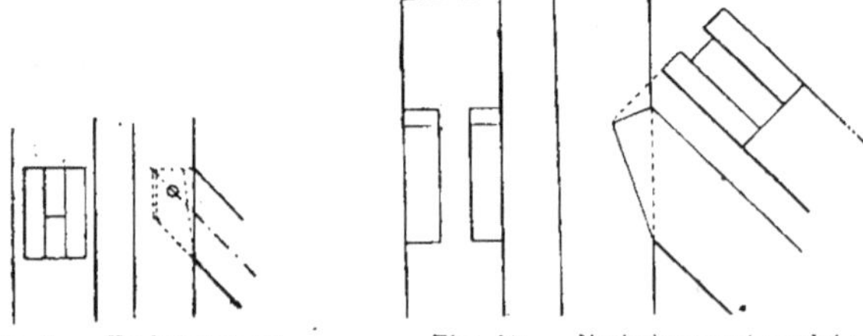

Fig. 9. — Embrèvement   Fig. 10. — Embrèvement anglais
      à encastrement

d'about à une largeur moindre que l'autre. Cette disposition a pour but de rendre l'embrèvement étanche.

La fig. 10 représente l'embrèvement anglais ; la pièce d'about n'a pas de tenon, mais elle a deux joues qui pénètrent l'autre pièce.

Les fig. 11 et 12 représentent les embrèvements qu'il faut pratiquer dans le cas où les axes des bois sont très inclinés l'un par rapport à l'autre. Cette disposition prend le nom d'embrèvement à double épaulement.

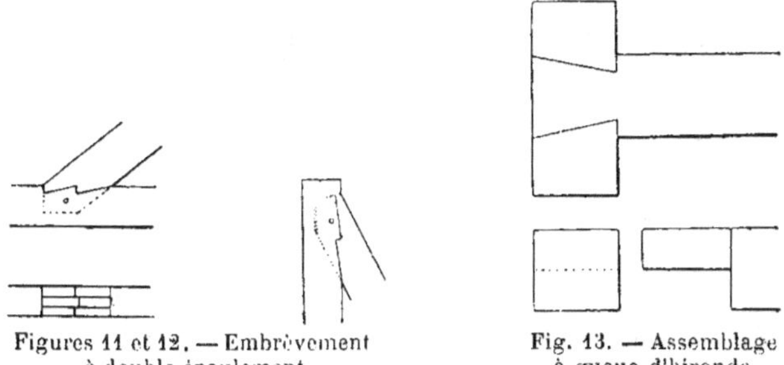

Figures 11 et 12. — Embrèvement
à double épaulement

Fig. 13. — Assemblage
à queue d'hironde

Les assemblages à queue d'hironde ont pour but d'empêcher le déplacement longitudinal de l'axe de la pièce assemblée d'about. Les fig. 13, 14 et 15 représentent un assemblage à queue d'hironde; dans la fig. 15 l'assemblage est à clef. Ces assemblages peuvent se faire à repos.

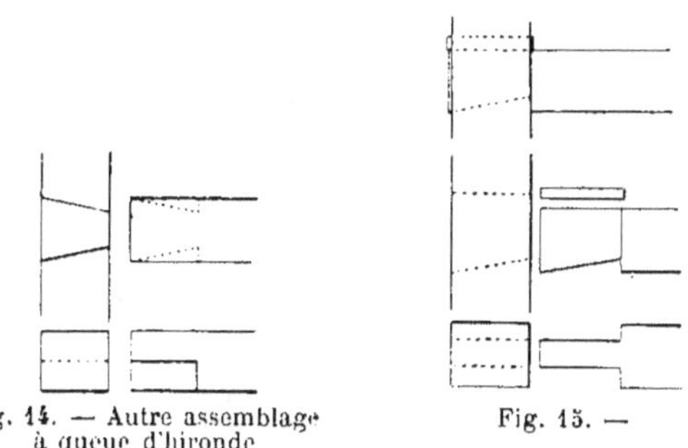

Fig. 14. — Autre assemblage
à queue d'hironde

Fig. 15. —

Les assemblages représentés par les figures 16 à 20 sont usités

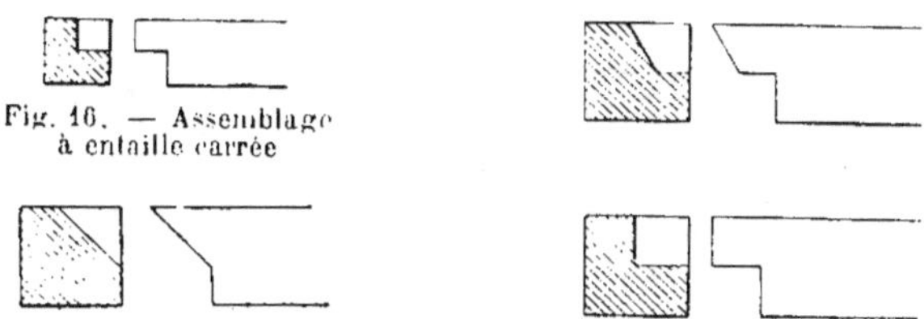

Fig. 16. — Assemblage
à entaille carrée

Fig. 17. — Assemblage à paume

Fig. 18. — Assemblage à paume avec repos

pour assembler les solives et planchers de bois aux poutres principales.

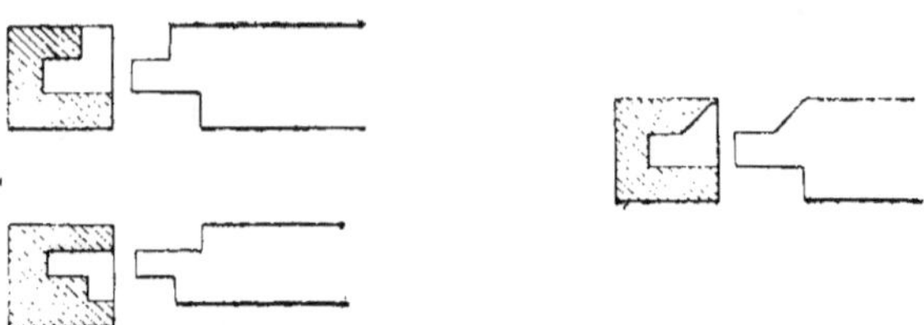

Fig. 19.— Assemblage à tenon   Fig. 20. — Assemblage à tenon
      et à renfort carré   avec renfort en chaperon
Le renfort en chaperon est incliné sur la longueur de la pièce

Les figures 21 et 22 représentent des assemblages facilement démontables, les uns à tenons passants, les autres à queue d'hironde.

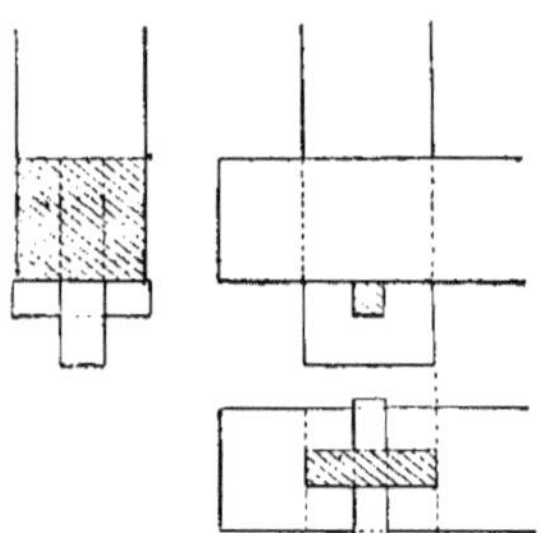

Fig. 21. — Assemblages à tenon passant

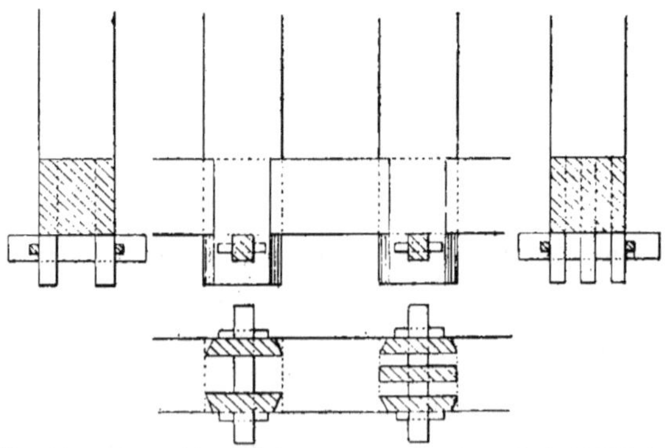

Fig. 22. — Assemblages à tenon passant avec joues apparentes

Assemblages d'angle. — La fig. 23 représente l'assemblage d'angle
droit à mi-bois. — La fig. 24 représente l'assemblage droit à tenon

simple. — La fig. 25 représente l'assemblage d'onglet à tenon simple.

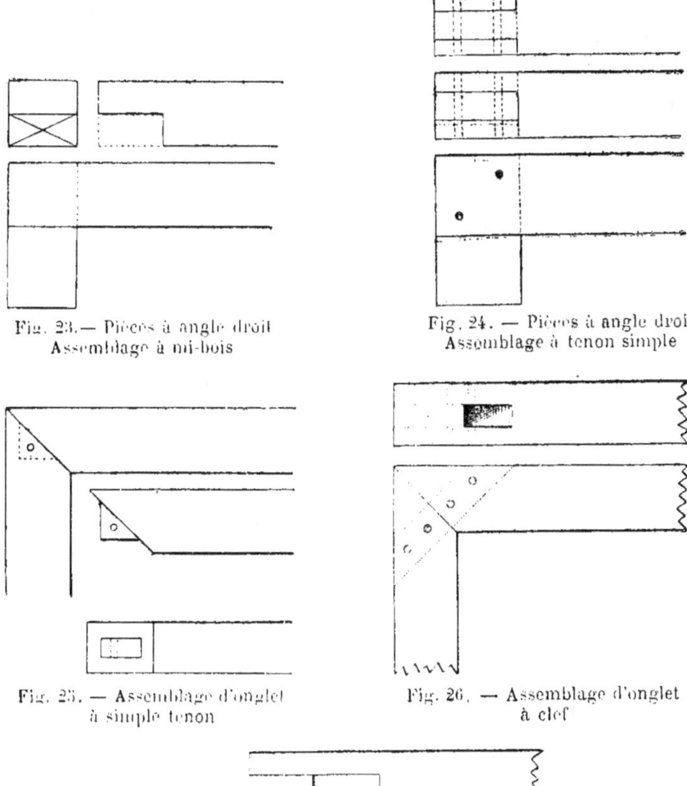

Fig. 23. — Pièces à angle droit
Assemblage à mi-bois

Fig. 24. — Pièces à angle droit
Assemblage à tenon simple

Fig. 25. — Assemblage d'onglet
à simple tenon

Fig. 26. — Assemblage d'onglet
à clef

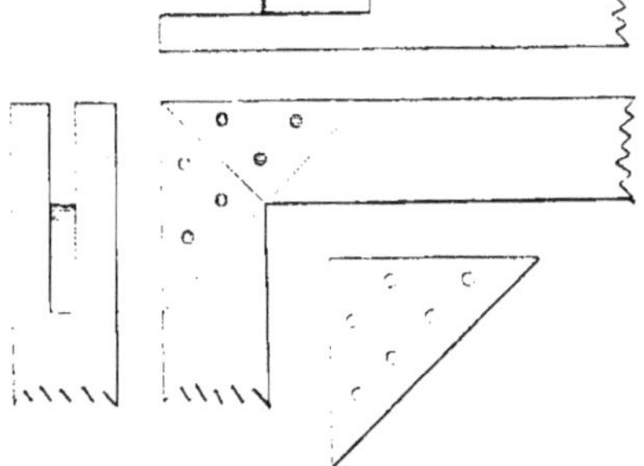

Fig. 27. — Assemblage d'onglet à pigeon

Les assemblages d'angle peuvent se faire à *clef* comme l'indique la fig. 26, ou à *pigeon* comme l'indique la fig. 27.

Assemblage par enture. — L'assemblage indiqué fig. **28**, *enture à plat-joint*, a pour but d'assembler bout à bout des pièces horizontales portant sur des murs. Ces pièces constituent des *sablières*, sur lesquelles portent des poteaux de pans de bois ou des chevrons de combles.

Dans les cas où l'on peut craindre un déplacement horizontal des axes, on emploie l'enture avec *abouts brisés* fig. **29**.

Les figures suivantes représentent les entures pour pièces verticales.

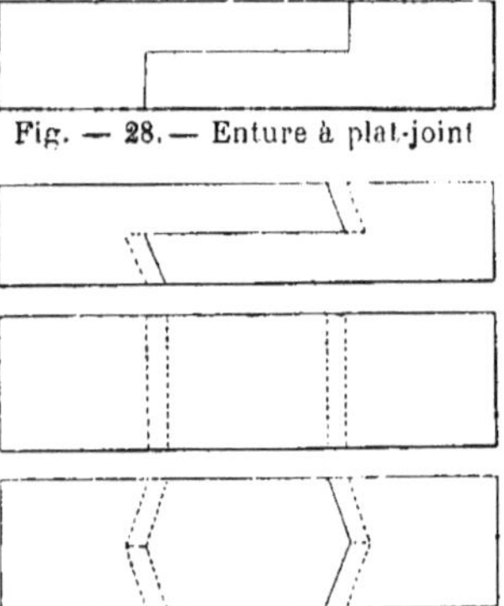

Fig. — 28. — Enture à plat-joint

Fig. 29. — Enture avec abouts brisés

La forme de l'enture est destinée à empêcher la rotation des pièces as-

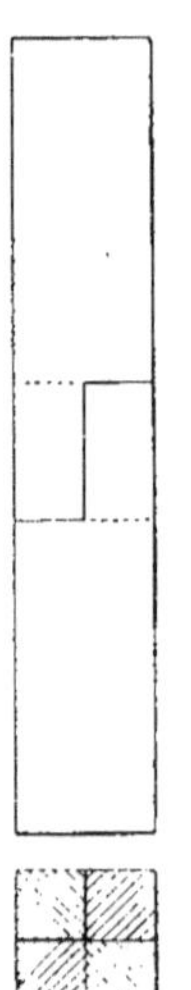

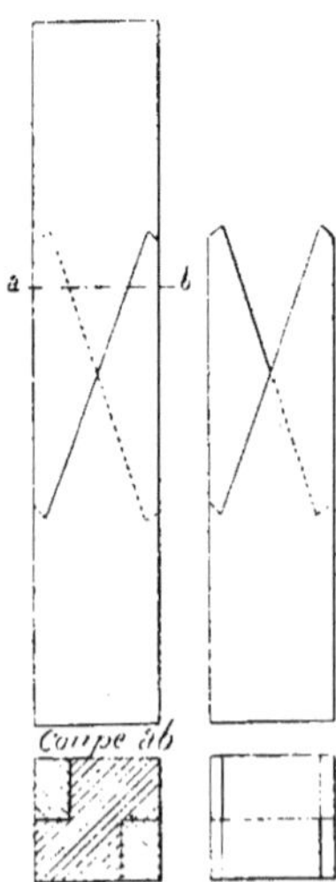

Fig. 30. — Enture
à mi-bois

Fig. 31. — Enture à double
sifflet

Fig. 32. — Enture
à simple sifflet

semblées autour de leur axe vertical. Lorsqu'il s'agit de pieux à battre avec de gros moutons dans un sol difficile, on a recours, si les pieux doivent être en deux morceaux, aux entures à *manchon*, celui-ci étant fixé moitié sur le pieu, moitié sur l'allonge.

Les fig. 33, 34 et 35 représentent l'enture dite à trait de Jupiter. C'est l'enture la plus solide pour les pièces horizontales soumises à des forces longitudinales de compression ou d'extension.

La fig. 34 représente un trait de Jupiter à trois clefs.

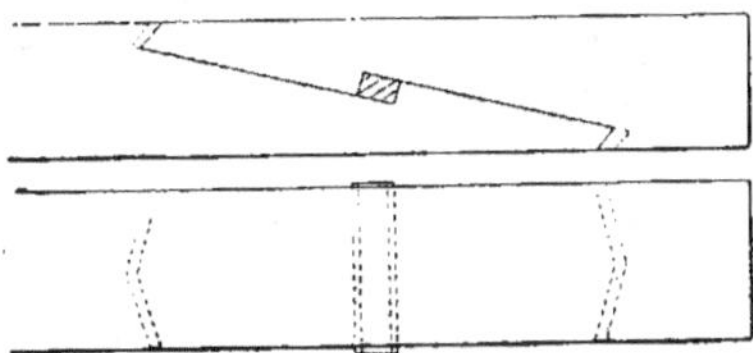

Fig. 33. — Assemblage à trait de Jupiter

C'est cet assemblage qui est employé pour renforcer les bois. On ap-

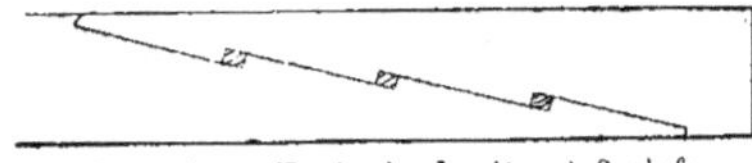

Fig. 34. — Trait de Jupiter à 3 clefs

plique l'une contre l'autre les deux pièces de bois dont la somme des

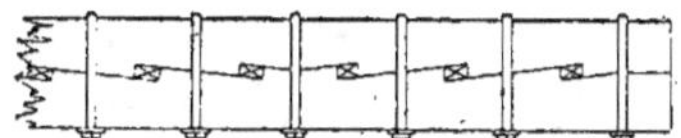

Fig. 35. — Trait de Jupiter renforcé

sections doit former la section totale demandée et on les réunit par un assemblage à trait de Jupiter prolongé dans tout l'étendue du joint.

Assemblages moisés. — Les moises sont des pièces jumelles qui sai-

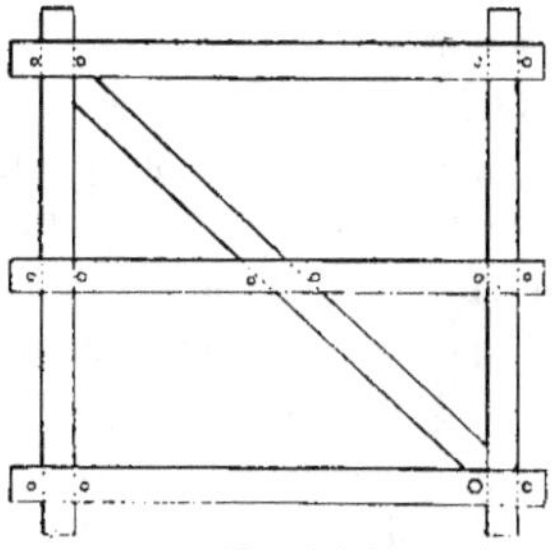

Fig. 36. — Emploi des moises

sissent entre elles quelques-unes des pièces d'une charpente, de manière
à assurer l'invariabilité du système. Les moises sont entaillées de quel-

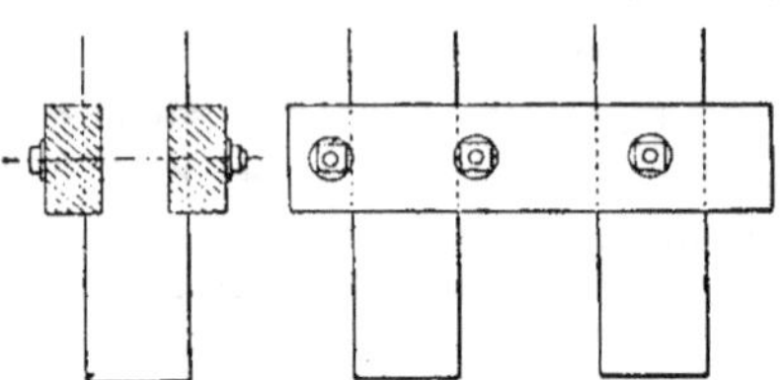

Fig. 37. — Détail des moises

ques centimètres au passage des pièces transversales, pour éviter

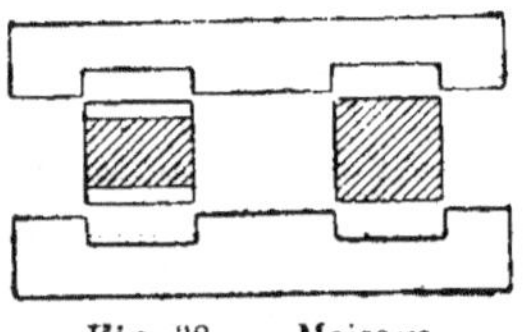

Fig. 38. — Moisage

tout glissement. Les moises sont serrées dans l'assemblage par des boulons.

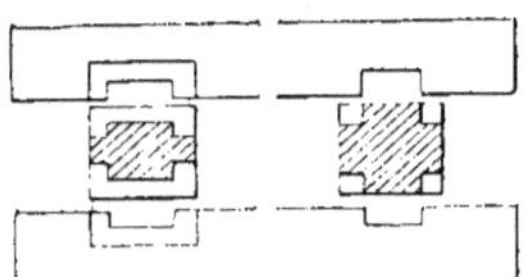

Fig. 39. — Moisage

L'arbalétrier et l'entrait d'un comble peuvent être reliés par des moises
verticales dites *moises pendantes*.

Des assemblages de madriers et de planches. — Les planches peuvent être
assemblées de plusieurs manières : 1° à plat-joint, 1 de la grande fig.
40 ; 2° à recouvrement ; 3° à rainure et languette simple ; 4° à rainure
et languette rapportée ; 5° à double rainure et à double languette ; 6° à
grain d'orge ; 7° à tringle pour assemblage d'angle ; 8° à queue d'hironde
pour assemblage d'angle, 8 de la figure 40.

Jeu dans les assemblages. — Le jeu dans les assemblages dépend de la
nature du travail. Dans le *charronnage* on prépare les assemblages en

donnant un léger serrage aux mortaises. S'il s'agit d'assembler les raies d'une roue à son moyeu, on plonge le moyeu, qui porte les mortaises,

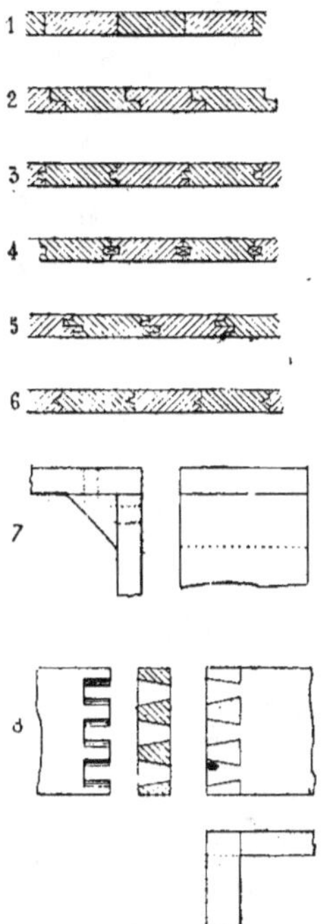

Fig. 40. — 1. Assemblage à plats-joints ; 2. Assemblage à recouvrement ; 3. Assemblage à rainure et languette ; 4. Assemblage à languette rapportée ; 5. Assemblage à double rainure et languette ; 6. Assemblage à grain d'orge ; 7. Assemblage d'angle à tringle, pour planches ; 8. Assemblage d'angle à queue d'hironde, pour planches.

dans de l'eau bouillante pour ramollir le bois, puis on fait entrer de force les raies. Dans la menuiserie, on ajuste très exactement les faces d'assemblage, puis on les rapproche et l'assemblage est sans jeu. Dans la charpente les joints sont disposés avec un peu de jeu et maintenus avec des ferrures. Ce jeu des assemblages de charpente est nécessaire pour le montage.

66. Ferrures des assemblages des bois. — Les assemblages des bois sont consolidés par une série de ferrures représentés sur la page 176. L'usage de ces assemblages est suffisamment indiqué par ces figures, sauf en ce qui concerne les frettes. Celle-ci sont

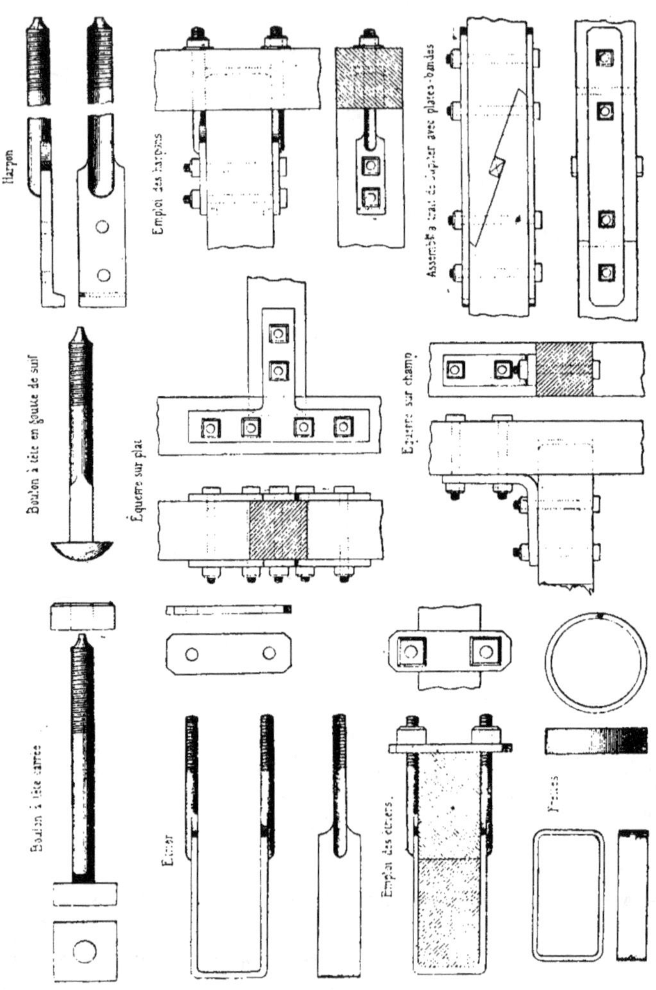

Harpon
Emploi des harpons
Assemblage à trait de Jupiter avec plates-bandes
Boulon à tête en goutte de suif
Équerre sur plat
Équerre sur champ
Boulon à tête carrée
Écrou
Emploi des écrous
Feuillard

des liens en fer destinés à consolider les extrémités des poteaux que l'on doit frapper pour les enfoncer dans le sol, et à renforcer aussi les assemblages des pièces juxtaposées.

Les frettes sont posées à chaud. On les chauffe au rouge sombre et on les chasse de force sur les pièces à consolider. En même temps, on arrose la frette afin d'éteindre le feu. Le retrait que subit le fer par le refroidissement assure un serrage énergique. Le bois doit être employé très sec ; car s'il était vert les frettes prendraient du jeu quand le bois subirait le retrait qui accompagne la dessiccation.

CHAPITRE XII

ASSEMBLAGES DES TUYAUX

*Distributions d'eau, de vapeur et de gaz.— Matières et dimensions des tuyaux
— Tubes sans soudure. — Assemblages des tuyaux. — Tuyaux Chameroy. — Joints.*

**66. Généralités sur les distributions d'eau, de vapeur
et de gaz.** — On conçoit l'importance de l'étude des assemblages des
tuyaux, si l'on considère le nombre considérable des conduites employées dans l'industrie et dans les villes, soit à la distribution de l'eau,
du gaz, pour la consommation, soit à la distribution de l'énergie au moyen
de l'eau, de la vapeur.

Une alimentation d'eau, qu'elle soit destinée à une ville, à une usine,
à une gare, se compose de pompes et de conduites de distribution. Les
pompes puisent l'eau au moyen d'un tuyau nommé *conduite d'aspiration*
et l'élèvent dans un réservoir au moyen d'un tuyau dit conduite de
refoulement. Il peut arriver que l'eau soit prise à une altitude suffisante
pour qu'elle se rende directement dans les réservoirs au moyen d'aqueducs. La distribution s'effectue par une *conduite maîtresse* partant du réservoir, et par une canalisation de conduites principales et secondaires
qui amènent l'eau aux divers points de la ville, de l'usine, de la gare.
Les appareils spéciaux sont les robinets d'arrêt, réservoirs d'air, fontaines et le reste.

A Paris les eaux destinées aux ménages sont fournies en grande partie
par des sources, amenées par des aqueducs et déversées dans de grands
réservoirs en maçonnerie. L'eau prise à la Seine sert principalement à
la voirie ; les pompes qui la puisent sont installées à Ivry, au quai de la
Gare, au quai de Bercy, à Chaillot, à Saint-Ouen. Elles sont mues par
des machines à vapeur.

La ville de Versailles est desservie, pour une partie, par l'usine
hydraulique et l'aqueduc de Marly.

On admet généralement *les consommations journalières d'eau* suivantes :

pour une personne		25 *litres*
» un cheval		75
» une voiture à deux roues		40
» une voiture à quatre roues		70
» » de luxe		400
» un bain		300

La dépense d'eau pour une machine à vapeur à échappement libre est de 15 à 35 litres par cheval et par heure. Celle d'une machine à condensation est de 250 à 800 litres par cheval et par heure. Une alimentation d'eau doit en outre satisfaire aux besoins de l'arrosage des rues et des plantations, du nettoyage des ruisseaux, du service des fontaines et des jets d'eau publics, et enfin de l'industrie.

Dans les conduites d'alimentation la pression est faible et les joints n'offrent, en définitive, pas de grandes difficultés Il n'en est pas de même dans la plupart des distributions qui ont pour but le transport de l'énergie. On sait que, depuis quelques années surtout, l'industrie cherche à réaliser une combinaison dans laquelle une usine centrale créerait de la puissance motrice qu'elle distribuerait autour d'elle. On connait la distribution d'air raréfié du quartier St-Avoie. à Paris; les distributions d'air comprimé installées par l'ingénieur Popp, à Paris ; les distributions de vapeur installées dans un grand nombre d'usines.

La gare St-Lazare, à Paris, est munie d'une machinerie hydraulique pour la manœuvre des wagons. des locomotives, des monte-charges. Une usine installée aux Batignolles envoie de l'eau comprimée dans des appareils nommés *accumulateurs* installés dans la gare même. Ces appareils emmagasinent, par le jeu régulier des pompes, sous la pression convenable, la quantité d'eau nécessaire à un certain nombre de manœuvres.

Dans ce genre de canalisation la pression peut s'élever à 14 atmosphères, environ 14 k. par centimètre carré de surface, s'il s'agit de vapeur ; à 50, à 100 atmosphères, soient à 50, 100 kilogrammes environ par centimètre carré de surface, s'il s'agit d'eau comprimée.

Le problème de l'utilisation des grandes chutes d'eau ne peut être résolu qu'à l'aide de canalisations à joints très résistants. A Rochetaillée, près de Saint–Etienne, l'utilisation des sources naturelles de la région montagneuse peut donner 17500 chevaux-vapeur, estime-t-on.

On a utilisé des chutes de 500 mètres de hauteur, donnant par suite dans la canalisation une pression de 50 atmosphères.

67. Matières et dimensions des tuyaux. — Les matières qui servent à faire les tuyaux doivent être en rapport avec la fonction de ceux-ci. Suivant les cas, on fait des tuyaux en fer étiré ou soudé, en tôle ordinaire soudée, en plomb, en fonte, en acier, en laiton, en cuivre rouge, en terre cuite ou en grès

1° Le *fer étiré* donne des tuyaux légers et suffisamment flexibles ; jusqu'à 0 m. 10 de diamètre, ils peuvent être coudés suivant un arc de 6 mètres de rayon au moins. Ces tuyaux, jusqu'à 0 m. 10 de diamètre, sont moins chers que les tuyaux en fonte et ne pèsent qu'un tiers du poids des tuyaux de fonte de même diamètre pour une même résistance.

L'industrie les fabrique, sur 4 millimètres d'épaisseur, en bouts pouvant avoir jusqu'à 6 mètres de longueur et jusqu'à 0 m. 12 de diamètre.

2° La *tôle bitumée* est utilisée à la fabrication des tuyaux de grosses conduites droites. Ils ont 4 à 5 millimètres d'épaisseur en fer, 0 m. 40 à 1 m. 10 de diamètre et toutes longueurs jusqu'à 6 mètres.

3° La *tôle ordinaire* vissée est utilisée à la fabrication de tuyaux d'un diamètre plus grand encore. On peut aller jusqu'à 3 mètres. L'épaisseur varie de 5 à 20 millimètres suivant la pression intérieure et le diamètre. La longueur peut atteindre 6 mètres.

4° La *fonte* donne des conduites d'un usage recommandé dans les endroits où il peut se produire des frottements et dans ceux où se trouvent des eaux corrosives. L'épaisseur, suivant la pression et le diamètre, varie de 8 à 20 millimètres, le diamètre varie de 0 m. 40 à 2 mètres. La longueur des bouts droits est de 4 mètres ; la longueur des bouts de raccord coniques est de 0 m. 60.

Les tuyaux en fonte sont moulés mécaniquement et coulés debout.

5° Les tuyaux en *acier* moulé sont destinés à être employés préférablement à ceux en fonte dans les cas de fortes pressions intérieures. C'est la Marine de l'État qui en fait surtout usage dans l'installation des tuyaux courbes de raccord dans les conduites de grandes pompes d'épuisement. Dans ces applications, les dimensions adoptées ont été celles-ci : diamètre intérieur 180 millimètres, rayon du coude 1 m. 25, épaisseur de 8 à 12 millimètres, épaisseur des brides 10 à 14 millimètres.

6° Le *plomb* est la matière la plus employée pour les conduites d'eau et les conduites de gaz à l'intérieur des habitations ou des usines. Les tuyaux pour le gaz ont de faibles épaisseurs.

Les tuyaux de plomb ont de 2 à 10 millimètres d'épaisseur et des diamètres intérieurs compris entre 10 et 80 millimètres. Ils peuvent être fabriqués de toutes longueurs.

Le plomb se recommande par la facilité du travail de la pose. Mais les tuyaux en plomb ne doivent être exposés ni à des chocs, ni à des liquides corrosifs, ni à des tractions ou à pressions importantes.

7. Le *cuivre rouge* a une malléabilité qui le rend très propre à la fabrication des tuyaux qui doivent être coudés sur place. Il a de plus une élasticité qui assure un jeu suffisant aux pièces soumises à l'action de la chaleur. Enfin le cuivre s'oxyde moins facilement que le fer et la fonte. C'est en cuivre rouge que l'on fait la tuyauterie des machines à vapeur.

L'épaisseur des tuyaux de cuivre varie suivant le diamètre, jusqu'à 4 mm. Le diamètre intérieur peut prendre toutes les dimensions jusqu'à 0 m. 20.

8° Les *tuyaux céramiques* se font à des diamètres compris entre 0,05 et 0,50. Les tuyaux de grès sont considérés comme moins susceptibles de s'encrasser que les tuyaux de fonte.

9° Quand on a besoin d'une flexibilité absolue dans une partie de conduite, on fait usage de tuyaux en cuir, en caoutchouc, en toile forte, suivant les cas.

68. Fabrication de tubes métalliques sans soudure. — Pour fabriquer des tubes sans soudure, on fait passer des lingots creux entre des rouleaux de laminoir dont les axes font un certain angle. Le lingot subit, par l'action des laminoirs ainsi disposés, un étirage longitudinal et un roulement transversal.

MM. Reinhard et Max Mannessmann exploitent en Allemagne un procédé dans lequel on peut employer des lingots pleins quelconques. Les figures suivantes permettent de se rendre compte de cette fabrication. Les rouleaux sont coniques ; leurs axes sont situés dans des plans verticaux parallèles ; mais ils sont inclinés en sens contraire sur l'horizon.

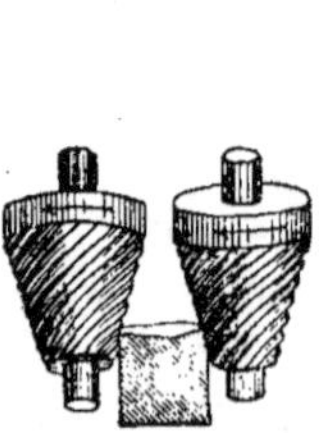
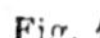
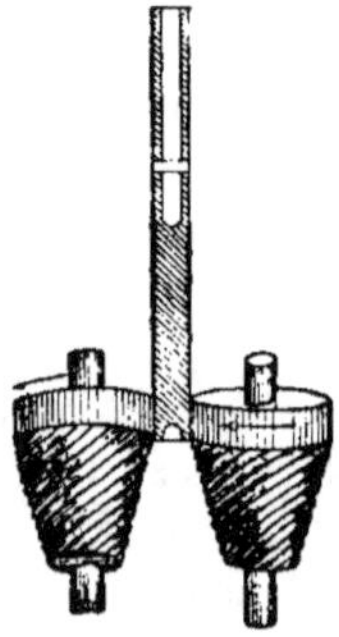

Fig. 1   Fig. 2

La figure 1 montre le lingot au moment où on l'engage entre les rouleaux. La figure 2 montre le tuyau achevé.

La formation du tuyau s'explique par le fait que la matière à la surface du lingot est entrainée plus rapidement que la matière à l'intérieur, de sorte qu'il est façonné en tube continu au point le plus rapproché des rouleaux. Les figures 3 et 4 indiquent une modification applicable pour les tuyaux en fer ou en acier dont le métal doit être chauffé

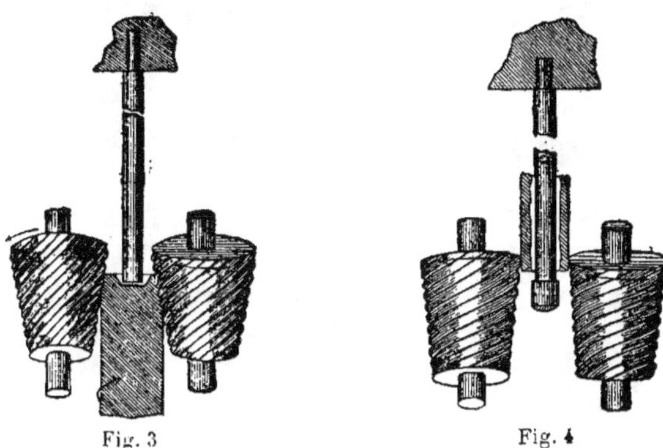

Fig. 3   Fig. 4

à une haute température avant d'être porté entre les rouleaux. Une tige soutient le tube qui se forme; le tuyau fini est ouvert et il ne reste qu'un petit fragment de lingot à l'extrémité de la tige. Pour un métal

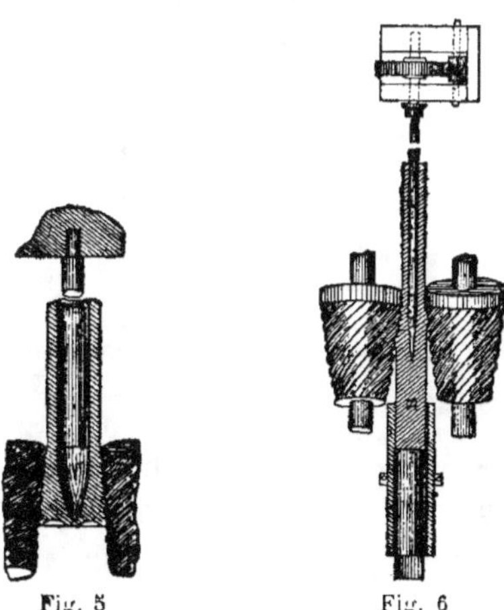

Fig. 5   Fig. 6

mou et ductile on termine l'extrémité de la tige par une partie conique (voir fig. 5).

Les figures 6 et 7 indiquent une disposition ayant pour but de rendre plus ou moins rapide le passage du lingot entre les rouleaux ; la tige c est terminée par un cône ayant des rainures en spirale. Pour retarder

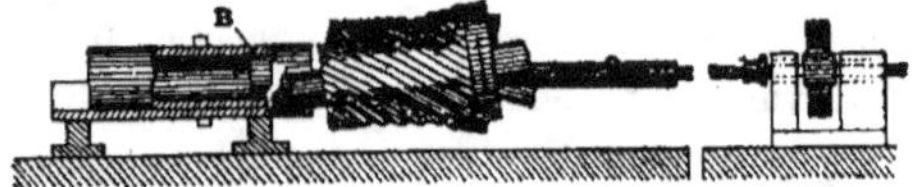

Fig. 7

ou pour accélérer l'opération, il suffit de faire tourner la tige c dans le même sens ou dans le sens contraire de la rotation que le guide B reçoit des rouleaux.

La figure 8 représente des rouleaux ayant une coupe ogivale ; et avec lesquels il est possible de faire des tubes d'un diamètre plus grand que

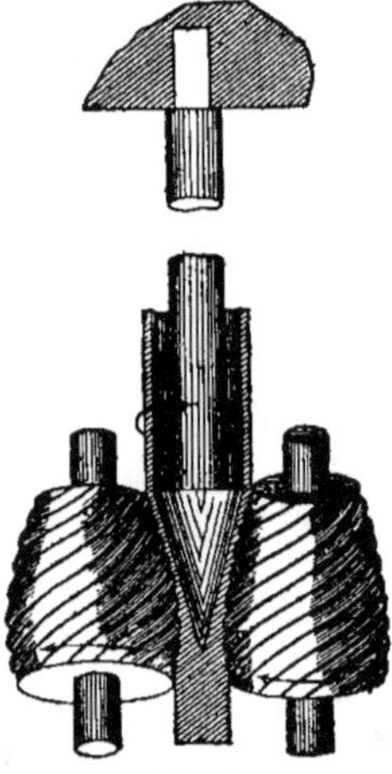

Fig. 8

celui du lingot. Ceci n'est surtout possible qu'avec des métaux malléables, comme le cuivre.

69. Assemblages des tuyaux. — Les assemblages des tuyaux se réduisent à trois : 1° les joints par emmanchements à vis ; 2° les joints à *brides*, soit rapportées, soit venues de fonte ; 3° les joints à emboîtement.

Les tuyaux en fer peuvent être assemblés soit par un emmanchement à vis, soit au moyen de brides rapportées.

Les tuyaux de fonte sont assemblés soit au moyen de brides venues de fonte, soit par emboîtement.

Les tuyaux de cuivre rouge s'assemblent par le moyen de brides et de *collets battus*.

Les tuyaux céramiques s'assemblent par emboîtement et le joint se fait en ciment.

Assemblage par manchons à vis. — Les tuyaux en fer de petit diamètre s'assemblent par manchon à vis. Ce mode d'assemblage est très facile à faire et à défaire. Les bouts des tubes sont filetés et on les visse dans des manchons faisant l'office d'écrou. Le manchon à l'extérieur peut

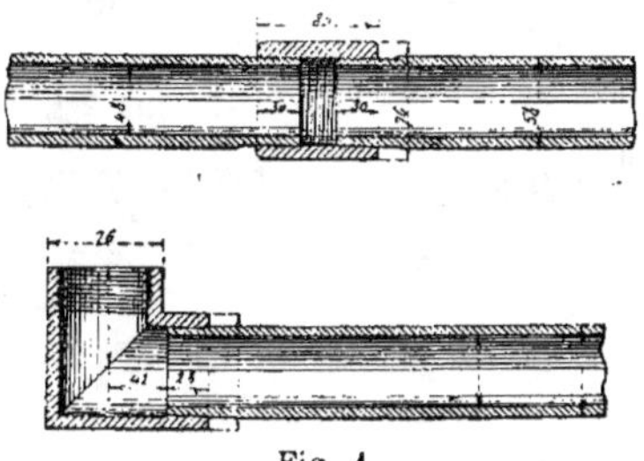

Fig. 1

avoir une forme polygonale afin de faciliter le serrage soit à la main, soit à l'aide d'une clef spéciale, figures 1, 2.

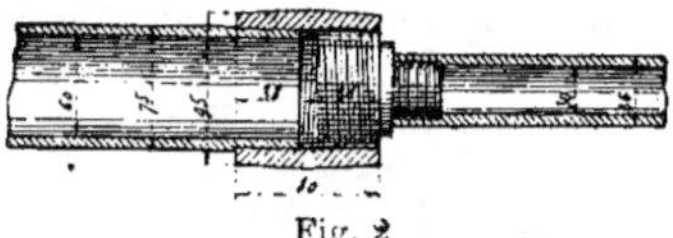

Fig. 2

Dans les conduites d'eau comprimée à haute pression et dans les

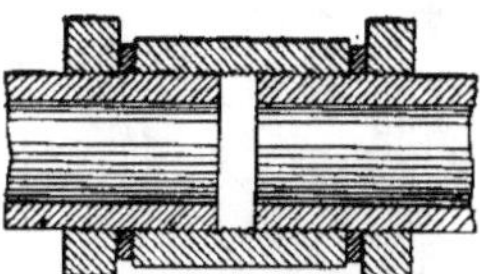

Fig. 3

conduites d'air comprimé, le joint à vis a besoin d'être rendu étanche ; pour cela on prolonge les filets de vis sur les bouts à rapprocher, et sur chacun on place un écrou qui vient serrer un caoutchouc contre le manchon, fig. 3.

Si les tuyaux sont ajoutés successivement les uns au bout des autres, et toujours dans le même sens, les bouts et les manchons sont tous filetés à l'ordinaire de *gauche à droite*.

Si l'on doit raccorder deux parties de conduite en place, d'où il suit que ces deux parties ne peuvent plus tourner et qu'elles sont seulement libres de prendre un déplacement longitudinal suffisant pour permettre l'emmanchement, les bouts des tuyaux à assembler et le manchon doivent recevoir respectivement des filets à *gauche* et des filets à *droite*. En tournant le manchon, le serrage s'opère des deux côtés à la fois

On graisse avec de l'huile épaissie par un peu de *céruse* (carbonate de plomb).

Nous donnons figure 4 l'exemple d'une tubulure simple pour faire

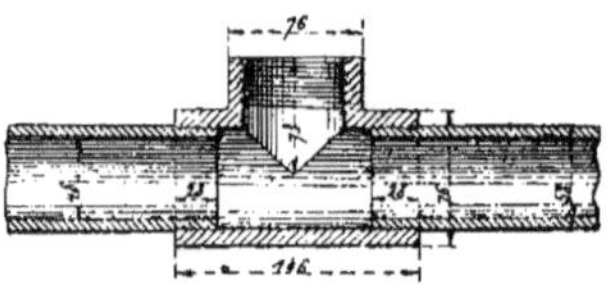

Fig. 4. — Tubulure pour
branchement simple

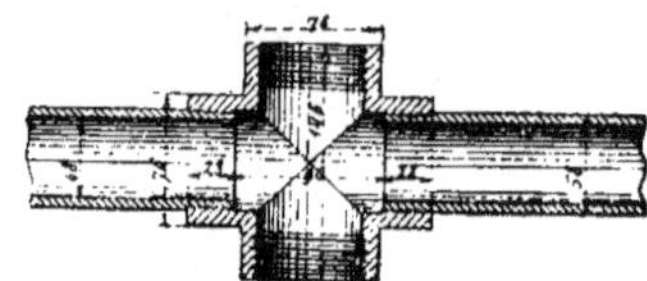

Fig. 5. — Tubulure pour
branchement double

un *branchement*, et figure 5 l'exemple d'une tubulure double pour faire un branchement double.

Joint à rotule. — M. Gibault a disposé un joint à rotule et à vis destiné à raccorder deux conduites dans une direction quelconque. Le manchon porte le raccord qui comprend trois pièces : une plaque pré-

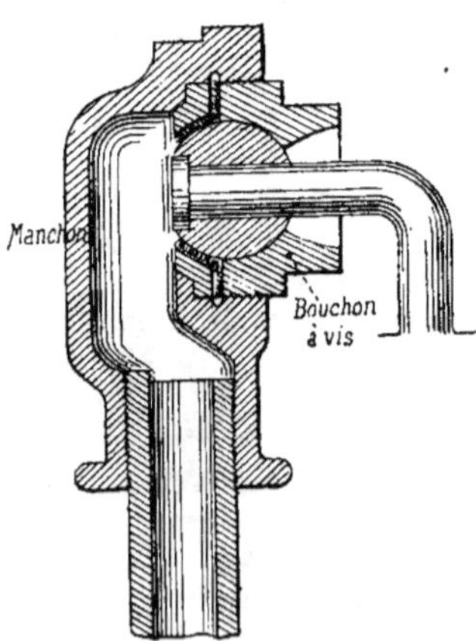

Joint à rotule

sentant une partie sphérique, une sphère portant l'amorce de la conduite à raccorder, un bouchon à vis pressant la sphère contre la plaque. Un cuir interposé entre la plaque et la sphère, et entre la plaque et le bouchon à vis, rend le joint étanche.

Joint compensateur pour vapeur. — Les figures 1, 2, 3 représentent des joints compensateurs pour vapeur. Les brides du joint sont parfaitement

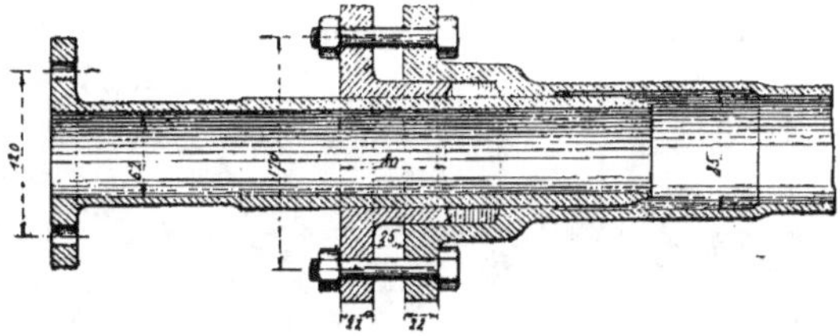

Fig. 1. — Joint compensateur pour vapeur

dressées ainsi que la portée extérieure du tuyau qui passe à frottement

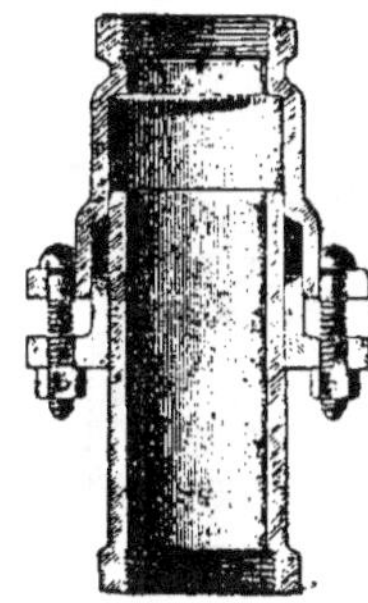

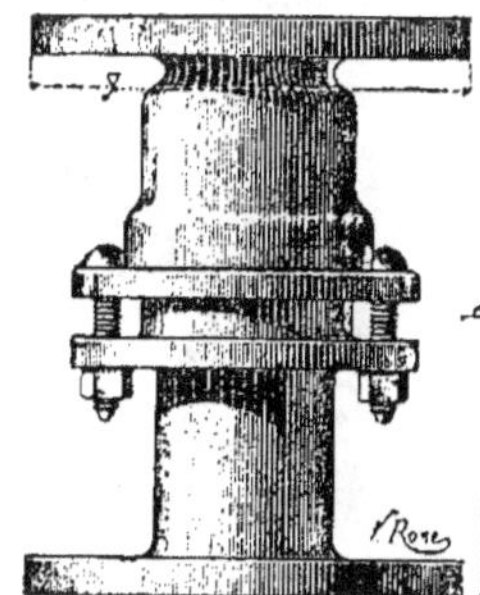

Fig. 2   Fig. 3

dans le vide circulaire des brides. Ce système permet à la conduite de s'allonger sans se déformer.

Raccords à écrous. — Lorsqu'il s'agit de raccorder bout à bout des tuyaux sans les faire tourner sur eux-mêmes, on se sert de raccords à vis. Le serrage est produit par un écrou à poignée ou à 6 pans qui

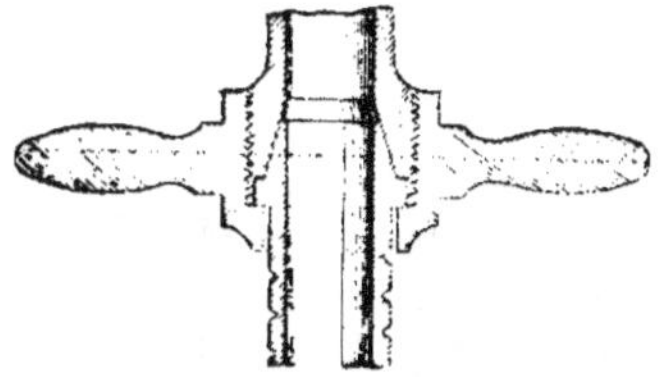

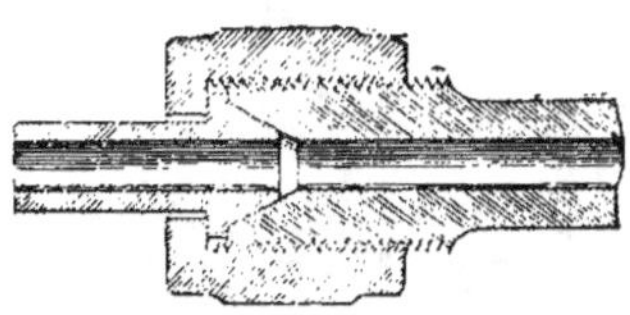

Fig. 1. — Écrou à raccord avec poignée   Fig. 2. — Écrou à raccord à 6 pans

s'appuie sur un épaulement d'un des tuyaux de l'assemblage et se visse sur l'extrémité filetée de l'autre tuyau assemblé. Les figures 1 et 2 représentent ce système d'écrou. De plus l'assemblage est étanche parce que les tuyaux sont terminés par des surfaces coniques ajustées qui se pressent l'une contre l'autre et produisent l'étanchéité.

Les tuyaux d'arrosage sont réunis par des raccords à écrou. Ces pe-

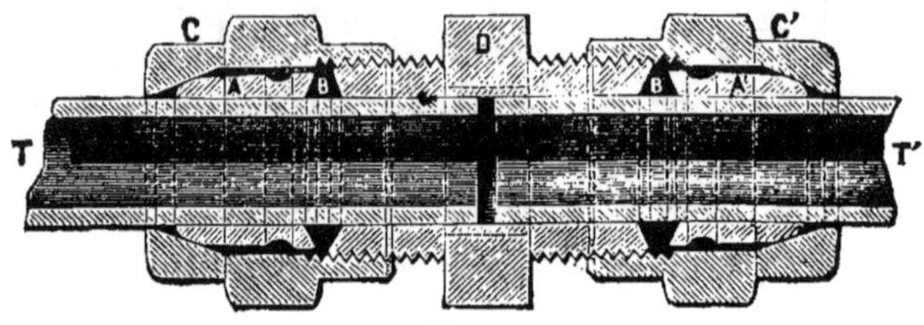

Fig. 3

tits appareils ne sont pas ajustés comme les précédents. Leurs différentes pièces ont un jeu très grand les unes sur les autres ; et une her-

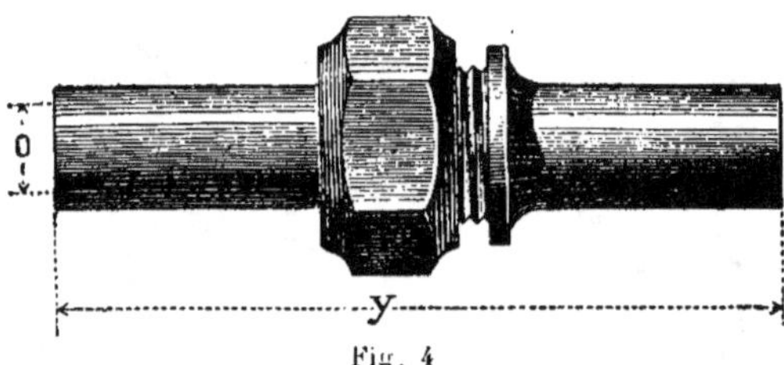

Fig. 4

méticité suffisante est obtenue en serrant de la filasse entre les portées des bouts de tuyau composant le raccord. Ces bouts de tuyau ont des

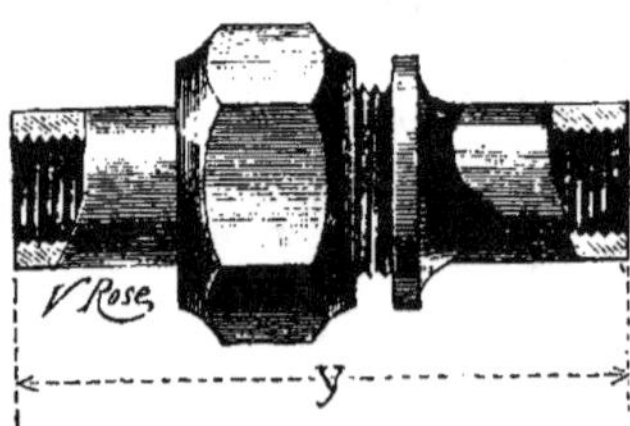

Fig. 5

renflements ou des encoches, afin de faciliter le serrage et la ligature des tuyaux de cuir, de toile ou de caoutchouc auxquels on les adapte.

Les figures 3, 4 et 5 sont des modèles de raccords de la maison Muller et Roger.

Tuyaux en tôle bitumée. Système Chameroy. — Ce tuyau est en tôle rivée de 4 millimètres d'épaisseur, garni intérieurement d'un mélange de bitume et de cire ou d'une couche de zinc posée à chaud ; quand le métal reçoit une couche de zinc il est dit *galvanisé*. Cette préparation a pour but de préserver le métal de l'oxydation. A l'extérieur, pour le garantir de l'oxydation et aussi pour lui donner de la résistance aux chocs, le tuyau est recouvert d'une couche de bitume et de sable ayant 10 à 20 millimètres d'épaisseur. Une cordelette est enroulée sur le tuyau pour assurer l'adhérence du bitume.

Si le diamètre ne dépasse pas 20 centimètres, on resserre l'une des extrémités d'un des deux tuyaux à assembler et on évase l'extrémité

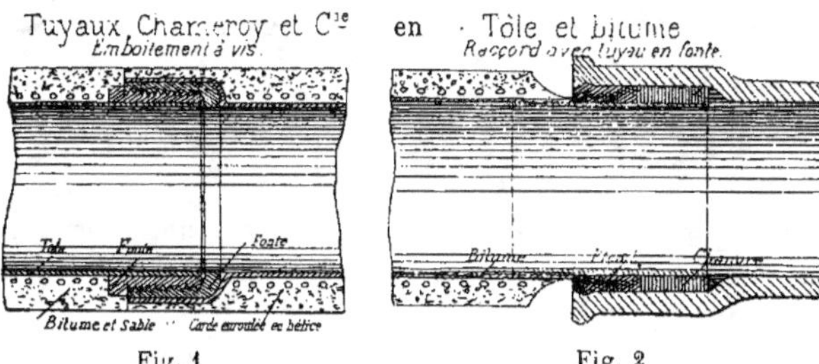

Fig. 1   Fig. 2

correspondante de l'autre tuyau. Le serrage du joint se fait en frappant à coups de masse le tuyau mobile sur le bout opposé au joint. Le joint est rendu étanche en interposant de la filasse imprégnée de minium ou de céruse.

Pour les diamètres supérieurs, on peut faire un assemblage à vis, la vis étant faite sur des abouts de tôle rapportés, fig. 1. On peut encore employer le système indiqué fig. 3.

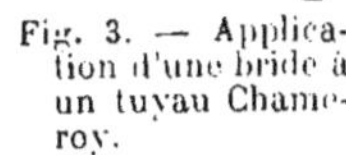

Ces tuyaux sont très légers, par suite le transport, le bardage, les manutentions à pied d'œuvre et celles de la pose sont bien simplifiées. Ces tuyaux sont surtout employés pour faire des conduites de gaz. Ils ont ce dernier avantage que s'ils viennent à recevoir accidentellement un effort d'écrasement excessif, ils s'affaissent mais ne se fendent pas comme le feraient des tuyaux en fonte placés dans les mêmes circonstances.

Fig. 3. — Application d'une bride à un tuyau Chameroy.

Joints à brides rapportées ou flottantes. — La bride est une pièce méplate formant rebord à l'extrémité d'un corps cylindrique. Elle est percée de trous pour le passage de boulons d'assemblage. La bride rapportée est toujours en fer forgé ; elle est fixée au tuyau au moyen d'une soudure nommée brasure, fig. p. 190. On appelle bride flottante une couronne circulaire qui peut se déplacer le long du tuyau et est retenue à son extrémité par un simple collet battu ou un collet battu ou soudé.

Les brides rapportées et les brides flottantes ont des trous de boulons équidistants. En général un joint à bride se compose d'une bride rapportée et d'une bride flottante. La mobilité de cette dernière pièce per-

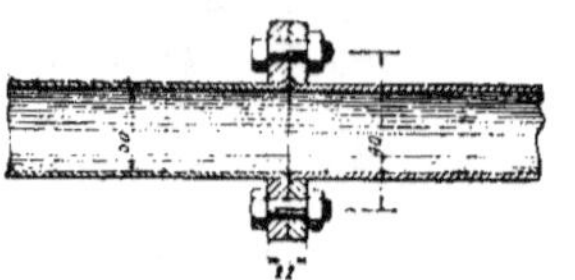

Fig.1.—Tuyaux de cuivre avec brides rapportées brasées sur collets battus

Fig. 2. — Tuyaux de cuivre avec brides flottantes sur collets battus

met d'amener les trous de boulon de la bride flottante à correspondre à ceux de la bride rapportée sans qu'il soit nécessaire de faire tourner le tuyau sur lui-même.

Les tuyaux de plomb, assemblés à brides sont toujours réunis par joints à deux brides flottantes.

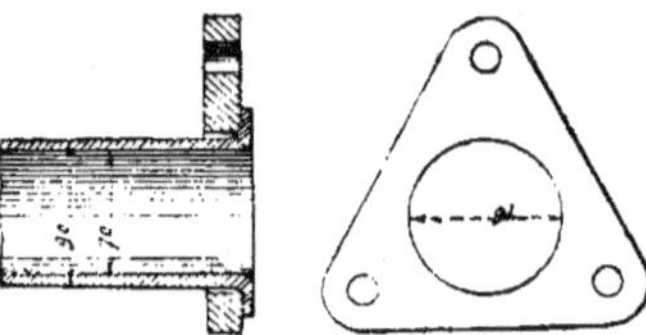

Fig. 3. — Tuyaux de plomb avec bride flottante triangulaire

Les brides pour tuyaux de fer ou de cuivre, dont le diamètre ne dépasse pas 4 centimètres, sont soudées ou brasées sur le tuyau. Elles sont en général de forme ronde et portent 3 ou 4 boulons. Les tuyaux

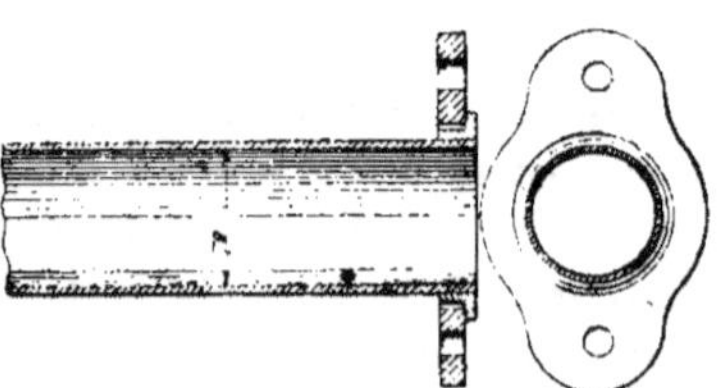

Fig. 4. — Tuyau de cuivre avec brides flottantes et collet soudé

en cuivre peuvent être assemblés à brides rapportées, fig. 1, et à brides flottantes fig. 2.

Pour les tuyaux en tôle d'un diamètre un peu fort la bride est faite d'une cornière cintrée, rivée sur la tôle.

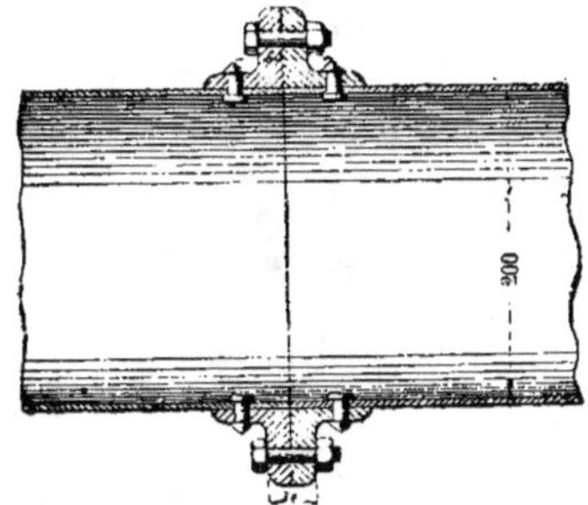

Fig. 5. — Tuyau en tôle

Joint conique étanche. — Dans les cas où la pression intérieure est très forte, pour les conduites d'eau, et dans ceux où le fluide qui circule a un poids spécifique très faible, l'étanchéité est obtenue pour les tuyaux en cuivre par le joint conique. Chaque bride est venue de fonte avec une partie conique qui est brasée au bout du tuyau correspondant.

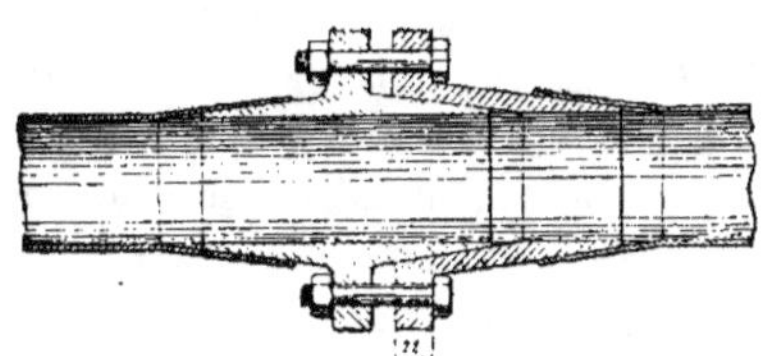

Fig. 6. — Tuyau en cuivre rouge, avec joint conique

Le joint est fait par les deux parties coniques ajustées que l'on serre l'une contre l'autre.

Ce joint s'impose pour toutes les conduites d'eau sous pression dès que le diamètre dépasse 3 centimètres.

Joint Laforest et Boudeville. — Dans ce système chaque bride porte une rainure circulaire d'un rayon déterminé et concentrique à l'axe

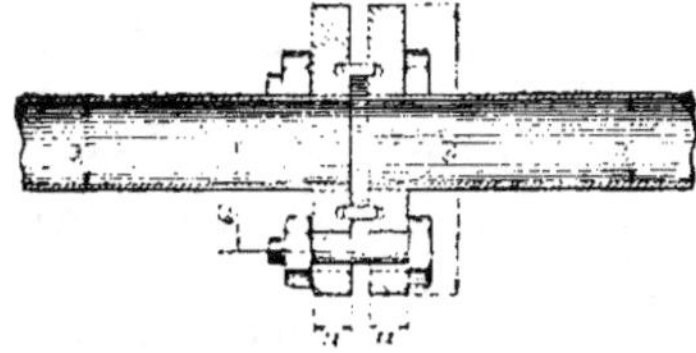

Tuyau en cuivre rouge avec joint Laforest fils et Boudeville

du tuyau. A la pose on place dans la rainure une bague en cuivre rouge de première qualité ou un fil de ce même métal. Par la pression, le métal, qui est très malléable, s'écrase et assure une parfaite étanchéité au joint.

Assemblage à bride des tuyaux en fonte, en bronze, en acier moulé. — Pour les tuyaux en fonte, en bronze, en acier moulé, les brides d'assemblage sont venues de fonte avec le corps des tuyaux. La saillie est

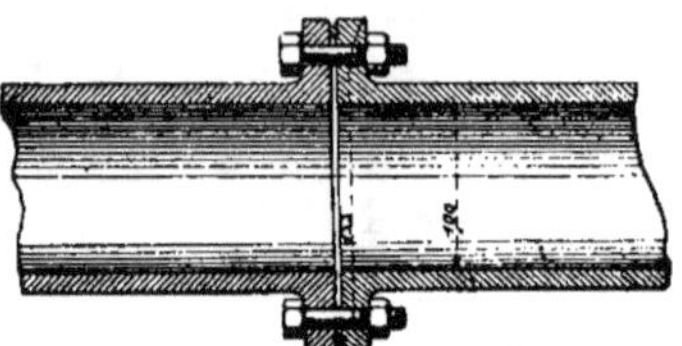

Fig. 1. — Joint formé d'un fil de cuivre

telle que les écrous des boulons d'assemblage puissent tourner très facilement. Les trous de boulons sont placés au milieu de la saillie formée par la bride ; il en résulte que la saillie doit être plus grande

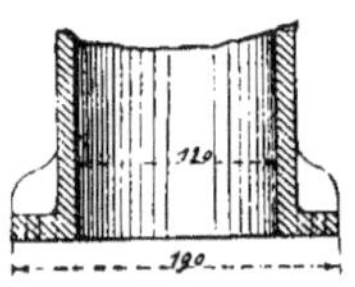
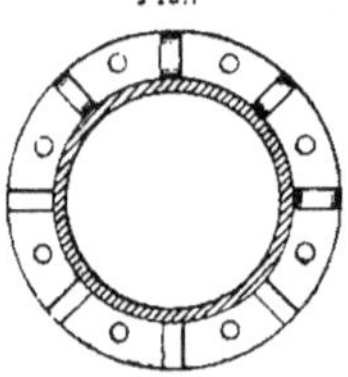

Plan

Fig. 2. — Tuyau en fonte avec bride renforcée à nervures

que l'écrou. Il faut en outre tenir compte du *congé*, qui raccorde la surface extérieure du tuyau à la surface plane de la bride, fig. 1.

Quelquefois on donne aux trous de boulons une forme carrée et la partie du boulon près de la tête a une section carrée. Cette disposition empêche la rotation du boulon pendant que l'on serre l'écrou.

Dans les conduites soumises à de très fortes pressions, comme par exemple dans les canalisations pour accumulateurs, où la pression peut atteindre 100 atmosphères, on renforce les brides par des nervures. Dans les intervalles des nervures, on place les boulons. Il est évident que ce système de consolidation, compliquant les difficultés du moulage, ne s'applique qu'aux brides qui doivent avoir d'assez grandes largeurs.

Garnissage des joints à brides au mastic de fonte. — La confection des joints demande de l'attention et du soin : les enduits destinés à assurer l'étanchéité doivent être placés de manière à garnir le joint le mieux possible et les boulons doivent être serrés très régulièrement sur le pourtour du joint. Le mastic de fonte se compose de 20 parties de tournure de fonte non rouillée, 1 partie de fleur de soufre et 1 partie de sel ammoniac. La fleur de soufre et la tournure de fonte sont mélangées avec le plus grand soin et mouillées successivement d'une dis-

solution de sel ammoniac. Les joints au mastic de fonte sont très difficiles à défaire, et s'il devient nécessaire de démonter une conduite, ou
de remplacer un tuyau, on n'a souvent d'autre ressource que de casser
les tuyaux. On ne doit donc faire au mastic de fonte que les joints qui
ne devront pas être démontés.

Pour faire le joint, on place sur une des brides un rouleau de mastic
que l'on a soin d'étendre ensuite entre les bords de la bride en laissant

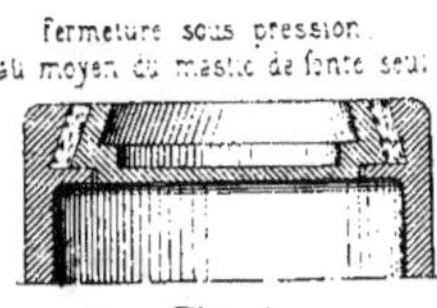

Fig. 1

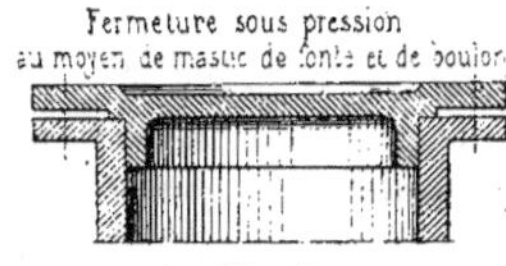

Fig. 2

plus d'épaisseur au milieu. On place ensuite une tresse plate enduite de
mastic clair ou de la filasse en brins, et on la comprime pour qu'elle
adhère au mastic. Dessus on met une nouvelle couche de mastic de la
même manière que l'on avait placé la première couche. Sur l'autre
bride on met une légère couche de mastic et finalement on rapproche
les brides et on serre fortement les boulons.

Dans le cas où le joint peut avoir une certaine épaisseur, on garnit
le joint sur le bord intérieur des brides d'une tresse de chanvre ou d'une

Fig. 3. — Variante du
précédent

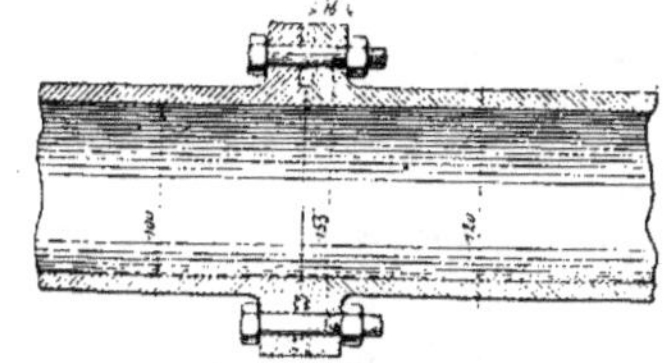
Fig. 4.— Brides avec portées d'ajustement,
joint au goudron ou au mastic de fonte.

corde ramollie. On les a trempées préalablement dans du suif ou du
goudron chaud, dans le cas où la conduite est destinée à des liquides
ou à des gaz froids ; et enduites d'une pâte claire de minium ou de céruse, dans le cas où la conduite est destinée à des liquides ou à des gaz
chauds. On serre les boulons très régulièrement et très également sur
tout le pourtour du joint. Enfin on bat légèrement le mastic de fonte
sur tout le pourtour du joint pour le refouler dans celui-ci.

Si le joint doit être fait avec précision on dresse sur chaque about
du tuyau une *portée d'ajustement* ou *cordon* qui sert de fond au joint;

celui-ci est rempli de mastic de fonte que l'on mate fortement,
fig. 4.

Mastic de fonte pour haute température. — Pour les hautes températures, les joints au mastic de fonte sont composés de limaille de fer ou de fonte non rouillée, d'argile grasse pulvérisée, le tout arrosé de vinaigre ou d'eau acidulée. Ce mastic est refoulé au maillet dans des joints à portée d'ajustement.

Garnissage des joints à brides au mastic de minium et de céruse. — Dans les joints qui doivent être faits avec précision, sur peu d'épaisseur, il faut d'abord dresser les faces des brides qui doivent former le joint. Cette opération se fait au tour. Sur les parties dressées on creuse des stries, des rainures peu profondes.

On applique un enduit de mastic de minium et on étend des brins

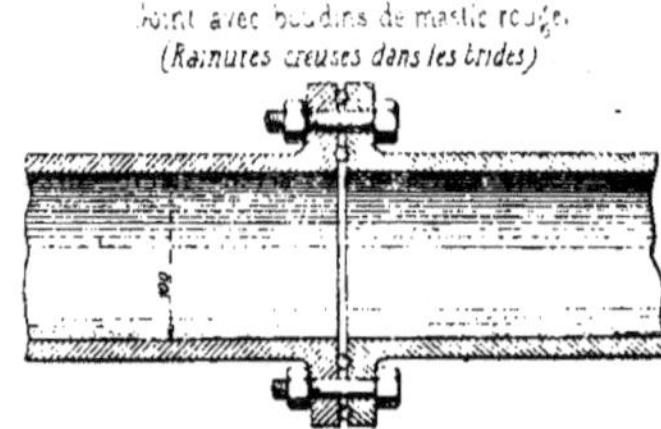

de filasse imprégnés de ce même mastic. Le mastic pénètre, au serrage, dans les rainures et le joint est hermétique.

Quelquefois on fait deux rainures assez larges et on y met une tresse enduite.

Le *mastic rouge au minium* se compose de 1 partie de céruse que l'on délaie dans de l'huile de lin et de 1 partie de minium. On bat le mélange au marteau pour l'assouplir. Ce mastic se conserve frais dans l'eau.

Les joints des cylindres de machine à vapeur, les joints composés d'une bride rapportée et d'une bride flottante sont faits souvent au moyen du mastic au minium et à la céruse. Tous ces joints sont facilement démontables.

Garnissage des joints à brides au plomb. — Les joints en plomb ont l'avantage de se faire et de se démonter très facilement. On peut, entre les brides, comprimer des feuilles de plomb : en raison de sa malléabilité le plomb remplit les creux de la surface des brides et l'étanchéité est assurée.

On peut encore couler du plomb fondu dans le joint. On fait une

garniture en carton ou en tôle mince à l'extérieur du joint. On *lute* le
fond du joint au moyen d'un peu de terre argileuse avant de placer la
garniture extérieure ; on serre légèrement les boulons et on coule le
plomb.

Les joints en plomb se défont très aisément, car il suffit de chauffer

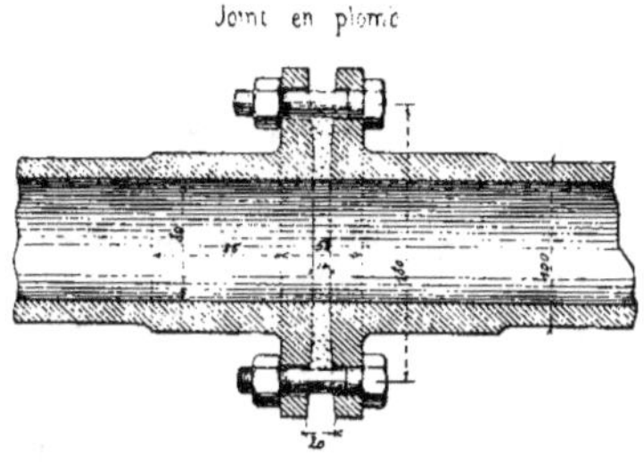

le joint à une température de 400° environ ; c'est une température très
facile à obtenir.

Garnissage des joints à brides par plaques en caoutchouc. — Dans les
joints à brides pour fortes pressions et fluides froids, on emploie quelquefois un anneau de caoutchouc vulcanisé soit de section pleine, soit
de section évidée.

Le caoutchouc se dessèche et tombe en petits fragments. Les joints au
minium, au mastic de fonte sont préférables.

Joint à emboîtement. — Les conduites d'eau sont plus spécialement
construites en fonte et le joint le plus fréquemment employé est le
joint à emboîtement. Chaque tuyau porte à l'un de ses bouts un renflement évasé, auquel on donne le nom de *tulipe*. Le boudin extérieur

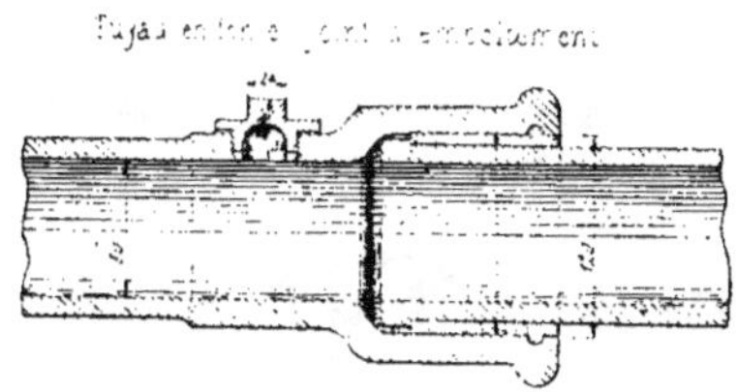

qui le termine est destiné à donner de la solidité à cette partie exposée
aux chocs. La tulipe, à l'intérieur, présente une rainure cylindrique de
5 m/m de rayon environ. Le bout mâle est garni à son extrémité d'une
saillie dite cordon, destinée à servir de butée à la garniture du joint.

Le joint à emboîtement permet de suivre les sinuosités du terrain plus facilement qu'on ne le ferait avec les joints à brides. Mais il a un inconvénient grave pour le démontage d'une conduite. Pour dégager la partie emboîtée, il faut soulever la conduite sur une grande longueur et desceller plusieurs joints consécutifs. Pour obvier à cet inconvénient, de distance en distance, on met des raccords à brides longs de 0 m. 60 : des joints à brides pouvant être défaits sans déplacer la conduite, on gagne 0 m. 60 en défaisant un raccord ; on peut déplacer d'autant les tuyaux dans le sens de l'axe de la conduite.

Pour faire le joint à emboîtement, on met les tuyaux en place, le *cordon* dans l'emboîtement et on chauffe légèrement à un feu de charbon de bois. On bourre de la filasse dans le fond du joint et jusque sur le milieu de la longueur. Enfin on entoure le joint d'un bourrelet de glaise en ménageant un trou évasé en forme d'entonnoir pour recevoir le plomb fondu.

Quand le joint est refroidi, on serre le plomb avec un matoir. Le plomb s'engage dans la rainure circulaire, ce qui fait obstacle à la sortie du plomb qui garnit le joint.

Joint Fortin-Hermann. — Les joints Fortin-Hermann ont l'avantage considérable de permettre un démontage commode des conduites. Ils consistent en une bague en plomb qui est serrée par une bague en fonte légèrement conique à l'intérieur, fig. 1, ou par un système

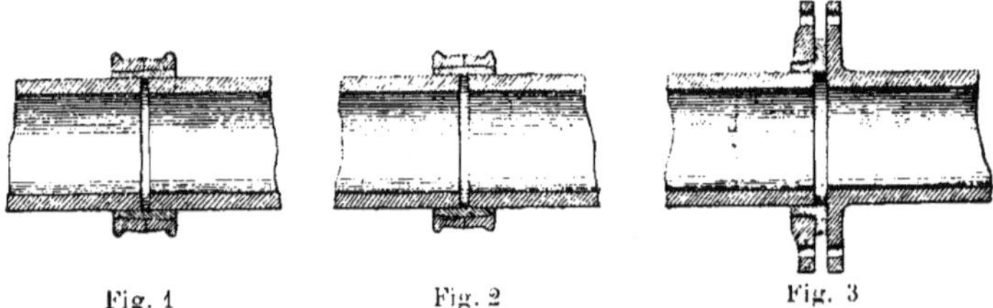

Fig. 1 Fig. 2 Fig. 3

de deux bagues légèrement coniques, fig. 2. Ce système peut être employé à une conduite existante dont les joints sont à brides. Il suffit

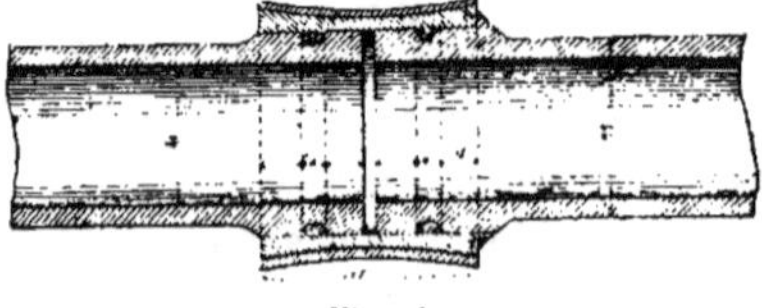

Fig. 4

de serrer à une extrémité une cornière circulaire en plomb au moyen d'une bride en fonte.

Le plomb est maté dans le joint après le serrage.

La fig. 4 est l'application du joint à bague aux tuyaux système Chameroy.

Joint à bague de la Cie Popp. — La société Popp distribue de l'air comprimé à 6 atmosphères. La conduite demande des joints très étan-

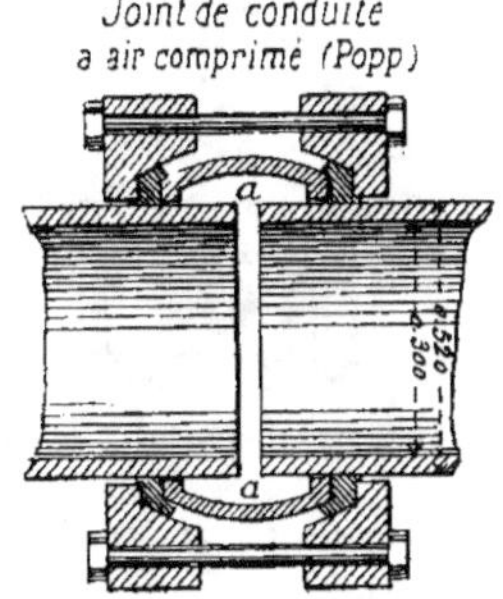

ches, très facilement démontables et permettant la dilatation de la conduite.

On a résolu le problème par l'emploi du joint représenté ci-dessus. La conduite en fonte se compose de tuyaux à bords plats. Chaque joint est entouré d'un anneau en fonte *a* contre lequel viennent se presser deux bagues en caoutchouc. Ces bagues sont serrées par deux couronnes en fonte munies d'oreilles pour placer les écrous.

Joint sphérique à emboîtement système Doré. — Le joint Doré permet de poser les tuyaux en ligne brisée, mais il n'est pas d'une garantie

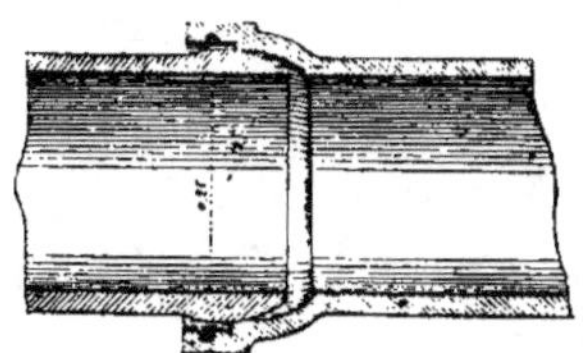
Joint sphérique par M. Doré

absolue. L'assemblage peut très bien cesser d'être étanche par suite de fortes contractions éprouvées par la conduite à la suite d'un abaissement considérable de température.

Joint avec caoutchouc système Lavril. — Le système représenté à la fig. p. 200 consiste dans le serrage d'une rondelle conique en caoutchouc par le moyen d'une bride venue de fonte et d'une bride rapportée. Ce

système est très commode pour la pose et la dépose des petites conduites de distributions d'eau.

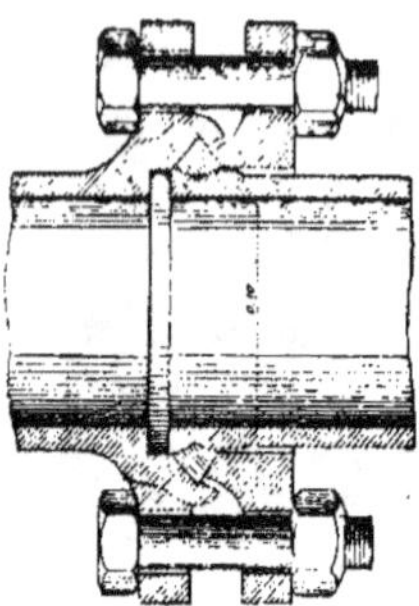

Joint avec caoutchouc de M. Lavril

Joint système Petit. — Ce système est en usage comme le précédent
pour les petites conduites de distributions d'eau. Les fig. suivante

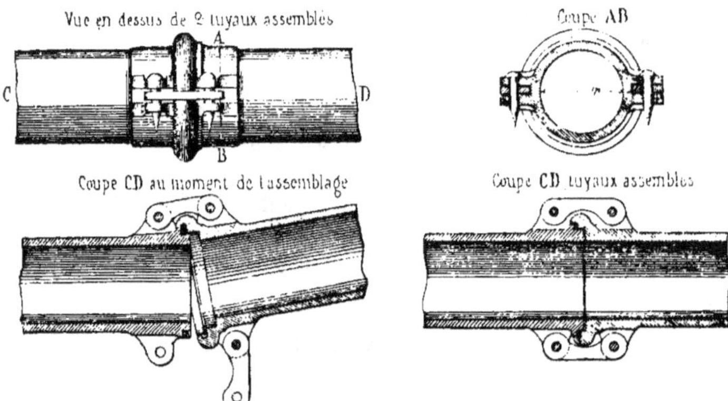

indiquent les différentes phases de l'emmanchement des tuyaux et de
la confection du joint.

Un caoutchouc sert à rendre étanche le joint qui est maintenu par un
système de pattes en fer méplat assemblées à des oreilles. venues de
fonte avec les tuyaux, au moyen de boulons coniques.

CHAPITRE XIII

ROBINETS

Robinets à clef, à cône, à soupape. Robinets vannes. Robinets automatiques.

Il y a cinq types fondamentaux de robinets : les robinets à clef, les robinets à cône, les robinets à soupape, les robinets vanne et les robinets à fermeture automatique.

70. Robinets à clef. — *Robinets à boisseau ordinaire.* — Les robinets à clef et les robinets à soupape et à cône sont les plus employés, tant du moins que les dimensions ne dépassent pas certaines limites. Les robinets à clef ne sont généralement pas employés dès que le diamètre de la conduite atteint 15 à 20 centimètres.

Le robinet à clef se compose d'une partie fixe nommée *cannelle*, présentant un renflement, nommé *boisseau*, dans lequel tourne une partie mobile nommée la clef. La clef offre une partie de surface tronconique

Fig. 1. — Robinet à tête

s'adaptant exactement sur une surface pareille du boisseau. Les deux parties ont été parfaitement dressées et rodées, de manière que le contact soit parfait et qu'il n'y ait pas de fuite. Les robinets à clef de petites dimensions fonctionnent au moyen d'une béquille venue de fonte avec

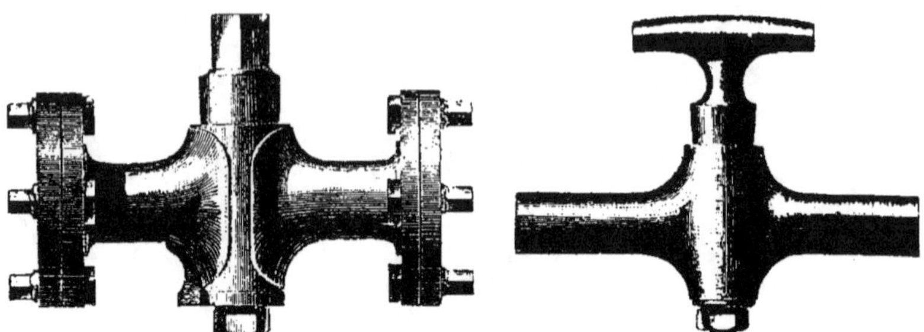

Fig. 2, 3. — Robinets d'arrêts dits aussi à deux eaux

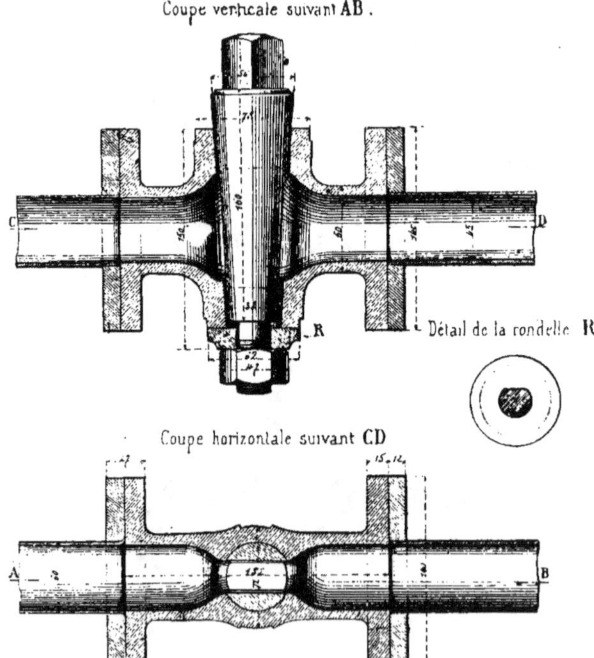

Fig. 4, 5. — Coupes d'un robinet d'arrêt

Coupe verticale suivant EF.

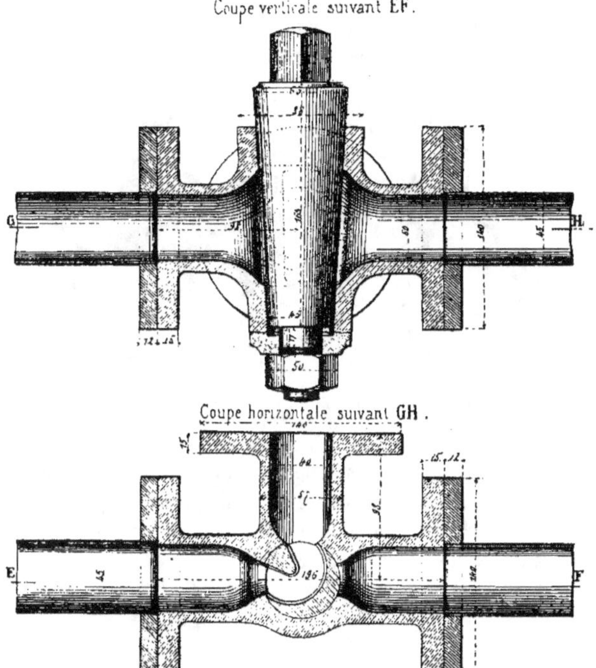

Coupe horizontale suivant GH.

Fig. 6, 7. — Robinet à deux eaux

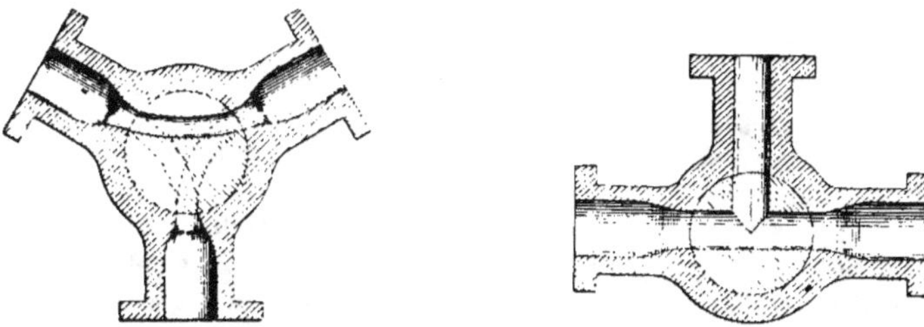

Fig. 8, 9. — Robinet à trois eaux

la clef. En faisant un quart de tour, l'ouverture dont la clef est percée
vient se placer dans le prolongement des orifices de la cannelle qui répondent à la conduite et l'écoulement se fait.

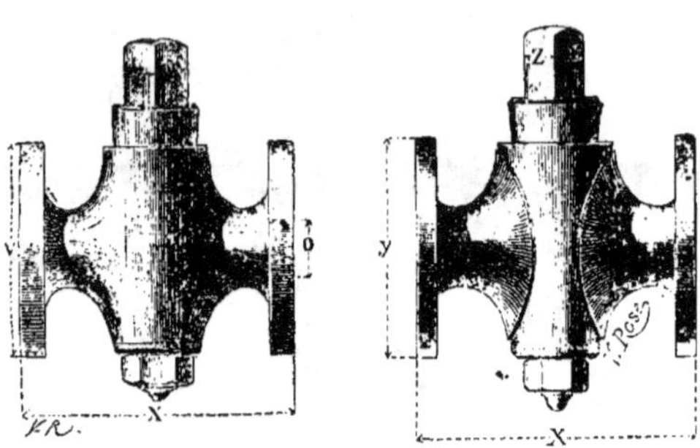

Fig. 10, 11. — Robinets à boisseau ordinaire pour conduite de vapeur, de la maison
Muller et Roger

Quand le robinet a de fortes dimensions, la clef est surmontée d'une
tète de section rectangulaire sur laquelle on agit au moyen d'une clef à
main du genre de celles que nous avons décrites au chapitre IX, page
152 et suivantes. On se sert d'une clef à douille, page 155, quand le
robinet est placé au-dessous du niveau d'où l'on cherche à le manœuvrer.

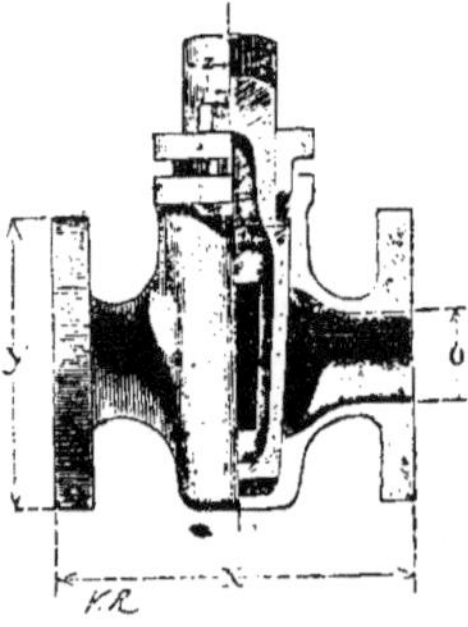

Fig. 12. — Robinet à boisseau forcé dont la garniture se fait comme celle des
presse-étoupes afin d'éviter toute fuite de vapeur (Muller et Roger)

Dans les conduites d'eau on distingue les robinets dits *à tête*, dont la
cannelle est terminée par un bec par où se fait l'écoulement, et les *robinets
d'arrêt* qui sont placés en pleine conduite et ont pour fonction d'interrompre ou de rétablir la circulation dans la conduite, fig. 2, 3, 4, 5, 10, 11, 12.
Les *robinets à deux eaux* qui ont pour effet d'envoyer l'eau d'une conduite dans deux autres successivement. fig. 6, 7. Les robinets à *trois*

eaux permettent de faire communiquer entre elles trois conduites dont les axes se croisent sur la clef du robinet, fig. 8, 9. Ces derniers robinets s'emploient plus spécialement dans les appareils de physique et de chimie.

Les robinets destinés aux conduites en plomb ont un boisseau terminé par une ou deux parties lisses que l'on engage dans le tuyau en plomb préalablement élargi et sur lesquelles on fait porter une partie de la soudure. Cependant cette partie lisse est souvent, surtout pour les robinets à tête, remplacée par une partie filetée qui se visse à un raccord en cuivre ou en bronze soudé au tuyau en plomb. De cette façon le robinet est démontable sans qu'il soit nécessaire de toucher à la conduite en plomb.

Les surfaces de contact de la clef et du boisseau sont d'abord ajustées au tour. Elles présentent ainsi de légers sillons qui empêcheraient le contact nécessaire pour assurer l'étanchéité. Pour obtenir un contact parfait, on procède au *rodage*, opération qui consiste à frotter la clef contre le boisseau en la tournant après avoir interposé entre les surfaces de l'émeri en poudre très fine mélangée à un corps gras.

Robinet à clef creuse. — La fig. suivante représente un robinet à clef creuse, employé pour donner au mouvement d'un liquide un change-

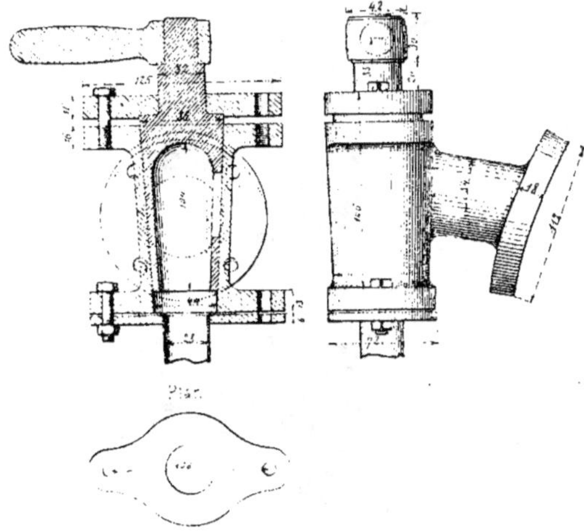

ment brusque de direction. L'eau arrive de bas en haut et sort latéralement de haut en bas.

La clef tend à se soulever par l'effet de la pression de l'eau. On évite les fuites en retenant la clef par une bride que l'on serre également et

modérément au moyen de boulons. Le serrage doit être modéré afin
d'éviter le grippement des surfaces en contact de la clef et du boisseau.
Le grippage met le robinet hors de service et le rodage s'impose à
nouveau.

Le robinet à clef creuse trouve son application dans la borne-fontaine.

71. Robinets à cône. — Dans les robinets à cône, la fermeture
est obtenue par la pression de l'extrémité conique de la clef contre une
partie conique du boisseau. La clef est mue au moyen d'un volant ou

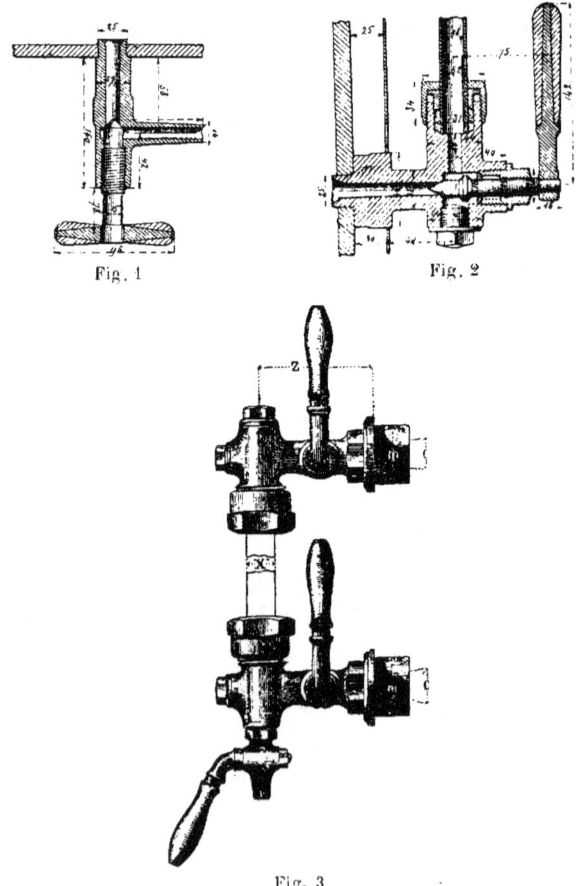

Fig. 1   Fig. 2

Fig. 3

bien d'un manche, fig. 1, 2. La clef porte une vis qui s'engage dans un écrou fixe du boisseau, fig. 1. ou dans un écrou formant bouchon, fig. 2. La fermeture se fait hermétiquement en forçant le cône contre son siège, et l'ouverture peut se faire aussi graduellement que l'on peut le désirer.

La fig. 3 représente l'ensemble du système qui constitue le *niveau d'eau*. Le corps de chacun des deux robinets de l'appareil est vissé dans la tôle d'une chaudière à vapeur; le robinet inférieur est au-dessous du niveau normal de l'eau dans la chaudière. Le robinet permet de vérifier le niveau d'eau de la chaudière et de changer ou nettoyer le tube en verre, lequel est retenu et pressé en place au moyen d'un presse-étoupe serré par un écrou. Deux bouchons, dont l'un est traversé par la clef à cône, établissent la communication de la chaudière avec l'extérieur de telle sorte que l'on peut nettoyer toutes les parties de cet appareil.

72. Robinets à soupape. — Les robinets à clef d'une certaine dimension conservent difficilement l'étanchéité. Les graviers charriés

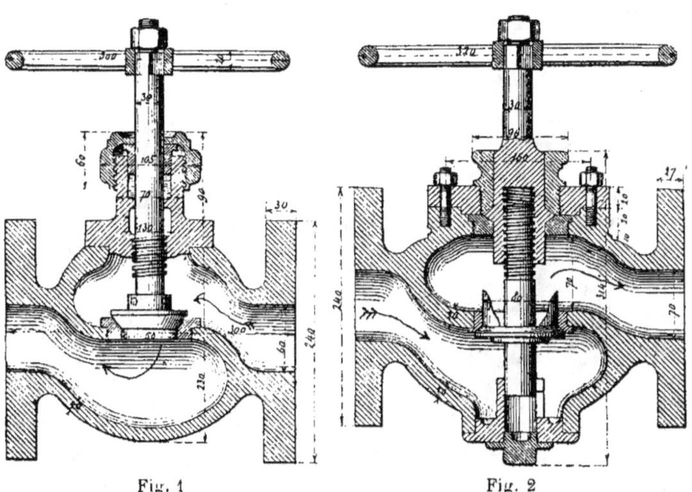

Fig. 1   Fig. 2

par l'eau peuvent se trouver pris entre les surfaces en contact et les rayer profondément, ce qui produit des fuites. Cet inconvénient est évité par l'emploi des robinets à soupape et des robinets vanne. Le type des robinets à soupape est celui de M. Herdevin. Il se compose d'un boisseau en fonte, muni de deux tubulures placées dans le prolongement l'une de l'autre et suivant l'axe de la conduite, dont elles ont le diamètre. Le boisseau porte une sorte de cloison, de diaphragme, venue de fonte avec le corps du boisseau. Un orifice, ménagé dans cette cloison, est muni d'une pièce en bronze vissée à la cloison et formant *siège* pour la soupape. Si cette ouverture est libre, la communication est établie d'une partie à l'autre de la conduite ; si au contraire on appuie dessus le corps conique de la soupape, l'écoulement s'arrête. Ce corps est mu verticalement au moyen d'une vis dont l'écrou est fixé sur le boisseau.

Le robinet est orienté par rapport au mouvement de l'eau de telle sorte que la pression tende à appuyer la soupape sur son siège.

Les figures 1, 2 représentent deux modèles de robinets à soupape.

La soupape est mise en mouvement au moyen d'un volant.

La petite robinetterie de cuivre offre l'exemple de robinets à soupape. La soupape est soulevée par la pression de l'eau, elle est guidée par une petite tige qui la surmonte et s'engage dans un trou de la clef. La clef est à vis et se meut dans un écrou formant bouchon sur le boisseau. Il suffit de tourner la clef dans un sens pour qu'elle appuie par une extrémité sur la soupape, et de la tourner dans l'autre pour qu'elle cesse d'appuyer, et, dans ce cas, le liquide s'écoule. La soupape est garnie de cuirs gras par lesquels elle s'appuie sur son siège.

Fig. 3. — Robinet à soupape (Muller et Roger) à colonne avec volant fixe faisant écrou. La tige porte une échelle graduée qui permet de connaître l'ouverture du robinet et de la régler exactement.

73. Robinet vanne. — M. Herdevin a donné un type de robinet vanne pour des diamètres de conduite variant de 55 millimètres à 1 mètre.

La vanne est constituée par un corps en fonte. Vue de face, elle a la forme d'un disque ; vue transversalement, elle présente deux pentes symétriques. Elle se déplace verticalement dans un boisseau en fonte, muni de deux tubulures latérales. La vanne peut être engagée dans sa loge soit par la partie supérieure disposée pour que l'on puisse la démonter, soit latéralement par l'orifice obtenu en rendant démontable une des tubulures.

La vanne est mue au moyen d'une tige qui traverse le couvercle et la vanne. Cette tige ne peut prendre un mouvement vertical parce qu'elle porte une embase retenue prisonnière dans le couvercle. Dans un trou de la vanne, perpendiculaire à celui où s'engage la vis, on loge un écrou en bronze. L'écrou se déplace le long de cette vis quand on la

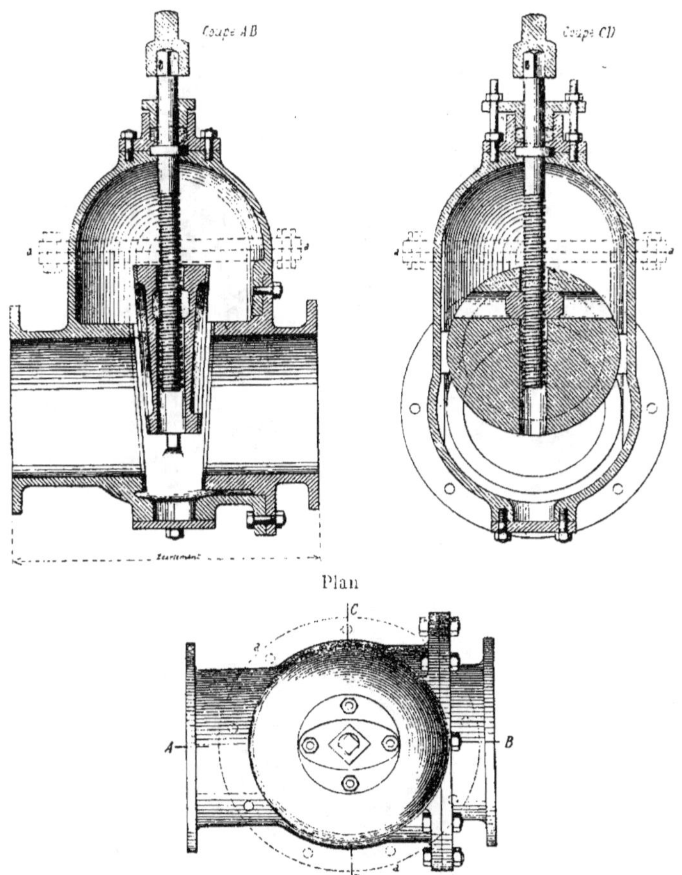

Fig. 1. — Robinet vanne à fermeture en bronze (système Herdevin) pour canalisations d'eau et de gaz

fait tourner, s'élève ou s'abaisse suivant le sens de la rotation et en-
traine la vanne.

La tige traverse un presse-étoupe qui assure l'étanchéité.

Près de chacune des tubulures, on trouve une portée inclinée de

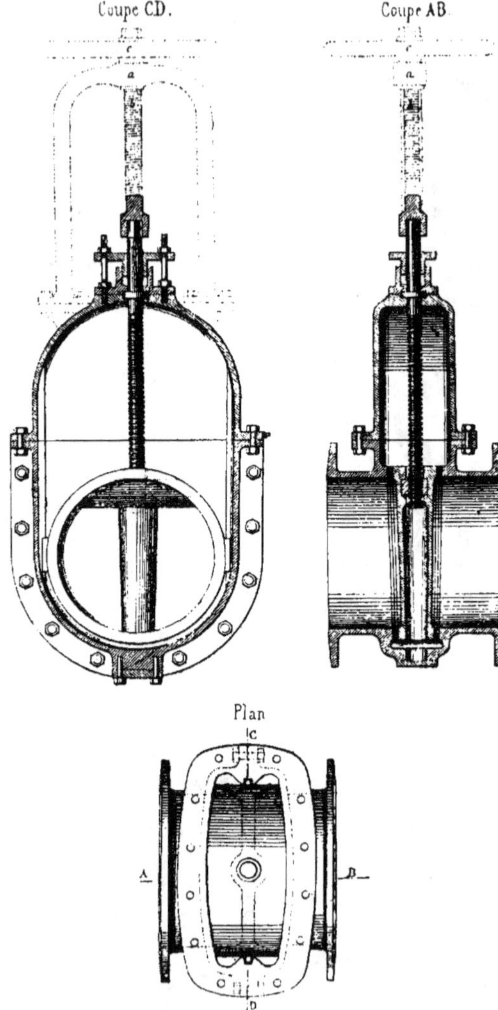

Fig. 2. — Robinet vanne à fermeture en bronze pour eau et gaz. L'arcade pointillée
s'exécutant pour les canalisations à découvert (système Herdevin)

telle manière que les bords de la vanne viennent s'y appliquer exactement quand elle est baissée. Ces portées inclinées constituent le siège

de la vanne. Celle-ci ne porte pas directement sur le boisseau ; on a
soin de mettre une garniture de bronze à la vanne de chaque côté et
une garniture de bronze sur chaque face du siège. Ces garnitures ont
un double avantage, d'abord elles reçoivent le travail d'ajustage et il
n'y a qu'à les changer quand elles viennent à s'user ; de plus, elles résistent mieux à l'oxydation que ne ferait la fonte. Si la vanne en fonte

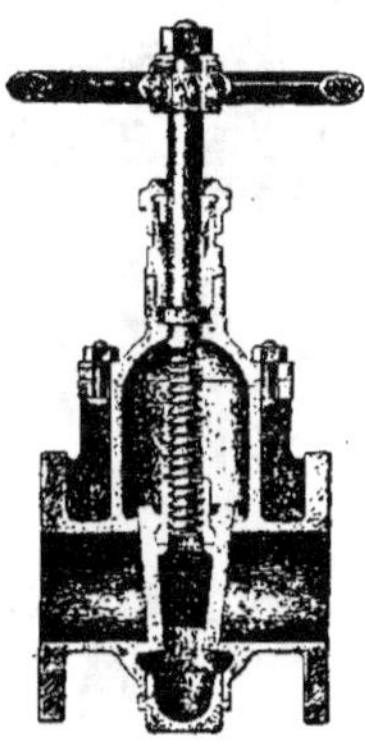

Fig. 3. — Robinet bi-valves (Muller et
Roger). La fermeture s'obtient au moyen
de deux disques indépendants guidés
dans toute leur course par des rainures
venues de fonte. Par le jeu de la vis, ils
peuvent s'appuyer sur le siège et donner
une étanchéité telle qu'il n'y a pas de
fuites aux pressions de 15 à 20 kilogrammes

portait directement sur le boisseau en fonte, l'oxydation amènerait
une adhérence presque complète lorsque le robinet aurait cessé d'être
manœuvré pendant un certain temps.

L'ouverture placée à la partie inférieure et bouchée par un tampon,
quand le robinet est monté, présente plusieurs avantages. Elle permet
le rabotage des garnitures en bronze et, une fois les deux parties du
boisseau ajustées, elle facilite le travail du rodage ; enfin, elle permet
d'enlever les graviers qui viennent s'accumuler sur ce point quand le
robinet est en activité.

74. Robinets à fermeture automatique. — Il peut arriver,
surtout pour les distributions dans les maisons d'habitation, que les
robinets restent ouverts par négligence. Afin d'éviter cela on a imaginé
divers systèmes de robinets à fermeture automatique.

La fig. 4 représente un robinet à excentrique. Une tige excentrée est
déplacée par la clef de manière à repousser un cadre faisant partie de
la tige d'une soupape. Lorsque cette soupape est éloignée de son siège,
l'eau s'écoule de droite à gauche. Pour arrêter l'écoulement, il suffit de
tourner la clef de sorte que la tige excentrée ne sollicite plus le cadre à
se déplacer dans le sens de la soupape ; la pression du liquide suffit
pour ramener la soupape sur son siège et l'y maintenir.

La fig. 2 représente un robinet dont l'ouverture ou l'obturation sont dues à un piston que l'on manœuvre en appuyant sur le bouton qui termine la tige.

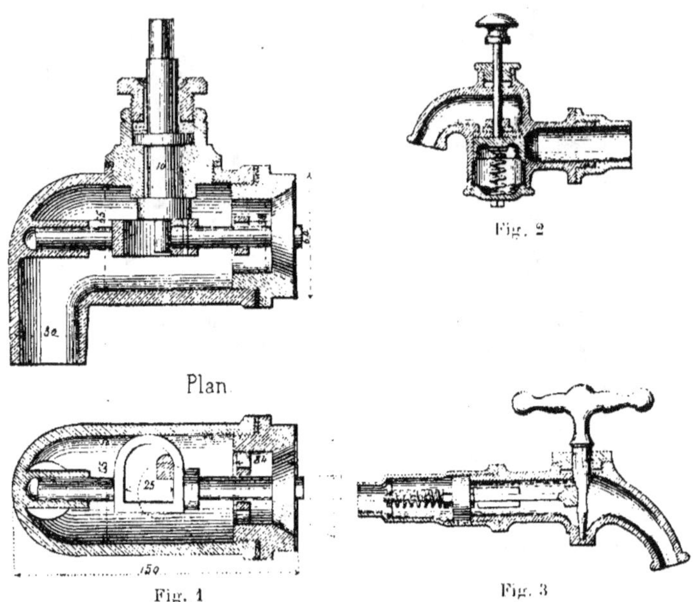

Plan

Fig. 1

Fig. 2

Fig. 3

La fig. 3 représente un robinet à repoussoir. La tête de la tige du piston porte sur un méplat de la clef dans la position stable de la clef qui répond à la fermeture ; il porte sur la partie conique de la clef dans la position instable qui répond à l'ouverture du robinet.

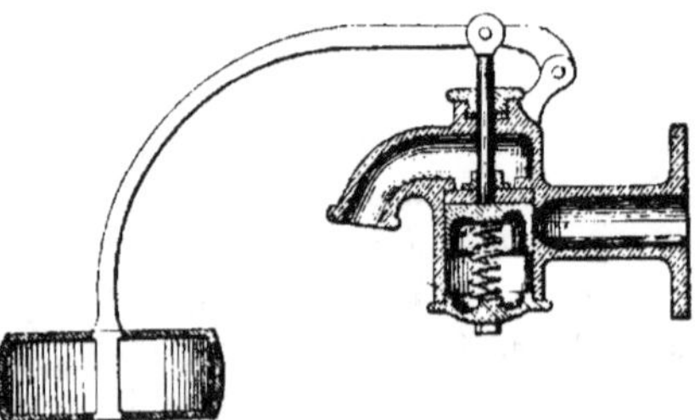

Fig. 4

Il est évident que pour tenir le robinet ouvert, il faut tenir la clef à la main dans la position qui répond à l'ouverture et que, dès que l'on retire la main, le robinet se referme.

La fig. 4 représente un robinet à piston sur la tige duquel agit un levier prenant appui sur le boisseau et sollicité par un flotteur. Ce robinet est destiné à fournir de l'eau à un réservoir. Le flotteur suit les mouvements du niveau de l'eau. Si le niveau baisse le flotteur agit par son poids pour faire descendre le piston ; si le réservoir est plein, le flotteur soulève la soupape et ferme le robinet. On donne à cet ensemble le nom de *robinet à flotteur*.

CHAPITRE XIV

VALVES, CLAPETS, SOUPAPES, VENTOUSES

75. Valves. — Les valves s'emploient pour les fermetures qui n'ont pas besoin d'être hermétiques. La fig. 1 représente une valve pour

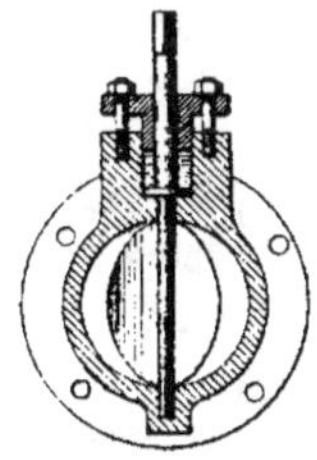

conduite de vapeur. La rondelle qui produit la fermeture est du diamètre de la conduite, elle pivote autour d'un axe. C'est ce que l'on nomme le *papillon* de l'entrée de vapeur pour les machines.

Si l'on désire une fermeture plus complète, on emploie la valve inclinée. Elle est taillée sous la forme elliptique de la section faite par le plan où elle doit s'arrêter pour produire la fermeture. Les tuyaux de poêles sont munis de valves elliptiques.

Fig. 1

Nous avons déjà au précédent chapitre donné des exemples de valves.

76. Clapets. — Les clapets sont des disques mobiles autour d'un axe fixe ou d'une charnière et destinés à fermer des orifices en s'appliquant sur un siège ménagé à cet effet.

Les clapets sont en métal, en cuir, en caoutchouc. Les clapets métalliques ne sont pas étanches et ils font du bruit. On emploie, en général,

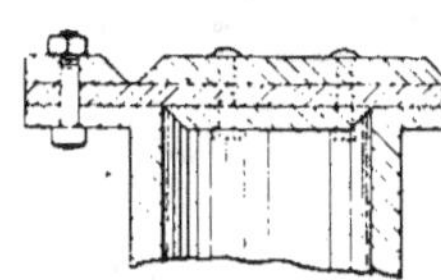

comme clapet pour les conduites d'eau une plaque de cuir doublée de métal. Le tout est réuni par des rivets. On met une plaque métallique soit sur l'une, soit sur les deux faces du cuir.

Fig. 1

Le prolongement du cuir du clapet est fixé au siège de celui-ci : et la rotation du clapet, pour son soulèvement, est possible à cause de la flexibilité du cuir.

On pourrait employer le caoutchouc à la construction de ces clapets.

Les fig. 2 et 3 représentent des clapets constitués par une simple plaque de caoutchouc. Le siège est simplement percé de trous ou constitué par un grillage pour que la plaque de caoutchouc ne se déforme pas. Le caoutchouc se soulève par la pression du fluide et son mouvement est limité par un arrêt formant plan incliné ou par une calotte sphérique percés de trous comme le siège du clapet. Le clapet représenté fig. 2 est un de ceux en usage dans les souffleries.

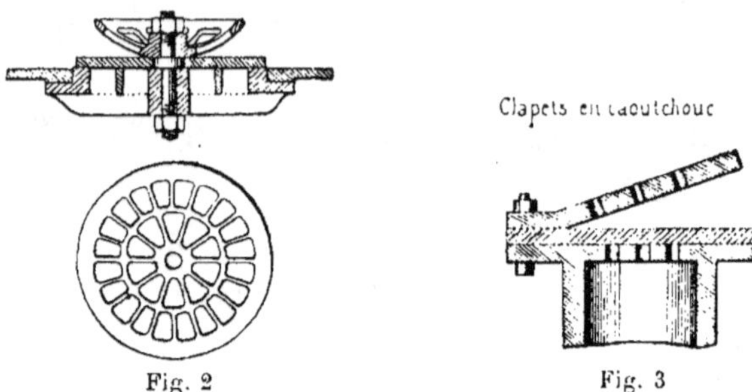

Fig. 2   Fig. 3

Le clapet Perreau, fig. 4 est tout en caoutchouc, c'est une sorte de bonnet percé d'une fente à la partie supérieure. Cette fente s'ouvre et laisse passage au fluide qui exerce sa pression à l'intérieur du bonnet. Cette fente se referme d'elle-même lorsque cette pression intérieure cesse. Cette soupape est d'un emploi avantageux pour les eaux bourbeuses ou chargées de détritus, de débris.

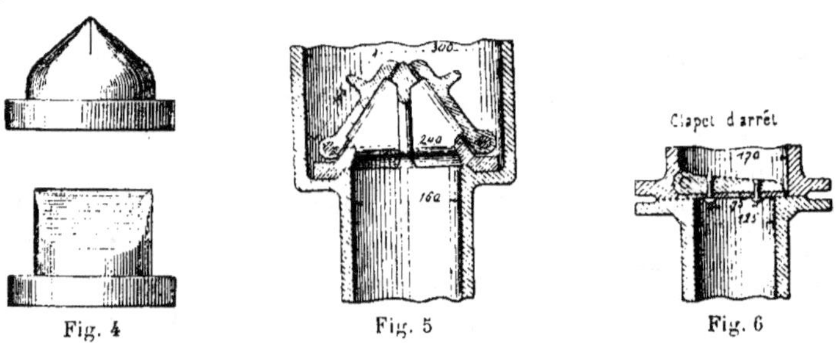

Fig. 4   Fig. 5   Fig. 6

Les fig. 5, 6 représentent des clapets disposés dans des conduites verticales de manière à s'opposer au mouvement de retour de l'eau, venant de bas en haut.

Afin de diminuer le choc des clapets contre leur siège, on a eu l'idée de les équilibrer et la fig. 7 représente un système de deux *clapets équilibrés*. Chaque clapet oscille autour d'un axe fixé au siège et porte venu de fonte un contrepoids qui l'équilibre en grande partie autour de l'axe de rotation Ce contrepoids se compose d'une masse qui présente

une cavité dans laquelle on peut ajouter du plomb en quantité convenable pour ne laisser qu'un léger excédent de poids au chapet.

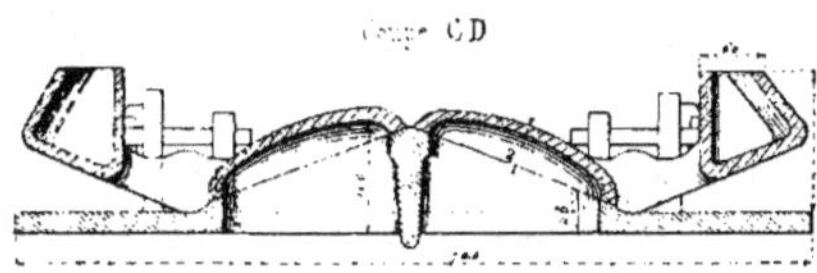

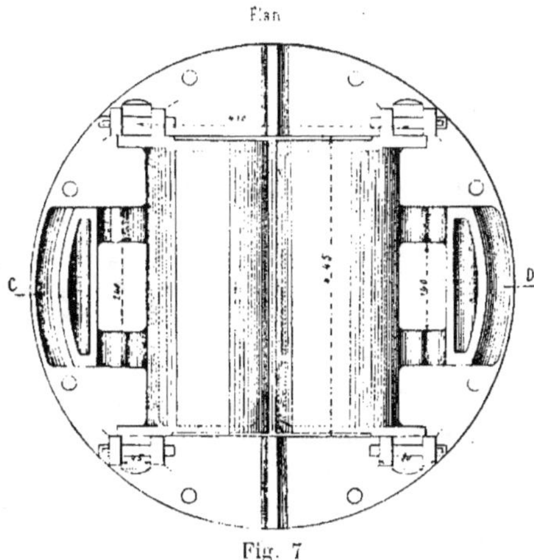

Fig. 7

77. Soupapes. — Les soupapes sont, en principe, des disques
métalliques guidés, ayant un mouvement vertical pour ouvrir et fermer alternativement un orifice. Les bords du disque sont très générale-

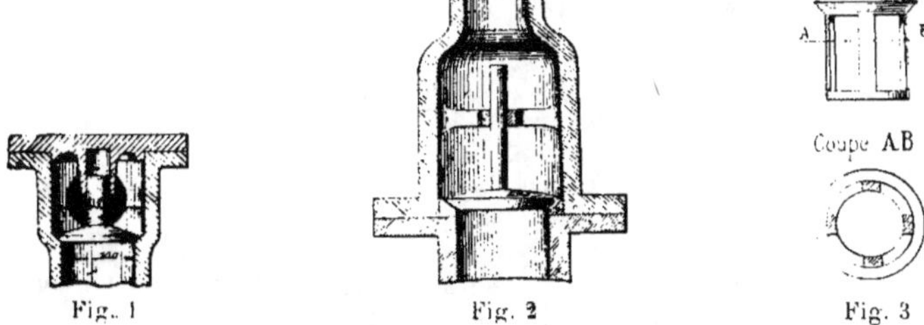

ment coniques et viennent s'appuyer sur une contre-partie conique fixe
formant le *siège* de la soupape.

Les fig. 1 et 2 représentent des soupapes surmontées d'une tige qui est guidée.

La figure 3 représente une soupape à lanterne. Le guidage est obtenu par le contact des barreaux de la lanterne et de la partie cylindrique du conduit où est fixé le siège de la soupape.

La figure 4 représente une soupape à ailettes ou croisillons. Le guidage a lieu par le contact des ailettes, formées de deux cloisons en

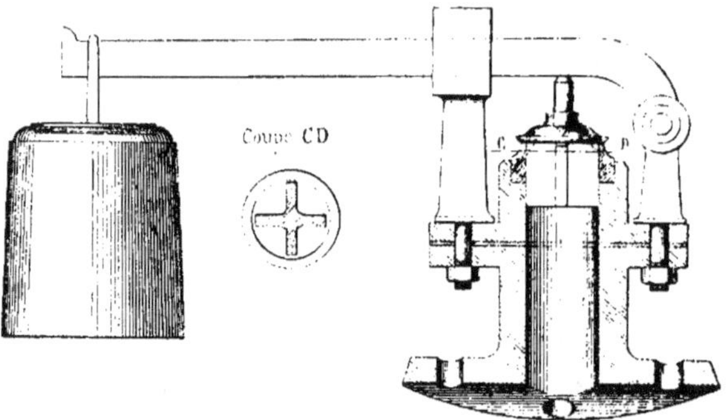

Fig. 4

croix, avec la partie cylindrique du conduit où est fixé le siège de la soupape. Dans notre exemple, cette soupape fait partie de ce que l'on nomme la *soupape de sûreté*. Elle est appuyée sur son siège par la pression exercée sur elle par un levier chargé d'un poids. Ce poids est calculé de manière à faire équilibre à la plus forte pression que doit

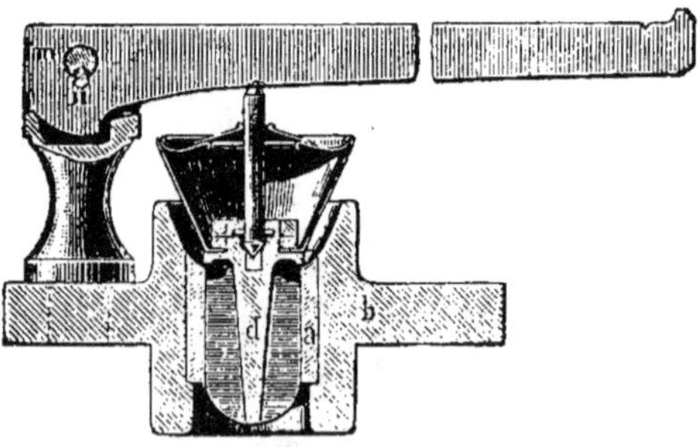

Fig. 5

recevoir la soupape. Cet appareil sera fixé sur une chaudière à vapeur, par exemple, et ne laissera échapper de vapeur que si la pression de la vapeur à l'intérieur de la chaudière dépasse la pression réglementaire.

Souvent les ailettes sont au nombre de trois seulement.

Nous donnons dans la figure 5 le dessin d'une soupape de sûreté système S.-L. Dulac. Cette soupape construite par la maison Muller et Roger n'est pas seulement un avertisseur ; elle donne un grand échappement à la vapeur. Elle peut débiter 100 kilogrammes de vapeur par centimètre carré et par heure, tandis que les soupapes ordinaires n'en débitent que 6 à 10 kilogrammes. L'articulation du levier est très sensible. Il oscille sur un couteau en acier n portant dans une encoche d'un axe en acier m. Le guidage est obtenu par de longues ailettes d frottant sur le siège a. La soupape proprement dite est un tronc de cône métallique très léger surmontant le clapet d, qui forme avec le prolongement du support du siège un ajutage annulaire très favorable à l'écoulement, la vapeur agissant non par chocs, mais par pression sur la surface divergente de la soupape.

Afin de parer aux dangers que présenterait une rupture de conduite de vapeur, le décret du 29 juin 1886 impose des clapets de retenue de vapeur à la suite des batteries de chaudières dans lesquelles le produit du volume des chaudières par la différence entre 100° et la tempéra-

Fig. 6

ture de l'eau, correspondante à la pression, dépasse le nombre 1800. La figure ci-contre représente le système Lucien Pasquier construit par la maison Muller et Roger. Le débit de l'appareil peut être réglé par le contrepoids ; la position du levier permet de contrôler à l'extérieur de l'appareil la position de la soupape ; enfin, en déplaçant ce levier à la main, on peut s'assurer que l'appareil est en état de fonctionner.

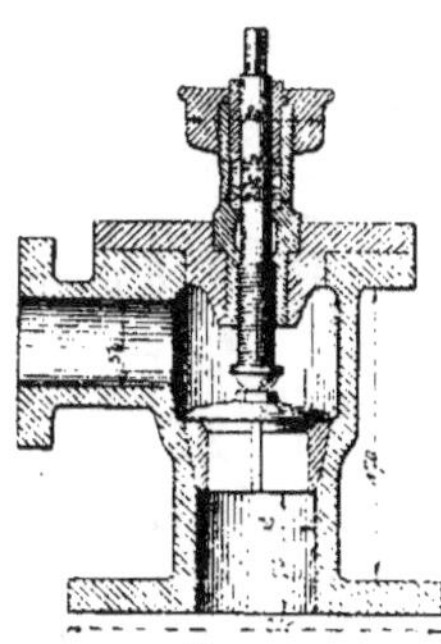

Fig. 7

Le mouvement vertical des soupapes est limité par une butée. Certaines soupapes, qui ne doivent s'ouvrir que sous une pression déterminée, sont assujetties sur leur siège au moyen de ressorts qui ne cèdent que sous la pression demandée ; ce système de soupapes est utilisé dans les appareils hydrauliques à haute pression. La figure 7 est l'exemple d'une *soupape d'arrêt pour machine à vapeur*. La soupape est représentée appuyée sur son siège par l'effet de la pression d'une vis qui reçoit son mouvement de l'extérieur de l'appareil, la pression de la vapeur s'exerçant de bas en haut.

Le siège d'une soupape peut être le bord de l'orifice même qu'elle ferme. Le plus souvent le siège est rapporté. Il est métallique, en bronze le plus souvent. Pour les pompes à eau on peut se servir de sièges en bois.

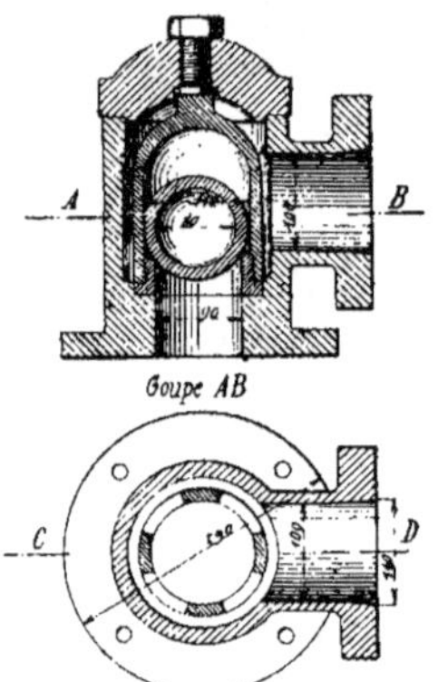

Soupape à boulet. — La figure ci-contre représente ce que l'on nomme soupape sphérique ou soupape à boulet. L'orifice est fermé par un boulet qui s'appuie dessus. Le boulet est guidé par une lanterne dans laquelle il est enfermé. Cette soupape a plusieurs inconvénients ; la fermeture n'est pas étanche, de plus elle fait du bruit en fonctionnant.

Levée de la soupape. — La levée de la soupape au-dessus de son siège doit être réglée de telle manière que la surface d'écoulement autour de la soupape égale la surface de l'orifice.

Soient H la hauteur de cette levée et D le diamètre de l'orifice ; on doit avoir

$$\pi D H = \frac{1}{4}\pi D^2,$$

Soit $H = \frac{1}{4} D$. La levée doit être le quart du diamètre environ.

Soupapes équilibrées. — *Soupape de Cornouailles*. — Les soupapes sont soulevées de leur siège par la pression que les fluides exercent au-dessous ; elles sont, au contraire, sollicitées à se poser sur leur siège par leur poids et par la contrepression, qui s'exerce sur la face supérieure, dès que la pression inférieure ne s'exerce plus. Cette contrepression a pour expression l'aire de la soupape multipliée par le poids de la colonne d'eau qui ferait équilibre à la contrepression. Cette contrepression peut être considérable, ainsi sur une soupape dont l'aire serait 3 décimètres carrés et qui recevrait une pression équivalente au poids d'une colonne d'eau de 10 mètres, la contrepression équivaudrait à un poids de 300 kilogrammes. La soupape ainsi repoussée par une force considérable choque brusquement son siège. Outre le bruit du fonctionnement, il y a des vibrations dans les appareils et une usure considérable du siège de la soupape.

Pour éviter ces inconvénients, on a imaginé diverses dispositions. Une des plus connues est désignée sous le nom de soupape de Cornouailles, représenté par la figure 1. Le siège est double ; il se compose de deux surfaces coniques, faisant partie d'une pièce évidée fixée à l'ori-

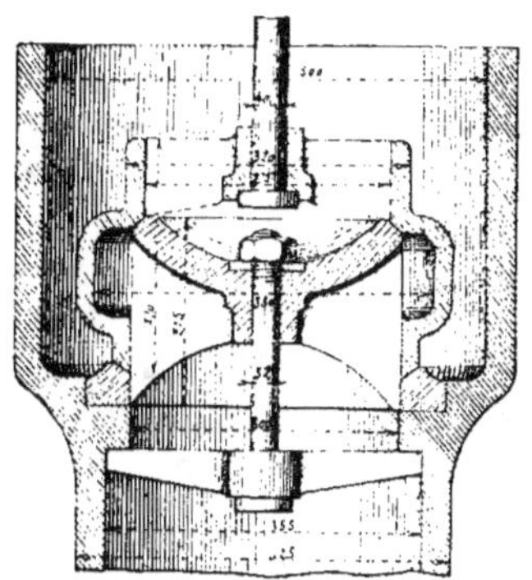

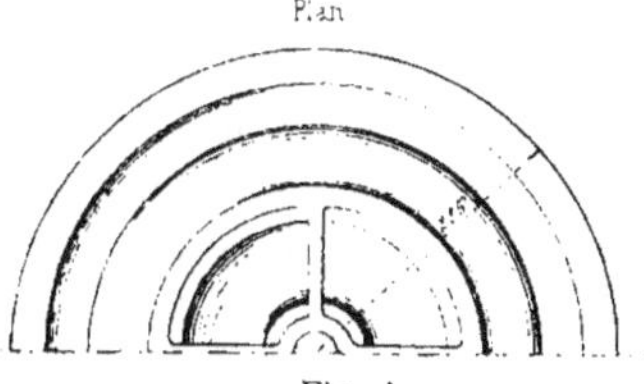

Fig. 1

fice de la conduite par un boulon dont la tête porte sur une entretoise. La soupape est représentée posée sur les sièges. Si nous faisons abstraction du moyeu central, qui sert à la guider et est retenu au corps de celle-ci au moyen de bras venus de fonte, la figure théorique

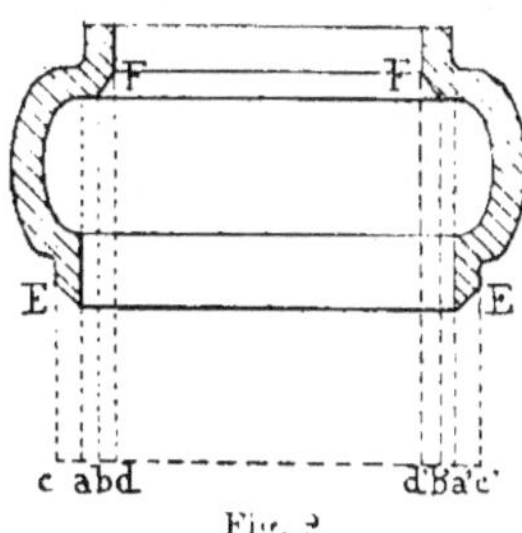

Fig. 2

de la soupape est représentée par la figure 2.

Pour comprendre comment ce système est équilibré, il faut se rappeler que si on fait la somme des projections sur un axe de toutes les pressions uniformes et normales exercées par un fluide sur une paroi, on obtient le même résultat que si on multipliait la projection de la surface sur un plan perpendiculaire à l'axe par la pression par unité de surface. Il en résulte que si des projections de surfaces se recouvrent, elles n'entrent pas dans l'évaluation de la pression totale. Ainsi la somme des projections sur un axe quelconque des pressions normales exercées sur les parois d'une sphère est nulle. Il en est de même d'ailleurs pour une surface fermée quelconque. D'après cela la résultante, suivant l'axe de la soupape, des pressions exercées sur elles par le fluide provenant de la conduite inférieure est la résultante des pressions s'exerçant sur une couronne circulaire dont la différence des rayons serait $ab = a'b'$; et la contrepression est la résultante des

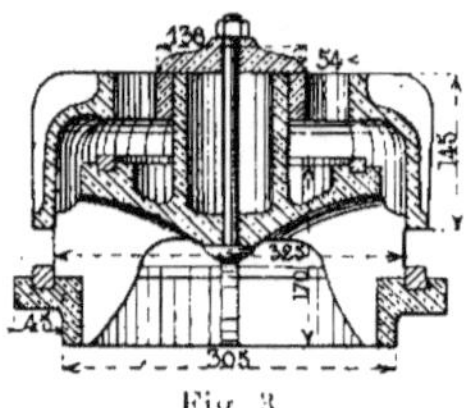

Fig. 3

contrepressions s'exerçant sur une couronne circulaire ayant pour différence des rayons $cd = c'd'$.

Si la soupape recouvrait tout l'orifice, la pression inférieure s'exercerait sur la surface d'un cercle dont le diamètre serait aa' et la contre-pression s'exercerait sur un cercle dont le diamètre serait cc'.

Le renflement circulaire de la soupape a pour but de faciliter l'écoulement du fluide entre la soupape et le siège F. Un autre écoulement a lieu entre le siège E et la soupape, quand celle-ci est soulevée.

78. Ventouses. — L'eau en mouvement dans les conduites entraîne toujours une certaine quantité d'air. Cet air se dégage peu à peu et vient s'accumuler aux parties hautes des sinuosités de la conduite. Si la masse d'air, ainsi accumulée, est suffisamment grande, elle amène une solution de continuité dans la masse liquide. Le moindre inconvénient qui résulte de cet état de choses, c'est un débit irrégulier de la conduite.

Pour éviter cette accumulation d'air, on place une *ventouse* dans les parties élevées de la conduite et au-dessus. C'est un appareil composé d'un réservoir que l'on boulonne sur la conduite et où se déplace verticalement une sphère creuse en cuivre surmontée d'une tige. L'extrémité supérieure de cette tige porte un cône destiné à boucher un orifice conique percé dans une plaque servant de couvercle à la ventouse. Quand la conduite est suffisamment remplie par l'eau qui s'écoule, le flotteur est soulevé et l'orifice est fermé ; si, au contraire, il s'accumule de l'air dans la ventouse, le niveau de l'eau baisse, le flotteur s'abaisse aussi et l'orifice est rendu libre. L'air dans ce cas se dégage.

CHAPITRE XV

APPAREILS DE GRAISSAGE

79. Graissage. — Un bon graissage est une condition essentielle du bon fonctionnement et de la durée des machines. Avec un mauvais graissage, la dépense en combustible, les dépenses d'entretien, celles de main d'œuvre, peuvent croitre jusqu'à être le double de ce qui est nécessaire. On conçoit donc toute l'importance qu'il y a pour les industriels à se procurer de bonnes huiles et à les bien employer.

Les principes évidents du bon emploi des huiles sont : 1° l'alimentation surabondante en huile pure ; 2° la circulation surabondante entre les surfaces frottantes ; 3° la préservation des surfaces frottantes contre les poussières extérieures.

La première et la deuxième conditions sont résolues avec une arrivée continue d'huile, en s'imposant une limite de pression par unité de surface entre les corps en contact et en creusant des rainures dans les coussinets et pièces d'appui. L'huile circulant dans ces rainures est entraînée par les pièces en mouvement. Diverses dispositions doivent être prises sur les paliers eux-mêmes pour assurer le bon graissage. Nous les verrons plus tard. Pour l'instant, nous nous occuperons des godets et robinets graisseurs.

Pour régulariser l'écoulement de l'huile et purifier celle-ci, on la fait passer à travers de la grenaille de plombagine ou de plomb. La première, en raison de sa forme, a des propriétés filtrantes très considérables.

La troisième condition d'un bon graissage sera satisfaite par des enveloppes protectrices ou par des formes spéciales rendant les articulations impénétrables.

80. Godets graisseurs. — Les arbres, têtes de bielles, excentriques, glissières, peuvent être graissés au moyen de godets graisseurs, godets métalliques vissés au-dessus d'un trou prolongé jusqu'à la surface de la pièce à graisser. Ces godets sont fermés d'un couvercle soit articulé, soit vissé, soit emmanché à bayonnette. Les figures 1 à 6 représentent divers types de godets graisseurs, ce sont les plus simples et d'ailleurs les moins rationnels et les moins économiques. Les types suivants sont disposés en vue d'un graissage abondant en huile pure.

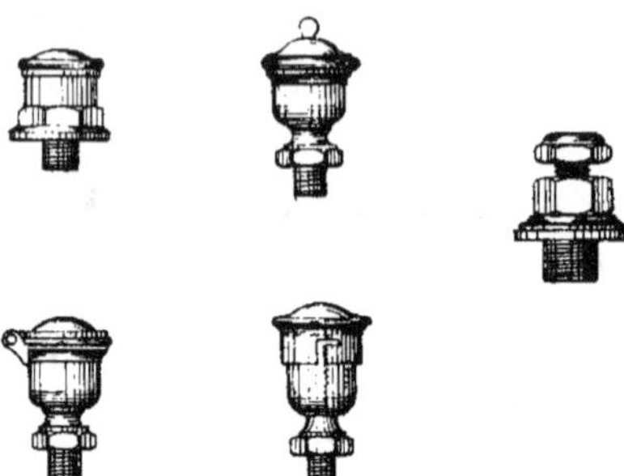

Fig. 1 à 5. — Godets graisseurs divers

La figure 7 est un godet contenant de la grenaille de plomb ou de plombagine, fermé par un obturateur articulé. Le tube T est destiné à l'action de la pression atmosphérique tout en empêchant la sortie de la grenaille ; le tube E sert à l'écoulement de l'huile. Il est fermé imparfaitement à sa partie supérieure par une toile métallique repliée

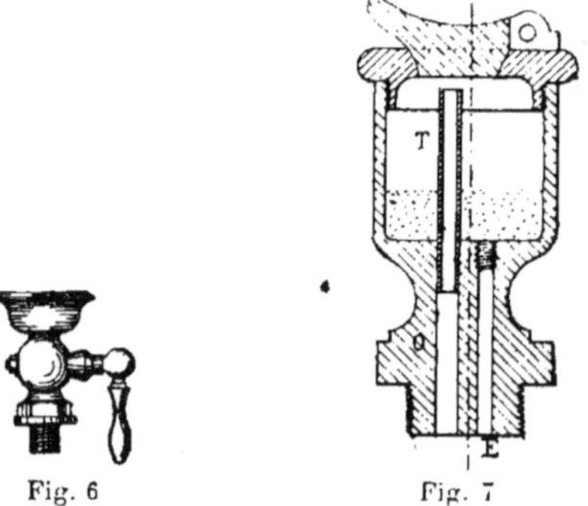

Fig. 6   Fig. 7

sur elle-même. L'huile peut s'écouler mais la grenaille est retenue dans le godet.

Pour donner à l'écoulement toute la régularité possible, on peut placer au centre du godet un tube fixe percé de fenêtres étroites par lesquelles l'huile sort. A l'intérieur de ce tube passe à frottement doux un autre tube, dit tube registre, destiné à fermer plus ou moins les fenêtres ou lumières du premier et par suite à régler le débit de l'appareil quand il fonctionne. L'appareil une fois réglé par une position

convenable du tube registre, on peut interrompre complètement le
graissage ou le remettre en activité au moyen d'une tige que l'on déplace à l'intérieur du tube registre et qu'il suffit de faire reposer sur
l'orifice d'écoulement pour interrompre le graissage ou de soulever
pour remettre en marche. De plus, le godet graisseur peut être muni
d'un compte-gouttes. Ce compte-gouttes se compose de deux ouvertures
placées en face l'une de l'autre sur le support du godet et fermées par
des plaques de verre.

Lorsque les godets graisseurs sont adaptés aux appareils en mouvement, tels que les têtes de bielles, on peut placer au-dessous un récupérateur, sorte de récipient où se rend l'huile après avoir passé sur le
bouton d'articulation, des rainures tracées sur les coussinets dirigent
l'huile sur la surface du bouton d'articulation et aussi vers le récupérateur.

81. Robinets graisseurs pour cylindres à vapeur. —
Le mauvais graissage des cylindres à vapeur peut entraîner une perte
de combustible allant jusqu'à 20 0/0 de la consommation dans les machines sans condensation. Pour ces machines, chaque échappement se
faisant avec une grande vitesse de la vapeur, le cylindre est purgé
d'huile. On peut dire que, si le graissage est intermittent, ces machines
fonctionnent sans autre graissage que celui que produit la vapeur.

Les robinets de graissage pour cylindres à vapeur doivent être disposés de telle sorte que la vapeur ne chasse pas l'huile au moment où
l'on opère le graissage. La figure 1 est un graisseur à double cône, le
cône supérieur est appuyé sur son siège lorsque l'on ne graisse pas ; la

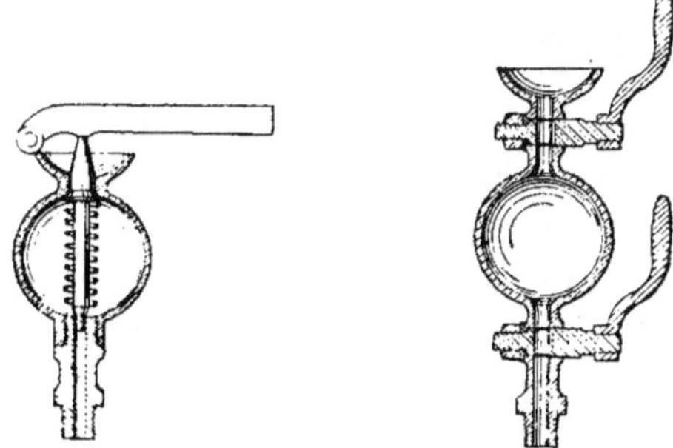

Fig. 1. — Robinet graisseur   Fig. 2.— Robinet graisseur à réservoir
                                        intermédiaire

pression de la vapeur s'exerce dans le réservoir sphérique. Pour graisser on abaisse, au moyen du levier, la tige qui porte les deux cônes ; le cône inférieur vient s'appuyer sur son siège et empêche la sortie de la vapeur. On verse de l'huile dans le godet supérieur ; cette huile se répand dans le réservoir sphérique. Quand on laisse les cônes revenir à leur position, cette huile se répand dans le cylindre de la machine.

La figure 2 représente le robinet graisseur. Le graissage se fait en manœuvrant successivement les deux robinets composant cet appareil, dont on comprend le jeu par ce que nous avons dit précédemment. Ces appareils ont en définitive l'inconvénient de produire un graissage intermittent qui est défavorable, ainsi que nous venons de l'expliquer, surtout dans les machines sans condensation.

Les figures 3 et 4 représentent des *graisseurs à goutte visible* ; dans le premier de ces appareils la vis de réglage sert en même temps de vis

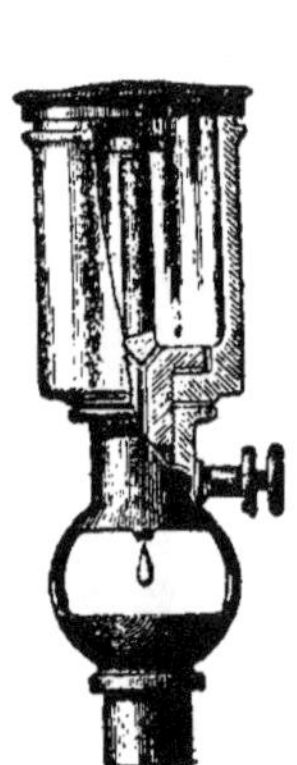

Fig. 3. — Graisseur à goutte visible

Fig. 4. — Autre graisseur à goutte visible

d'arrêt, de sorte qu'à chaque mise en marche, il faut régler l'appareil à nouveau. Dans le deuxième. le réglage et l'arrêt sont indépendants ; le réglage se fait par la vis supérieure.

Les appareils suivants produisent un graissage continu.

La figure 5 représente le graisseur américain. L'huile versée dans un godet s'accumule dans un réservoir cylindrique en s'écoulant par un trou. Ce trou, quand on ne fait pas couler d'huile dans le réservoir inférieur, est fermé par un cône à l'extrémité d'une vis. Quand le cylindre reçoit de la vapeur ; la pression de celle-ci se fait sentir au-dessus de l'huile ; elle traverse un tube muni à sa partie supérieure, au-dessus du liquide, d'une soupape qui est soulevée par la pression de cette vapeur. L'eau de condensation et l'huile s'écoulent dans le cylindre à vapeur par un orifice imparfaitement fermé par un bouchon. Dans le mouvement inverse du piston, le vide se fait dans le cylindre, la soupape du conduit de vapeur au réservoir d'huile se ferme, la pression baisse dans le réservoir et l'écoulement de l'huile cesse.

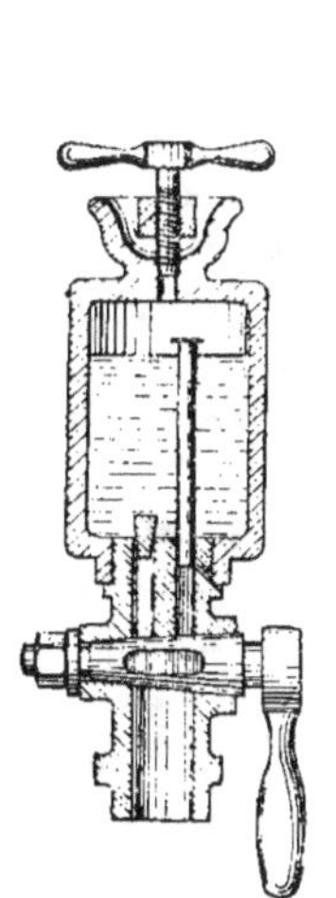
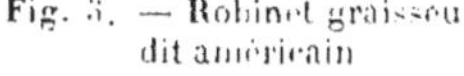
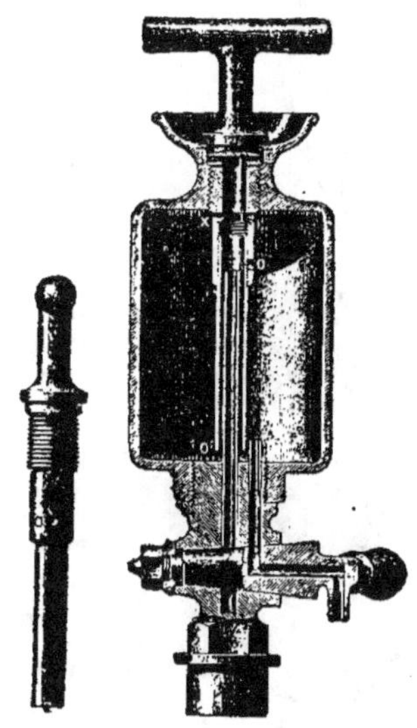

Fig. 5. — Robinet graisseur   Fig. 6. — Robinet graisseur continu
       dit américain   système Meyer

La figure 6 représente le robinet graisseur continu système Meyer. Il se compose d'un vase en bronze surmonté d'une coupe destinée à servir d'entonnoir pour l'huile et fermée par un bouchon à béquille. A l'intérieur sont deux tubes concentriques, laissant entre eux un espace libre. Le tube extérieur peut tourner à frottement doux dans un manchon pratiqué à la partie inférieure du bouchon. Le tube intérieur communique avec le cylindre de la machine à vapeur et la pression se transmet dans le réservoir du graisseur par les orifices X du manchon. Deux trous, l'un O du manchon, l'autre à la partie supérieure du tube extérieur, permettent le réglage de l'écoulement de l'huile. Cet écoulement est maximum si les deux trous sont bien en face l'un de l'autre ; il est diminué plus ou moins, s'ils se recouvrent plus ou moins. Le robinet du bas est à plusieurs voies ; il sert à purger et à intercepter la communication du graisseur avec la vapeur.

Pour charger l'appareil on enlève le bouchon, qui est représenté, à côté du graisseur, muni du dispositif de réglage. On remplit le cylindre d'huile et on replace le bouchon. On ouvre à la vapeur le robinet du bas ; la vapeur pénètre dans l'appareil ; l'eau de condensation tombe au fond du vase par l'espace annulaire entre les deux tubes. Le niveau de l'huile dans le réservoir sera toujours plus élevé que les orifices supérieurs et que l'extrémité du tube intérieur, de sorte que son écoulement dans ce tube soit assuré et continu.

La figure 7 représente le graisseur automatique à débit visible, système Muller-Roger. R est un vase contenant de l'eau à la partie inférieure et de l'huile à sa partie supérieure, qui est fermée par un bouchon à vis. L'eau de condensation se produisant dans le serpentin se rend dans le réservoir R ; on en connait la quantité au moyen du niveau d'eau, à droite de l'appareil, qui sert aussi à apprécier le débit d'huile. La purge se fait par le robinet inférieur quand elle est nécessaire. Le robinet à pointeau de gauche permet à l'eau condensée de remonter du vase R dans un tube de verre fermé, au moyen du tuyau débouchant près du fond. L'huile est poussée par la pression de l'eau, pression qui doit être de 0 m. 50 au minimum, et sort du réservoir par gouttes qui traversent

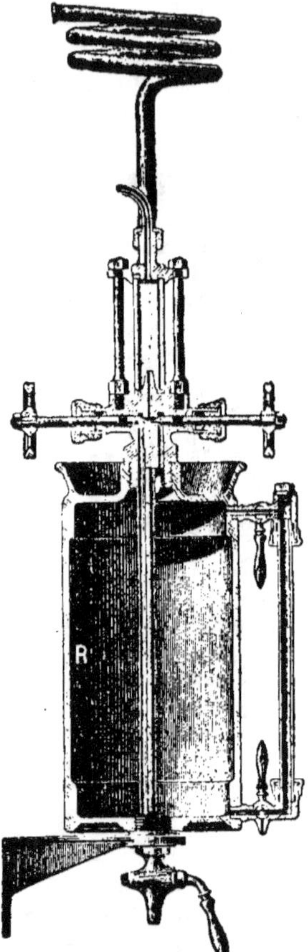

Fig. 7. — Graisseur automatique à débit visible, système Muller-Roger.

l'eau du vase de verre. Elle se rend de là dans le tuyau S et à la conduite de vapeur à graisser. Le robinet de droite sert à régler le débit de l'huile.

CHAPITRE XVI

GÉNÉRALITÉS SUR LES MACHINES A VAPEUR

CYLINDRES ET PRESSE-ÉTOUPE

Exemples de machines à vapeur. — Phénomènes de la détente. — Avance à l'admission. — Avance à l'échappement. — Condensation de la vapeur. — Cylindres. — Presse-étoupe.

82. Généralités sur les machines à vapeur. — La théorie des machines à vapeur est très complexe ; il ne peut être question dans ce traité que d'une description générale des organes, pour lesquels nous ne pouvons donner une théorie complète, et de l'énoncé des principes fondamentaux d'après lesquels on doit les construire. Suivons d'abord la marche de la vapeur dans quelques types de ces machines.

Machine de compression à vapeur pour les appareils hydrauliques de la gare St-Lazare. — Le service de la gare St-Lazarre, tant pour les messageries que pour voyageurs, est fait par des appareils hydrauliques alimentés d'eau sous pression fournie par deux groupes indépendants de machines et de pompes. Chaque groupe se compose d'une machine de 50 chevaux effectifs, c'est-à-dire mesurés en eau refoulée. Chaque machine a deux cylindres actionnant directement deux pompes à simple effet, attelées respectivement aux tiges de piston des cylindres. L'une de ces pompes est à l'aspiration, tandis que l'autre comprime l'eau et la refoule dans la canalisation qui l'amène aux appareils de manutention de la gare. Les figures 1 et 2 représentent l'ensemble de la machine et des pompes.

La connexion entre les pompes et la machine étant directe, et les pompes ne devant pas faire plus de 50 tours, la machine fait elle-même 50 tours. Cette vitesse est relativement faible pour la machine ; elle a permis l'emploi du système de machine à deux cylindres, à réservoir intermédiaire, à haute pression, longue détente et sans condensation. Un tel système de machines admet des organes simples, bien équilibrés et une très bonne utilisation de la vapeur.

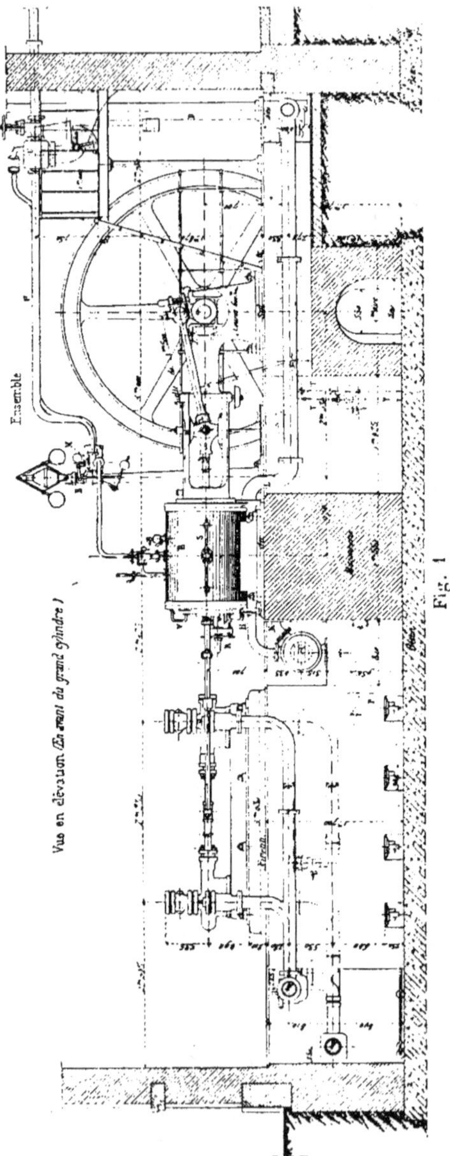

Ensemble
Vue en élévation (En avant du grand cylindre)
Fig. 1

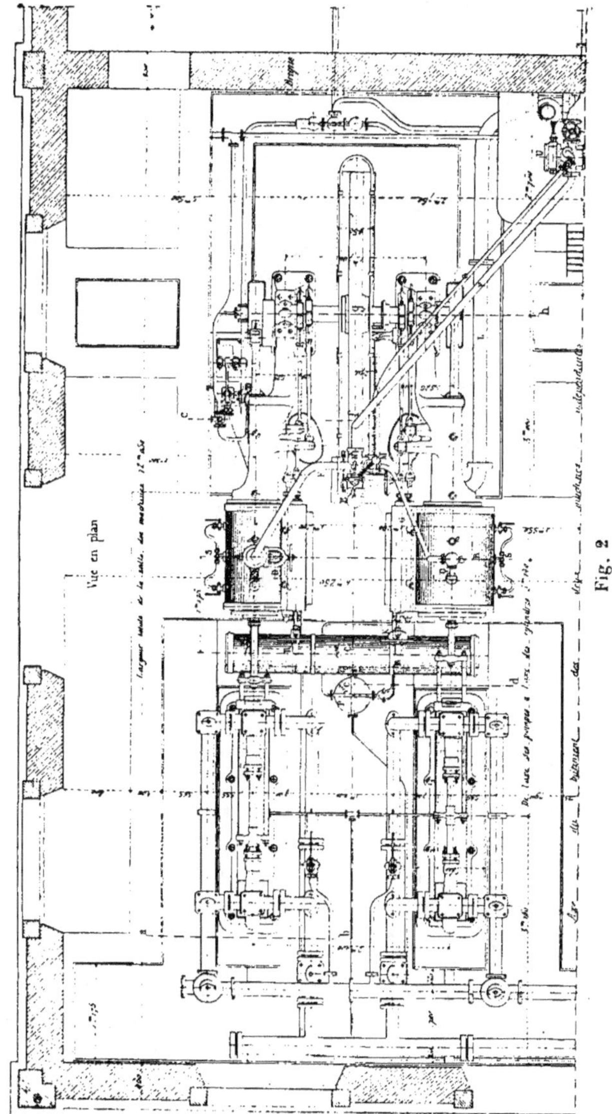
Vue en plan
Fig. 2

La vapeur arrive des chaudières par un tuyau F aboutissant à la boite à **vapeur** O, fig. 2, 3, 4, où se trouve la *prise de vapeur*, et qui est située au-dessus du petit cylindre **A**. Pour faire marcher la machine. il faut ouvrir l'orifice bouché par la soupape que l'on peut manœuvrer

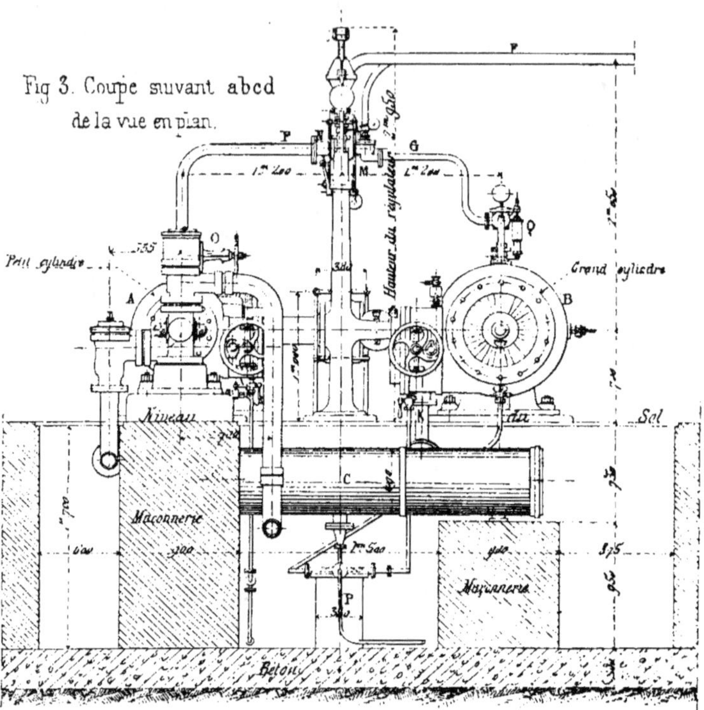

de l'extérieur au moyen d'un volant manivelle. Quand on veut arrêter la machine, il faut fermer cet orifice, voir la dernière des fig. 5. Il y a, pour la mise en marche, une opération au grand cylindre ; nous en parlerons plus loin. La vapeur passe dans la *boîte de distribution* du petit cylindre **A** (plan de la fig. 4) ; et de là, successivement, elle passe sur l'une et l'autre face du piston par les orifices X d'une glace rapportée.

La vapeur qui a agi sur une face du piston sort du cylindre par les orifices Y et se rend par un tuyau H dans un réservoir de vapeur C. De ce réservoir, elle passe dans la boite de distribution du grand cylindre, puis dans ce grand cylindre, où elle achève de se détendre. Une machine ainsi disposée avec deux cylindres et un réservoir intermédiaire est dite *machine Compound*. C'est par le tuyau H que la vapeur arrive du

Coupe verticale du petit cylindre A
Coupe horizontale du petit cylindre

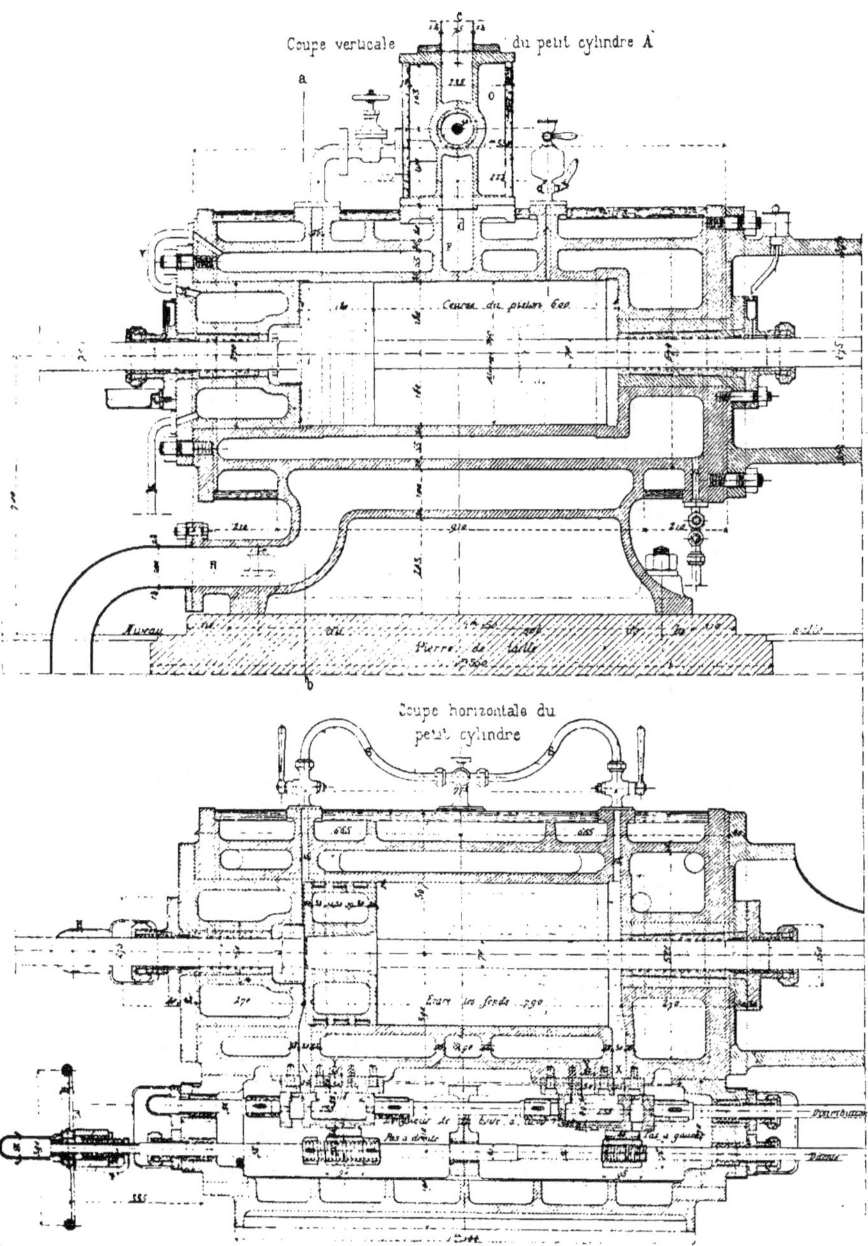

Fig. 1

petit cylindre au réservoir C ; et c'est par le tuyau K qu'elle en sort
pour se rendre au grand cylindre. La vapeur, après avoir agi sur le
grand piston, s'échappe dans l'atmosphère Les deux cylindres sont
identiques sauf les dimensions. Il suffit de considérer la fig. 4 pour
connaître la construction de l'un et de l'autre·

Pour chaque cylindre, il y a à chaque extrémité un tiroir de distri-

Coupe longitudinale.

Coupe transversale.

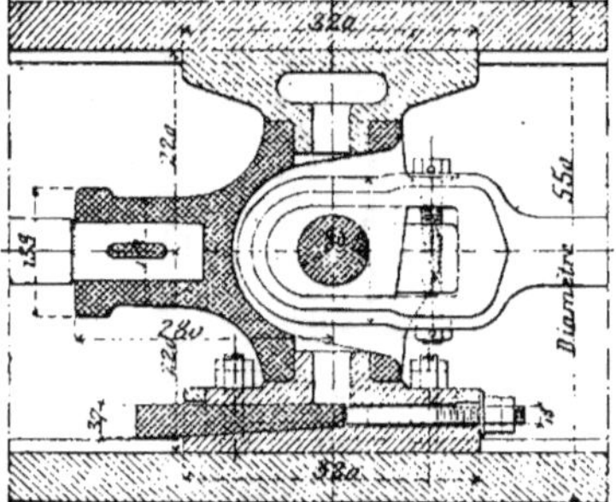

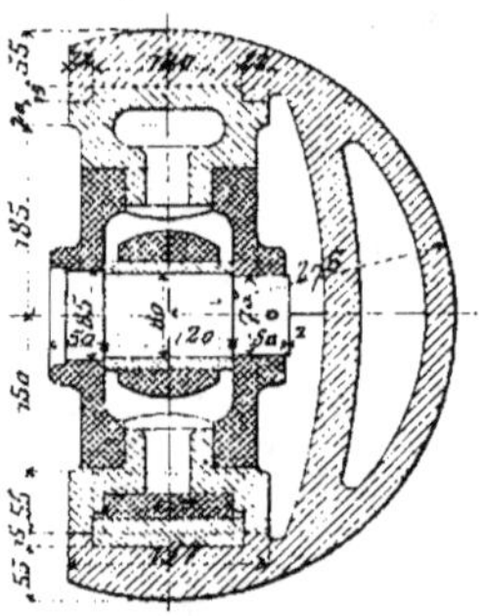

Coupe horizontale

Soupape de prise de vapeur du petit cylindre
Coupe suivant cd de la fig 4

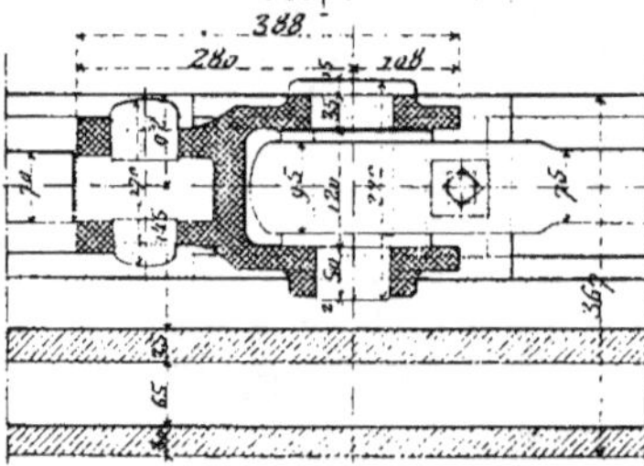

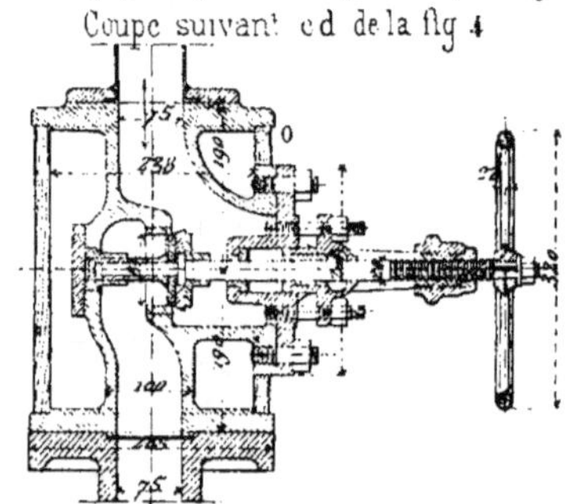

Fig. 5

bution et un tiroir de détente. Les tiroirs de distribution sont ceux qui
glissent sur des *glaces* rapportées au cylindre et fixées par des vis en vue
de pouvoir les remplacer après usure. Les tiroirs de distribution, pour
l'admission de la vapeur au cylindre, mettent l'orifice X en communication avec la boite de vapeur au moyen d'un orifice pratiqué dans la
masse du tiroir. Pour l'évacuation de la vapeur, ils mettent l'orifice X
en communication avec l'orifice Y, au moyen de la *coquille* ou évidement
du tiroir qui peut recouvrir à la fois X en Y. Il est à remarquer que les
tiroirs sont réglés de telle façon que l'une des faces du piston reçoit de

la vapeur, quand celle qui a agi sur l'autre face s'échappe du cylindre. Les orifices X sont des orifices d'*admission* et les orifices Y des orifices d'*échappement*. Ils sont situés à quelques millimètres au-dessous de la génératrice la plus basse du cylindre, afin de pouvoir recevoir l'eau de condensation du cylindre. Cette eau ne doit pas séjourner dans celui-ci, car, l'eau étant incompressible, le cylindre se briserait si le piston la refoulait sur le fond. Elle se rend donc dans la boîte de distribution qui est munie par en-dessous de *robinets purgeurs*.

Chaque tiroir de détente se déplace sur le tiroir de distribution correspondant qui lui sert de glace. Les deux tiroirs d'un même cylindre ont un écartement variable, afin que l'on puisse faire varier la détente de la vapeur. On obtient les variations de l'écartement au moyen de deux vis à pas contraires, entrainées dans un sens de rotation ou dans l'autre, avec l'axe qui les porte. Les variations de distance s'obtiennent en faisant tourner l'axe au moyen d'un volant manivelle R (fig. 4, coupe horizontale). L'arbre des vis est guidé en son milieu par un support avec garniture en bronze.

On donne le nom de *lumière* aux orifices dont nous venons de parler.

Les deux cylindres ont une *enveloppe* ou *chemise de vapeur* ; les fonds sont à enveloppe de vapeur également, la vapeur pénètre dans le fond mobile de gauche, fig. 4, au moyen du tuyau V qui fait communiquer l'enveloppe du fond et l'enveloppe cylindrique. Au bas de ce fond on voit un autre tuyau qui sert à l'évacuation de l'eau de condensation. Afin de protéger les cylindres contre le refroidissement, on les entoure d'une enveloppe en bois.

Le *régulateur* agit sur une valve placée sur le tuyau F en N, fig. 1, 2, 3, et l'ouvre plus ou moins suivant la vitesse de la machine.

Lorsque l'on veut mettre la machine en marche, on ne peut faire arriver de la vapeur de la chaudière au grand cylindre. Celui-ci reçoit, dans la marche normale, de la vapeur qui a déjà agi au petit cylindre et s'y est déjà détendue. La pression à la chaudière serait donc trop forte pour le grand cylindre. Afin de n'admettre que de la vapeur à pression convenablement réduite, on fait passer par un *détendeur* Q la vapeur destinée au grand cylindre pour la mise en marche.

La machine commande une pompe d'alimentation T, dite *pompe alimentaire*, destinée à l'introduction de l'eau dans les chaudières. Avec le corps de cette pompe est venu de fonte le corps d'une pompe de purge destinée à refouler dans la chaudière les eaux de condensation provenant du petit cylindre, de sa boîte de distribution et de son enveloppe. Le grand cylindre et le réservoir intermédiaire sont purgés par un purgeur automatique P.

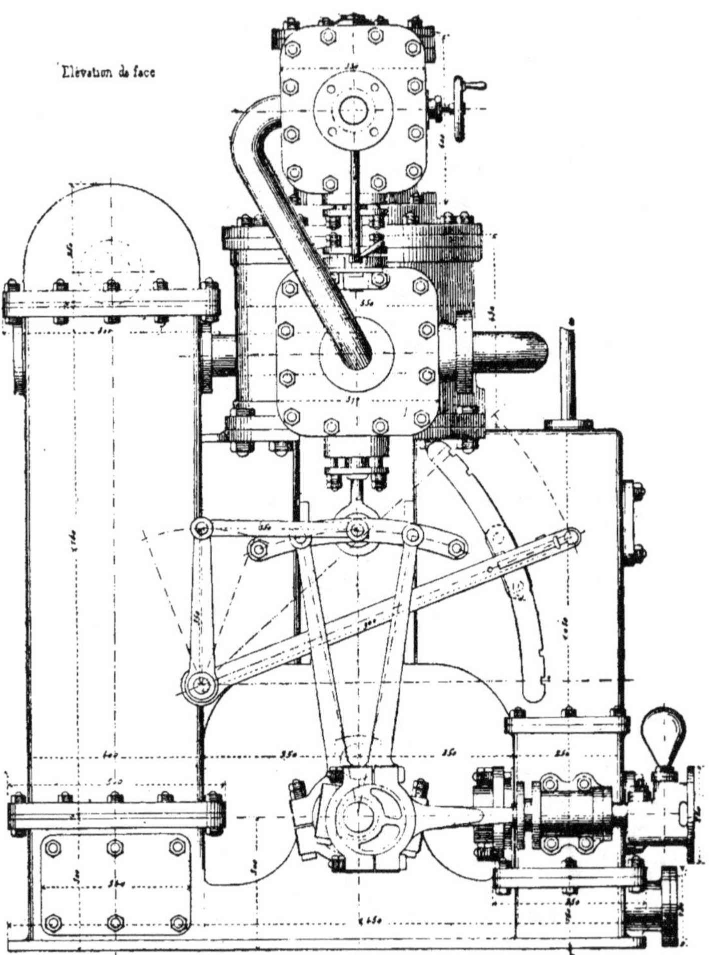

Fig. 1. — Machine de bateau

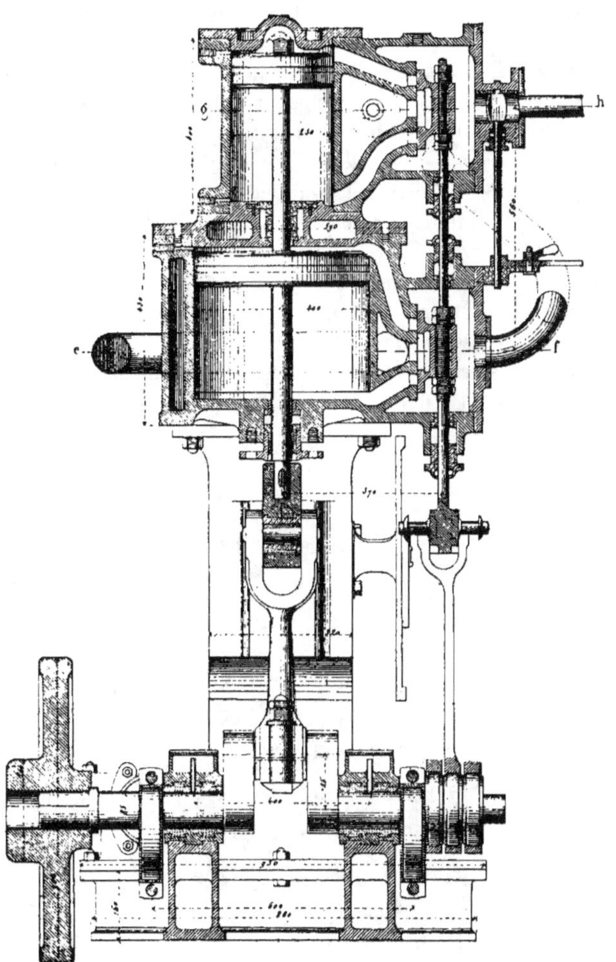

Fig. 2. — Machine de bateau

Les trois premières fig. 5 donnent des coupes de la *glissière* et de l'attache de la tige du piston à la bielle.

La pression dans la chaudière est 8^k, ou environ de 8 atmosphères qui produiraient $8 \times 1,033 = 8^k\,264$ par centimètre carré. L'admission dans chacun des cylindres est 0,50 environ, c'est-à-dire que la vapeur entre dans chaque cylindre pendant la moitié de la course du piston environ. Le travail est également réparti entre les deux cylindres, parce que chacun d'eux doit actionner une des pompes.

Machine de bateau. — La machine représentée par les fig. 1, 2 précédentes et 3, 4 et 5 suivantes a été construite par M. Gustave Delahante à Bordeaux. C'est comme la précédente, une *machine Compound* ou à deux cylindres et réservoir intermédiaire, à grande pression et à grande détente. Elle est destinée aux bateaux de pêche ; par suite, afin d'économiser l'eau douce d'alimentation, elle est à condensation. Elle a environ 50 chevaux de puissance.

La machine est verticale, comme le sont généralement les machines marines, fig. 1 et 2. Les deux cylindres sont superposés. La vapeur se dis-

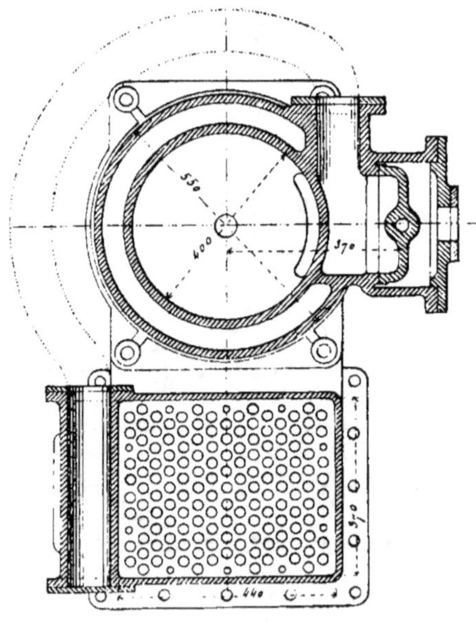

Fig. 3

tribue par deux tiroirs solidarisés sur une même tige et commandés par un mécanisme de changement de marche.

La vapeur arrive de la chaudière à la boîte du distributeur du petit

cylindre par le tuyau *h* ; elle rencontre en arrivant la valve de régularisation, mue à la main. A la sortie du petit cylindre, elle se rend par le
tuyau *f* à la boîte de distribution du grand cylindre. Le réservoir intermédiaire est constitué par la capacité formée par les canaux de circulation de vapeur du petit cylindre et le tuyau *f*.

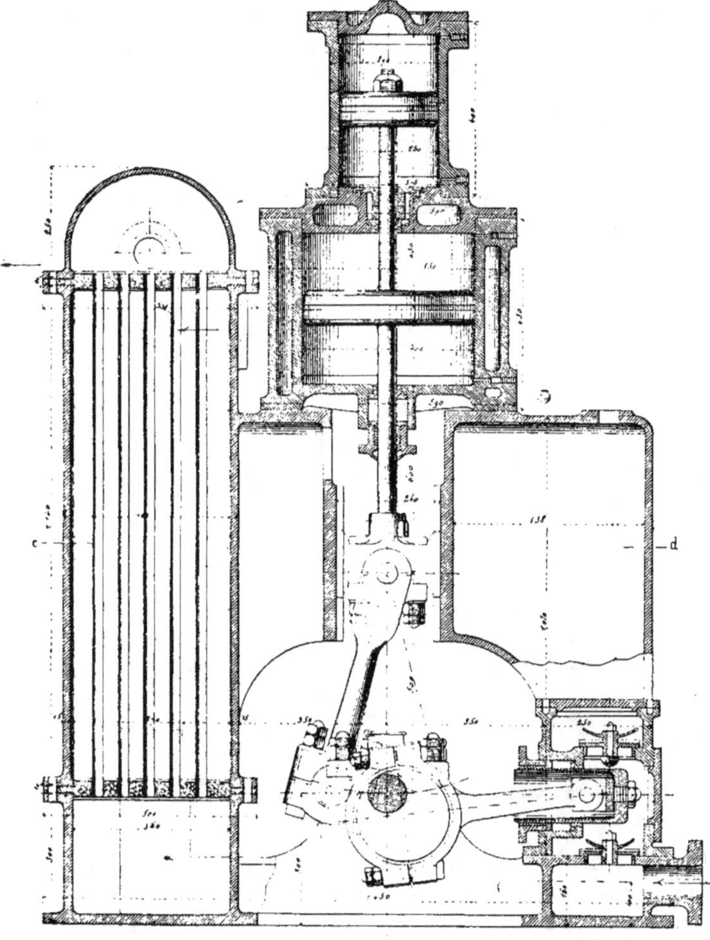

Fig. 4

Sur la tubulure d'échappement du petit cylindre se trouve une soupape permettant de mettre en communication les deux faces du piston,

de telle sorte que la vapeur puisse arriver au grand cylindre à la pres·
sion de la chaudière.

Le grand cylindre a une enveloppe de vapeur.

Le condenseur, qui se voit à gauche de l'élévation et de la coupe et
en plan fig. 3, est une caisse rectangulaire avec deux fonds où sont
fixées les extrémités de tubes en laiton étamé. L'eau froide, puisée à la
mer par une pompe de *circulation* passe dans les tubes et condense la
vapeur d'échappement du grand cylindre qui circule entre ces tubes.
Ce condenseur est dit *condenseur à surface*. L'eau de condensation est
reprise par la *pompe à air* qui a pour but de maintenir une basse pression dans le condenseur. Cette eau est emmagasinée dans une capacité
comprise entre les deux pompes.

Les deux pompes sont l'une devant, l'autre derrière le bâti général
de la machine, qui est d'ailleurs constitué en grande partie par les pa-

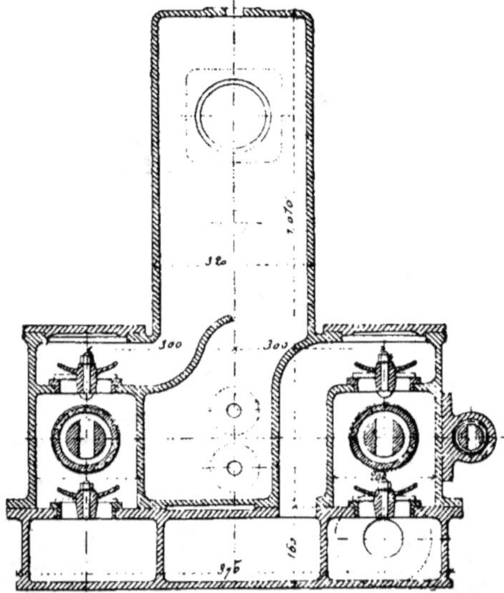

Fig. 5

rois des pompes, du condenseur et de la bâche d'alimentation. Les
pompes sont à pistons plongeurs, recevant leur mouvement d'excentriques placés sur l'arbre de la machine. Les clapets sont plats, circulaires, en caoutchouc avec siège en bronze.

La pression à la chaudière étant 5ᵏ, le rapport des surfaces des pistons 1 à 3, l'admission se faisant pendant 0,70 de la course du petit
piston, le nombre de tours étant 180 et le vide au condenseur 0 m. 66

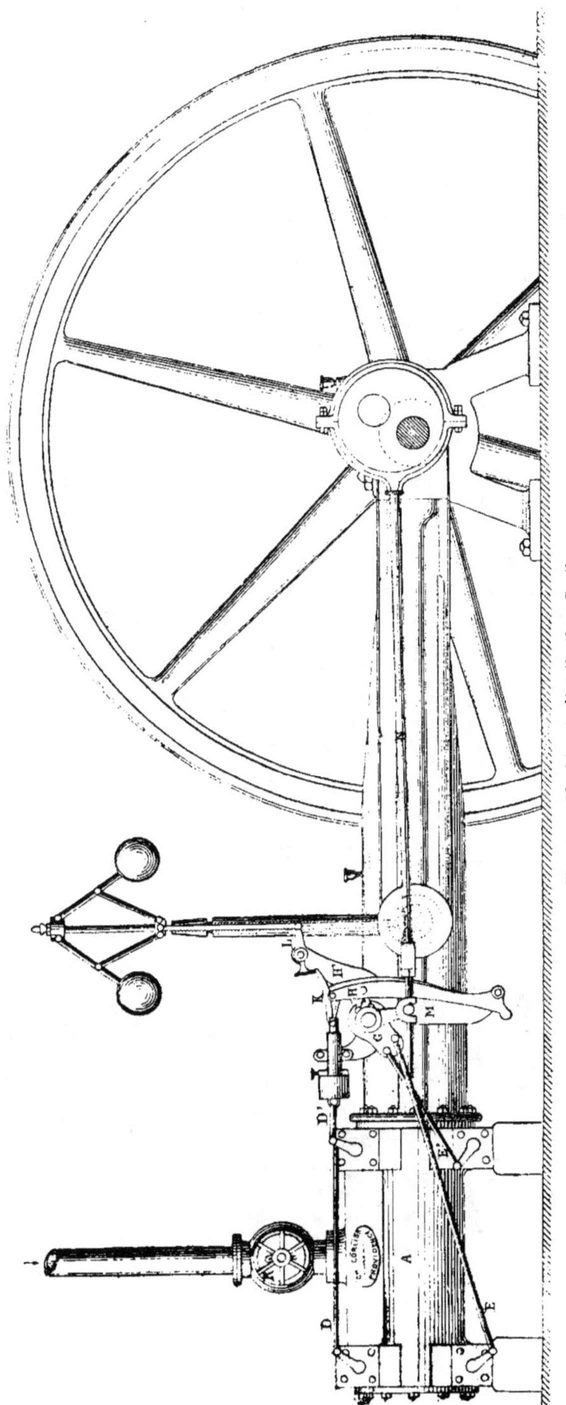

Fig. 1. — Machine à distribution Corliss

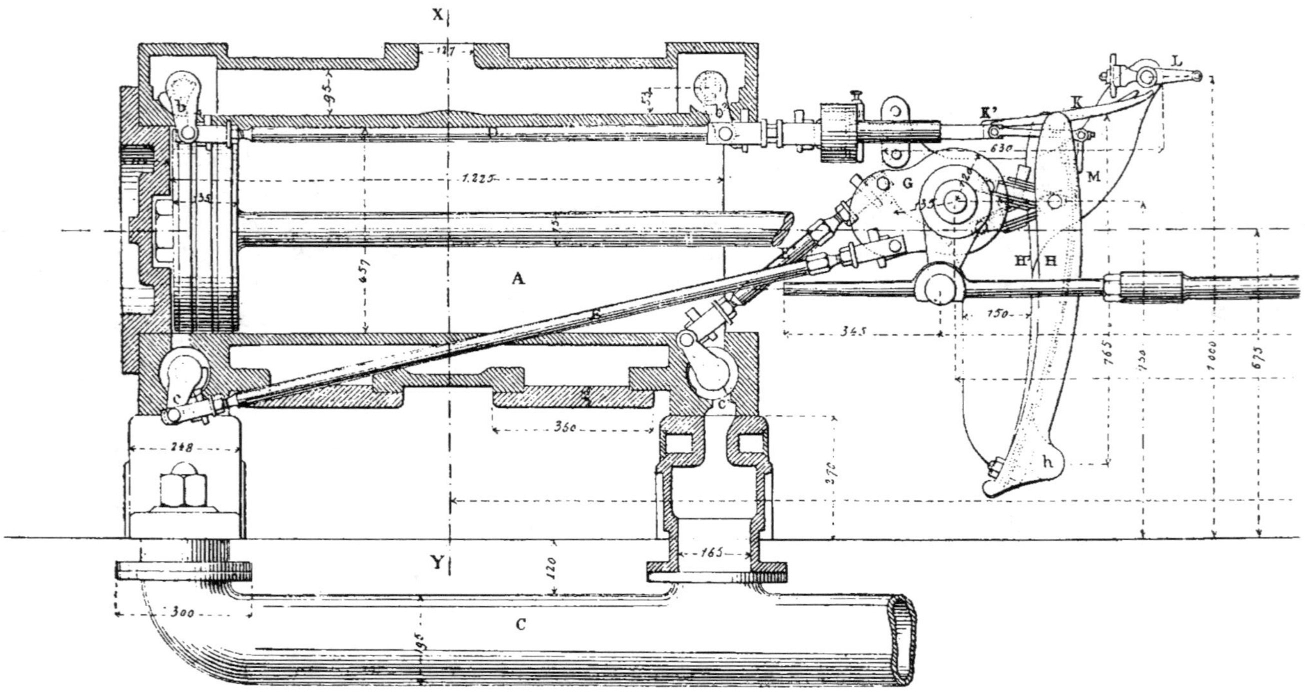

Fig. 2. — Machine à distribution Corliss

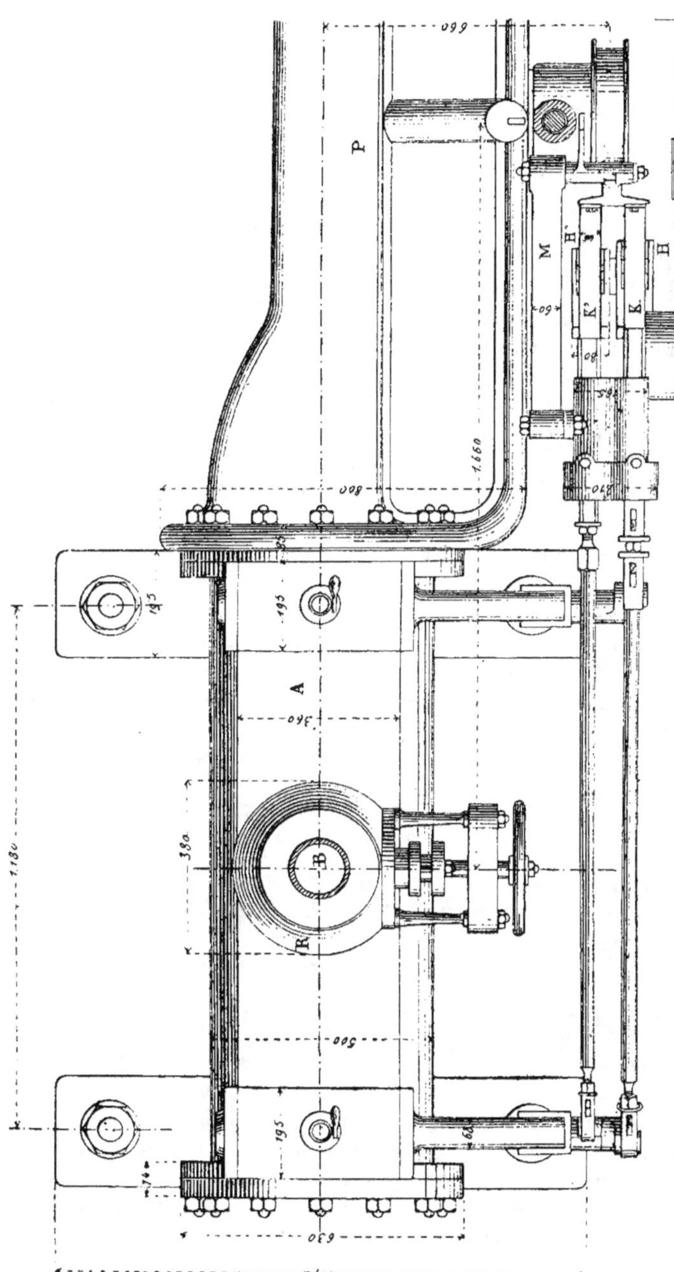

Fig. 3. — Machine à distribution Corliss

de mercure, la force de la machine était 25 chevaux au petit cylindre
et 26,7 au grand cylindre.

Machine à vapeur à distribution Corliss, type Lecouteux et Garnier. —
La machine représentée par les fig. 1. 2. 3. 4 se recommande principalement par son système distributeur de la vapeur. Elle a une puissance
d'environ 60 chevaux obtenus dans un seul cylindre.

La fig. 1 représente l'ensemble de la machine, qui offre cette particularité que le bâti est constitué par un fourreau fixé au cylindre et
dans lequel se déplacent la tige du piston et la bielle. La machine de
compression de la gare St-Lazare offre cette même disposition pour
chacun de ses cylindres.

La prise de vapeur se fait en R, quand on éloigne la soupape de son
siège fig. 4. La vapeur pénètre par l'orifice *b* dans l'enveloppe du cylindre.
Dans la fig. 2, on suppose le piston arrivé à fond de course, la vapeur
pénétrant par l'orifice *b*, tandis que de l'autre côté du piston elle sort
par l'orifice *c'*, d'où elle s'échappe par le tuyau C au condenseur ou à
l'air libre, suivant que la machine est à condensation ou sans condensation.

Lorsque le piston aura fait une course, la vapeur entrera au cylindre
par *b'*, d'un côté du piston, en sortira de l'autre par *c*.

Les lumières d'admission et d'échappement sont ouvertes et fermées
alternativement par le jeu d'une clef de robinet. Les robinets d'admission sont mus par des tiges D D'. Les robinets d'échappement sont mus
par des bielles E E' attachées à une plaque G, recevant son mouvement
d'un excentrique N calé sur l'arbre moteur de la machine. La même
plaque à tourillon G fait mouvoir deux leviers H mobiles autour d'une
articulation *h*, et reliés à G par de petites bielles.

A la partie supérieure du levier H sont placées des palettes de déclic
K et K' destinées à pousser les bielles D D' commandant les robinets
d'admission.

Tout le mécanisme est fixé sur une pièce en forme de Y, fixe sur le
bâti de la machine.

Lorsque l'extrémité supérieure du levier H est ramenée vers le cylindre, il pousse la tige par l'intermédiaire de la palette de déclic K. Dans
son mouvement, cette palette vient buter contre une extrémité d'un
levier L soumis au régulateur. La palette basculant, abandonne brusquement la tige D qui est repoussée vivement en arrière par un ressort
plat fixé dans le levier H. Ce ressort est indiqué en pointillé, fig. 2. A ce
moment la vapeur cesse de pénétrer dans le cylindre ; et celle qui s'y
trouve se détend jusqu'à la fin de la course. La détente, par le fait du

jeu brusque des soupapes, se fait sans étirage de la vapeur à travers les orifices au moment où ils se ferment.

Ce système de quatre distributeurs a encore pour effet de diminuer

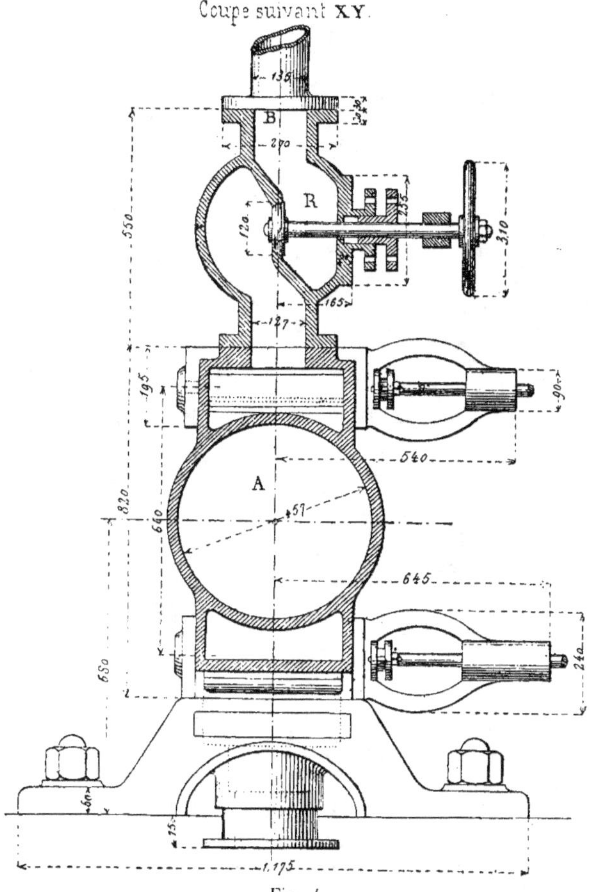

Fig. 4

les espaces nuisibles. Les canaux, par où circule la vapeur pour entrer au cylindre ou pour en sortir, sont presque annulés.

Machine à vapeur Compound (Wolf). Système Powell. —La machine dont l'ensemble et les détails sont compris dans les fig. **1**, **2**, 3, 4 et 5 est verticale à deux cylindres. Les *machines verticales* ont certains avantages sur les *machines horizontales*. Elles tiennent moins de place en

plan ; le piston, ayant un mouvement vertical, est parfaitement équilibré ; il ne frotte pas sur les parois du cylindre. Ces machines ont moins
de frottement et d'usure, toutes choses égales d'ailleurs, que les ma-

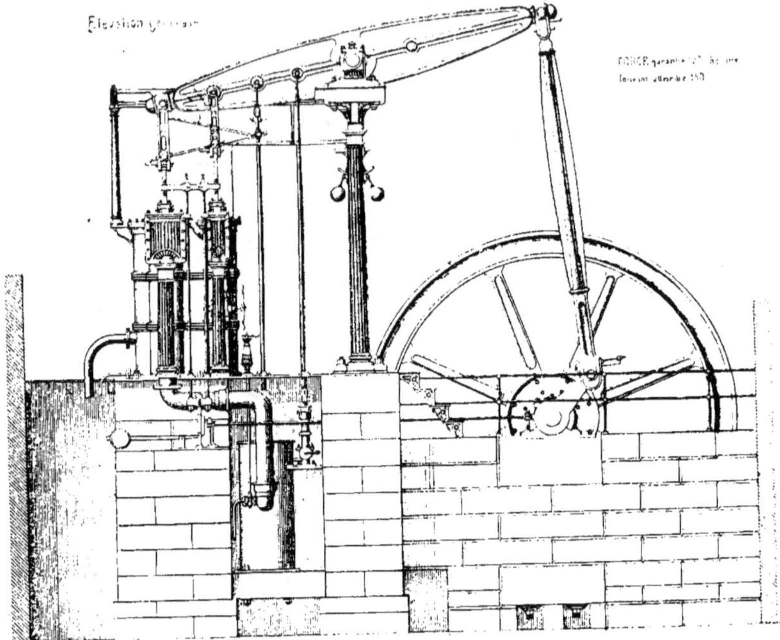

Fig. 1

chines horizontales. Leur inconvénient est d'avoir un entretien plus
coûteux et d'être plus sujettes aux vibrations.

La machine que nous donnons comme exemple est remarquable par
son système de détente variable par le régulateur, système Correy, qui
pourrait s'appliquer également aux machines horizontales.

Dans cette machine, on voit une application du parallélogramme de
Watt et du Balancier dont il sera parlé au chapitre XIX.

Les machines horizontales, prenant leurs points d'appui sur le sol,
ont l'avantage d'une plus grande stabilité ; elles sont d'un entretien plus
facile. Elles se prêtent en général mieux que les machines verticales à
une connexion directe des outils ; ainsi que l'on peut le voir dans la disposition des machines et des pompes de compression de la gare St-Lazare, exemple donné plus haut.

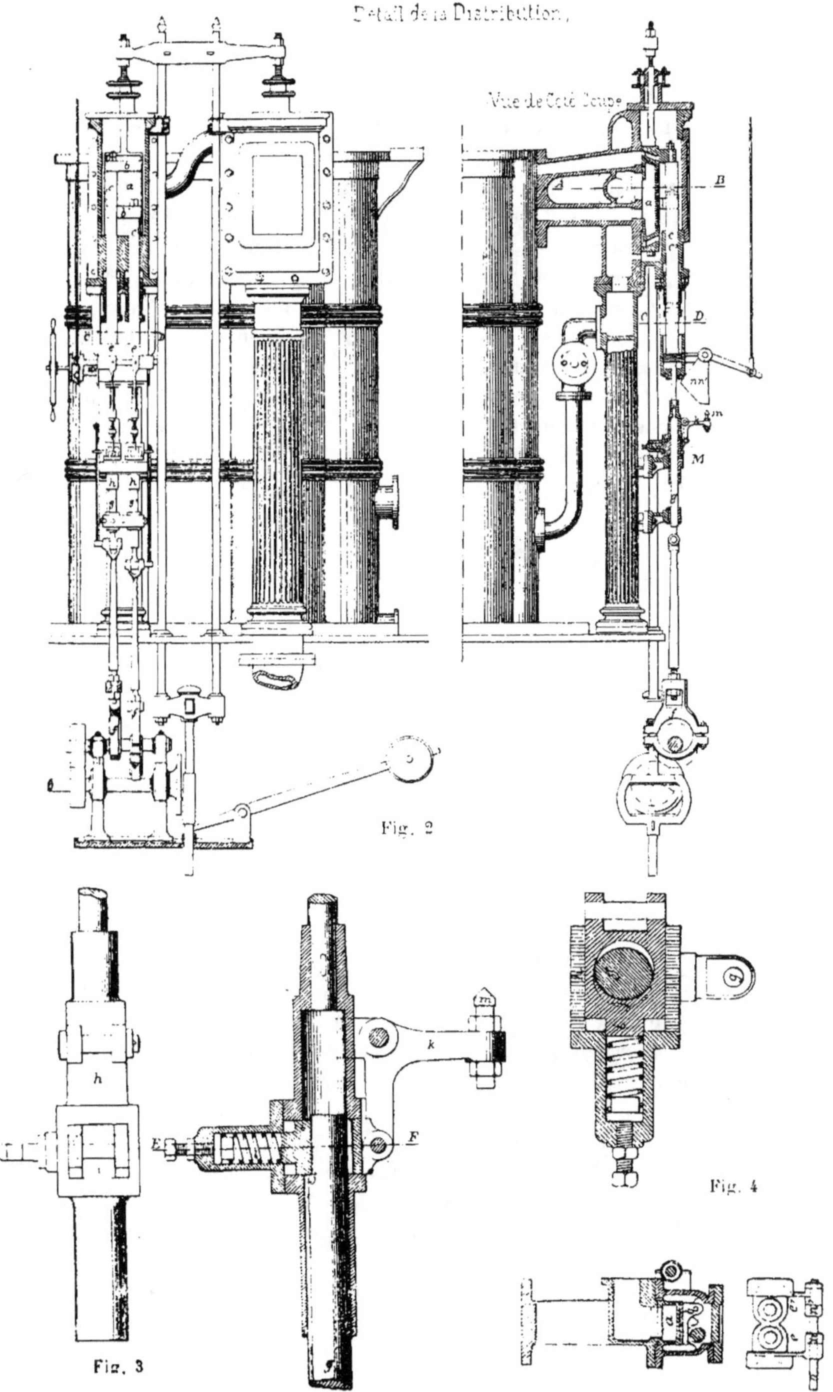

Détail de la Distribution.
Vue de Côté coupe
B
D
M
Fig. 2
Fig. 3
Fig. 4

Phénomènes de la détente. — Pour étudier la détente de la vapeur sur une des faces du piston, la gauche par exemple, imaginons que AB représente la course du piston et portons sur une perpendiculaire à AB, pour chaque position C du piston, une longueur CD représentant la pression par unité de surface. Le piston, étant en A, au début de sa course, devrait recevoir de la vapeur à la pression de la chaudière représentée par AE. Au point F les lumières d'admission se ferment, la vapeur de la chaudière cesse d'entrer et la vapeur qui est dans le cylindre agit par la détente. A la fin de la course, en B, la pression n'est plus que BH.

On sait que le travail d'une force qui agit dans la direction du chemin parcouru est égal au produit de la force par le chemin parcouru. Ainsi pour un chemin CC' décrit par le piston, le travail par unité de surface du piston égale le produit de la pression CD par le chemin CC', ce qui est l'aire CDD'C'. Le travail de la vapeur par

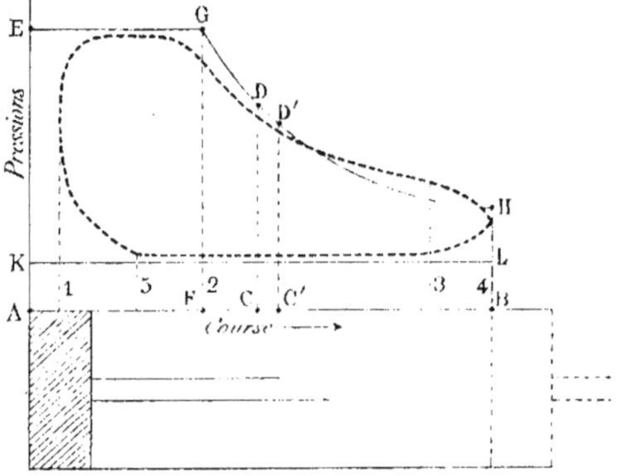

Fig. 5

unité de surface pour toute la course serait donc l'aire AEGHBA. Pour avoir le travail moteur de la machine pendant la course AB, il faut déduire du travail précédent l'aire AKLB représentant le travail de la *contre-pression*, c'est-à-dire le travail des pressions sur l'autre face du piston. Cette contre-pression serait égale à la pression atmosphérique dans une *machine sans condensation* ou à *échappement libre*, c'est-à-dire rejetant sa vapeur dans l'atmosphère ; elle serait moindre si la vapeur, en sortant du cylindre se rendait dans un condenseur.

On ferait la même évaluation pour la face de droite du piston et on aurait le travail par unité de surface du piston pour un tour de la machine.

On dit que la détente est au 1/3 au 1/4, etc., si le rapport de la longueur de la course pendant laquelle entre la vapeur à la course totale, savoir $\frac{AF}{AB}$, égale 1 3 ou 1 4, etc.

D'après ce que nous venons de dire on peut énoncer les principes suivants :

Pour une même puissance à développer :

Plus la détente est grande, plus le travail de la vapeur est économique ; mais aussi plus le cylindre est grand. On peut s'en convaincre en remarquant que si la vapeur avait agi à pleine pression, on n'eût pas pu profiter du travail produit par la détente. Ainsi dans la figure précédente, on voit que la vapeur dépensée n'eût produit que le travail AEGF, tandis qu'elle peut produire le travail AEGHB. *Il y a cependant pour chaque genre de machines des limites à la détente.*

Plus la pression employée est grande. moins le cylindre sera grand :

Plus la vitesse est grande, plus les organes de la machine, compris cylindre et volants, seront petits. plus les frottements seront faibles. Cependant les grandes vitesses ne sont pas favorables à une dépense économique de la vapeur ; et de plus elles exigent des transmissions de mouvement généralement plus considérables.

La connexion directe des outils, quand elle *est possible, simplifie les transmissions,* comme nous l'avons vu dans le premier exemple de machines.

La condensation de la vapeur à la sortie a pour effet de diminuer la contrepression et d'augmenter le travail que peut produire au cylindre un poids donné de vapeur.

Des appareils enregistreurs. et en particulier les *indicateurs de Watt,* permettent de relever des diagrammes des pressions au cylindre. Les courbes que l'on en déduit n'ont pas la forme que nous avons indiquée dans la figure précédente en trait plein. Les diagrammes se rapprochent du trait pointillé.

En effet. sur la face de droite on est obligé de donner une avance à l'admission sur une longueur de course telle que A1 : 1º dans le but de rattraper les jeux de la bielle et d'éviter des chocs dans le changement de sens du mouvement ; 2º dans le but d'éviter l'étirage de la vapeur dans les orifices, qui sans cela seraient peu ouverts au moment où le piston a besoin. au changement de sens du mouvement, de recevoir la vapeur à pleine pression.

Dans la période d'admission. la vapeur ne prend pas la pression de la vapeur à la chaudière : d'abord parce qu'il y a des chutes de pression dans les conduits d'amenée. ensuite parce que la vapeur se refroidit au contact des parois du cylindre et du piston qui étaient en communication avec l'atmosphère ou avec le condenseur. L'effet est d'autant plus considérable que la vitesse est plus faible, que la détente est plus grande, que les surfaces, les espaces nuisibles sont plus considérables : et que les surfaces sont plus conductrices. Avant d'arriver à la fermeture complète des lumières d'admission, à la position 2, la vapeur est étirée d'autant plus que la vitesse de la machine est plus grande. La pression diminue en raison de cet *étirage*.

La détente s'effectue suivant une loi peu connue, s'écartant d'ailleurs assez peu de la loi de Mariotte.

À la position 3, les lumières d'échappement commencent à s'ouvrir, il y a donc une chute de pression. Cette *avance à l'échappement* correspond à l'avance à l'admission faite sur l'autre face et concourt aux mêmes effets. L'échappement commencé en 3 se poursuit jusqu'à la position 4 et se termine quand le piston est revenu à la position 5. La pression dans cette période est un peu supérieure soit à la pression atmosphérique, dans les machines à échappement libre. soit à la pression au condenseur dans les autres. Cet excès de pression est nécessaire pour la sortie de la vapeur; il est d'autant plus grand que la vitesse est plus grande.

En 5 les lumières d'échappement sont fermées ; la vapeur à basse pression, qui est restée dans le cylindre, s'y comprime afin de produire un réchauffement des surfaces du piston et du cylindre, de manière à diminuer la condensation à l'arrivée de la vapeur de la chaudière.

Toutes ces dispositions prises pour le passage de la vapeur dans le cylindre, qui sont favorables à la marche économique de la machine ou qui sont nécessaires au mouvement de la vapeur, correspondent à des travaux résistants qui doivent être déduits du diagramme en trait plein pour avoir le travail répondant à un coup de piston.

Nous avons fait remarquer que la vapeur en se détendant se refroidit. Ainsi de la vapeur à

0^k1 par centimère à une température de			46°
0,2	—	—	60
0,3	—	—	69
0,4	—	—	76
1,0	—	—	100
4,0	—	—	144
5,0	—	—	152
6,0	—	—	159
7,0	—	—	165
8,0	—	—	170
10,0	—	—	180
14,0	—	—	198

Si donc une machine marche avec de la vapeur à 5^k et qu'elle soit à condensation, la température dans le cylindre s'abaissera de $152°$ à la température du condenseur qui peut être de $46°$, si la pression est maintenue à 0^k1 au condenseur par le jeu de la *pompe à air*. Chaque fois la vapeur a donc à réchauffer les parois du cylindre. Il en résulte des pertes considérables provenant de la condensation contre les parois. Nous avons déjà dit que pour obvier à cet inconvénient, on opérait une compression de la vapeur restant dans le cylindre après l'échappement ; on a imaginé deux dispositions plus efficaces, ce sont les *enveloppes de vapeur* et les *multiples expansions*.

En faisant circuler de la vapeur dans une chemise entourant le cylindre, on diminue les écarts de la température des parois de celui-ci ; et de plus la vapeur pendant la détente se surchauffe.

Les écarts de température sont encore diminués en faisant détendre la vapeur, non en une fois et dans le même cylindre, mais en deux ou trois fois et dans deux ou trois cylindres. Ainsi de la vapeur qui passerait dans trois cylindres avec les pressions respectives 10^k, 8^k, 5^k serait aux températures respectives $180°$, $170°$, $152°$; elle se serait déjà détendue à $1/2$, et les écarts de températures n'auraient été que $10°$ et $18°$.

De plus, l'écart de température entre le dernier cylindre et le condenseur à $46°$ ne serait que de $106°$; tandis qu'elle serait de 134, s'il s'agissait de détendre complètement au premier cylindre.

Ce que nous venons de dire montre l'utilité des *machines à plusieurs cylindres*. Ces machines ne donnent pas seulement une économie de vapeur, en diminuant la condensation et en favorisant de grandes détentes ; elles permettent de mieux équilibrer les efforts sur l'arbre moteur, par l'emploi de manivelles faisant entre elles un angle de $90°$, par exemple, pour les machines à deux cylindres. Leur marche est plus régulière et le volant peut être moins considérable. Il y a donc encore diminution de frottement.

Pour connaître le travail de la machine dont on peut disposer sur l'arbre par minute, il faut multiplier l'aire du diagramme par deux fois la surface du piston, par le nombre de tours par minute et enfin par un coefficient de réduction dit *coefficient de rendement*. Ce coefficient tient compte des pertes de travail dues aux frottements et aux vibrations dans la machine. Ce coefficient, qui peut varier de $0,60$ à $0,90$, dépend de la nature de la machine et de son état d'entretien.

83. Cylindre et presse-étoupe. — Les cylindres de machine à vapeur sont exécutés en fonte. Ce sont des pièces compliquées en raison des conduits de distribution et d'évacuation de la vapeur, des

fonds, des enveloppes de vapeur. L'un des fonds porte le *stuffing-box*
ou *presse étoupe* qui a pour but d'empêcher les fuites de vapeur. Le
cylindre est alésé d'une manière rigoureuse, de telle sorte que le piston
puisse y circuler sans qu'il se produise de fuites de vapeur d'une face
vers l'autre.

Leur épaisseur est proportionnée à la pression de la vapeur qu'ils
doivent recevoir.

Presse-étoupe. — Les presse-étoupe sont des organes destinés à faire
un joint étanche autour d'une tige qui a un mouvement de translation
périodique suivant son axe. Nous en avons vu des exemples au chapitre
des robinets. Donnons quelques détails de construction sur ces organes
qui présentent de nombreuses variantes.

Les parties essentielles des presse-étoupe sont : 1" la boite ayant une
bride ronde, ou ovale, ou bien un pas de vis: 2" le chapeau mobile
ayant une bride disposée comme celle de la boite ou un pas de vis
extérieur, si la boite a un pas de vis intérieur; 3" la garniture qui peut
être en chanvre, en métal, en cuir embouti, en fils métalliques tressés ;
4° les organes de serrage et d'attache du chapeau ; 5" enfin l'appareil
de graissage.

L'emploi de ces divers éléments est en rapport avec la grosseur du
diamètre de la tige et avec la position horizontale ou verticale de celle-ci.

La fig. 1 représente un presse-étoupe pour tige verticale, composé
d'une boite en fonte et d'un chapeau alésés l'un et l'autre au diamètre
de la tige dans l'orifice destiné au passage de cette tige. avec un peu de
jeu pour le passage inférieur. Entre le chapeau et la tige on place une

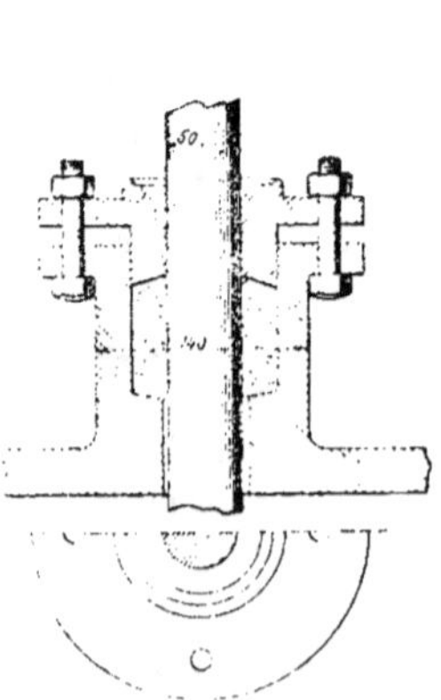

Fig. 1. — Presse-étoupe rond
à boulons

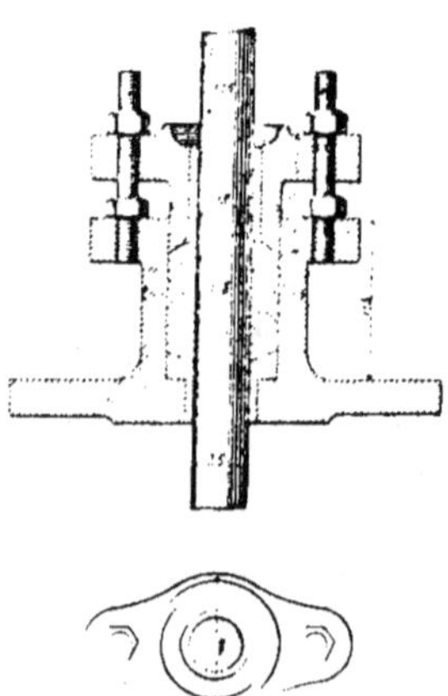

Fig. 2. — Presse-étoupe avec
garniture en bronze

garniture de chanvre fin à longs brins, bien épuré, bien débarrassé de corps durs, de sable. Dans la fig. 2. la tige du piston passe entre deux garnitures en bronze, entre lesquelles on comprime le chanvre.

Le serrage est fait au moyen de goujons. On pourrait employer des boulons.

Les goujons ou les boulons sont placés dans un plan perpendiculaire à celui dans laquelle se déplace la bielle. Il en résulte que le chapeau peu subir une légère oscillation.

La tige et le chanvre sont préalablement bien graissés ; la tresse est enduite de suif. sauf pour les pompes à eau où l'on se contente de mouiller le chanvre parce que le suif tombant sur les clapets pourrait les coller en place. Les points d'usure sont garnis de bagues en bronze. Des biseaux au chapeau et à la bague inférieure ramènent la garniture de chanvre au contact de la tige.

Pour le graissage à l'huile on ménage une cuvette sur le chapeau autour de la tige.

Les goujons, les boulons à tête. peuvent être remplacés par des boulons à œils dans le cas où il y aurait intérêt à supprimer la saillie de la bride de la boîte, fig. 3. Le serrage peut s'effectuer au moyen d'un

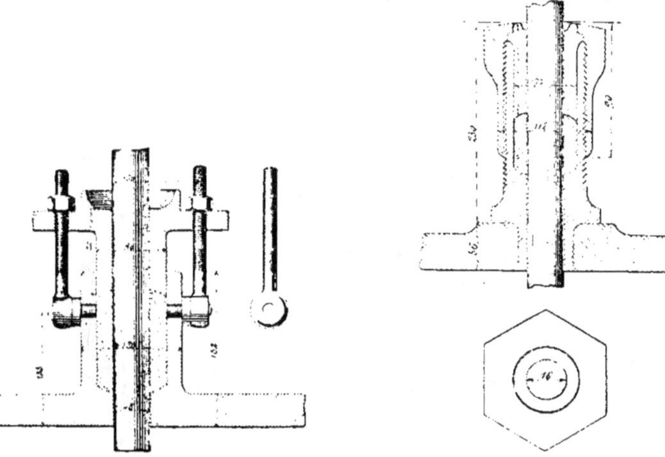

Fig. 3. — Presse-étoupe avec boulons à œil

Fig. 4. — Presse-étoupe à écrou

écrou prenant sur le chapeau. comme dans la fig. 4 ; ceci n'est bon que pour les petits diamètres.

Dimensions de la garniture. — L'expérience a indiqué les dimensions suivantes des garnitures en vue d'obtenir l'étanchéité la plus complète possible, tout en ne dépassant pas la limite de serrage de l'étoupe contre la tige du piston, limite au-delà de laquelle il y aurait grippement.

Pour les tiges de 20 millimètres environ de diamètre, on admet que le chanvre, après serrage, aura une hauteur de 30 millimètres.

Pour les tiges de 200 millimètres de diamètre, on admet que le chanvre, après serrage, aura une hauteur de 300 millimètres.

En général on admet que la hauteur de la garniture doit être de 3/2 à 2 fois le diamètre de la tige après serrage. Il y a d'ailleurs d'autant moins d'usure que la garniture a plus de hauteur.

Il est préférable de tresser le chanvre au lieu de l'enrouler, dès que le diamètre de la tige dépasse 25 millimètres.

La fig. 5 représente un presse-étoupe à double garniture. Ce système permet d'obtenir une étanchéité parfaite avec des serrages modérés des deux garnitures.

Fig. 5. — Presse-étoupe à double garniture

Garniture. — La garniture est généralement en chanvre employé

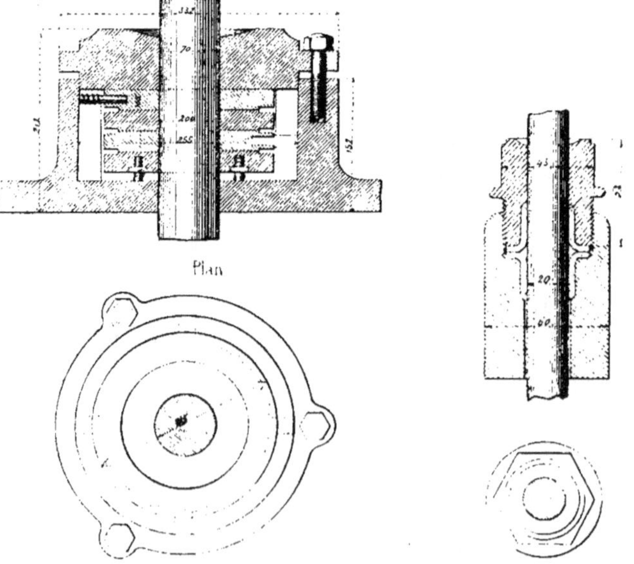

Plan

Fig. 1. — Garniture métallique pour tige de pistons

Fig. 2. — Garniture en cuir avec écrou

comme nous venons de le dire. Mais on le remplace quelquefois par des tresses de coton ou par des tresses en fil d'acier très fin, ou de fils de fer fondu très malléables et résistants.

On a imaginé des garnitures métalliques composées de rondelles en bronze superposées, de 4 à 8 millimètres d'épaisseur, alésées bien exactement au diamètre de la tige. Ces rondelles sont retenues par un chapeau et pressées contre la tige par des ressorts horizontaux alternant d'une bague à l'autre fig. 1.

Les bagues portent de petits rebords, qui aident à les retirer de leur logement au moyen de griffes, quant on veut les nettoyer ou les remplacer.

Pour les boites de petit diamètre on peut employer une superposition de rondelles de cuir amenées au tour à avoir exactement à l'intérieur le diamètre de la tige et à l'extérieur celui de la boîte. Ce genre de garniture s'use assez vite parce que, pour obtenir une bonne étanchéité, il faut une forte compression du cuir. On préfère la disposition représentée à la fig. 2 où le cuir est embouti sous forme de cornière, une aile de la cornière étant le long de la tige et l'autre servant à fixer le cuir qui est serré par une vis surmontée d'une tête d'écrou. Deux cuirs à la suite l'un de l'autre, comme dans cette figure, assurent l'étanchéité. Le cuir ne peut être employé pour les machines à vapeur ; à la température élevée de la vapeur, le cuir serait détruit.

Pour les machines à grande vitesse on remplace la garniture en chanvre ou en cuivre par un garnissage en métal antifriction.

Antimoine.	10
Cuivre.	14
Étain	76
	100

Le bord du chapeau, le fond de la boîte et les bords de la garniture sont taillés en biseau à 45°. De sorte que le serrage de cette garniture s'effectue comme celui de la garniture en chanvre. Ce système est adopté pour certaines locomotives et les paliers portant les arbres de torpilleurs.

Dans la presse hydraulique on se sert du cuir embouti logé dans un évidement circulaire ménagé à l'intérieur de l'orifice par où passe la tige du piston. Plus la pression augmente, plus les bords de

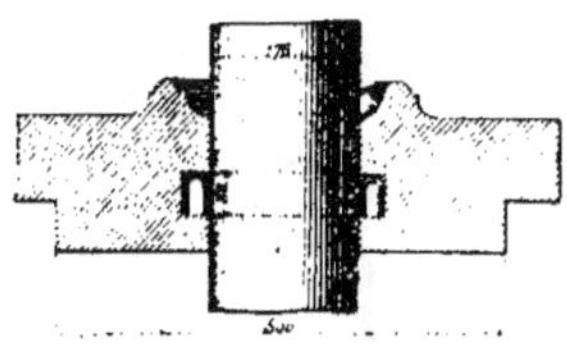

Fig. 3. — Cuir embouti pour presse hydraulique

l'anneau sont fortement serrés contre les surfaces de l'évidement et de la tige du piston.

On peut remplacer le cuir embouti par un anneau de même forme
exécuté en cuivre rouge sur un millimètre d'épaisseur. On a soin d'a-
mincir les bords pour les rendre très flexibles.

Presse-étoupe pour arbres horizontaux. — Les fig. 1 et 2 représentent
des types de presse-étoupes pour arbres horizontaux. Le graissage se

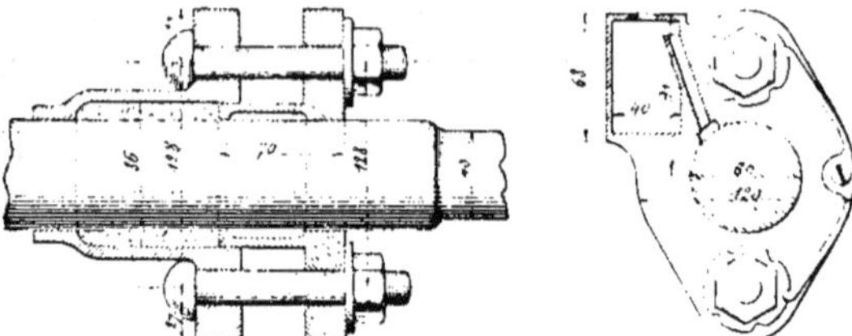

Fig. 1. — Presse-étoupe pour tige horizontale

fait soit par un robinet graisseur, soit par un réservoir sphérique en-

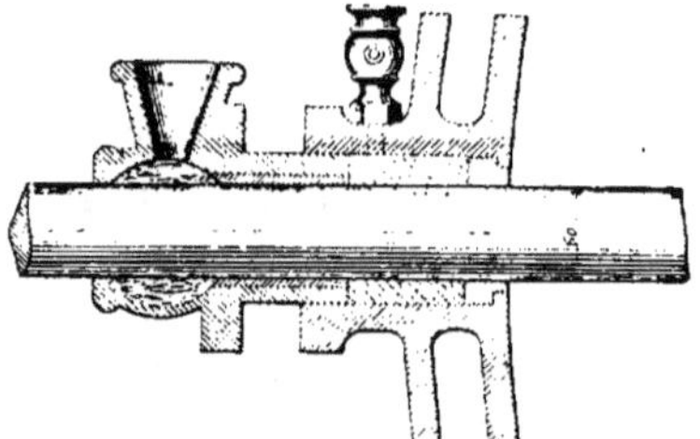

Fig. 2. — Autre type pour tige horizontale

tourant l'arbre, soit par une boîte latérale. L'arbre, dans son mouvement de va-et-vient, répand l'huile dans la boîte à étoupe.

CHAPITRE XVII

PISTONS ET TIGES DE PISTONS

84. Pistons de machines à vapeur. — Dans la description des pistons de machines à vapeur trois choses devront nous arrêter : le piston proprement dit. la garniture, le mode d'attache de la tige. Disons d'abord que le piston proprement dit, généralement en forme de disque, s'exécute en fonte, ou en fer, ou en acier moulé ; que la tige

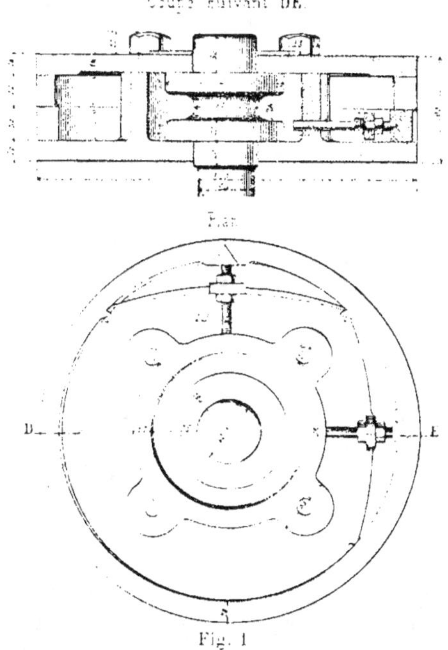

du piston est en fer ou en acier, fixée au corps du piston par une clavette ou par un écrou ; que la garniture est métallique.

La fig. 1 représente un piston de locomotive en usage sur le chemin de fer de l'Ouest. Il se compose de deux plateaux en fonte dont l'un porte une masse qui sert de butée à l'autre et de points d'appui aux ressorts qui règlent la garniture. Celle-ci est faite de deux anneaux d'acier coupés chacun une fois suivant un plan diamétral. Dans la fente s'engage un coin poussé par un ressort, de manière que l'anneau, en s'ouvrant, s'applique exactement sur les parois du cylindre. La tige du piston est prise par deux embases entre les plateaux du piston et le serrage est fait par quatre boulons.

La fig. 2 représente le piston d'une locomotive en usage sur le chemin de fer d'Orléans. Les anneaux élastiques sont les mêmes que dans

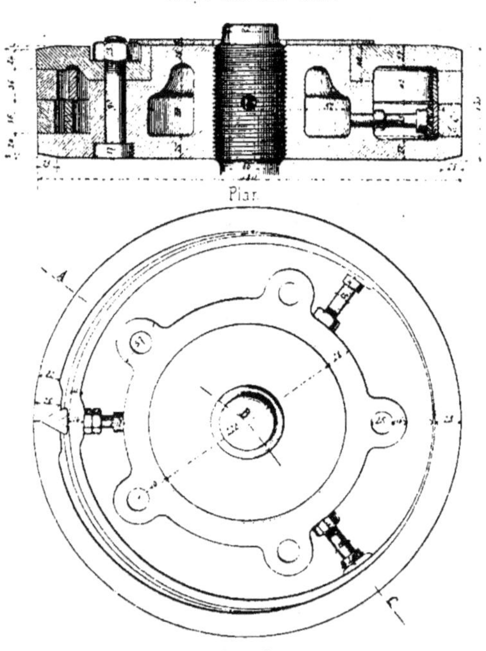

Fig. 2

le système précédent ; mais les ressorts qui pressent les coins pour les ouvrir ont une forme circulaire. La tige du piston est vissée dans le piston et les boulons qui retiennent les plateaux sont noyés. Cette dernière disposition a pour but de réduire les espaces morts.

On nomme espaces morts, les espaces compris entre la surface du piston à fond de course, le fond du cylindre et les parois des conduits

de vapeur depuis le tiroir, le distributeur. On laisse un certain jeu
entre le fond du cylindre et le piston à fond de course; le jeu doit être
aussi petit que possible. Il ne dépasse pas cinq millimètres.

La fig. 3 représente un piston de locomotive Crampton du Nord.

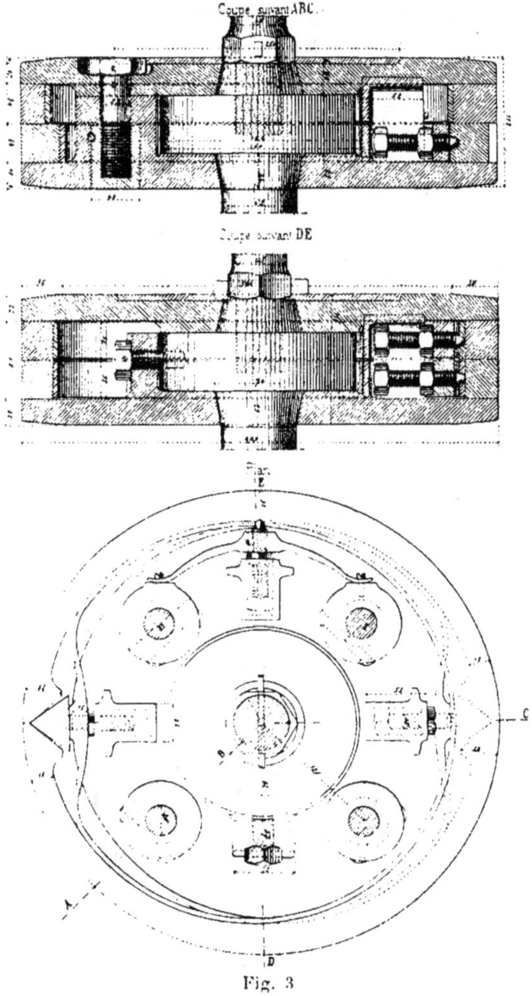

Fig. 3

Le piston Ramsbotton est d'une seule pièce ainsi que le représente la
fig. 4. La garniture se compose d'anneaux métalliques en acier, logés

17

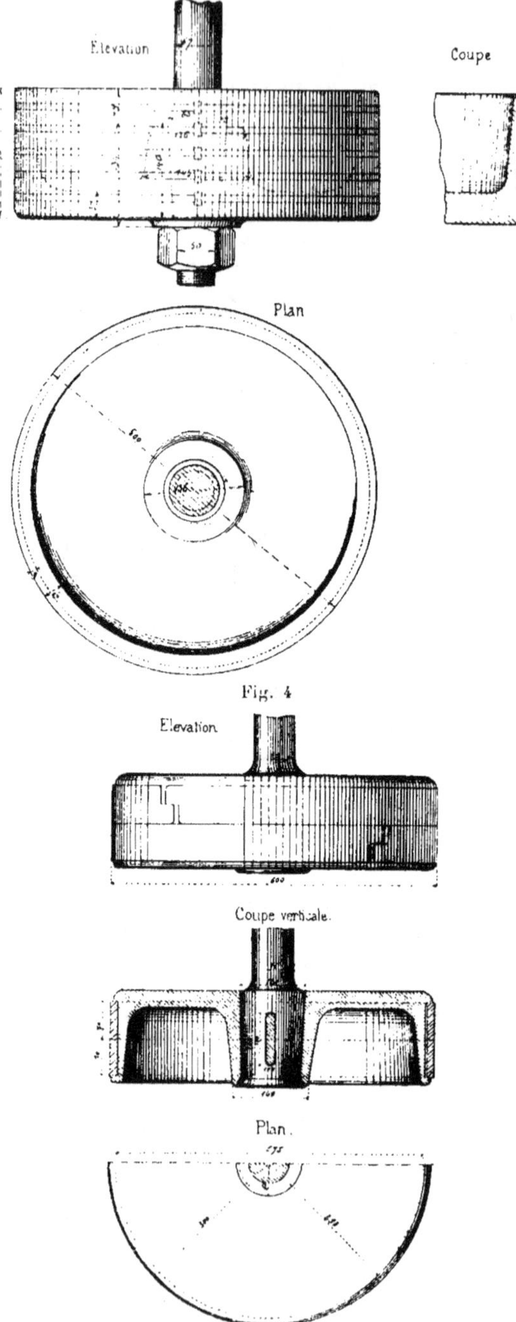

Fig. 4

Fig. 5

dans des rainures extérieures au corps du piston. Les anneaux sont terminés à un diamètre un peu plus grand que celui du cylindre ; de plus ils sont fendus en un point avec un peu de jeu. L'élasticité de l'anneau est suffisante pour l'appliquer contre le cylindre. Ces anneaux en acier usent vite l'intérieur du cylindre.

Pour remédier à cet inconvénient on a disposé la garniture en deux anneaux en fonte, comme c'est indiqué à la fig. 5 représentant un piston suédois. Au lieu de fonte on pourrait faire les anneaux en bronze phosphoreux. Les anneaux sont coulés à un diamètre supérieur à celui du cylindre, de telle sorte que, tourné, l'anneau ait encore un diamètre légèrement plus grand que celui du cylindre. L'anneau est découpé de manière à former sur chaque bord une entaille de la moitié de la hauteur.

Pour mettre le piston dans le cylindre, on resserre le diamètre dans un cercle de fer de manière à le ramener à être égal à celui du cylindre

Les joints des deux anneaux sont sur des diamètres différents du piston. Chaque anneau de garniture, aussi bien dans ce système que dans le précédent d'ailleurs, est maintenu en place au moyen d'un taquet fixe vissé dans le corps du piston. De la sorte, l'anneau ne peut tourner.

85. Garnitures de piston pour souffleries et pompes à air. — Dans les souffleries, où la pression de l'air est faible, environ 0 m. 20 de hauteur de mercure, on pourrait employer des pistons sans garniture. Le pourtour du piston porte des cannelures, fig. 1, dans lesquelles le peu d'air qui passe entre le piston et la paroi du cylindre crée des remous dont l'effet est de gêner le mouvement de l'air dans les fuites. Le débit s'effectuant par un orifice de surface ω est donné

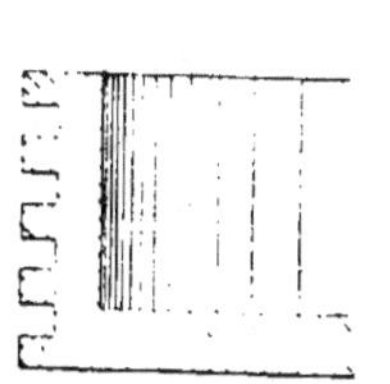

Fig. 1. — Piston à cannelures

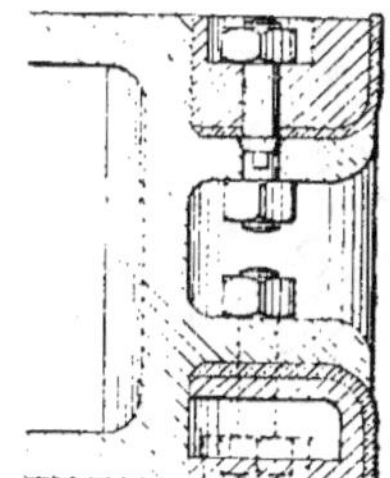

Fig. 2. — Piston pour soufflerie

par la formule ωv, v désignant la vitesse. Quand il n'y a pas de pertes de charges résultant de remous ou de frottement sur des parois, $v = \sqrt{2gh}$, h désignant la hauteur de la colonne de fluide qui fait équilibre à la pression qui produit l'écoulement. La différence des pressions, d'une cannelure à la suivante, n'est qu'une fraction de la différence des pressions sur les deux faces du piston; de plus, l'air produit des remous dans les cannelures. Ces explications suffisent pour faire comprendre le rôle des cannelures.

La fig. 2 représente une garniture en cuir qui a été employée au Creusot. Elle consiste en deux cuirs emboutis maintenus chacun sur une bride circulaire par une couronne en fonte boulonnée sur la bride. Les boulons, devant être fixés sur la bride quand on retire les couronnes circulaires pour changer les cuirs, portent une embase et un ergot recevant un écrou, dans la partie moyenne de l'épaisseur du piston, et un écrou noyé dans la couronne annulaire.

La fig. 3 représente une autre disposition de garniture en cuir.

La fig. 4 représente une disposition adoptée au Creusot après celle dont nous venons de parler. La garniture est en bois. Elle se compose

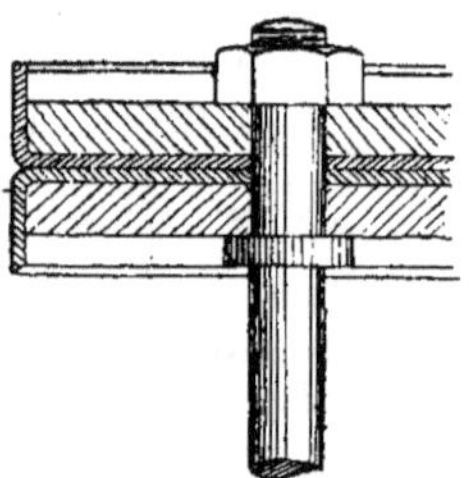

Fig. 3. — Piston avec double cuir embouti

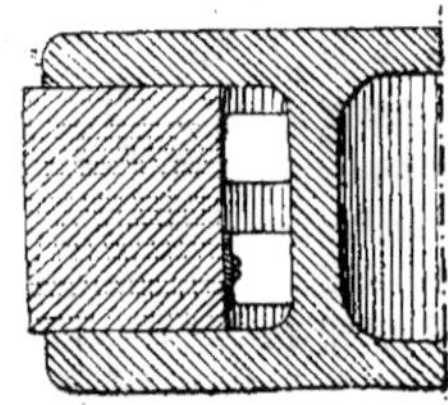

Plan

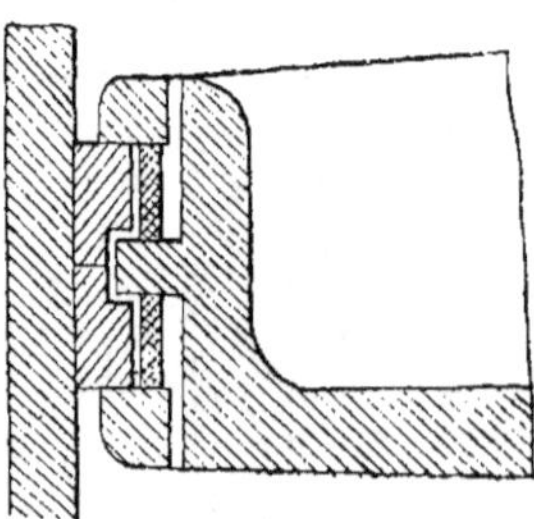

Fig. 5

Fig. 4. — Piston à garniture en bois avec ressorts

de deux séries de cercles en bois dur, coupés en segments de faible longueur, que l'on superpose entre les rebords du piston en croisant les joints. Par côté, on enfonce des chevilles en bois de gayac à l'extérieur des segments, avant la mise en place. Des ressorts forcent chaque cercle à s'appliquer contre les parois du cylindre.

Pour des pressions plus fortes, 150 centimètres de mercure, environ deux atmosphères, on peut employer un piston automatique représenté fig. 5. La garniture est toujours composée de deux séries de cercles en bois dur garnis de chevilles de gayac. Chaque série est maintenue dans une gorge du piston contre une bande annulaire de caoutchouc. L'air comprimé pénètre entre le caoutchouc et la paroi du piston et force la garniture à s'appliquer contre le cylindre. Le contact est d'autant mieux assuré que la pression de l'air est plus grande.

86. Guidage de la tige du piston. — *Traverse et guide de la tige du piston.* — La tige du piston doit être guidée à son extrémité opposée au piston. Le piston est lui-même guidé naturellement par les parois du cylindre. Ces parois, celles du stuffing box ou boîte à étoupe, et enfin le guidage de tête assurent un fonctionnement convenable du piston et de sa tige. On se rend compte d'ailleurs de la nécessité de guider la tige du piston en remarquant que la force totale F qu'elle exerce à l'extrémité de la pièce mobile nommée bielle, est la résultante de la force AB, agissant dans la direction de la bielle, et de la force AC perpendi-

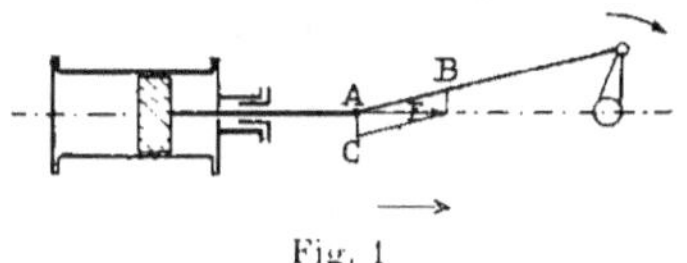

Fig. 1

culaire à la tige du piston. En vertu de l'égalité de l'action et de la réaction, la bielle exerce sur la tige du piston, outre une force égale et contraire à AB, une force égale et contraire à AC. Cette dernière force aurait pour effet de produire l'usure du cylindre très rapidement et d'exiger pour la tige du piston un diamètre plus considérable que celui qu'il suffit de donner quand cette tige est guidée. Le guidage a donc pour but d'éviter les effets de la force perpendiculaire à la tige du piston.

La disposition générale de l'attache et du guidage de la tige du piston peut se résumer de la manière suivante : une traverse est perpendiculaire à la tige du piston, dont la tête s'engage dans un *bloc* et y est retenue par une clavette ou par un écrou ; la traverse reçoit les attaches de la bielle ; celles-ci sont constituées par un jeu de coussinets placés sur les deux branches d'une fourche terminant la bielle ; enfin les deux extrémités de la traverse portent des patins ou *coulisseaux* qui se déplacent en s'appuyant constamment sur des *glissières*.

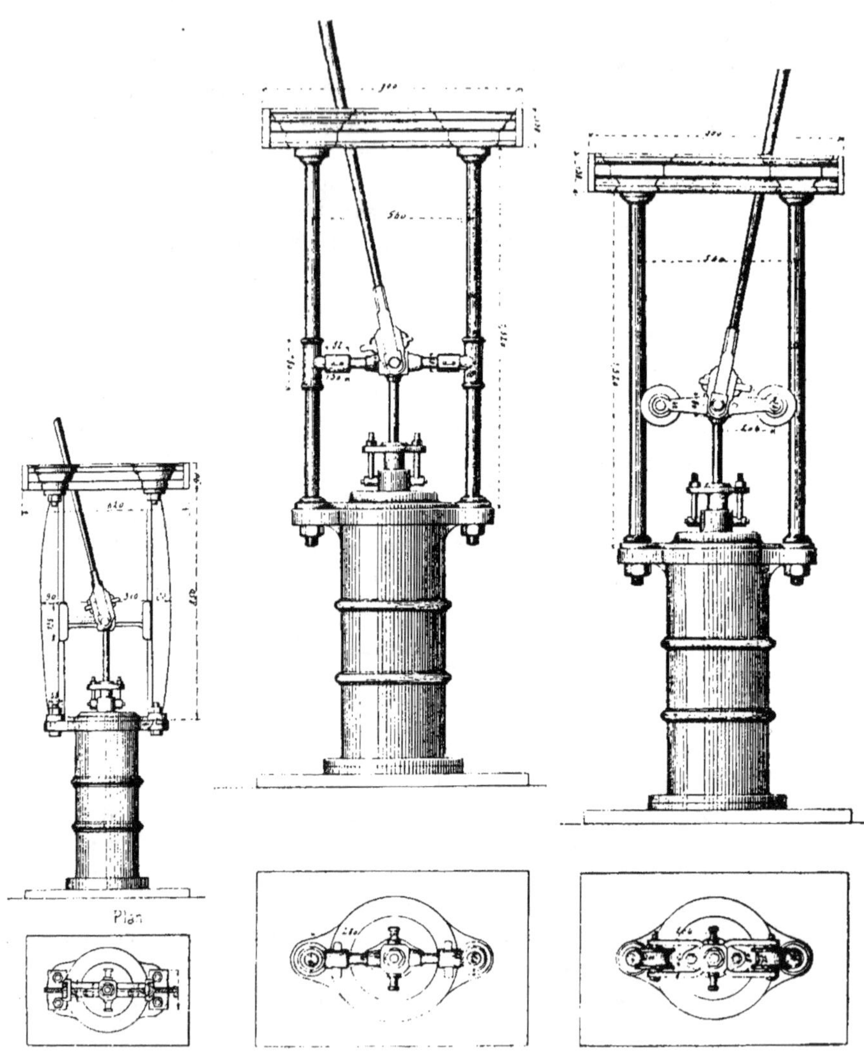

Fig. 2 Fig. 3 Fig. 4

L'ensemble de la traverse du bloc et des coulisseaux prend le nom de *crosse de piston*.

La figure 2 représente une disposition analogue à celle que nous venons de décrire.

Dans les figures 3 et 4, les glissières sont remplacées par des colonnes et les coulisseaux par des galets dans l'un des exemples et par des manchons entourant les colonnes dans l'autre.

Dans les exemples représentés par les figures 5, 6 et 7, la crosse du

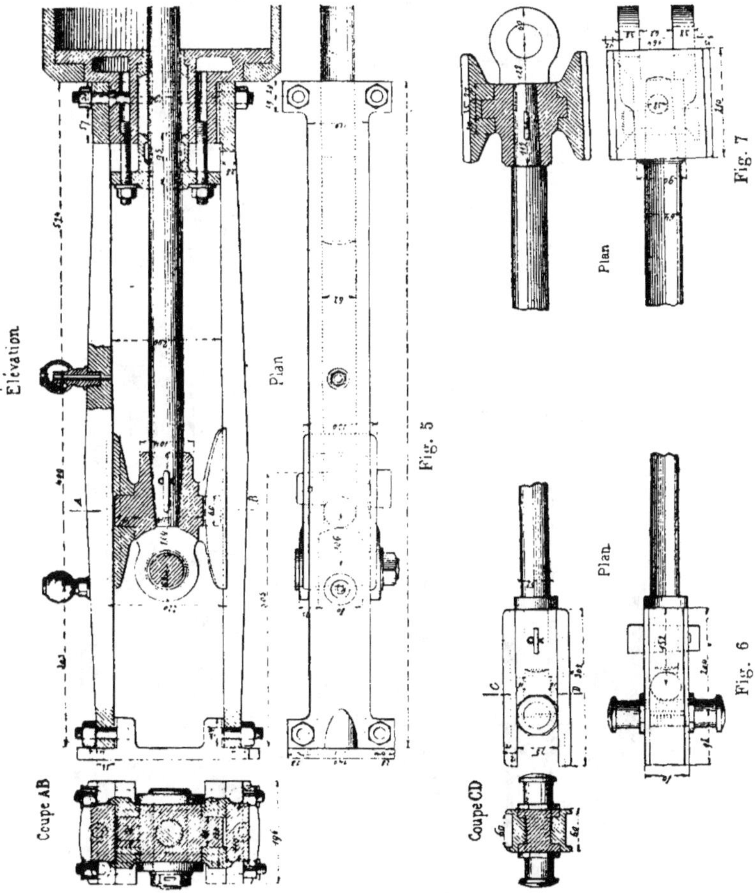

piston est terminée par une chape. La bielle, sans fourche, s'attache sur un axe qui traverse les joues de la chape.

Les figures comprises sous le n° 8 sont la représentation d'un piston et d'une crosse de piston en usage pour *machines à gaz, système Otto.*

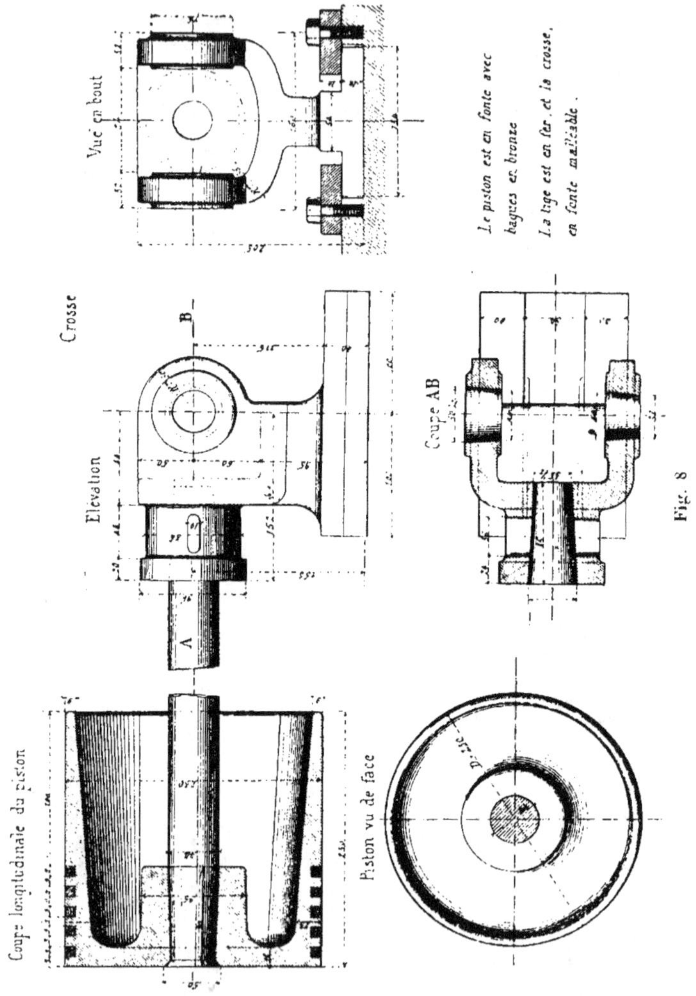

Le piston est en fonte avec bagues en acier ou en bronze. La crosse est en fonte malléable. La tige du piston est clavetée sur la crosse et la bielle s'attache entre des joues ménagées à la crosse. Le coulisseau est formée d'un patin au-dessous de la crosse; la glissière est complétée par deux plaques goujonnées avec le corps de la glissière.

87. Cylindres, pistons et presse-étoupe de pompes à eau.

— La fig. 1 représente une coupe d'une pompe de compression d'eau. Le cylindre est formé d'une enveloppe cylindrique munie de deux tubulures latérales, ayant chacune une bride de raccord avec les

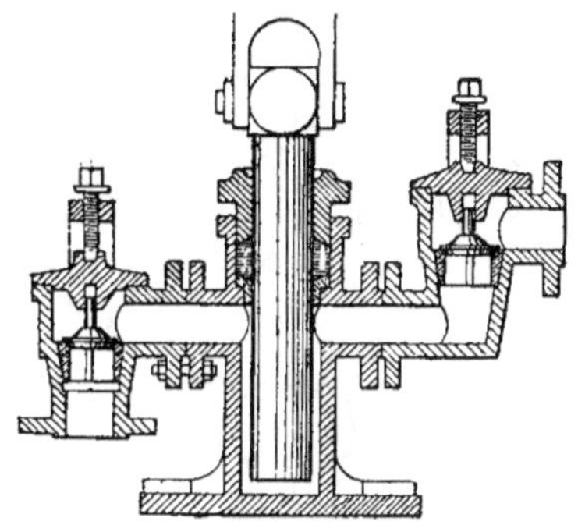

Fig. 1

chapelles des clapets. Le cylindre est fermé en bas; en haut il reçoit une boite dite *presse-étoupe*, composée d'un cylindre dans lequel on met de l'étoupe, comme nous l'avons déjà dit, et d'un chapeau retenu par des boulons placés latéralement et qui servent à comprimer l'étoupe en faisant descendre le chapeau sur le corps fixe du presse-étoupe. Ce chapeau refoule l'étoupe et la serre contre le piston.

Le piston est dit plongeur, c'est un cylindre tourné possédant un mouvement de va-et-vient dans le corps de pompe. Quand on le soulève le vide se fait dans le cylindre et l'eau est aspirée à gauche (dans la figure); elle soulève le clapet de gauche, tandis que le clapet de droite est maintenu sur son siège par la pression de l'eau primitivement refoulée. Quand le piston descend; il comprime l'eau qui vient d'arriver dans le cylindre, le clapet de gauche se ferme sous la pression de cette eau, tandis que le clapet de droite se soulève et laisse passer un volume d'eau égal au volume engendré par le piston.

Les clapets sont placés, avons-nous dit, dans des boîtes latérales, nommées *chapelles*. Ils sont guidés chacun par une simple tringle maintenue dans une douille cylindrique venue de fonte au-dessous du couvercle. Afin que le couvercle de la chapelle soit facilement démontable, il est maintenu en place par la pression d'une vis, dont l'écrou est dans une arcade passant par dessus le chapeau.

Les épaisseurs à donner à l'appareil dépendent et de la pression à laquelle l'eau est refoulée et de la matière dont est fait le cylindre. Les parois sont, dans les appareils de compression d'eau, soumises à des pressions considérables : cinquante, cent kilogrammes, et plus par centimètre carré.

Le cylindre est exécuté en fonte. On peut employer le bronze, si les dimensions ne sont pas trop grandes et si l'on craint l'oxydation. Le piston, les clapets et leurs sièges sont plus généralement exécutés en bronze.

La fig. 2 représente un système de pompe aspirante et foulante pouvant servir à élever simplement de l'eau d'un niveau à un autre. Il n'y a pas de grandes pressions dans les conduits : 4 ou 5 kilogrammes par

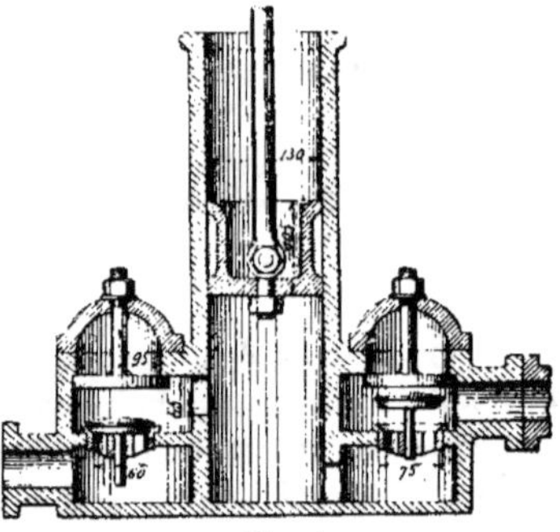

Fig. 2

centimètre carré tout au plus, ce qui, en tenant compte de bien des pertes de charges, pourrait correspondre encore à une différence de trente ou quarante mètres entre les deux niveaux. Comme dans l'exemple précédent, le piston aspire sur la gauche de l'appareil en s'élevant, et refoule sur la droite en s'abaissant. Le piston est creux, il est mu par une bielle attachée directement sur le fond du piston et oscillant autour du boulon de l'articulation. La garniture est en chanvre. Les soupapes sont guidés par en-dessous.

Le corps cylindrique est alésé et le piston tourné au même diamètre sur les parties qui seront en contact avec le cylindre.

Cet appareil peut être exécuté tout en fonte, sauf les clapets qu'il est bon de faire en bronze. Cependant, par crainte de l'oxydation, on fait souvent les pistons en bronze et on met au corps de pompe une chemise intérieure en bronze.

Le tuyau qui plonge dans l'eau au niveau inférieur et la conduit jusqu'à la pompe se nomme *tuyau d'aspiration*; celui qui part de la pompe et mène l'eau au niveau supérieur se nomme *tuyau de refoulement*. Le tuyau d'aspiration est muni à sa partie inférieure d'un *clapet de retenue* ou *d'arrêt* qui a pour but d'empêcher la pompe de se désamorcer. Au-dessous du claplet de retenue est une *crépine* (réservoir percé de trous) dont le but est d'empêcher les herbes, les bouts de bois de pénétrer avec l'eau dans la pompe. La colonne de refoulement doit avoir également un clapet d'arrêt.

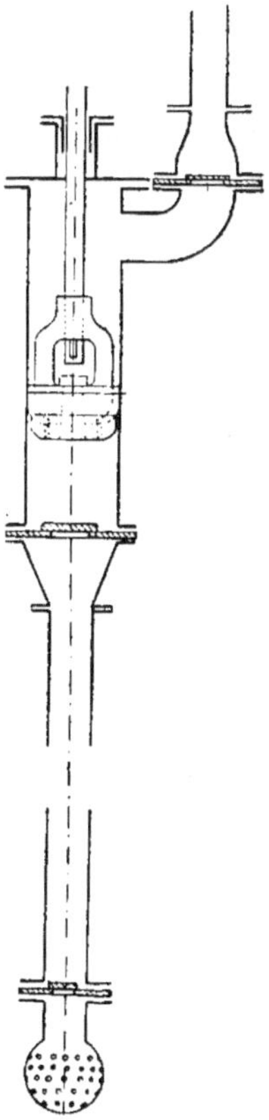

Comme exemple de pompe élévatoire, nous donnons la disposition représentée par la figure ci-contre. Cette disposition est bonne pour les pompes d'un petit diamètre, celles dont le diamètre est inférieur à 0 m. 200. Le piston est retenu par une arcade à la tige qui le fait mouvoir et qui passe dans un presse-étoupe à la partie supérieure du corps de pompe. Sous l'arcade se meut un clapet p'acé au-dessus d'un orifice central du piston. Quand le piston monte, ce clapet se ferme, le piston refoule de l'eau dans le tuyau qui va de la pompe au niveau supérieur et constitue ce que l'on nomme la *colonne élévatoire*. En même temps, le vide tend à se produire au-dessous du piston et l'eau est appelée du niveau inférieur dans le corps de pompe; elle passe par le claplet de retenue, qui est au bas de la *colonne d'aspiration* et par le clapet qui est au bas du cylindre du corps de pompe.

Quand le piston redescend ces deux derniers clapets sont fermés, l'eau traverse le piston en soulevant son clapet et se rend au-dessus.

La garniture du piston est en cuir embouti. Les clapets sont en cuir et garnis de bronze.

Fig. 3

Pour le bon fonctionnement des pompes, la vitesse du piston ne doit pas être trop grande. Pour les petites et moyennes pompes, on peut donner de 30 à 40 coups par minute. Le nombre de coups des grosses pompes peut descendre jusqu'à 12 par minute. Le corps de pompe doit être placé aussi près que possible du niveau inférieur. La pression atmosphérique étant équivalente au poids

d'une colonne d'eau de 10 m. 33, il est nécessaire, en raison des pertes
de charge, des frottements, du dégagement de l'air contenu dans l'eau,
de tenir le corps de pompe à une bien moindre hauteur. S'il s'agissait de
pomper de l'eau chaude, il faudrait d'autant plus se rapprocher du niveau que l'eau serait plus chaude ; et s'il s'agissait de pomper de l'eau
bouillante, le corps de pompe devrait plonger dans l'eau.

Il est très important de remarquer que généralement les pompes sont
des appareils mal équilibrés. La tige du piston travaille très inégalement
à la montée et à la descente. Cette inégalité de répartition dans les efforts nécessite pour la pompe et le mécanisme des pièces plus fortes
que celles qui suffiraient pour un travail régulier. Le moyen de remédier à cette inégalité consiste dans l'accouplement, sur le même arbre
moteur, de plusieurs pompes travaillant alternativement. L'accouplement de plusieurs pompes sur un même tuyau d'aspiration et un même
tuyau de refoulement donne, pour une même quantité d'eau élevée, une
grande économie de travail.

Divers exemples de piston, clapets et soupapes pour pompes. — Ces
types 1 à 7 s'appliquent aux pompes foulantes ou aux pompes éléva-
toires.

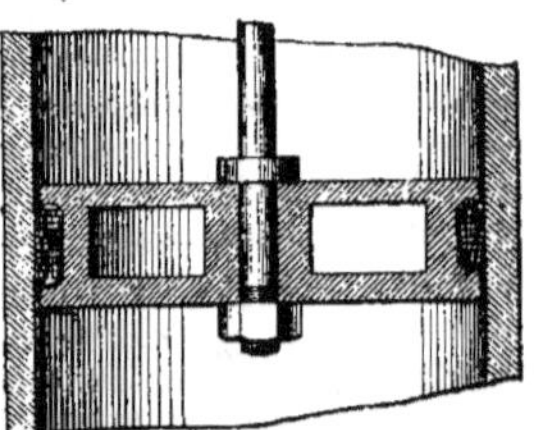

Fig. 1

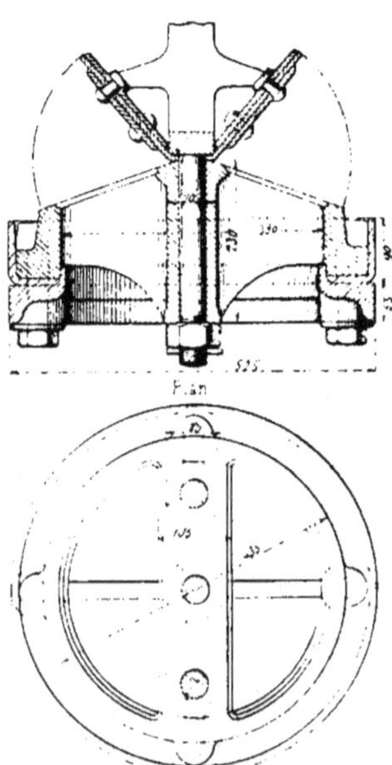

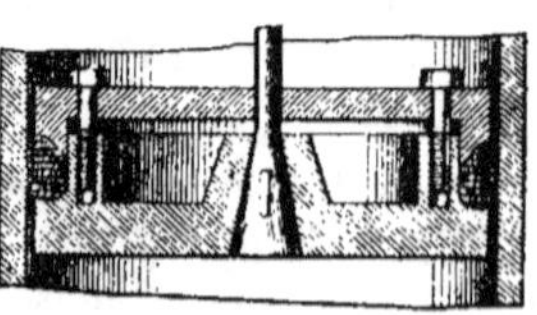

Fig. 2

Fig. 3

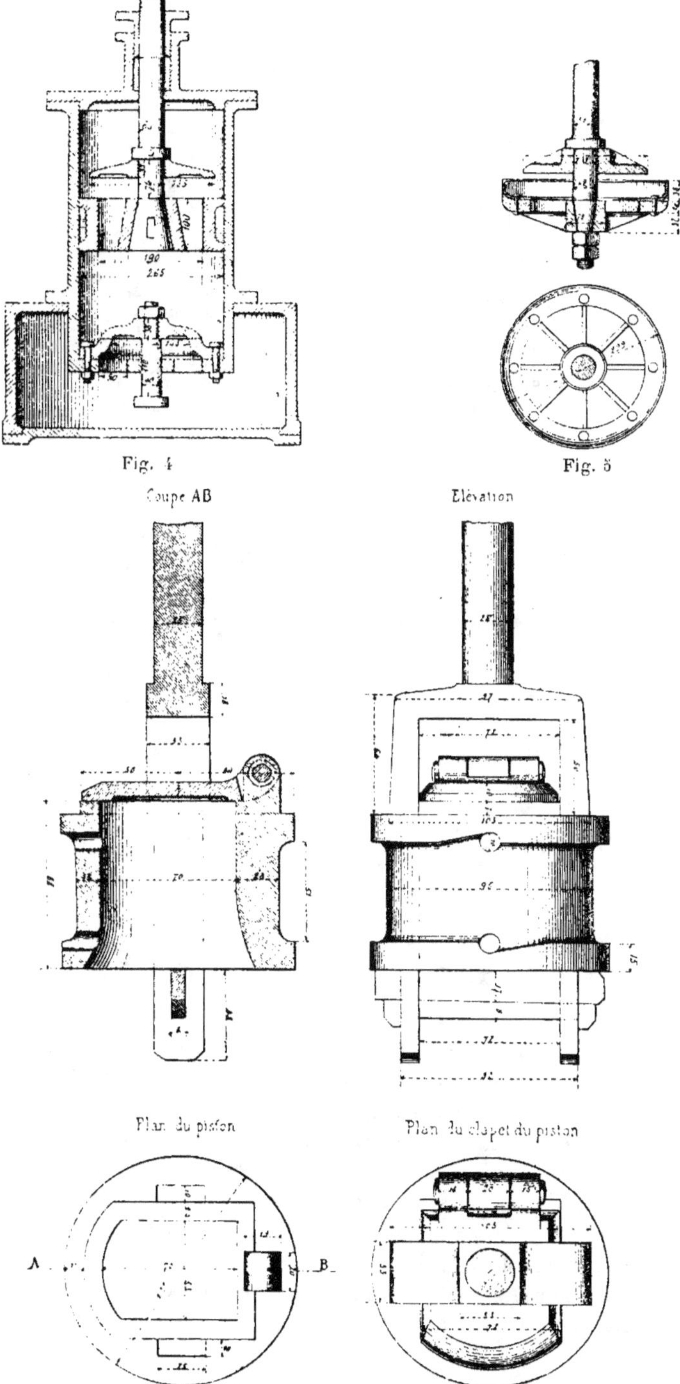

Fig. 4
Coupe AB

Fig. 5
Élévation

Plan du piston

Plan du clapet du piston

Fig. 6

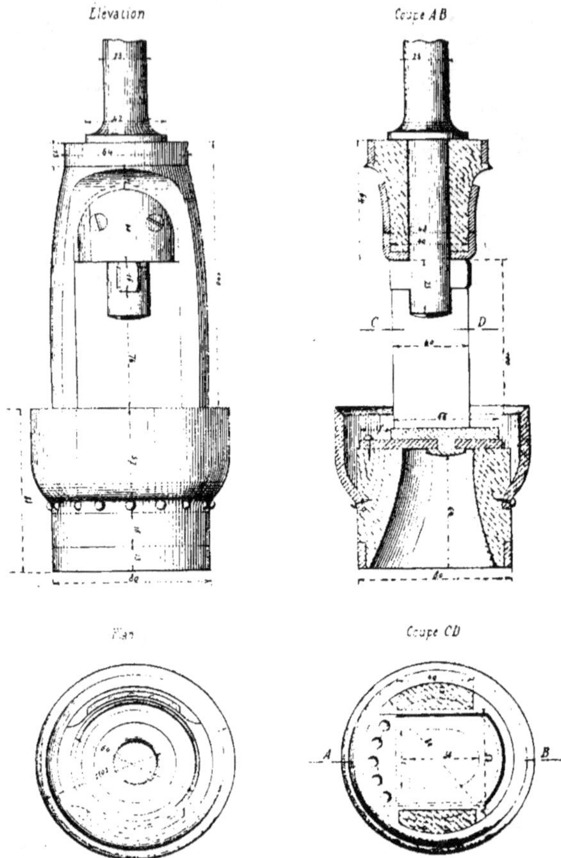

Fig. 7

Clapets et pistons Letestu. — Le piston Letestu est plus spécialement affecté à l'épuisement des eaux bourbeuses, des eaux chargées de graviers et même de fragments de bois et de pierraille. La pompe Letestu est composée d'un cylindre en bronze et d'un piston également en bronze percé de trous. Le clapet en cuir est de forme conique. Il est composé de deux cuirs roulés comme un cornet et coupés chacun suivant deux génératrices. La soupape du corps de pompe est en tout semblable ; voir la figure ci-contre.

Si le piston descend, l'eau passe à travers les trous et soulève les parois mobiles du clapet. Dans le mouvement inverse, le cuir s'appli-

que contre la partie conique du piston et en ferme les trous. Le vide se
produit au-dessous du piston et l'eau passe au-dessus de la soupape du

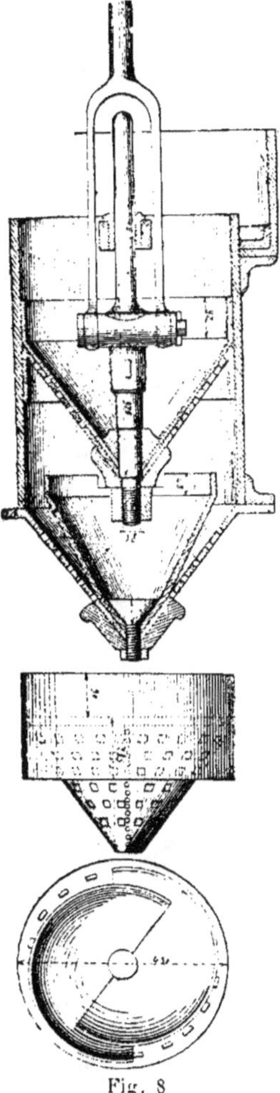

Fig. 8

corps de pompe. On conçoit que par cette disposition l'eau a un très
large passage.

La tige du piston est guidée et réunie à une *bielle* à fourche au
moyen d'un *joug*, sur lequel est claveté le support du piston. Ce support

présente divers épaulements pour buter les bouchons intérieur et extérieur qui serrent la garniture en cuir vers le sommet du cône métallique ; il est terminé par une vis recevant un écrou allongé. Ces bouchons sont en bronze, ainsi que le support et l'écrou. La bielle est en
fer forgé.

CHAPITRE XVIII

BIELLES

88. Bielles. — En construction, on donne le nom de *bielle* à des organes ayant desfonctions bien différentes. En mécanique, le mot bielle s'applique à des tiges rigides réunissant des pièces en mouvement. Dans les machines motrices la bielle est une tige articulée, d'une part, à la tige du piston et, d'autre part, à la manivelle motrice quand les machines sont à action directe, horizontales ou verticales. Dans les machines à balancier la bielle est la tige qui est articulée au balancier d'une part et à la manivelle d'autre part.

Dans les machines locomotives, on nomme *bielle motrice* le levier qui communique aux *roues motrices* le mouvement venant des pistons ; et l'on nomme *bielles de connexion* celles qui rendent une ou plusieurs paires de roues solidaires des roues motrices. Cette disposition a pour effet de mieux profiter de l'*adhérence* que peut produire le poids de la locomotive, qui se réparti sur les essieux.

Dans une bielle on distingue le corps et les deux têtes d'articulation.

La tige peut être simple ou à fourche, elle peut être exécutée en bois, en fer ou en acier forgés, en acier ou en fonte moulés. Le choix de la matière dépend du service que doit rendre l'organe. Ainsi, une bielle attachée à un balancier, à l'extrémité opposée à celle où s'attache la tige du piston, sera exécutée en fonte ou en acier moulé afin que son poids puisse équilibrer celui du piston. Dans tous les cas, la bielle étant une pièce non encastrée, comprimée dans le sens de la longueur, il faudra dans le calcul de ses dimensions tenir compte de cette circonstance, comme indique de le faire la théorie de la résistance des matériaux. On renforce les bielles par des nervures quand elles sont en fonte ou en acier moulés et par un renflement quand elles sont en fer forgé.

Supposons que l'on ait calculé le diamètre d'une tige cylindrique pouvant résister à l'effort auquel la bielle est soumise. Si elle est en fonte, on lui donne quatre nervures en croix, dont la saillie est la moitié du diamètre calculé précédemment. La section des bielles en acier moulé a généralement la forme d'un double T.

Les têtes de bielle doivent être disposées de manière à maintenir invariable la distance entre le centre du maneton de la manivelle et l'axe de la traverse du piston. Les coussinets des têtes sont réglés par des clavettes que l'on peut serrer plus ou moins d'après le degré d'usure des coussinets. Ceux-ci ont en général deux joues qui s'appliquent respectivement sur les faces des têtes de bielles et les maintiennent dans le sens transversal. Le rotation des coussinets est rendue impossible soit par des ergots se logeant dans la tête de bielle, soit par une forme polygonale donnée à la partie extérieure du coussinet.

Exemples de bielles. — Les têtes de bielles sont dites *ouvertes* quand elles se composent d'une sorte de fourche terminant la tige, fourche où les coussinets sont logés et retenus par un système de clavette et de contre-clavette. Les figures 8 offrent un exemple de cette disposition; la clavette est retenue par une contre-clavette à fourche.

Les *têtes de bielle à bride* sont celles qui sont formées d'une sorte de bloc terminant la tige de la bielle et d'une bride qui embrasse les coussinets et est assujetti au bloc par clavette et contre-clavette ou par un prisonnier.

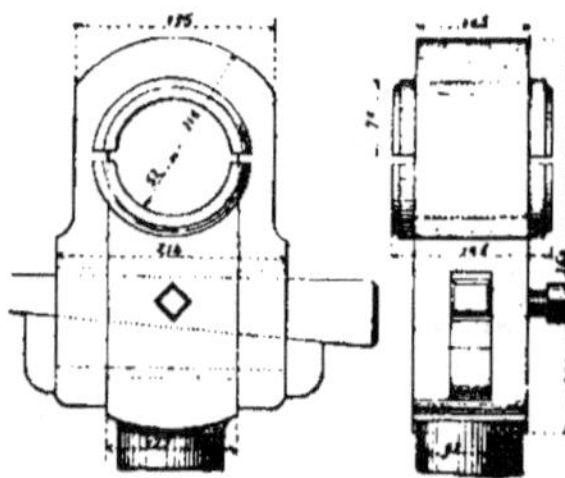

Fig. 1

Dans la figure 1 la contre-clavette agit sur les extrémités de la bride et la clavette agit contre le bloc de la tige de bielle. La clavette est maintenue en place au moyen d'une vis.

Dans la figure 2 la bride est assujetie au bloc par deux prisonniers, et le serrage des coussinets se fait par une clavette manœuvrée au moyen d'un boulon portant un double écrou.

Dans la figure 3 la bride est fixée comme précédemment; la clavette est retenue par une clavette et une contre-clavette.

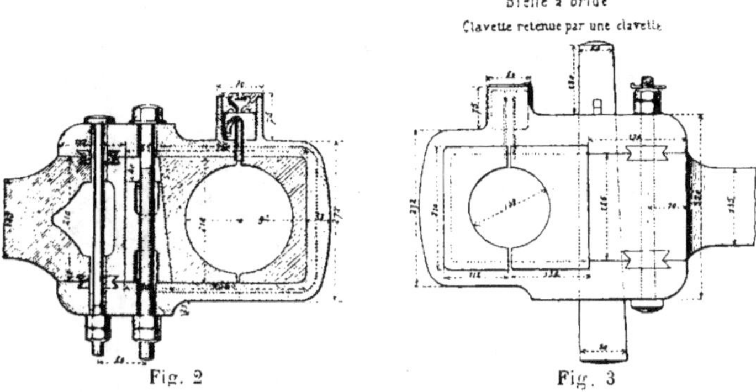

Fig. 2   Fig. 3

Les *têtes de bielle fermées* sont celles qui sont formées par des coussinets engagés dans un évidement terminant la tige de la bielle. Dans la

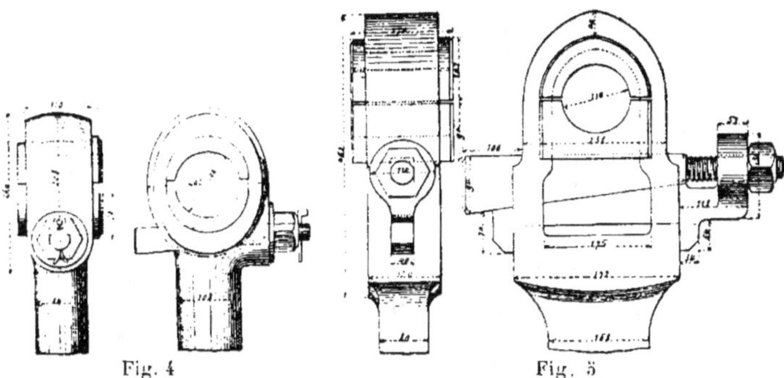

Fig. 4   Fig. 5

figure 4 les coussinets n'ont de joues que d'un côté et peuvent être engagés latéralement dans l'évidement.

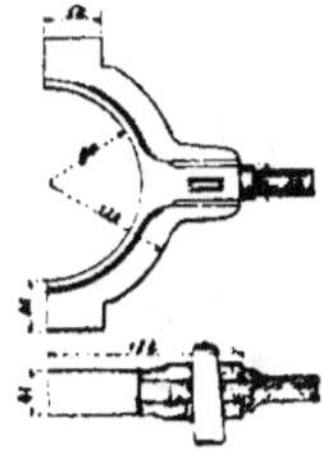

Fig. 6

Dans la figure 5 les coussinets ont chacun deux joues; la partie inférieure de l'évidement a une dimension qui permet le passage d'une des joues.

La figure 6 donne l'emmanchement par clavette d'une tige de bielle à fourche.

La figure 7 représente une bielle verticale motrice.

Les figures comprises sous le n° 8 représentent une bielle motrice à fourche pour machine horizontale.

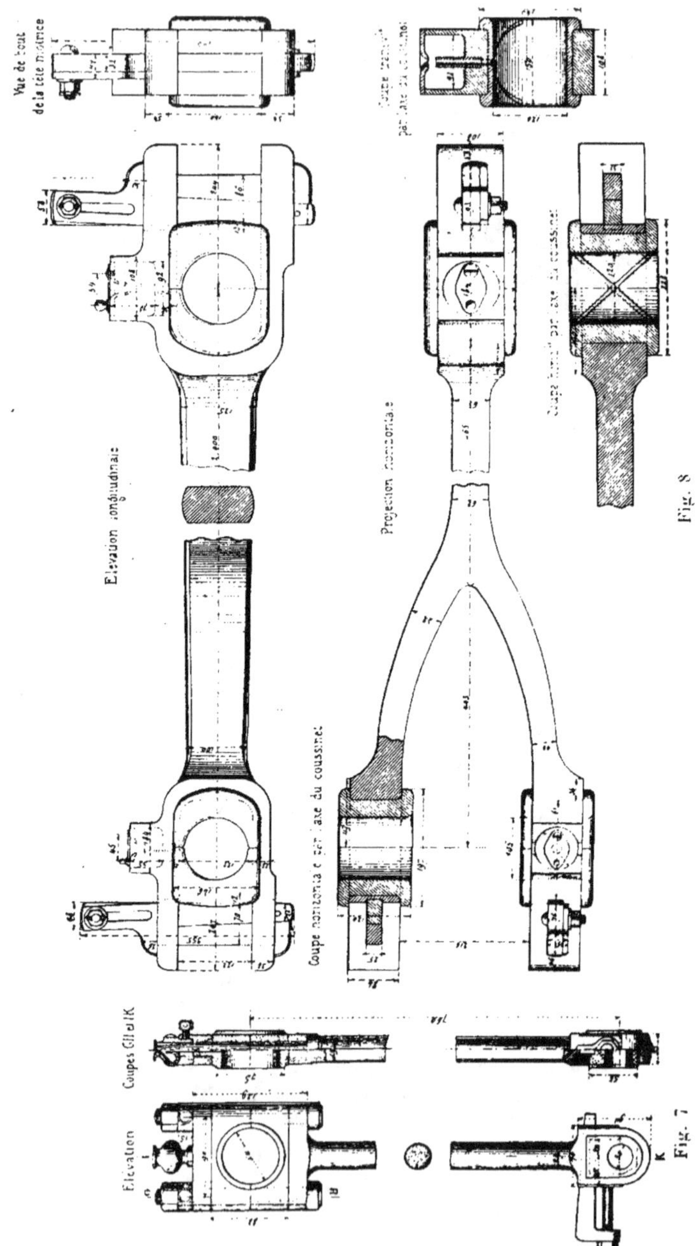

Vue de bout de la tête motrice
Coupe transversale par l'axe de l'articulation
Élévation longitudinale
Projection horizontale
Coupe horizontale par l'axe du coussinet
Coupe longitudinale par l'axe du coussinet
Fig. 8
Coupes G H et K
Élévation
Fig. 7

Les figures comprises sous le n° 9 représentent une bielle motrice employée au chemin de fer du Nord pour machine locomotive fortes rampes.

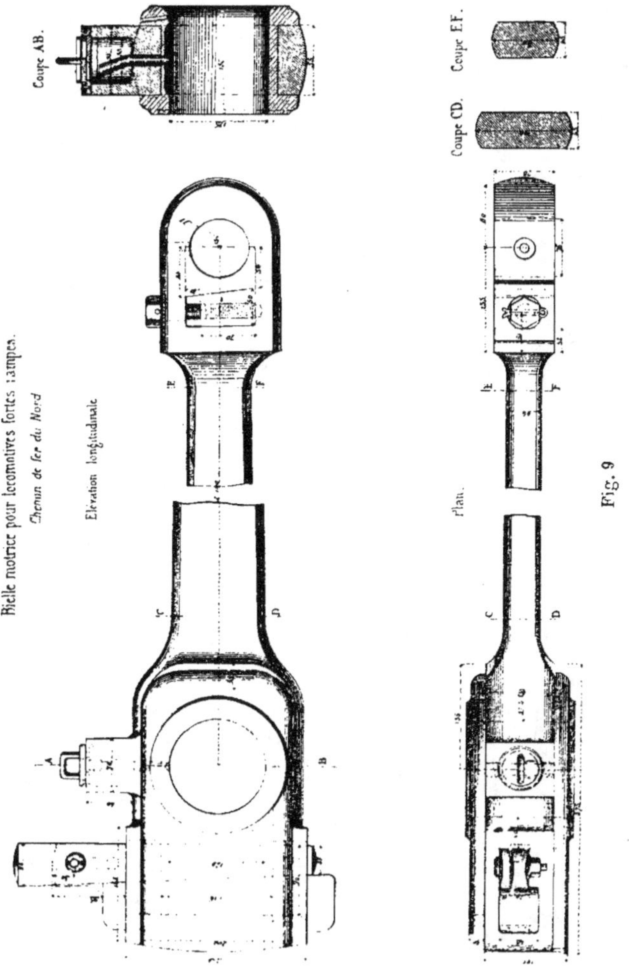

La figure 10 représente une bielle en fer forgé.
La figure 11 représente une bielle en bois.

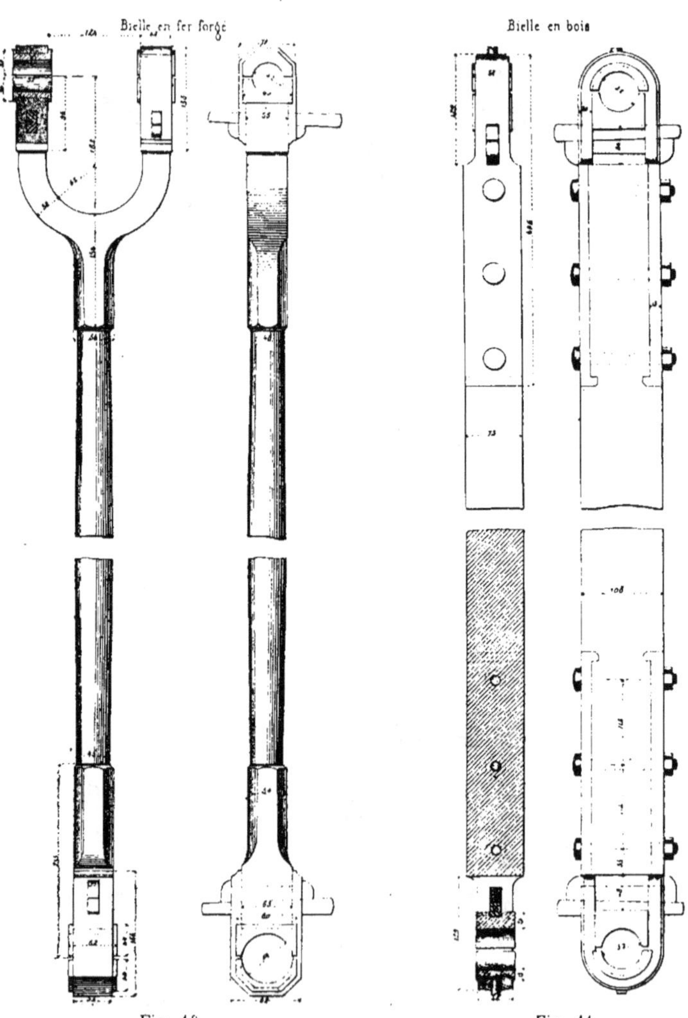

Fig. 10   Fig. 11

Les figures comprises sous le n° 12 représentent une bielle en fonte ;
celles de droite sont à une échelle double de celle adoptée pour la figure
de gauche.

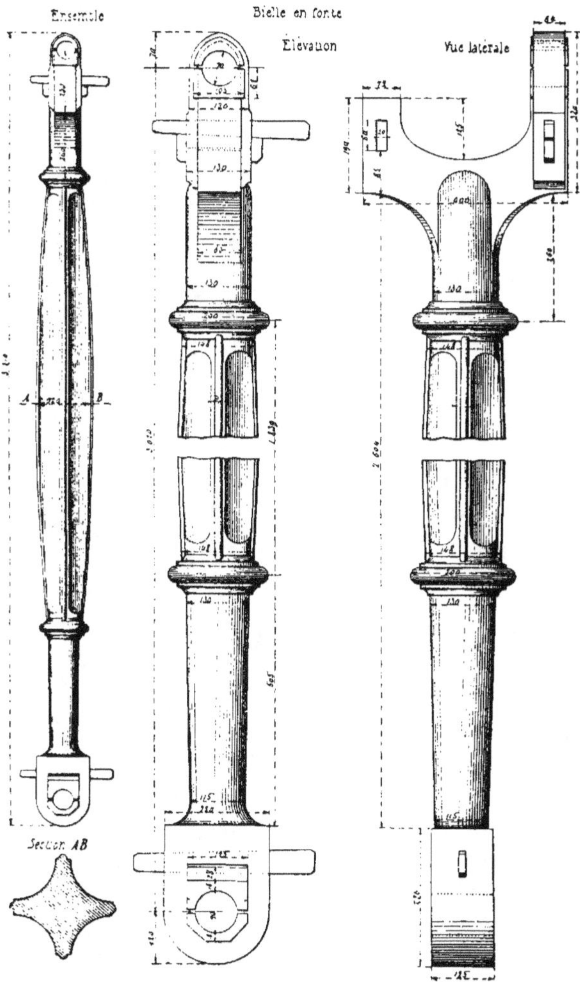

Fig. 12

Nous ferons remarquer que les bielles à fourche sont moins avanta-
geuses que les bielles droites, parce que l'usure des coussinets se fait inégalement sur les têtes d'une fourche, en raison des difficultés d'ajustage.

CHAPITRE XIX

BALANCIERS, PARALLÉLOGRAMME DE WATT

89. Balanciers. — *Forme générale des balanciers de machines verticales.* — Le balancier des machines telles que celle qui est représentée fig. 1, p. 282, est un levier recevant l'attache de la bielle et commandé par la tige du piston. Cet organe a pour but de transformer le mouvement rectiligne du piston en un mouvement de rotation, celui de la manivelle et de l'arbre sur lequel elle est calée.

La forme extérieure des balanciers se rapproche généralement de la forme parabolique. En voici la raison. Supposons que la section du balancier faite perpendiculairement à son axe soit rectangulaire, et en outre que le balancier soit sollicité à ses deux extrémités par des forces provenant de l'action du piston, d'une part, et de l'action de la bielle d'autre part. Le balancier doit être considéré comme travaillant surtout à la flexion. Les plus grands efforts résultant de cette flexion sont dans la section passant par l'axe fixe du balancier et les efforts de flexion vont en diminuant dans les sections à mesure que celles-ci s'éloignent de cet axe fixe. On démontre que, si l'on veut que les diverses sections soient *d'égale résistance*, c'est-à-dire subissent les mêmes forces élastiques maxima, la forme extérieure est rigoureusement celle d'une parabole. Cette forme, d'ailleurs, n'est rigoureusement d'égale résistance que si l'on admet que la section du balancier est rectangulaire et que l'épaisseur est constante.

Ces conditions de charge et de forme ne sont généralement pas remplies. Ainsi la balancier reçoit les points d'attache des tiges qui commandent les trois organes suivants : pompe à eau, pompe d'alimentation de la chaudière, pompe à air du condenseur. Il en résulte qu'en donnant au balancier une forme extérieure parabolique, on n'obtiendrait pas une pièce qui soit rigoureusement d'égale résistance.

L'extrémité du balancier qui reçoit la bielle et celle qui est commandée par la tige du piston sont nécessairement renforcées, parce que dans ces sections, si l'effort de flexion est théoriquement nul, l'effort tranchant ou de cisaillement est considérable.

La figure 1 représente un balancier en plan, coupe et élévation et
la construction graphique pour en déterminer la forme. Cette construction consiste en ceci : on a reporté au-dessus de l'axe horizontal
de figure et au milieu de sa longueur, une ligne représentant la hau-

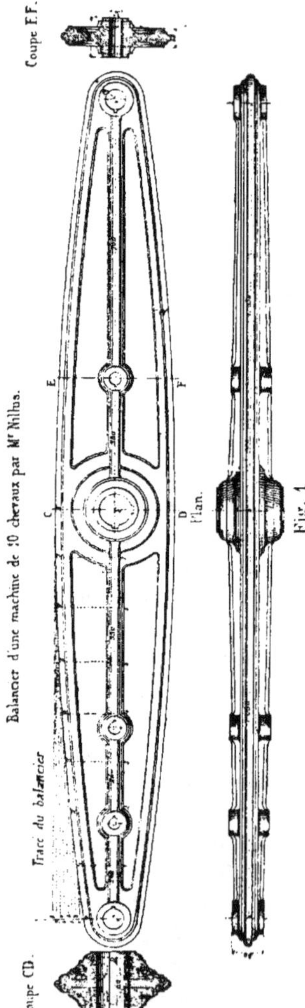

teur indiquée comme convenable par
la résistance des matériaux. A l'extrémité on a tracé la circonférence qui
limite le renforcement nécessaire pour
le point d'attache. L'excédent entre la
demi-hauteur au milieu et le rayon de
ce cercle est divisé en un certain nombre de parties égales ; et la demi-lon-
gueur du balancier est divisée en un
pareil nombre de parties égales, par
les points de division desquelles on
trace des perpendiculaires à l'axe horizontal. Le point 8 du contour est
joint au point 7 de la dernière verticale
à gauche de la figure. Le point 7 du
contour, qui est à la rencontre de la
ligne 7, 8, tracée précédemment, et de
la perpendiculaire 7, est joint au point 6
de la dernière verticale de gauche.

En continuant ainsi on obtient un po-
lygone dans lequel on inscrit une courbe
qui forme le contour du balancier.

Certains balanciers en fonte ont été
calculés en prenant la hauteur du balancier au milieu égale au 1/6 de la
longueur totale ; on calculait l'épaisseur de la flasque par les formules de la
résistance des matériaux. Pour d'autres,
on s'est donné le rapport de cette hauteur à l'épaisseur de la flasque. La
flasque est ensuite consolidée de nervures qui augmentent sa résistance à la
flexion et ont encore pour but de s'opposer au voilement sous des efforts

obliques qu'il faut prévoir, mais qu'il est difficile d'évaluer exactement.

La forme de ce balancier se compose en définitive d'une *flasque* ou
plaque à faces parallèles et perpendiculaires à l'axe d'oscillation. Elle

est renforcée de nervures le long du contour, ce qui est une disposition favorable en ce sens que, pour une même quantité totale de matière, la résistance de la pièce à la flexion est augmentée. Une nervure horizontale sert à consolider sur l'âme du balancier les moyeux où sont

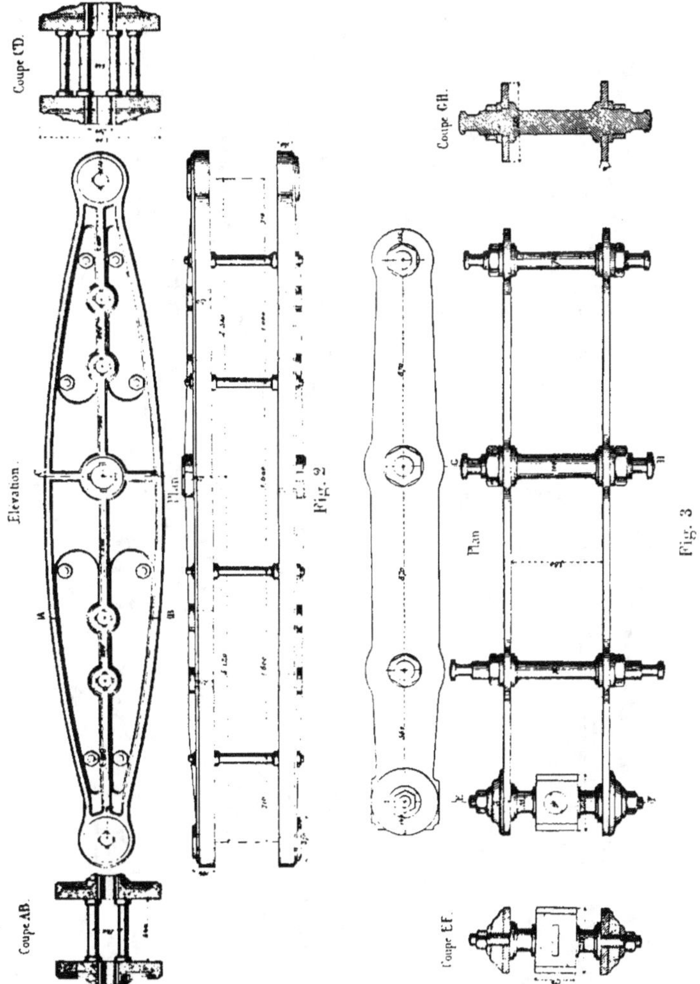

fixés les axes d'oscillation. Ils sont fixés sur le balancier au moyen d'un clavetage. Il est évident que cette pièce, en raison de la complication de sa forme, ne peut être exécutée qu'en fonte.

Il faut donner à l'axe d'oscillation des portées d'une longueur assez grande pour que le balancier soit bien stable, que son plan d'oscillation soit rigoureusement invariable. On doit d'ailleurs s'assurer que

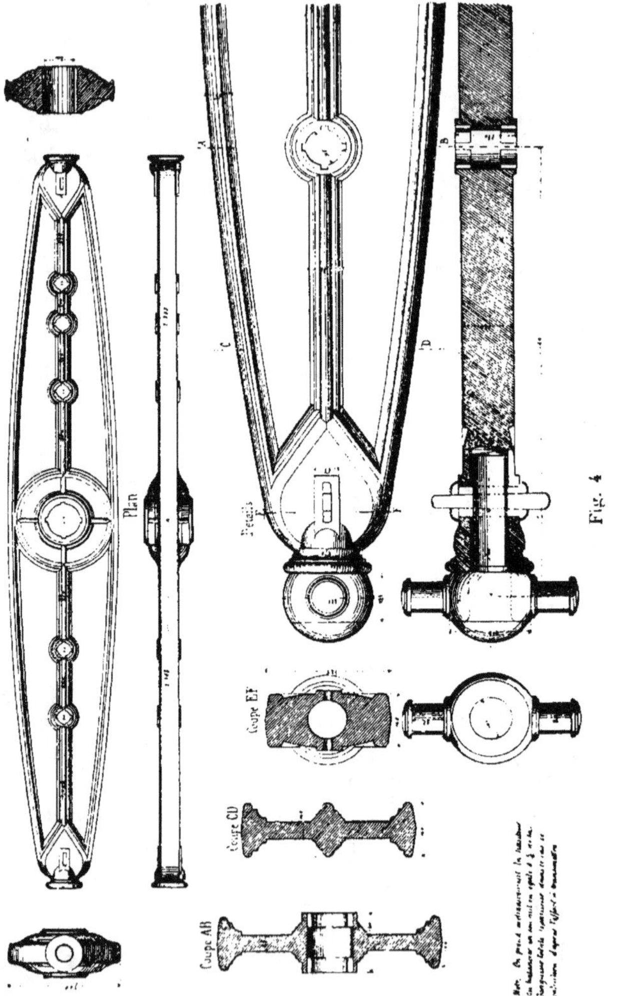

Fig. 4

la pression par unité de surface au contact des tourillons et de leurs coussinets est suffisamment faible pour ne pas chasser l'huile du graissage.

La figure 2 représente un balancier à deux flasques en fonte réunies par des entretoises en fer. Ces entretoises portent des embases sur lesquelles viennent buter les flasques ; elles sont boulonnées à l'extérieur.

Cette disposition est avantageuse en ce sens que la bielle étant à une tête, articulée entre les flasques, il n'y a pas à craindre des efforts obliques comme il peut s'en produire sur un balancier commandant une bielle à fourche. On comprend, en effet, que le moindre défaut dans le réglage des têtes qui terminent les branches de la fourche donne lieu à des efforts différents sur les deux faces du balancier, ce qui peut être une cause de rupture.

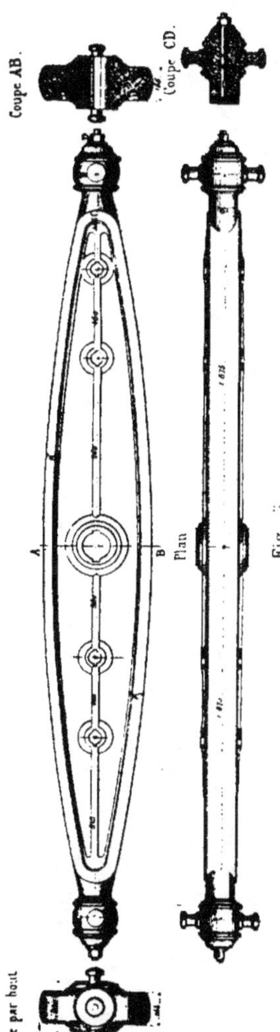

La figure 3 représente un balancier composé de deux flasques en fer. Par la minceur des flasques on reconnaît que l'on a dû employer une matière plus résistante et moins fragile que la fonte. La comparaison de cette figure et de la précédente montre bien la différence d'aspect des pièces en fonte et des pièces en fer.

La figure 4 représente des articulations, aux extrémités, différentes de celles que nous avons déjà vues. L'axe d'oscillation n'est plus simplement passé dans un œil du balancier où il est claveté. Il fait partie d'une sorte de joug renflé en son milieu et percé d'un œil traversé par un gros boulon à tête ronde, qui s'engage dans une loge du balancier et y est claveté. Dans cette disposition le boulon supporte l'effort du cisaillement.

Dans la disposition de la figure 5 le joug est passé sur une portée prolongeant le corps du balancier et il est retenu par une large tête traversée par un boulon claveté dans le corps même du balancier. L'effort de cisaillement est, par cette disposition, reporté sur le balancier.

Supports des balanciers. — Les *tourillons* ou portées des axes d'oscillation du balancier portent sur des coussinets faisant partie de deux paliers, organes que nous décrirons plus tard. Ces paliers sont supportés par un entablement en fonte, qui, pour les grandes machines, est appuyé sur les murs de la *chambre de la machine*. Des colonnes en fonte doivent, dans tous les cas, relier l'entablement à la plaque de fondation générale, afin de solidariser toutes les parties de la machine et d'empêcher des déplacements relatifs qui, si petits qu'ils soient, ont toujours de graves inconvénients.

Pour les machines moyennes, on emploie deux chassis jumeaux formant généralement le bâti en A (en forme d'A). Ces chassis sont composés de flasques triangulaires consolidées de nervures. Des évidements rendent les pièces plus légères.

On peut encore employer un système d'entablement supporté par colonnes reposant sur la plaque générale de fondation.

90. Parallélogramme de Watt. — La liaison entre la tige du piston et le balancier se fait au moyen d'un double système de leviers articulés, dont l'ensemble forme l'organe désigné sous le nom de parallélogramme articulé de Watt. On conçoit que la tige du piston, ayant en tous ses points un mouvement rectiligne suivant l'axe du piston, ne peut être attachée directement à une des extrémités du balancier. En effet, cette extrémité a nécessairement un mouvement de rotation autour de l'axe d'oscillation de celui-ci. Watt est parvenu, par l'emploi de l'organe connu sous le nom de *parallélogramme*, à guider la tige du piston de telle sorte que le mouvement de l'extrémité opposée au piston diffère tellement peu d'un mouvement rectiligne que l'on peut le considérer comme tel.

Voici le principe de cet appareil : considérons la fig. 1 ; AB est la tige du piston, reliée au balancier CD par une bielle BC ; le parallélogramme est CBEF ; F est une articulation sur le balancier ; l'articulation E est reliée à un point fixe G. Ce point fixe est pris soit sur un des murs de la chambre de la machine, soit sur une des colonnes qui soutiennent l'entablement de la machine.

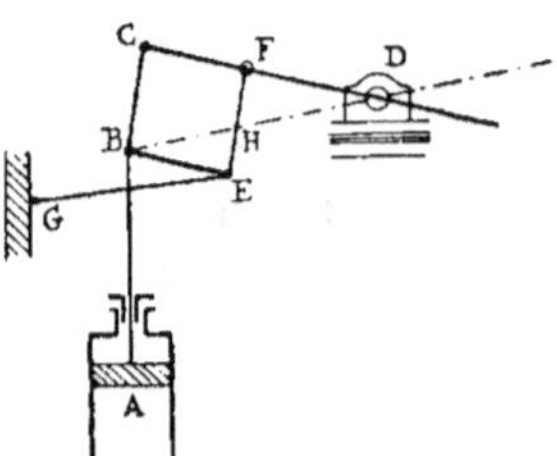

Fig. 1

Dans le fonctionnement de la machine, le point F décrit un arc de cercle autour du point D et le point E en décrit un autour du point G. La barre EF est donc assujettie à cette condition que ses extrémités ont cha-

cune un mouvement circulaire alternatif. Les points de cette tige,
près du milieu, décrivent des courbes dont la forme générale est celle
du chiffre 8, avec cette différence que la partie moyenne de la courbe,

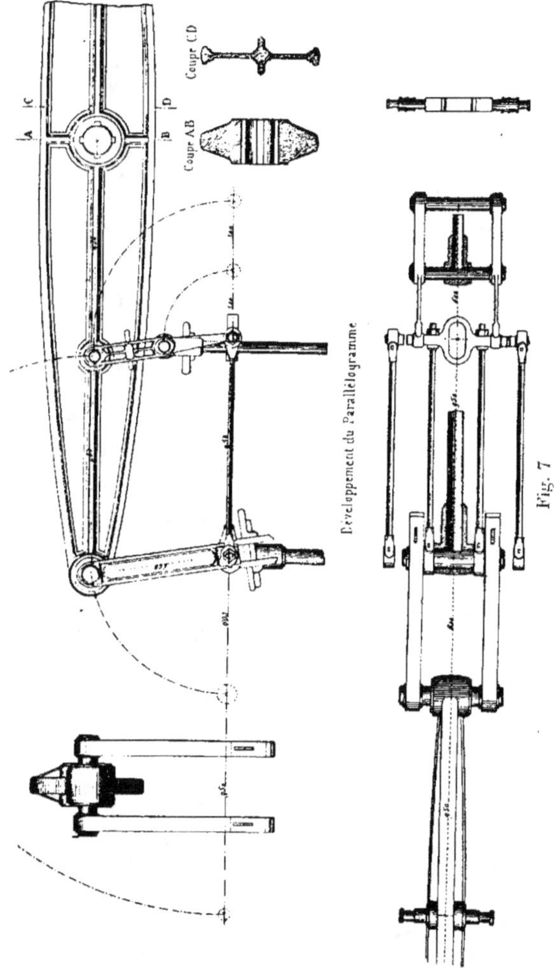

où se trouve le nœud, est très allongée et que chacune des deux branches près de leur croisement se confond très sensiblement avec une
droite dans une assez grande étendue de la courbe

Joignons le point B au point D par une ligne droite; cette ligne ren-

contre la barre EF au même point H, quelle que soit la position du système. Le point B décrit une ligne homothétique de celle que décrit le
point H, et par conséquent se déplace très sensiblement en ligne droite.

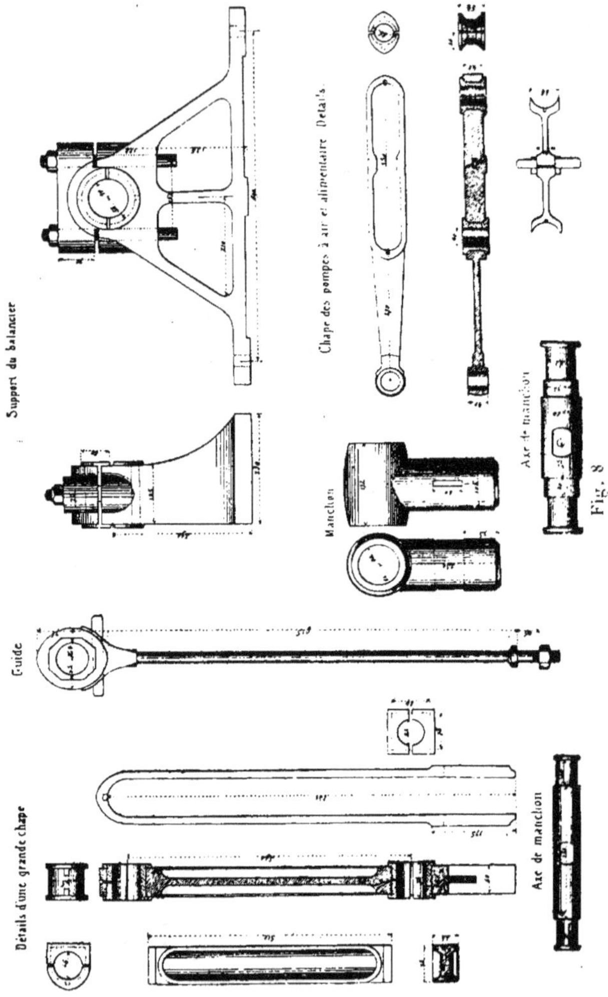

Pour déterminer le centre G de la rotation du *contrebalancier* GE, on
prend trois positions du balancier, savoir : la position moyenne et les
deux positions extrêmes. Pour chacune d'elles, on place le point B sur
la verticale que devrait parcourir l'extrémité de la tige du piston. A

chaque position de B en correspond une de F. Par les trois positions de E, on fait passer un cercle dont le centre est le point G et dont le rayon est la longueur GF.

Watt admettait que FD = CF et que la verticale, sur laquelle on prend trois positions du point B, est perpendiculaire au milieu de la flèche de l'arc parcouru par le point C et dont la corde verticale égale la course du piston.

Les figures des pages 287 et 288 représentent un parallélogramme de Watt et des détails de construction des pièces qui le composent. La tige de l'une des pompes est attachée en un point qui correspond au point H de la figure explicative.

CHAPITRE XX

MANIVELLES, EXCENTRIQUES, ARBRES

91. Manivelles. — Le mouvement du piston, nous l'avons déjà dit, est généralement communiqué à l'arbre de la machine au moyen d'une bielle, articulée d'une part à la tige du piston et de l'autre à un levier nommé *manivelle*, calé sur l'arbre. Nous avons vu un autre mode de communication du mouvement du piston à l'arbre de la machine par l'intermédiaire d'un balancier et de bielles. Dans ce chapitre nous nous occuperons de l'étude des manivelles et des arbres. Nous joignons à l'étude des manivelles celle des excentriques, dont la fonction est de suppléer aux manivelles de très petits rayons.

La manivelle se compose de trois parties : le corps, la *grosse tête* ou *moyeu* clavetée sur l'arbre et la petite tête qui porte un boulon dit *maneton* où vient s'articuler la bielle.

On voit que la manivelle est un organe soumis à un effort de flexion résultant de la traction ou de la poussée produite par la bielle et à une torsion produite par l'action même de la bielle, parce que celle-ci n'agit pas dans le plan de rotation de la manivelle. Si la manivelle n'était soumise qu'à un effort de flexion, on pourrait lui donner une forme

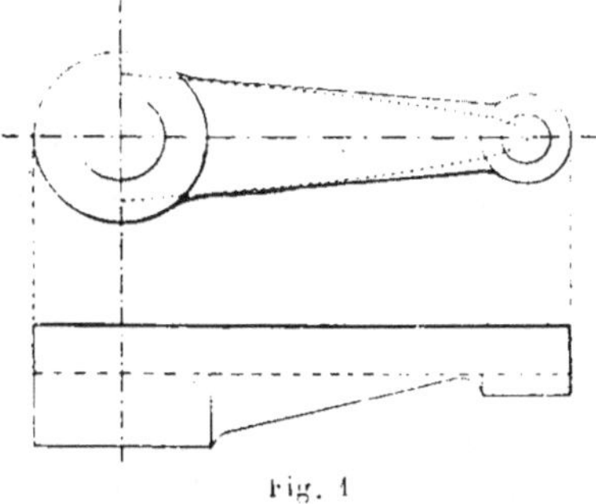

Fig. 1

de solide d'égale résistance, comprise entre deux faces parallèles limitées chacune par un profil parabolique. La grande ordonnée de la parabole passerait par l'axe de l'arbre et le sommet serait au centre du maneton.

Ce profil a besoin d'être modifié d'abord pour obtenir les moyeux, celui qui porte sur l'arbre, et celui qui reçoit le maneton.

Ces moyeux doivent avoir une longueur suffisante pour assurer un bon clavetage sur l'arbre et la stabilité, et de la manivelle sur l'arbre du maneton sur la manivelle. Pour cette raison, la manivelle présente à chaque extrémité, un renflement dans le sens de l'axe de l'arbre.

En vue de résister à l'effet de torsion, on a soin d'armer d'une nervure médiane toute manivelle faite en fonte ou en acier moulé, et d'augmenter l'épaisseur près de l'arbre pour les manivelles en fer.

Généralement la manivelle est calée sur une portée dont le diamètre est plus grand que celui de l'arbre. Ce renflement de l'arbre a pour but d'éviter l'affaiblissement de celui-ci par la rainure nécessaire au clavetage.

Dans le cas de bielles forgées, on peut faire venir de forge le maneton ; la fig. 2 en fournit un exemple.

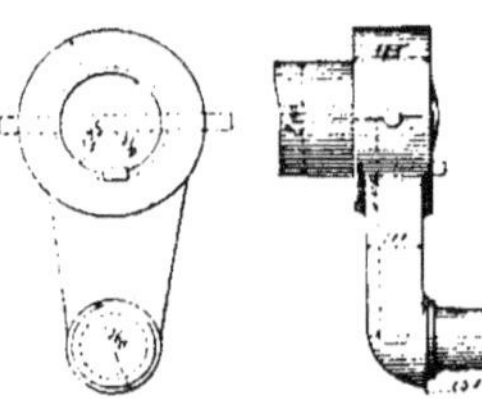

Fig. 2

Le plus souvent le bouton de manivelle est rapporté ; on ajuste très exactement l'œil de la manivelle et le maneton. On donne à la surface de contact une forme conique assez accusée.

Le maneton ne doit pas tourner dans l'œil de la manivelle ; pour obtenir cette fixité, ou bien on emmanche le maneton à la presse hydraulique, ou bien on met un ergot.

Le maneton est maintenu en place par un écrou.

Les figures 3, 4, 5 représentent divers types de manivelles et de manetons. La première représente une manivelle en fonte ; les autres, des manivelles en fer forgé.

Dans certains mécanismes, on a besoin de manivelles dont on puisse faire varier le rayon. Divers systèmes ont été imaginés et nous en représentons quelques-uns dans les figures 6, 7, 8 9. La première figure représente *le plateau manivelle* ; c'est un disque calé sur l'arbre en son centre et percé de trous à diverses distances du centre. Le plateau manivelle ne peut donner qu'un nombre limité de positions du maneton et par suite ne peut donner qu'un nombre limité de rayons différents. S'il était nécessaire d'obtenir toutes les valeurs du rayon comprises entre des limites données, on choisirait entre les deux autres systèmes. Dans l'un, le bouton de manivelle est rappelé au

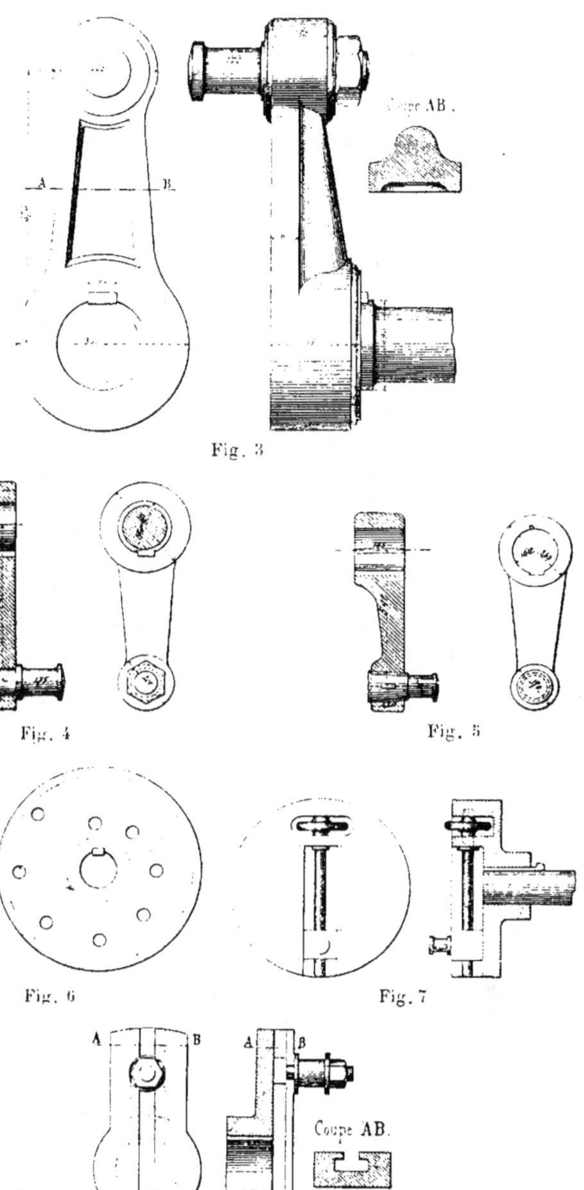

Fig. 3

Coupe AB.

Fig. 4

Fig. 5

Fig. 6

Fig. 7

Coupe AB.

Fig. 8.

centre ou en est éloigné par le jeu d'une vis à mollette. Dans l'autre, le
bouton de manivelle consiste en un manchon traversé par un boulon,
la tête de ce boulon est ajustée et glisse dans une rainure de la manivelle. Le manchon est maintenu en place par le serrage d'un écrou.
Ces divers systèmes ne sont guère employés pour transmettre des forces
un peu grandes.

Les plateaux de manivelle ont une autre destination que celle qui
consiste à faire varier le rayon de la manivelle. On démontre dans
la théorie des machines que plus la variation du travail des efforts
qui s'exercent sur l'arbre est grande, plus le poids du volant
de la machine doit être considérable. Une pompe à simple effet est un
exemple élémentaire d'une grande différence des efforts qui s'exercent
sur l'arbre. C'est pendant le mouvement d'ascension de la bielle que
l'arbre travaille le plus, si la pompe est élévatoire. Il est possible de répartir le travail sur la montée et la descente de la bielle. Il suffirait de
prolonger la manivelle du côté opposé au bouton de manivelle et d'attacher un poids à l'extrémité du levier ainsi obtenu. Ce contrepoids,
entraîné dans le mouvement de rotation, s'élève quand la bielle s'abaisse,
et descend quand la bielle s'élève. Il en résulte que le travail sur l'arbre
est diminué pendant la période de l'ascension de la bielle de tout le
travail de la pesanteur pendant la descente du contrepoids. Ce travail
de la pesanteur, la machine doit le fournir pour élever le contrepoids
pendant l'autre période du mouvement.

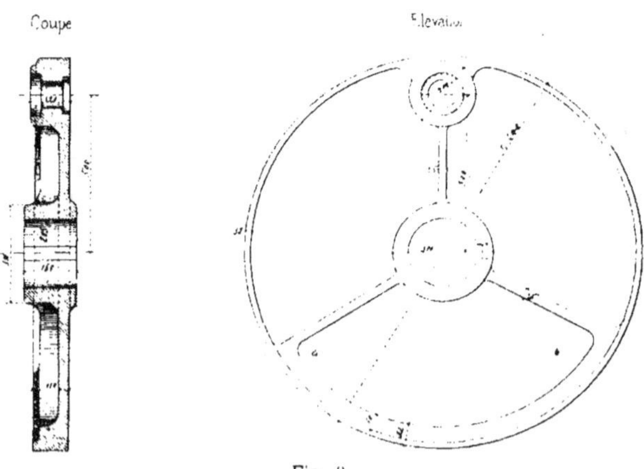

Fig. 9

La fig. 9 représente un plateau manivelle portant un contrepoids obtenu par un renflement de la nervure circulaire.

92. Excentriques. — Certains organes, comme le tiroir de distribution de la vapeur, la pompe alimentaire, ont un mouvement rectiligne qui leur est communiqué par l'arbre. Ce n'est pas par une manivelle simple que l'on effectue la transformation pour ces organes, parce
que la course est faible, tandis que le diamètre de l'arbre moteur est
relativement considérable. On obtient la transformation par l'organe
particulier nommé *excentrique*, qui prend peu de place et peut être
fixé en un point quelconque de l'arbre moteur. Soient O le centre de

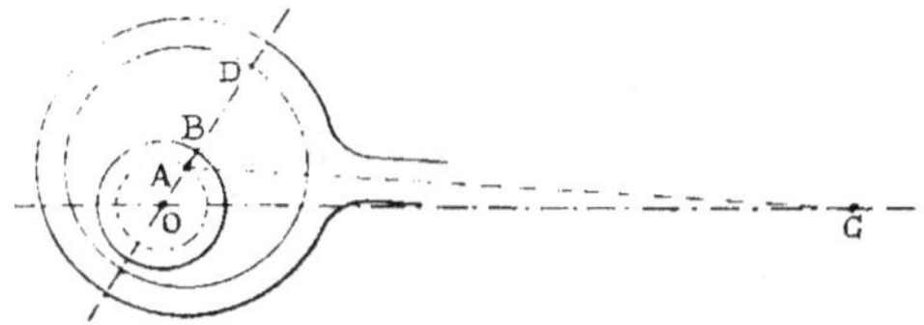

Fig. 1

cet arbre, dont le rayon est OB ; C le point auquel il faut donner un
mouvement rectiligne suivant OC et dont l'amplitude est égale à 2OA. Il
s'agit en définitive de donner au point C le même mouvement qu'il recevrait d'une manivelle OA par l'intermédiaire d'une bielle AC. Du point
A décrivons une circonférence d'un rayon DA tel que cette circonfé-

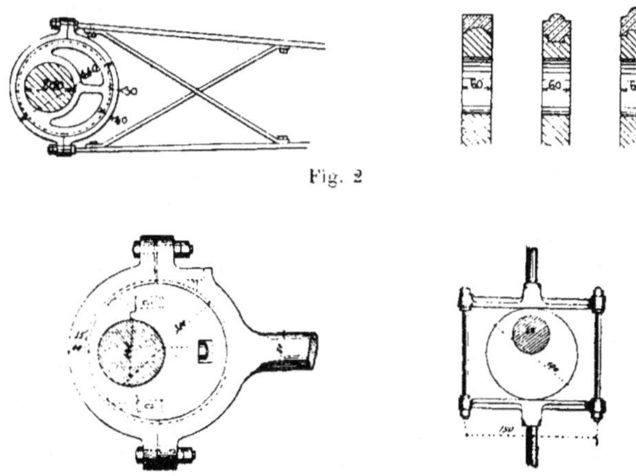

Fig. 2

Fig. 3   Fig. 4

rence enveloppe l'arbre moteur. Imaginons que cette circonférence est
le profil d'un disque calé sur l'arbre. Autour de ce disque établissons

une *bague* ou *collier* qui glisse à frottement doux sur le disque et soit solidaire d'une tige nommée *barre d'excentrique*, dont l'axe est AC. Il est évident que le disque étant entraîné dans le mouvement de rotation de l'arbre, le point A décrit une circonférence comme le bouton d'une manivelle. D'autre part, le disque glisse dans le collier et la ligne AC étant toujours dirigée vers le centre du collier, AC a le mouvement d'une bielle qui unirait le point A au point C.

Ainsi donc l'excentrique par son fonctionnement, remplace exactement la commande d'une bielle par une manivelle.

Cet organe se prête parfaitement et très simplement à la transformation d'un mouvement circulaire en un mouvement rectiligne. Il ne se prêterait pas à la transformation inverse que, au contraire, la bielle et la manivelle effectuent dans les meilleures conditions.

Les figures 2, 3, 4 représentent divers excentriques et leur mode de construction. Le disque peut être établi en fonte, on le fait en deux pièces à redans afin de s'opposer à un déplacement latéral. Le collier est toujours en bronze afin d'avoir un meilleur frottement. Le collier ou le disque présente une *gorge* pour assurer la stabilité du collier.

93. Arbres. — L'arbre moteur d'une machine est soumis à une torsion résultant de forces s'exerçant dans des plans perpendiculaires à l'arbre : l'une qui provient de l'action de la bielle sur la manivelle, l'autre qui provient de la résistance opposée par les outils sur la poulie motrice calée sur l'arbre. Les arbres sont soumis en outre à des efforts de flexion provenant de ces mêmes forces et aussi du poids des organes qui y sont calés : volant, poulie, etc.

Généralement les arbres sont pleins ; mais, au point de vue de la bonne résistance à la flexion et à la torsion, il y aurait intérêt à les faire creux. Pour un poids donné, pour une quantité de matière donnée, un arbre résistera à de plus grands efforts de torsion, à de plus grands efforts de flexion, s'il est creux, que s'il est plein.

L'arbre de transmission dans un atelier, celui qui reçoit le mouvement de la machine et le transmet aux divers outils, se nomme *arbre de couche*. Les arbres de couche sont soumis à des efforts de torsion et de flexion comme les arbres moteurs.

Les arbres portent sur des points d'appui nommés paliers ; ils y reposent sur des coussinets en bronze afin que les frottements soient meilleurs.

Les arbres doivent avoir des *embases* ou *collets* afin d'éviter les déplacements dans le sens de leur longueur.

Les arbres moteurs sont droits ou coudés. Les manivelles simples sont en porte à faux sur les arbres, avons-nous dit, c'est-à-dire sont en dehors des appuis. Si l'on veut éviter le porte à faux, on accouple deux manivelles, figure ci-contre, ou on coude les arbres (voir les figures de la page 299). Les arbres sont nécessairement coudés quand ils sont commandés par plusieurs cylindres ; dans ce cas, les coudes sont situés

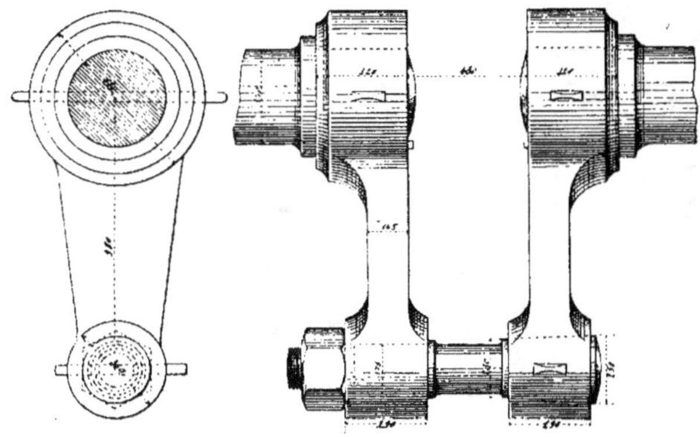

Fig. 1

dans des plans différents, afin de répartir sur un tour entier de l'arbre l'ensemble des efforts exercés par les pistons et aussi afin d'éviter les points morts.

Les cinq figures ci-après représentent divers types d'arbres droits en fonte ou en fer.

Les *essieux* de voitures sont des arbres fixés au corps du véhicule et dont les tourillons, désignés sous le nom de *fusée*, s'engagent dans le moyeu des roues.

Les essieux de wagons sont disposés autrement. Les roues sont calées sur des renflements de l'essieu et les wagons portent sur les tourillons de l'essieu au moyen d'une *boîte à huile* ou d'une *boîte à graisse*. Cette disposition résulte de la nécessité de faire tourner les deux roues avec une égale vitesse. Si les deux roues pouvaient tourner indépendamment l'une de l'autre, elles pourraient avoir des vitesses différentes, et la conséquence serait un déplacement de l'axe du véhicule par rapport à l'axe de la voie ; ce qui pourrait être une cause de déraillement.

D'après la manière dont les essieux de wagons sont chargés, il convient de leur donner une plus forte dimension au milieu.

Vue de bout   Arbre en fer

Fig. 2

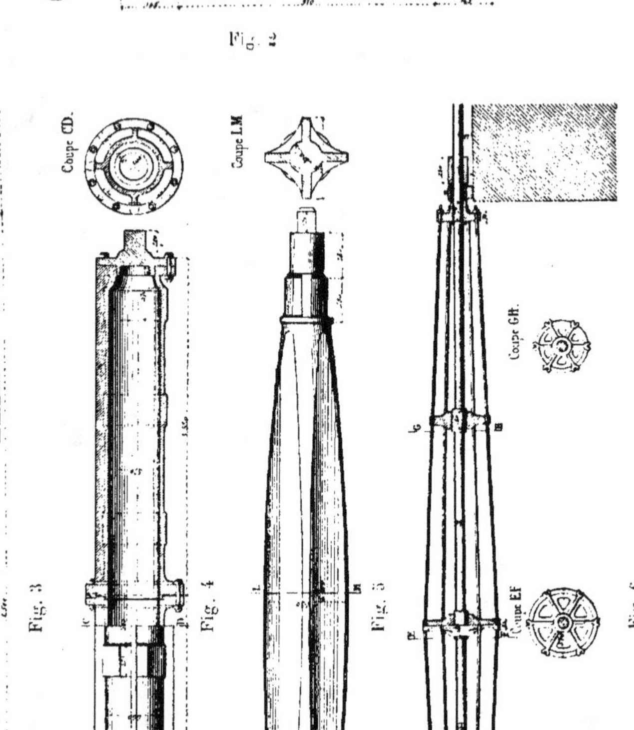

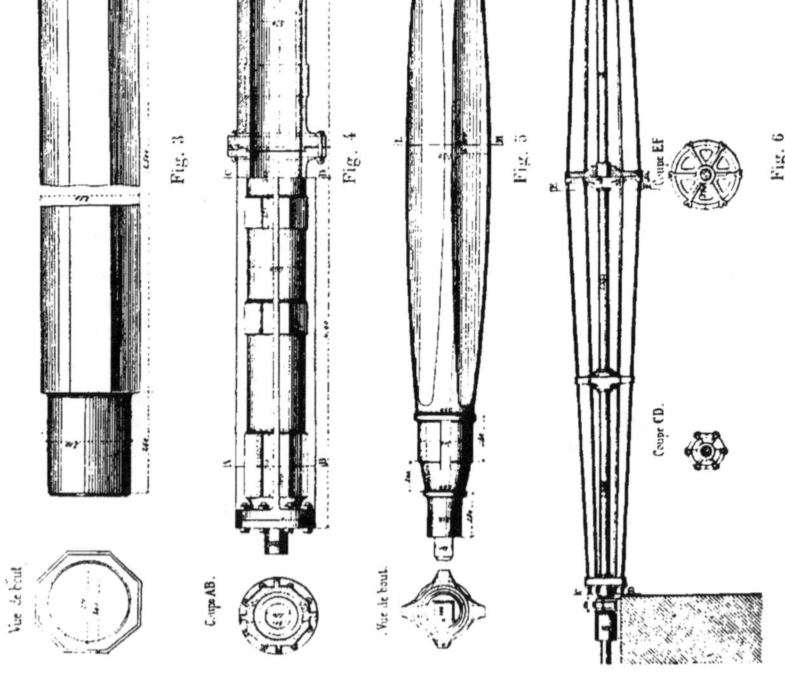

Les figures 7, 8, 9 qui suivent représentent des types d'arbres coudés. Nous avons déjà eu occasion de dire que l'emploi des manivelles à 90° ou de manivelles à 120° a pour effet de mieux répartir le travail par tour de la machine.

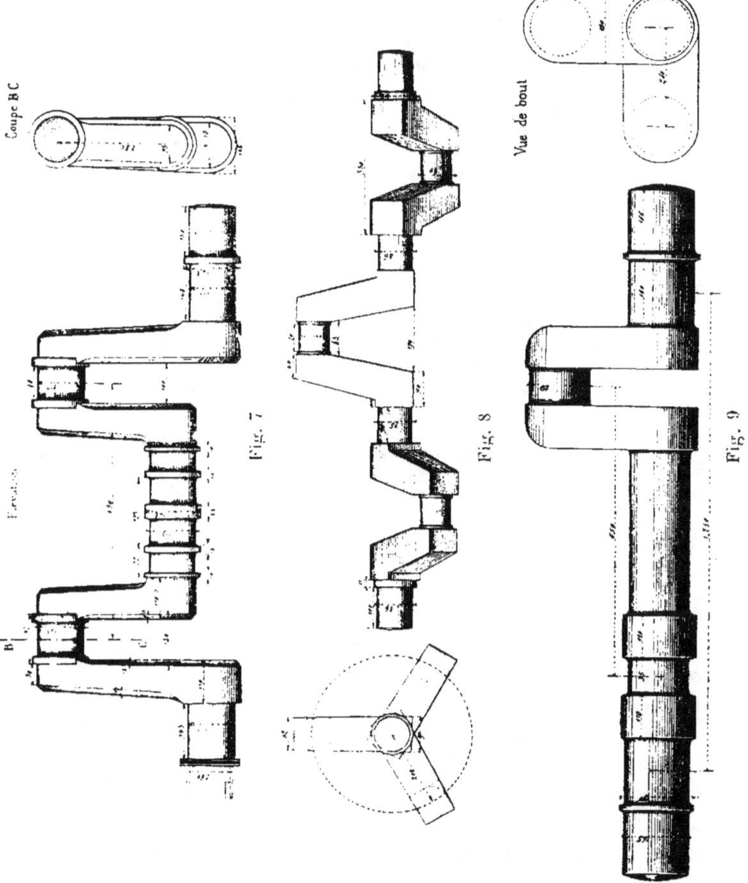

Les fig. 10, 11 représentent deux types de tourillons rapportés. L'un pour arbres creux en fonte, l'autre pour arbres en bois.

Les arbres légers de certaines machines, surtout quand ces arbres doivent avoir une grande vitesse, sont suspendus, non plus par des tou-

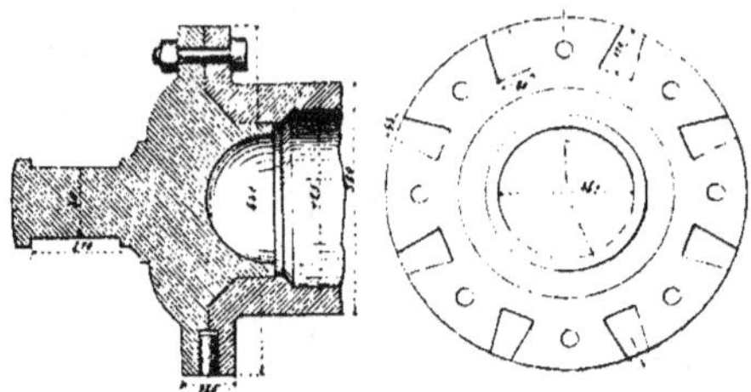

Fig. 10

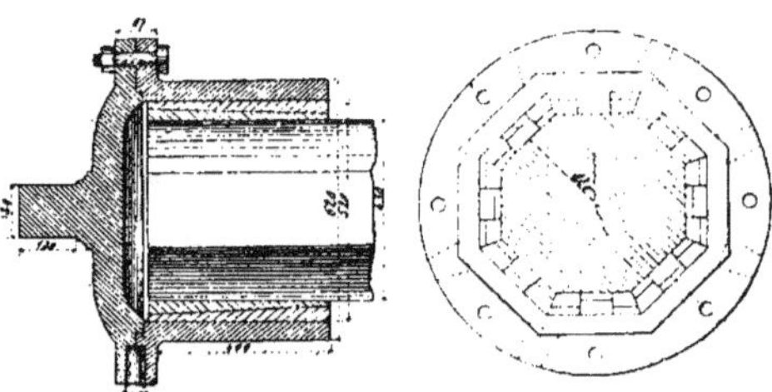

Fig. 11

rillons, mais par des *pointes*. Quelquefois c'est l'arbre qui est terminé à ses extrémités par une partie conique saillante, tandis que les coussinets consistent en un trou conique au sommet duquel on pose une des pointes de l'arbre ; d'autres fois les pointes sont fixes et les extrémités de l'arbre présentent le coussinet creux pour recevoir les pointes. Les pointes fixes et les coussinets fixes sont percés de trous pour que l'huile du graissage puisse arriver au point précis du contact.

Cette disposition réduit beaucoup le travail du frottement. Outre qu'elle exige des pointes et des coussinets en matière très dure et dont le coefficient de frottement est faible, le contact se réduisant au minimum, le chemin parcouru, élément du travail des forces, est très petit et le travail du frottement est très faible. Il serait rigoureusement nul s'il était possible de considérer le contact comme se réduisant à un point.

94. Pivots. — Les figures suivantes représentent divers types de *pivots* pour arbres verticaux. Les pivots pour arbre en fer peuvent être pris sur l'arbre même ou mieux être terminés par un galet muni d'er-

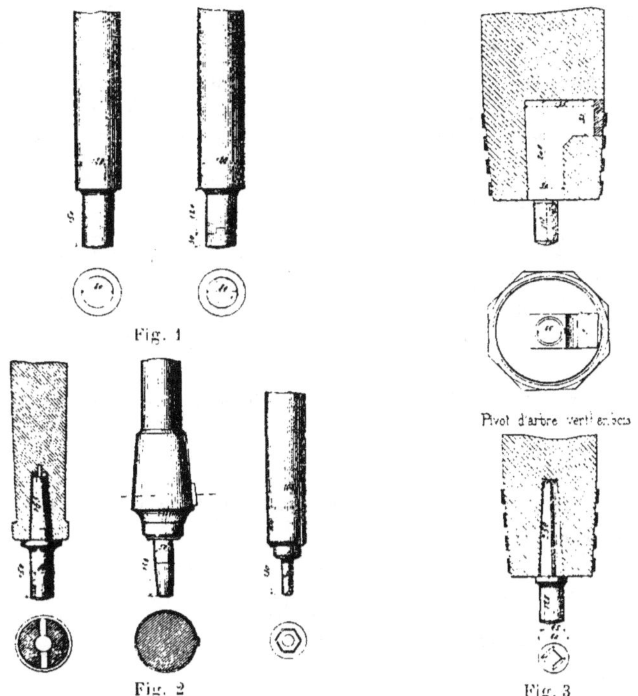

gots. Ce galet seul supporte l'usure et est facile à changer. Les pivots pour arbres en fonte ou pour arbres en bois sont rapportés.

Les pivots portent dans une crapaudine qui consiste en un bloc fixe où est percé un trou du diamètre du pivot. Dans le fond du trou on met un ou plusieurs galets d'acier sur le dernier ; de ces galets s'appuie le pivot.

95. Assemblage des arbres, manchons. — Les arbres de transmission ne sont guère fabriqués sur une longueur de plus de 6 mètres généralement. Au-dessus de cette longueur, il y aurait lieu de payer une plus-value. Nous avons déjà dit que la longueur des pièces forgées est limitée nécessairement à cause des difficultés de transport des barres trop longues.

De ce fait résulte la nécessité d'assembler bout à bout les parties
qui doivent constituer la longueur totale des arbres de transmission.

L'assemblage se fait généralement au moyen de *manchons* en fonte
entourant les extrémités des arbres à réunir. Les manchons se font
généralement en deux pièces. Si le joint est dans le sens de la transmission le manchon est dit *manchon d'entraînement* ; si le joint est perpendiculaire à l'axe de la transmission le manchon est dit *manchon
d'assemblage*. Pour ces derniers, il faut monter une partie du manchon
sur chaque extrémité d'arbre avant la pose définitive de la transmission.

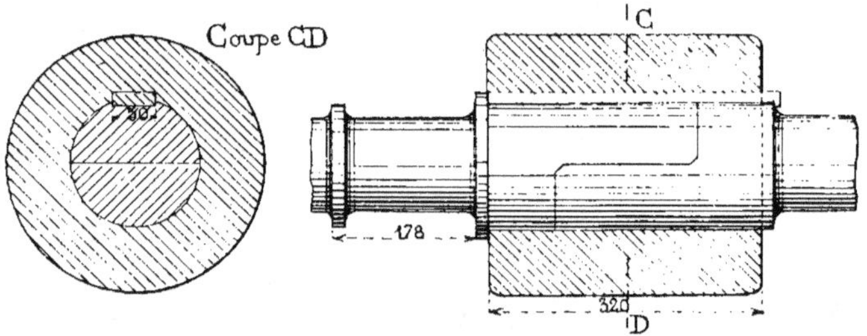

Fig. 1

Les manchons d'entraînement peuvent au contraire être placés après
la pose de la transmission.

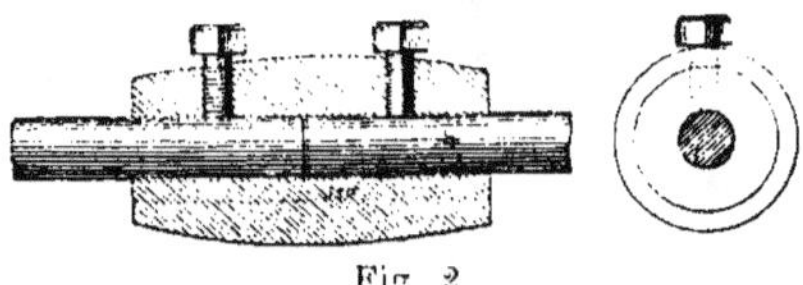

Fig. 2

Une clavette fixe sur l'arbre empêche la rotation de l'arbre dans le
manchon.

Les arbres de transmission sont généralement d'un diamètre constant

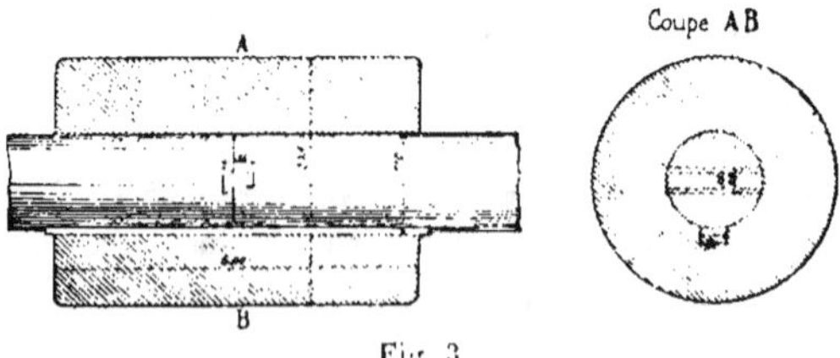

Fig. 3

dans toute leur longueur ; afin qu'ils ne se déplacent pas longitudinalement, on les munit de *bagues ou collets rapportés* près des paliers.

Exemples de manchons d'entraînement et de manchons d'assemblage

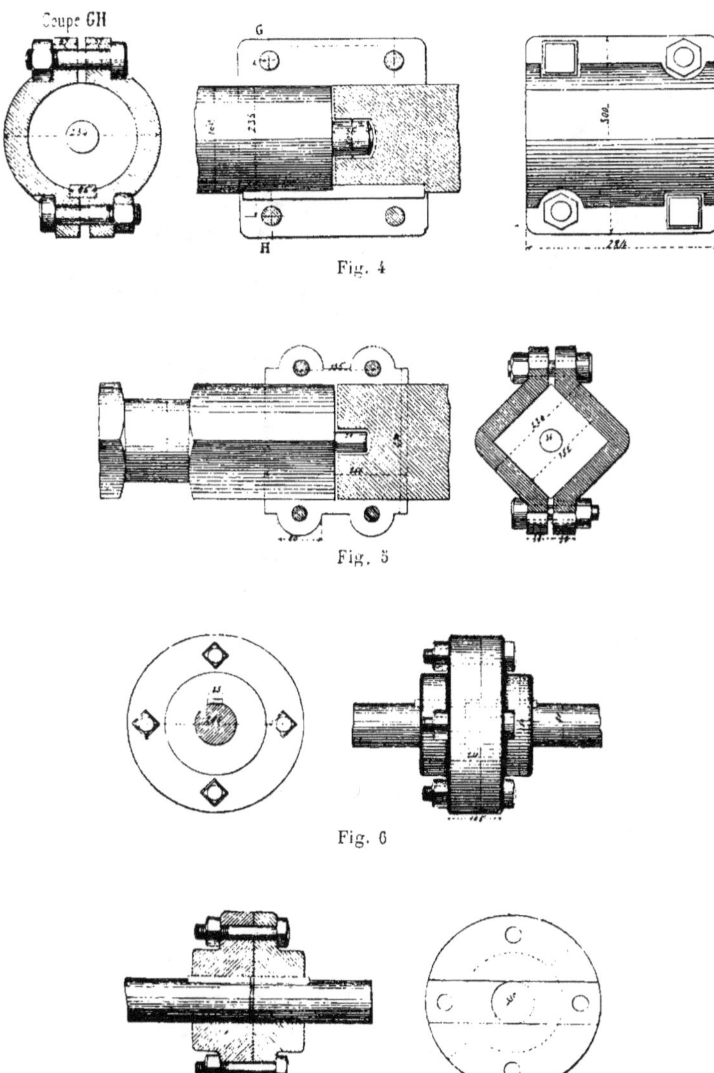

Fig. 4

Fig. 5

Fig. 6

Fig. 7

Les figures 1, 2, 3 représentent des manchons d'une seule pièce.

Les figures 4, 5, 9 représentent des manchons d'entrainement en deux pièces.

Les figures 6, 8 représentent des manchons d'assemblage en deux pièces.

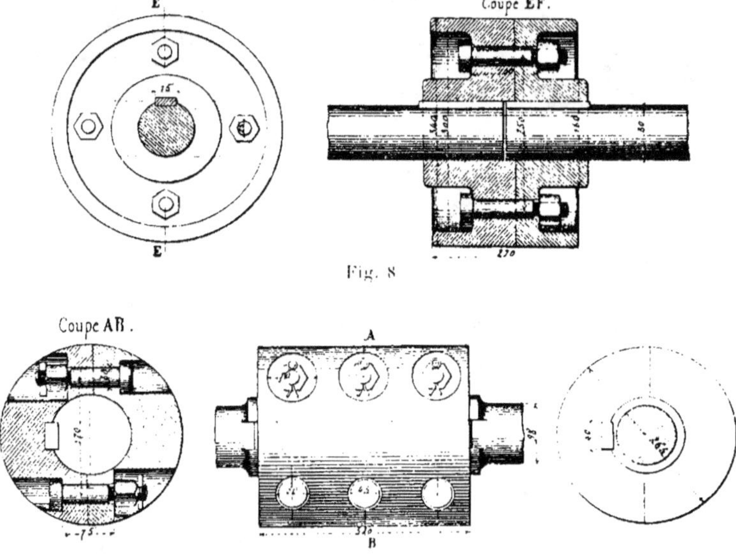

Fig. 8

Fig. 9

Les manchons à boulons noyés sont surtout recommandables en ce que, n'ayant aucune saillie, les ouvriers peuvent s'en approcher sans danger quand la transmission est en mouvement.

CHAPITRE XXI

ENGRENAGES, POULIES, VOLANTS

96. Propriétés générales et classification des engrenages. — Pour transmettre un mouvement circulaire à des arbres parallèles ou à des arbres qui se rencontrent, on se sert généralement d'engrenages, surtout lorsqu'il s'agit soit de transmettre une grande puissance, soit de garder rigoureusement le rapport des vitesses angulaires des arbres en connexion.

Lorsque les arbres sont parallèles on se sert d'engrenages dits *cylindriques*, parce qu'ils constituent en définitive des sortes de prismes dont les arêtes sont parallèles aux axes des arbres sur lesquels ils sont placés.

Dans le cas de deux arbres concourants, on se sert d'engrenages dits coniques, qui sont des sortes de troncs de pyramides ayant pour sommet commun le point de concours des arbres.

Afin de faire comprendre les propriétés des engrenages, supposons qu'il s'agisse de conduire, dans un rapport constant de vitesses angu-

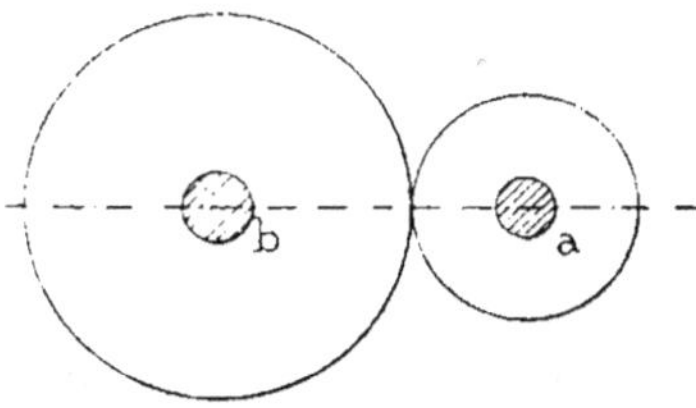

Fig. 1

laires, l'arbre a au moyen de l'arbre b, lui-même en mouvement de rotation. Entourons chacun des deux arbres d'un tambour cylindrique.

Supposons en outre que la pression entre les tambours et la puissance à transmettre permettent au tambour b d'entraîner le tambour a sans qu'il y ait de glissement, c'est-à-dire de telle sorte qu'il passe par le point de contact, sur la ligne des centres, des arcs égaux de l'une et de l'autre circonférence des tambours. Soient r_b, r_a les rayons des tambours et ω_b, ω_a les vitesses angulaires respectives des deux arbres, c'est-à-dire les arcs parcourus pendant l'unité de temps sur des cercles de rayon égal à l'unité concentriques aux tambours. Les arcs parcourus pendant l'unité de temps par un point de chacune des circonférences sont respectivement $\omega_b . r_b$ et $\omega_a . r_a$. Ce sont les vitesses à la circonférence, et comme il n'y pas de glissement, on a

$$\omega_b . r_b = \omega_a . r_a.$$

C'est-à-dire que *les vitesses angulaires des arbres ainsi conduits sont en raison inverse des rayons des tambours*, c'est-à-dire *des rayons des engrenages*.

Désignons par n_b, n_a les nombres de tours des arbres par minute. On a évidemment :

$$\omega_b = \frac{2\pi n_b}{60} = \frac{\pi n_b}{30},$$

$$\omega_a = \frac{\pi n_a}{30}.$$

Remplaçons, dans l'égalité des vitesses à la circonférence, ω_b et ω_a par ces valeurs, on a $n_b . r_b = n_a . r_a$.

C'est-à-dire que *les nombres de tours des arbres sont en raison inverse des rayons des engrenages*.

Les vitesses et rayons étant mesurés en mètres et le nombre de tours étant pris par minute, on a pour une roue d'engrenage

Vitesse angulaire $\qquad \omega = 0,10472\, n.$

Vitesse à la circonférence $\qquad V = 0,10472\, rn.$

Nombre de tours par minute $\quad n = 9,55\, \dfrac{V}{r} = 9,55\, \omega.$

Il est certain que pour transmettre un travail considérable, il faudrait une pression considérable sur les rouleaux, d'où résulterait un effort transversal considérable sur les arbres portant les rouleaux. De plus les vibrations des machines, les inégalités de la force motrice et de la force résistante produiraient des inégalités dans la pression et par suite produiraient un glissement des rouleaux. On évite ces inconvénients au moyen de saillies placées sur les deux rouleaux et on constitue ce que l'on nomme un engrenage.

Quand deux arbres sont liés par engrenages, on donne le nom de roue au grand engrenage et celui de pignon au petit ; cette dénomination n'a pas grande importance.

Nous avons parlé jusqu'ici des *engrenages cylindriques*, c'est-à-dire destinés à lier des arbres parallèles. Les arbres dont les axes se rencontrent sont liés par des *engrenages coniques*, c'est-à-dire par des cônes ayant un

sommet commun à la rencontre des axes et que l'on a armés de dents,
fig. 2. Les formules que nous avons données précédemment s'appliquent aux engrenages coniques.

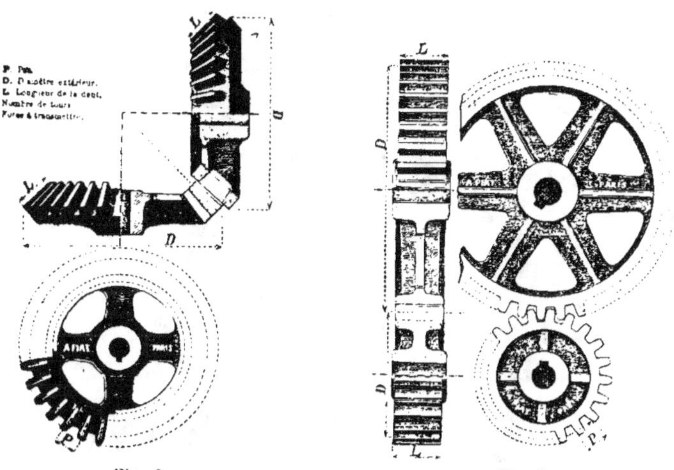

Fig. 2
Fig. 3

Fig. 4

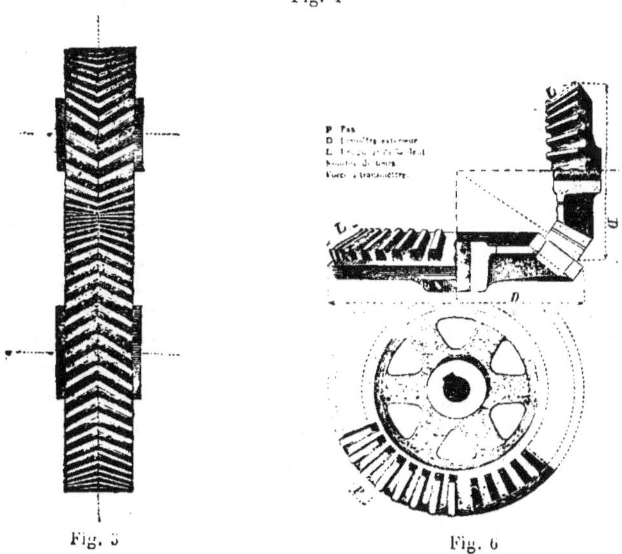

Fig. 5
Fig. 6

D'après la forme de leur denture les engrenages sont dits *droits* si les dents sont dirigées suivant les génératrices des cylindres et des cônes, fig. 2, 3, 6 ; héliçoïdaux, si les dents sont contournées en *hélices*, fig. 4, à *chevrons*, si les dents sont composées chacune de deux parties hélicoïdales formant chevron sur la surface cylindrique ou conique, fig. 5, 7. Enfin pour donner de la solidité aux dents on fait venir de chaque côté de l'engrenage des *joues* qui *encastrent* latéralement les dents ; on dit que

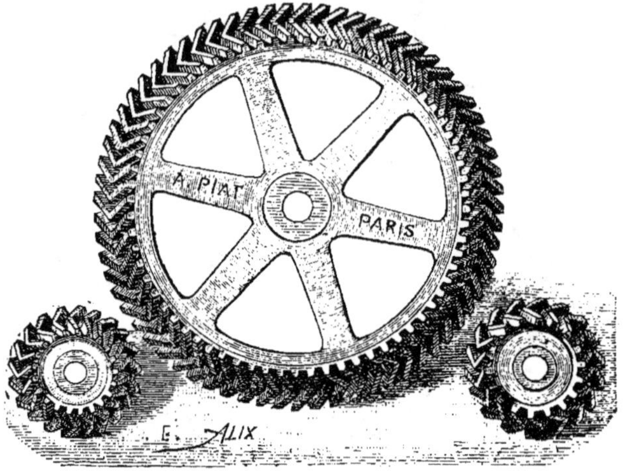

Fig. 7

l'engrenage est à *dents gardées*. Voir le pignon et la roue de la figure p. 312.

Les dents sont venues de fonte avec l'engrenage ou bien encore elles sont faites en bois, encastrées dans la *jante* ou couronne de l'engrenage ; les dents en bois sont toujours droites, fig. 6.

La jante est reliée au *moyeu* par un certain nombre de *bras* armés de nervures. Si le pignon est très petit, l'engrenage il est fait plein.

97. Denture. — Considérons la projection d'une roue et de son pignon sur un plan perpendiculaire aux axes des arbres. On y distingue d'abord les circonférences primitives AB, AC, dont les rayons sont en raison inverse des vitesses angulaires des deux arbres. Ces deux circonférences sont tangentes en A. ce sont les circonférences des tambours dont nous avons parlé plus haut. Le contour de la projection d'une dent est ce que l'on nomme le profil de cette dent. Le profil est épicydoïdal comme dans le cas de la fig. 1, ou en forme de développante d'arc de cercle comme dans la fig. 2.

Dans le cas de profil épicycloïdal, chaque dent est limitée par deux

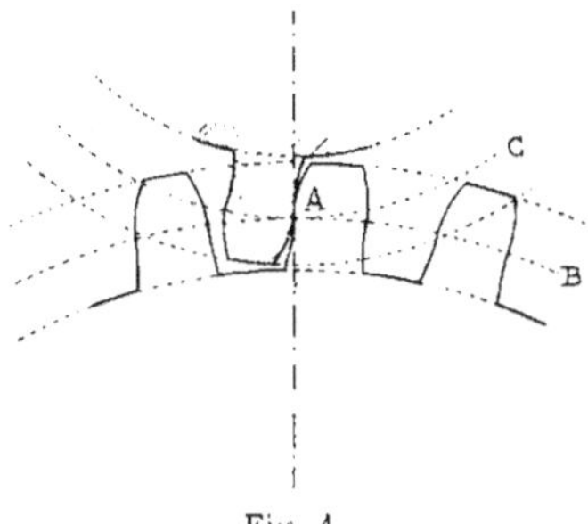

Fig. 1

faces, qui sont les tracés épicycloïdaux en dehors des cercles primitifs; par deux *flancs*, qui sont les tracés épicycloïdaux à l'intérieur des cer-

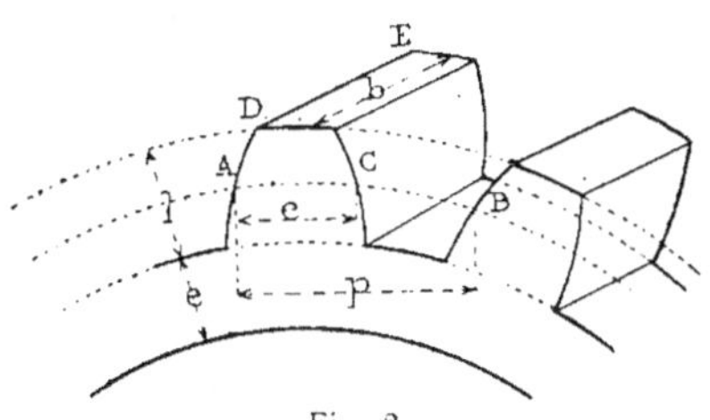

Fig. 2

cles primitifs et enfin par deux *faces d'échanfreinement*, l'une extérieure, l'autre intérieure, qui limitent la saillie de la dent. Dans le cas de tracé en arc de développante de cercle, la saillie est comprise entre deux arcs de développante et deux arcs d'échanfreinement.

Les formes géométriques de ces profils ont cette propriété que les *dents se conduisent l'une l'autre dans un rapport constant de vitesse angulaire autour des axes de rotation respectifs.*

L'arc parcouru par le point de contact A des circonférences primitives quand deux dents sont *en prise*, se nomme arc de conduite. Le contact des dents commence un peu avant la ligne des centres et finit un peu après. Avant la ligne des centres, c'est le flanc d'une dent d'un des engrenages qui conduit la face d'une dent correspondante de l'autre; après la ligne des centres, c'est la face de la première dent qui conduit le flanc de l'autre.

Le tracé par arcs épicycloïdaux exige que les axes des arbres soient rigoureusement à la distance des centres des cercles primitifs.

Le tracé en développante d'arc de cercle n'exige pas cette précision dans la pose des arbres.

Entre les dimensions d'une dent on peut établir les rapports moyens suivants :

Soit e l'épaisseur de la jante ; on prend l'épaisseur de la dent, c'est-à-dire l'arc qu'elle embrasse sur la circonférence primitive, égale à e. La saillie l est $1,2e$; la largeur de l'engrenage, ou la longueur de la dent, $b = 4,5\,e$; le pas, c'est-à-dire l'arc embrassé sur la circonférence primitive par le *plein* et le *vide* de la dent est égale à $2,1\,e$. On voit donc que le vide se compose de deux longueurs, l'une égale au plein et l'autre, nommée *jeu*, égale au $0,1$ du plein. Ces rapports sont loin d'être rigoureux. Ils dépendent des conditions dans lesquelles on établit l'engrenage. Ainsi dans le cas de pressions considérables entre les dents, la largeur b pourra être prise plus grande que $4,5\,e$, car le contact se faisant sur une petite surface de la dent dans le sens de la largeur, si la pression par unité de surface sur cette bande était trop forte, le graissage serait impossible, l'engrenage serait bruyant, s'userait vite et dépenserait trop de travail en frottements. On peut être obligé de donner un jeu plus grand que $0,1\,e$ si les dents ont une grande saillie.

La circonférence primitive devant recevoir le pas un nombre entier de fois, *les nombres de dents sont en raison directe des rayons et en raison inverse des vitesses angulaires.* Si l'on voulait obtenir une vitesse bien régulière, il faudrait que chaque dent d'une roue pût être successivement en contact avec toutes les dents de l'autre. Le contact entre les mêmes dents sera le moins fréquent possible quand les nombres de dents de la roue et du pignon seront premiers entre eux. Il n'est pas possible de s'astreindre à cette condition pour les engrenages industriels. Le nombre des dents sur une roue est pair si elle doit être fondue en deux parties. Ce nombre est divisible par quatre si elle est fondue en quatre parties.

Le travail de frottement sera d'autant moindre que les dents se conduiront le plus près possible du contact des cercles primitifs. On satisfait à cette condition en multipliant le nombre des dents.

C'est ainsi qu'il convient qu'un pignon ait de 30 à 36 dents au minimum. Les dents, si on diminue le pas, ont besoin de moins de hauteur et par suite peuvent avoir une résistance suffisante sous une épaisseur moindre ; mais l'usure produite par la pression pour transmettre de grandes forces ne permet pas de réaliser un trop grand nombre de dents sur une roue ou un pignon de diamètres donnés. Ils seraient bientôt hors d'usage. Il faut donc que la distance des axes soit en rapport de grandeur avec le travail à transmettre. Nous reparlerons de cela au chapitre XXV.

Pour réaliser cette condition d'une conduite très rapprochée de la ligne des centres, avec des profils d'une certaine résistance, on a imaginé de supposer la roue et le pignon divisés en plateaux minces par des plans parallèles et de disposer en échelon les diverses parties d'une dent. Le contact se fait successivement sur les fractions de dents des plateaux, et il a lieu très près de la ligne des centres.

En supposant que la division soit poussée de manière à donner des plateaux d'une épaisseur très faible, les arêtes de la dent prennent la forme d'une hélice et on obtient l'engrenage héliçoïdal, fig. 4, p. 307. Le frottement est très doux et l'engrenage marche sans bruit. Ces engrenages donnent une poussée sur les coussinets parce que la pression au contact des dents ne se produit pas perpendiculairement aux arbres.

Pour remédier à cet inconvénient, on dispose les dents en forme de chevrons formés par deux parties de dents héliçoïdales, fig. 5, 7. Il se produit un contact sur chaque branche du chevron en des points symétriques par rapport au plan médian de l'engrenage perpendiculaire à l'axe : la résultante des pressions en ces points est perpendiculaire aux arbres.

98. Fabrication des engrenages. — Les engrenages sont exécutés en bronze, en fonte ou en acier. Les engrenages en bronze sont généralement de petites dimensions.

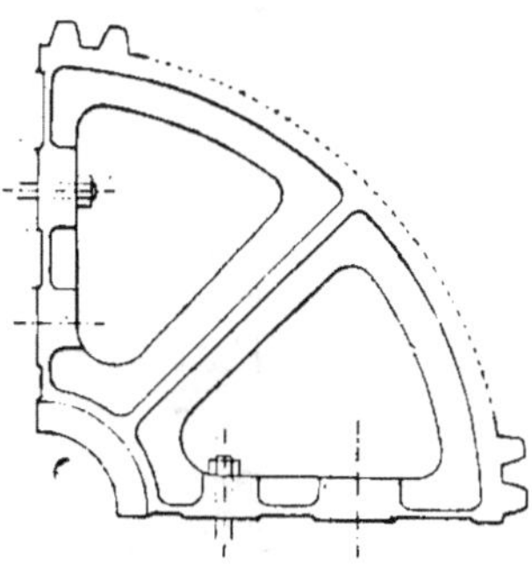
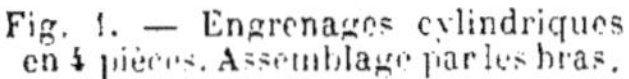

Fig. 1. — Engrenages cylindriques en 4 pièces. Assemblage par les bras.

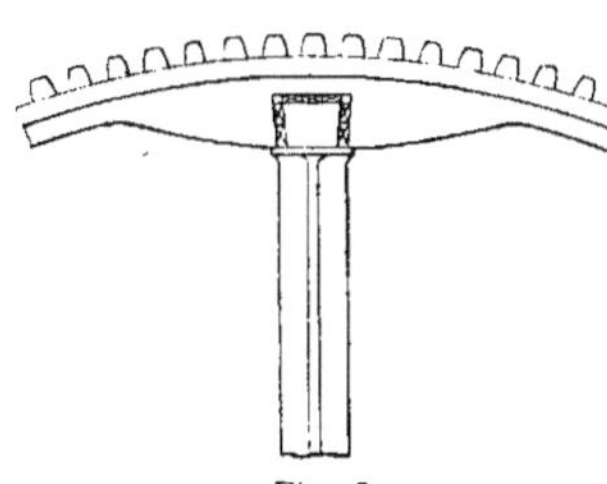

Fig. 3

Jusqu'à 1 m. 50 de diamètre les engrenages sont fondus d'une seule pièce. Au-dessus on les fait en 2 ou 4 pièces.

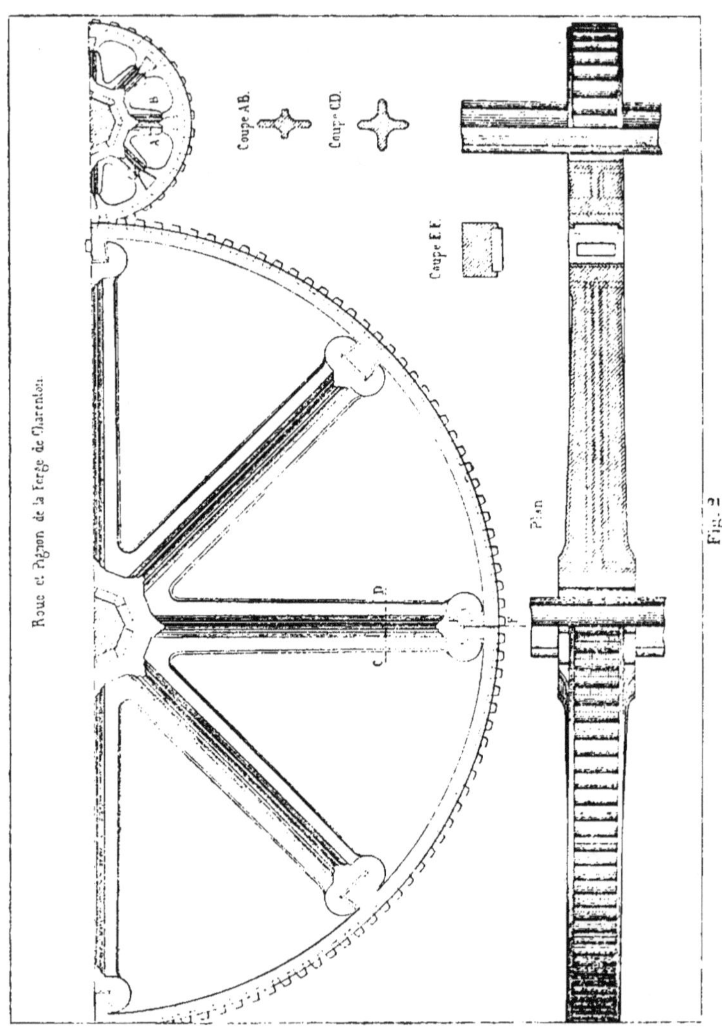

Roue et Pignon de la Forge de Charenton.
Coupe AB.
Coupe CD.
Coupe EF.
Plan
Fig. 3

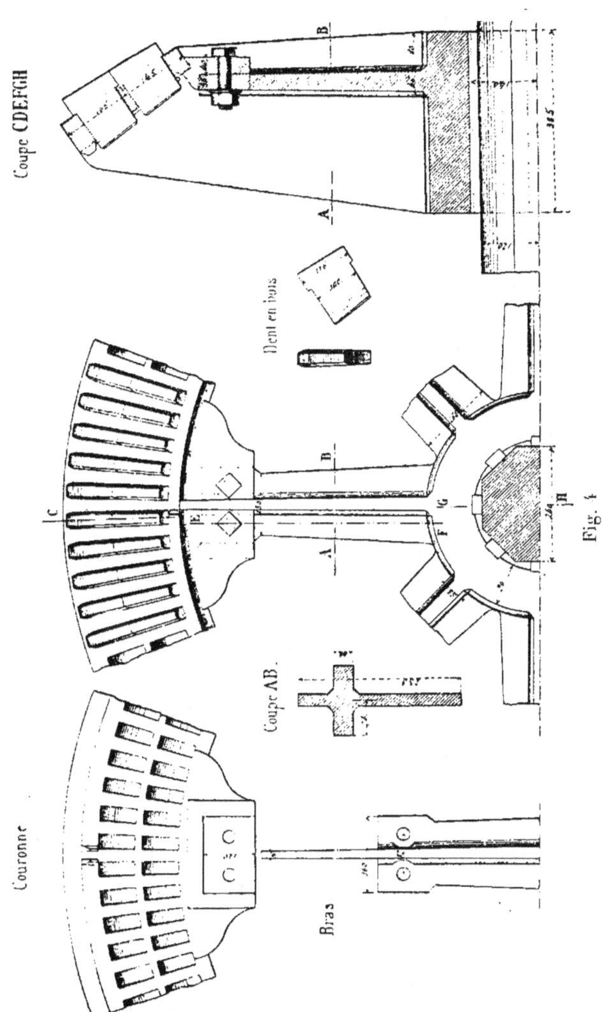
Coupe CDEFGH
Dent en bois
Couronne
Bras
Coupe AB.
Fig. 4

Les joints de la jante doivent toujours tomber dans un *vide*, fig. 1. Les joints, si les bras sont fondus avec la jante, passent par le milieu d'un bras et les deux parties du bras sont réunies par des boulons portant sur des mamelons venus de fonte de chaque côté du bras. Souvent on fond la jante des grands engrenages séparément des bras.

Si la jante est faite en plusieurs parties détachées des bras, chaque segment porte à ses extrémités des demi-queues d'hironde que l'on assemble entre des ergots terminant les bras, fig. 2. Si au contraire la jante est en un seul morceau, elle porte les ergots et les bras portent la queue d'hironde. L'assemblage se fait au moyen de cales qui permettent de centrer la jante, fig. 3.

On donne aux engrenages de 4 à 10 bras suivant leur diamètre de 1 m. 30 à 7 mètres.

Les dents des engrenages de précision cylindriques ou coniques sont taillées à la machine.

Nous avons décrit le moulage au trousseau des engrenages.

Ces engrenages peuvent être moulés mécaniquement. Les modèles dont on se sert sont d'une exécution parfaite en fonte. On les met dans le sable comme nous l'avons dit à l'article fonderie, puis on les soulève mécaniquement pour les dégager. Pour dégager un modèle héliçoïdal, on lui donne un mouvement héliçoïdal, c'est-à-dire un mouvement composé simultanément d'une translation et d'une rotation.

On diminue considérablement le bruit que font les engrenages en remplaçant sur une des roues les dents métalliques par des dents en bois rapportées. Ces dents sont souvent sur la grande roue ; l'autre a des dents en fonte. On emploie des bois très durs, et on met les fibres du bois dans le sens de la dent. Les dents sont engagées de force dans les alvéoles ménagées dans la jante. Une broche en fer rond achève l'assemblage. Le profil des dents en bois est déterminé de manière qu'elles aient la résistance nécessaire et il est adopté pour les dents en fonte de l'autre roue. Dans le cas où la longueur des dents dépasse 12 centimètres, 15 au plus, on les fait en deux parties, voir la figure 4.

99. Poulies pour courroies. — La transmission par poulies et courroies est généralement plus économique que la transmission par engrenage. De plus elle permet de conduire des arbres situés à grande distance l'un de l'autre. La transmission s'effectue sans bruit, sans secousses, et, dans le cas de variation brusque du travail résistant, il y a glissement de la courroie. Cette variation brusque amènerait une rupture dans une transmission par engrenages.

Supposons deux arbres parallèles. Une poulie est calée sur chacun

d'eux et bien exactement dans un même plan moyen. Sur les deux
poulies passe une courroie dont les deux bouts sont assemblés comme
nous l'avons indiqué page 105. Cette courroie à l'état de repos doit
être tendue. Afin que la courroie ne glisse point, les poulies ont un
bombement égal au 1/10 de la largeur de la poulie ou bien elles sont
munies de joues. Pour se rendre compte de l'effet du bombement,
il faut étudier l'équilibre relatif de la courroie sur la poulie. On sait
qu'il suffit pour cela, le mouvement étant supposé être une rotation
uniforme, d'appliquer à chaque élément une force fictive dite force
centrifuge. Cette force se décompose en une normale à la poulie et une
tangentielle à la surface bombée et qui tend à écarter du bord l'élément
considéré. Cela a lieu pour tous les éléments, de telle sorte qu'ils ont
tous une tendance à se rapprocher du plan médian. Pour ces explications voir les figures p. 317.

A partir de 1 m. 20 les poulies se font en deux pièces . Les bras on
des sections en forme de croix, c'est-à-dire sont composés de deux nervures perpendiculaires ; l'une dans la direction du plan médian, l'autre

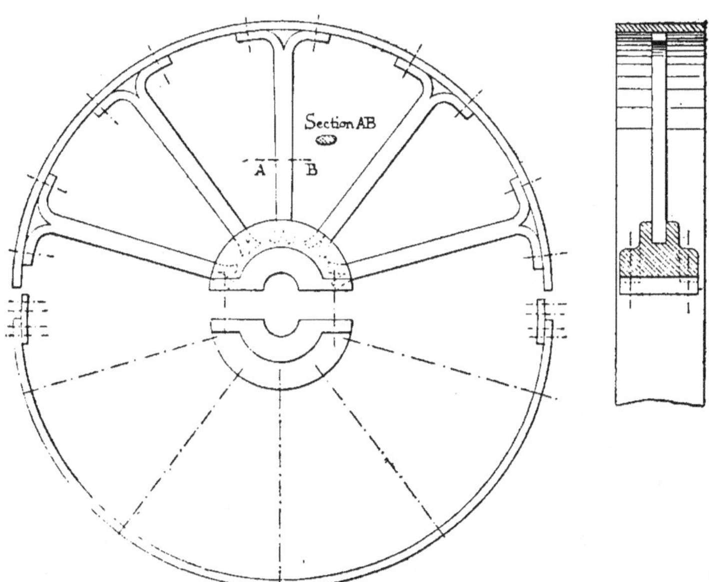

Fig. 1. — Poulie en fer, fonte et acier : jante en acier ; raies en fer ; moyeu en fonte

dans la direction perpendiculaire. Pour éviter les ruptures provenant du
retrait de la fonte, on donne aux bras une forme cintrée dans le plan

médian. Le bras cintré subit par le retrait, après la coulée, un changement de courbure ; mais il n'est pas cassé. Des bras rectilignes au contraire risquent souvent d'être cassés au refroidissement, car ils se refroidissent plus vite que la masse formée par le moyeu et celle formée par la jante. Ils ont déjà leur retrait alors que le moyeu et la jante n'ont pas encore subi le leur ; et, comme le moule les retient, ils se fendent transversalement, si l'on n'a pas la précaution de démouler la pièce encore rouge.

Nous venons de parler des poulies en fonte, on en fabrique dont le moyeu seulement est en acier ou en fonte moulée et dont les bras et la jante sont en fer. En faisant des stries sur la jante, ou en y pratiquant de nombreuses perforations, on obtient une adhérence considérable de la courroie et un rendement considérablement meilleur que celui que l'on obtient avec la poulie lisse en fonte.

Les bras sont noyés dans le moyeu. Pour cela on les met dans le moule où l'on coule le moyeu. Un empattement du bras dans la fonte contribue à sa solidité. Les bras sont fixés à la jante au moyen de pattes d'assemblage et de vis à deux écrous qui permettent la mise *au rond* de la jante. Ces poulies ont une grande légèreté, fig. 1.

Poulies-cônes. — Les poulies-cônes sont employées dans les transmissions de mouvement aux machines-outils. L'utilité de cet organe est de permettre d'obtenir des vitesses différentes en plaçant la courroie sur des poulies de diamètres différents qui composent cet ensemble.

Poulies pour cordes. — Dans ces dernières années, on a employé des cordes au lieu de courroies pour la transmission de grandes puissances.

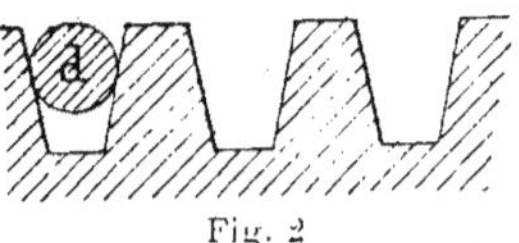

Fig. 2

Sur la jante du volant de la machine, on a disposé plusieurs gorges, dans chacune desquelles est engagée une corde sans fin. Les gorges ont des parois légèrement coniques. Soit *d* le diamètre de la corde, l'entrée de la gorge égale 1,2*d*, la hauteur est 1,4 à 1,5*d*. La corde doit subir un léger coincement.

Poulies à dents pour chaînes. — Les poulies reçoivent quelquefois des chaînes, mais l'action de la chaîne sur la poulie n'a rien de comparable à celle de la courroie. Si la poulie ne sert que de *renvoi*, c'est-à-dire si elle est seulement destinée à servir de point d'appui pour changer la direction d'un *brin* de chaîne, elle est simplement munie d'une gorge pour le passage de la chaîne. Si au contraire la chaîne doit avoir de l'adhérence sur la poulie, on fait dans la jante de celle-ci des creux où les maillons de la chaîne viennent se poser comme dans un moule. On

pourrait dire qu'il y a une sorte d'engrènement de la poulie et de la
chaîne. Les treuils des grandes grues, les treuils roulants offrent des

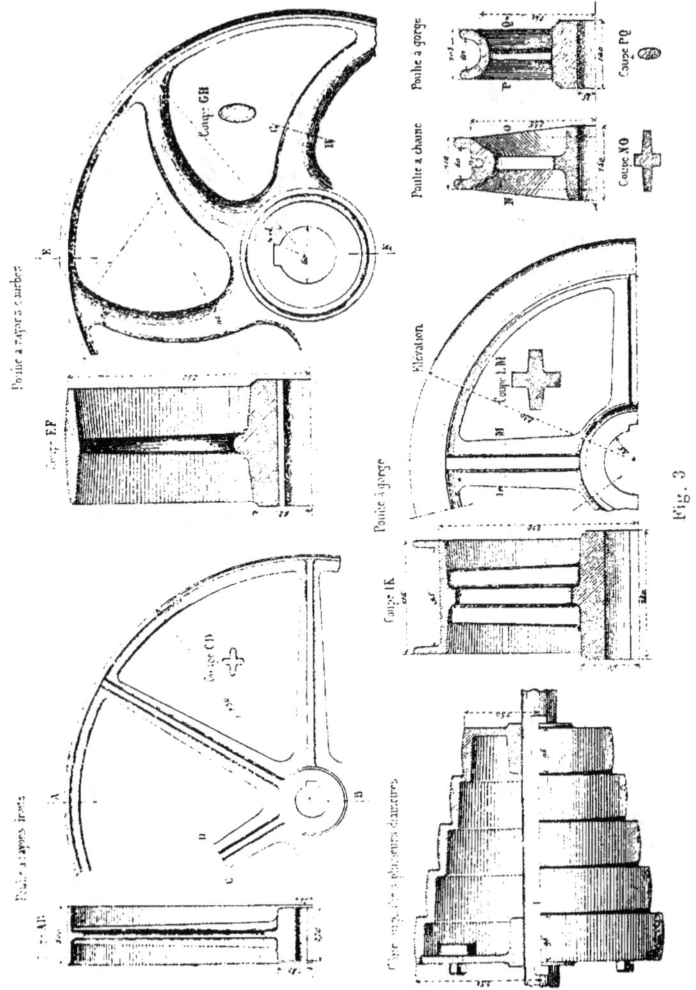

exemples de l'emploi de ces poulies. Cette planche représente divers
types de poulies dont nous venons de parler.

Nous donnons quelques modèles de poulies en bois de la Reeves Pul-

ley Cº, Columbus ind. (U. S.). Les diamètres peuvent varier de 150 à
200 mm. pour celles représentées fig. 4, de 250 à 900 pour celles du
type fig. 5; au-dessus de 900, on adopte celles du type fig. 6 ; enfin le

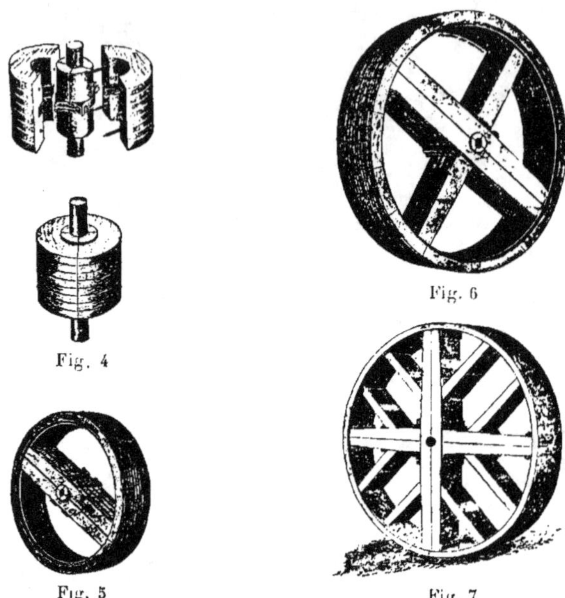

Fig. 4

Fig. 5

Fig. 6

Fig. 7

type fig. 7 représente des poulies pouvant atteindre trois, quatre et cinq
mètres.

Les poulies en bois ayant des manchons interchangeables peuvent
être montées sur tous les arbres. Elles sont de 40 à 75 0/0 plus légères
que les poulies en fonte, ce qui diminue les pressions des arbres sur
leurs coussinets et par suite les travaux de frottement, travaux nuisibles, travaux perdus.

Les poulies en bois se fixant aux transmissions par simple compression, le travail du clavetage est épargné. Enfin l'adhérence des courroies sur les poulies en bois est considérablement plus grande que sur
les poulies en fer ou en fonte.

100. Volants. — *Utilité du volant*. — Le volant est un organe formé d'une jante lourde, réunie par des bras à un moyeu. La place de
cet organe est sur l'arbre d'une machine motrice, sur l'arbre principal

d'une machine outil, dont le travail est variable. Il sert par sa force vive à régulariser le mouvement.

On nomme *force vive le produit de la masse d'un corps par le carré de sa vitesse*, ainsi, un corps, dont le poids est P et dont la vitesse est V, a une force vive égale à $\dfrac{P}{g}$ V² ; formule où g désigne l'accélération due à la pesanteur, 9 m. 8088. L'action de la bielle d'une machine à vapeur sur la manivelle n'est pas constante et ne pourrait produire un mouvement de rotation uniforme. Bien que le travail moteur, après un certain temps de fonctionnement de la machine, soit égal aux travaux résistants, ces travaux ne sont pas égaux à chaque instant. Tantôt le travail moteur l'emporte, la vitesse de la machine et par suite celle du volant augmentent. Le volant acquiert de la force vive ; et on doit dire que l'excès du travail moteur sur le travail résistant s'est transformé en force vive sur le volant. Tantôt c'est le travail résistant qui l'emporte sur le travail moteur ; dans ce cas la force vive emmagasinée dans le volant se transforme en travail résistant. Il est évident que plus le poids du volant sera grand, moins il faudra que la vitesse augmente ou diminue pour un même excès de travail moteur ou de travail résistant.

Le volant fait aussi disparaître ce que l'on appelle les *points morts*. Supposons une bielle et une manivelle dans la position où elles sont en prolongement l'une de l'autre, ou encore dans celle où elles sont l'une recouverte par l'autre. En supposant la machine au repos dans ces positions, on ne la mettrait point en mouvement en lançant de la vapeur dans le cylindre. S'il n'y avait point de frottement dans la machine, ces positions seraient des états d'équilibre instable et la manivelle pourrait se mettre aussi bien en mouvement de rotation dans un sens que dans l'autre, suivant l'impulsion qu'on lui donnerait. On dit que la manivelle est à un point mort quand elle est dans l'une ou dans l'autre de ces positions. En supposant la machine en mouvement, mais sans volant, on constaterait d'ailleurs que le mouvement de rotation se ralentirait considérablement aux points morts. Avec un volant, au contraire, on ne perçoit aucun ralentissement aux passages aux points morts, parce qu'une faible partie de la force vive du volant se transforme en force vive sur les autres organes de la machine.

La fonction du volant dans les machines motrices est de corriger les irrégularités périodiques du travail ; et dans les machines-outils, c'est d'emmagasiner de la force vive en vue d'une dépense brusque de travail. Les volants des trains de laminoir sont un exemple à citer à propos de la deuxième fonction du volant ; quand des laminoirs tournent à vide, le volant acquiert de la force vive et cette force vive se transforme en travail au moment où ces outils étirent et façonnent le fer.

Les volants sont calculés de telle sorte que l'écart entre les vitesses

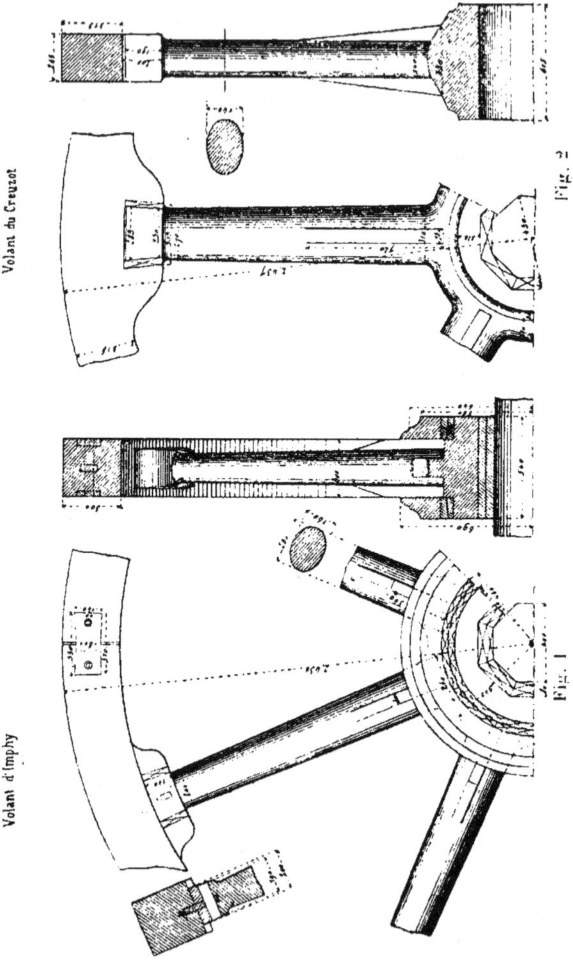

maxima et minima d'une machine ne dépasse pas une fraction de la vitesse moyenne. Cette fraction dépend de la nature de l'industrie à laquelle est appliquée la machine. Il est évident que le volant du moteur d'une filature doit avoir un coefficient de régularisation plus grand que celui du volant du moteur d'une scierie.

Il importe de remarquer que le coefficient de régularisation du vo-

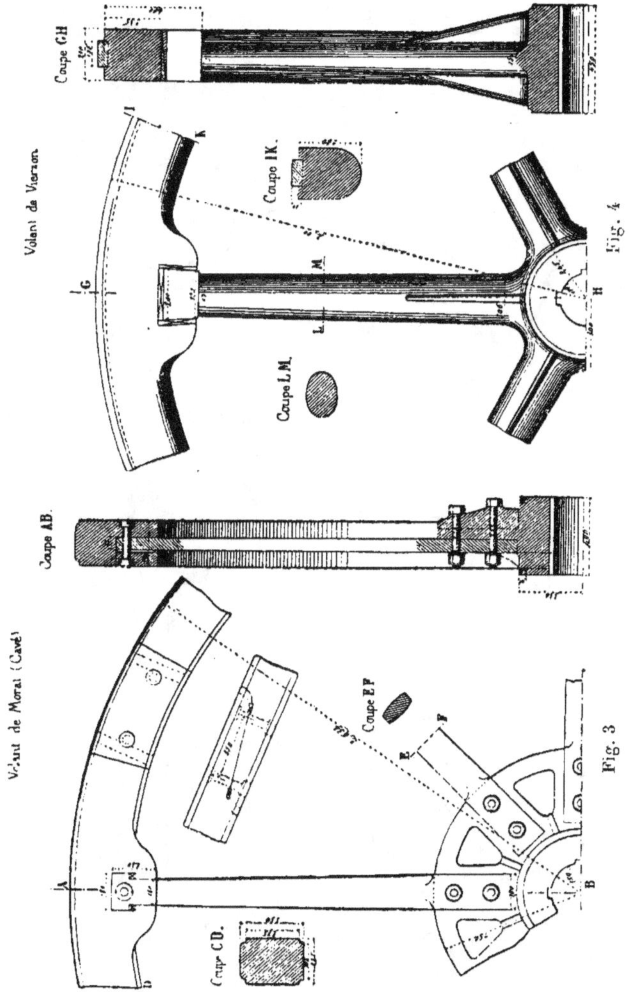

lant doit être plus grand que celui du régulateur. Le régulateur reçoit son mouvement de la machine et a pour but de régler le travail moteur moyen sur le travail résistant quand on débraie ou quand on em-

braie des outils. Il agit sur la détente de la vapeur ou sur l'arrivée de
la vapeur, pour diminuer le poids de vapeur qui entre dans le cylindre par unité de temps. S'il avait un coefficient de régularisation égal

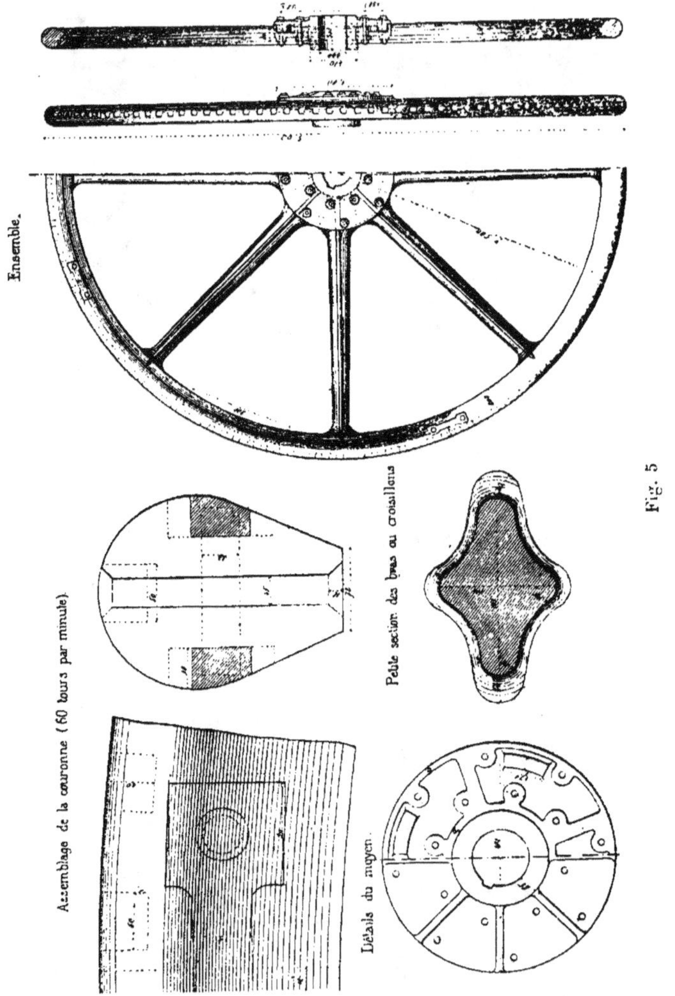

ou supérieur à celui du volant, il serait perpétuellement en fonction
pour les irrégularités périodiques du travail moteur, alors qu'il pourrait ne pas y avoir de variation dans l'ensemble du travail résistant.

Les volants sont en fonte, matière qui fournit économiquement le poids nécessaire. Les débris d'un volant qui vient à casser peuvent causer des dégàts considérables. Il importe de ne pas faire tourner les volants à des vitesses plus grandes que 30 mètres par seconde à la jante. Pour cette vitesse les éléments de la jante sont soumis à une force d'extension moindre que 1 kilogramme par millimètre carré, qu'il est prudent de ne pas dépasser pour les volants en fonte.

Pour un nombre de tours donné n par minute, le diamètre maximum d'un volant est donné approximativement par la formule $d = \dfrac{700}{n}$. Ainsi le volant d'une machine faisant 200 tours ne pourra dépasser sans imprudence le diamètre de **3 m. 50**, et un volant de **5** mètres de diamètre ne devra pas tourner à plus de 140 tours par minute. Il est entendu que ces nombres résultent de ce que l'on ne dépasse pas pour la fonte 1 kilogramme par millimètre carré à l'extension. Cette relation entre le diamètre et le nombre de tours est indépendante du poids, de sorte que l'on possède toujours un élément pour obtenir une régularisation aussi grande que l'on veut. On pourrait d'ailleurs dépasser les limites que nous venons d'indiquer en cerclant en fer ou en acier le volant, fig. 4. Le calcul indiquerait facilement les nouvelles limites en tenant compte de la résistance du fer ou de l'acier. Ainsi on cite un volant de 6 mètres de diamètre faisant 240 tours par minute, ce qui correspond à une vitesse de 75 mètres par seconde à la jante. Ce volant a une jante en fer avec joues latérales sur laquelle est enroulé, sur une certaine épaisseur, un fil d'acier de 5 millimètres de diamètre. Ce volant pèse 70 tonnes et actionne un train de laminoir de 1200 chevaux environ (Angleterre).

101. Construction des volants. — Les volants de petit diamètre se fondent en une pièce, on donne à la jante une section circulaire ou une section elliptique.

Les volants de grande dimension se fondent en plusieurs parties. Jusqu'à 3 mètres, on peut fondre en deux parties; dans les très grands diamètres, on fond séparément la jante, le moyeu et les bras.

La section de la jante peut avoir une forme quelconque. La forme rectangulaire, le petit côté du rectangle perpendiculaire à la figure générale du volant, est la forme préférable. Elle se prête mieux aux assemblages. L'assemblage le plus ordinaire de deux parties de jante se fait au moyen d'*éclisses*, plaques d'acier découpées en queue d'hironde et placées de chaque côté de la jante dans des entailles ajustées dans la fonte. Ces plaques sont fixées à l'aide de rivets posés à chaud. On pourrait faire le joint à mi-épaisseur, et assembler par deux rivets mis à

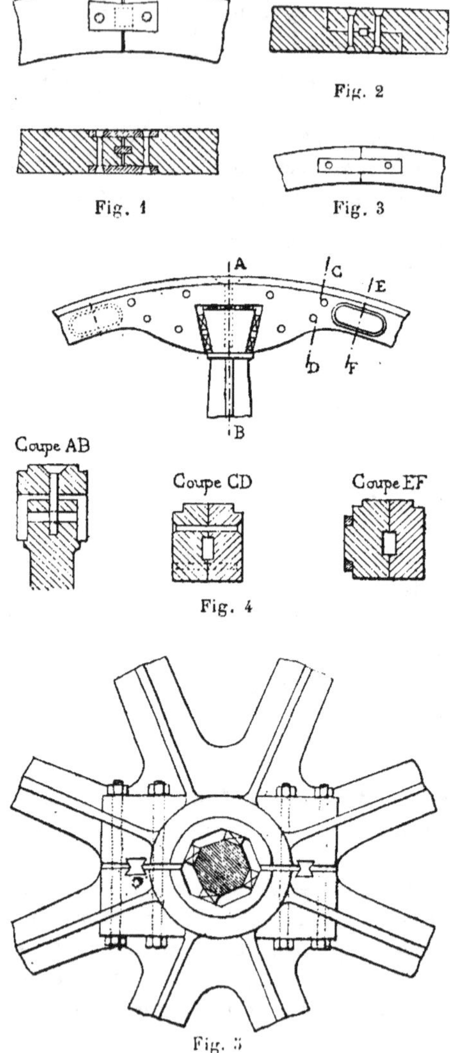

Fig. 2

Fig. 1   Fig. 3

Coupe AB

Coupe CD   Coupe EF

Fig. 4

Fig. 5

chaud. Une clavette verticale est intercalée dans le joint afin d'éviter le cisaillement des rivets.

Faisons remarquer qu'il n'y a aucune crainte à avoir de casser les pièces à assembler par rivets bien qu'elles soient en fonte : cela tient à ce que la masse de la jante est considérable et que, dans ces conditions, de la fonte de bonne qualité supporte bien le coup de marteau.

Pour de très grands volants on a composé la jante de deux anneaux. Chaque anneau est assemblé séparément et les deux anneaux sont ensuite juxtaposés à *joints croisés*, c'est-à-dire de manière que les joints des anneaux ne soient pas en regard l'un de l'autre.

La figure 5 représente l'assemblage d'un moyeu en deux parties au moyen de huit boulons, quatre d'un côté du volant, quatre de l'autre, et deux prisonniers en acier, taillés à queue d'hironde, chassés à force et destinés à éviter le cisaillement.

Les bras sont assemblés comme nous avons dit à propos des engrenages.

CHAPITRE XII

MÉCANISMES DE MODIFICATIONS DE MOUVEMENT

102. Classification des mécanismes de modifications de mouvement. Appareils d'embrayage et de débrayage à la main. — Les machines-outils ne travaillant pas d'une manière continue, il est nécessaire soit de les mettre en mouvement, soit de les mettre au repos, soit encore de modifier le mouvement en l'accélérant ou en le retardant. On obtient ces divers services d'organes spéciaux, répandus dans l'atelier à proximité des outils, que nous classerons de la manière suivante.

Appareils d'embrayage et de débrayage :

1° A la main de l'ouvrier ;

2° Automatiques ;

3° Appareils pour le changement de sens du mouvement ;

4° Appareil pour le changement de vitesse.

Appareils d'embrayage et de débrayage à la main. Tendeur. — Le tendeur est destiné à embrayer et à débrayer en marche, c'est-à-dire pendant le mouvement de la transmission. Considérons deux arbres parallèles ;

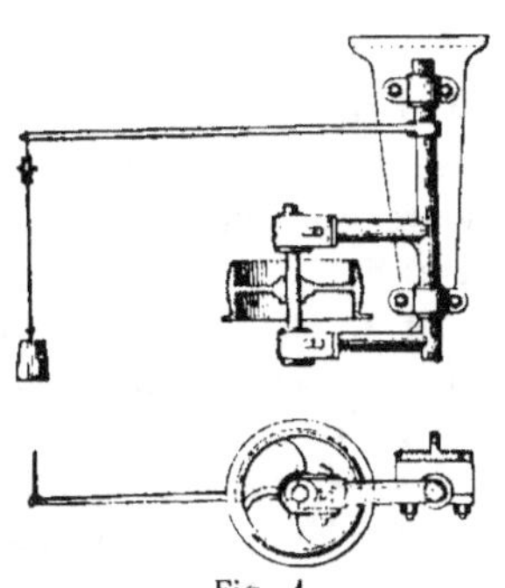

Fig. 1

plaçons sur chacun d'eux une poulie et sur celles-ci une courroie d'une longueur telle que les brins ne soient pas tendus. L'un des arbres étant supposé mis en mouvement par la transmission, l'autre ne participera pas à ce mouvement parce que la courroie n'est pas tendue. Pour déterminer la transmission de mouvement, il suffira d'appuyer fortement contre le brin conducteur au moyen d'un large rouleau. On peut disposer un contrepoids de telle façon qu'il assure le contact du rouleau sur la courroie, indépendamment de l'action de l'ouvrier. Ou bien on peut le disposer de telle manière que, l'ouvrier cessant d'agir sur le tendeur, le rouleau s'éloigne de la courroie par le jeu du contrepoids.

Dans la position de la figure 2, le tendeur abandonné à lui-même s'éloigne de la courroie par l'effet de son propre poids.

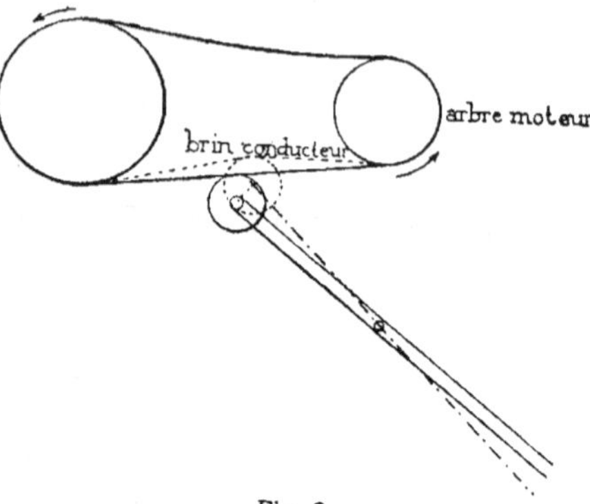

Fig. 2

Poulie fixe et poulie folle. — Sur l'arbre de couche ou sur l'arbre de transmission, on clavette un large tambour ; sur l'arbre de l'outil ou

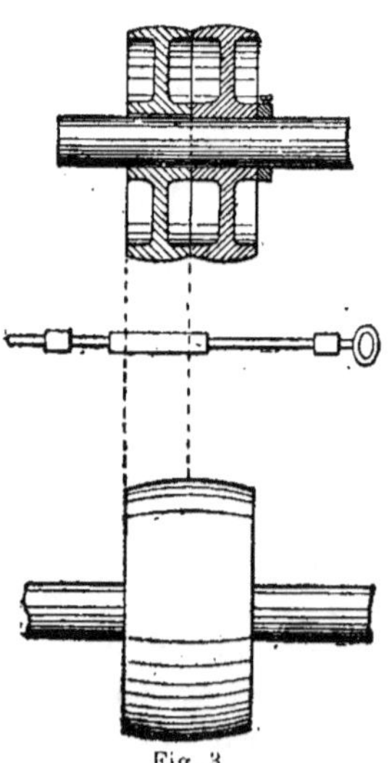

sur un arbre intermédiaire on place deux poulies ayant chacune une largeur moindre que la moitié de celle du tambour. Ces deux poulies sont à une faible distance l'une de l'autre ; mais elles ne se touchent pas. De plus l'une est clavetée sur l'arbre et l'autre peut tourner librement autour de l'arbre. Cette dernière est dite *poulie folle*. La courroie a la largeur de chacune de ces poulies. Supposons qu'on la place de manière à entourer avec un serrage convenable le tambour et la poulie fixe, la transmission de mouvement aura lieu. Si au contraire la courroie est sur le tambour et sur la poulie folle, celle-ci n'entraînant pas l'arbre, la transmission n'a pas lieu. Pendant la marche, on peut faire passer la courroie soit sur la poulie folle, soit sur la poulie fixe. On se sert d'un appareil nommé

Fig. 3

fourchette ; c'est un levier parallèle aux arbres, se déplaçant sur sa propre direction et muni de deux dents comprenant entre elles un brin de la courroie. On fait agir cette fourchette sur le brin conducteur, près de la poulie conduite.

La figure 4 représente un arbre secondaire chargé d'une poulie et d'une poulie fixe folle de commande, puis d'une poulie-cône sur laquelle passe la courroie qui va à l'outil. La fourchette est représentée par une tringle passant devant les poulies et glissant dans un trou rec-

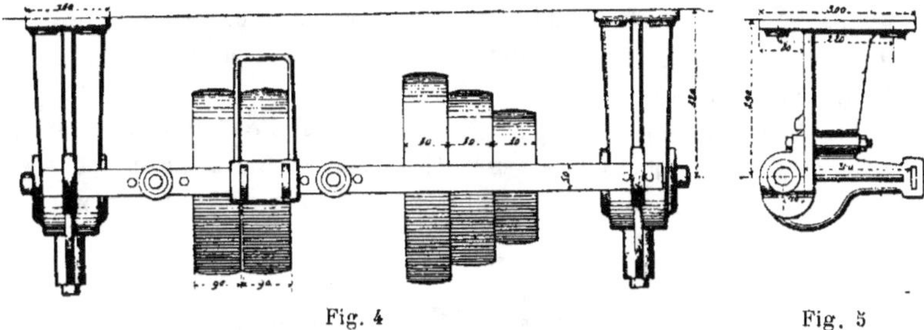

Fig. 4   Fig. 5

tangulaire ménagé dans les supports (visible à droite de la vue de la chaise) (fig. 5).

Tire-sacs. — Pour transmettre un faible effort, on peut opérer l'embrayage en exerçant une simple pression entre deux rouleaux. C'est le

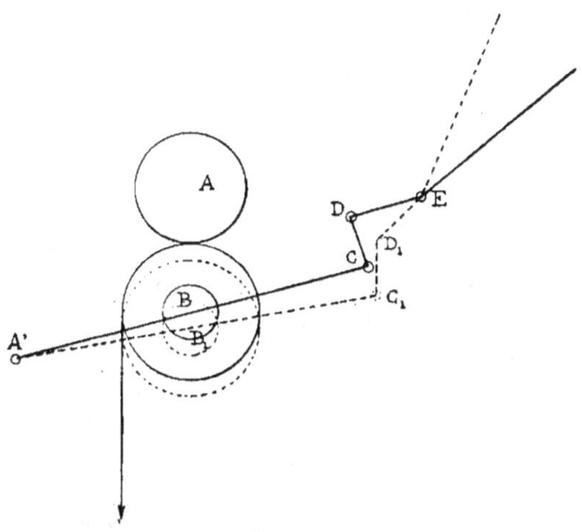

Fig. 6

principe sur lequel est basé l'appareil nommé tire-sacs. Il se compose de deux rouleaux dont les jantes sont garnies de peau de buffle; l'un est claveté sur l'arbre moteur A, fig. 6, l'autre tourne librement autour d'un axe B porté par un cadre. Ce cadre oscille autour de l'axe fixe A′ et est articulé par une petite bielle DC à un levier dont le point fixe est en E. L'extrémité de ce levier est à la portée de l'ouvrier qui manœuvre l'appareil. Par son propre poids le rouleau B se tient éloigné du rouleau A. L'ouvrier, en appuyant sur le levier, les rapproche et la communication du mouvement de A se fait au rouleau B. L'arbre ainsi entraîné actionne une poulie ou un tambour sur lequel s'enroule la corde qui soulève le sac.

Embrayage par manchons à griffes. — Sur l'extrémité d'un arbre moteur, celui de gauche sur la figure 1, on clavette un manchon portant une série de dents de fortes dimensions, dites *griffes*. Le second

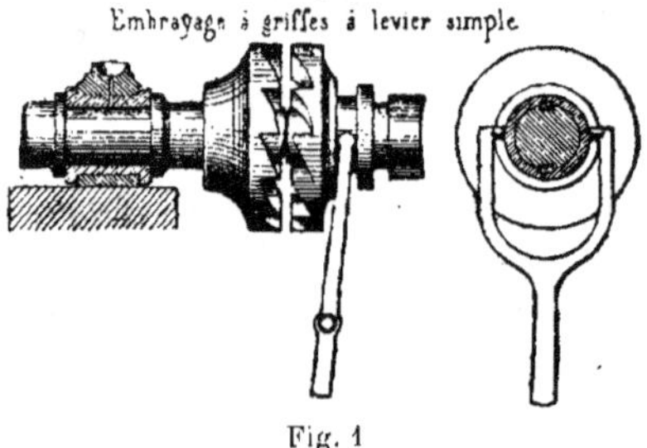

Fig. 1

arbre, placé dans le prolongement du premier, porte un manchon semblable dont les dents correspondent aux vides des dents du premier manchon et inversement.

Les manchons sont en porte-à-faux sur leurs arbres respectifs. Le second manchon peut se rapprocher ou s'écarter par une manœuvre de l'ouvrier. Il glisse sur deux baguettes que porte latéralement l'arbre. Ces baguettes servent à l'entraînement de l'arbre de droite quand les manchons sont en prise. Entre les baguettes et les rainures du manchon mobile il y a un jeu assez grand pour que le glissement se fasse très facilement. On donne différentes formes aux dents; mais, pour toutes, la face plane de contact est dirigée vers l'axe de l'arbre. Les fig. 2, 3 représentent d'autres embrayages par manchons.

La figure 1 représente un débrayage s'effectuant par un simple levier. Dans la figure 2, le levier d'embrayage est maintenu en place au moyen d'un deuxième levier dit d'*encliquetage*, qui sert de butée à un taquet fixé sur le levier d'embrayage.

La figure 3 représente une fourchette qui se déplace au moyen d'un excentrique.

Fourchette mue par un levier avec encliquetage.

Elévation.

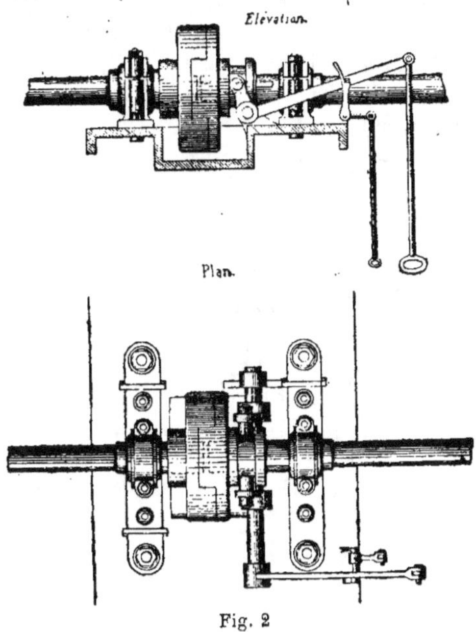

Plan.

Fig. 2

Fourchette mue par un excentrique.

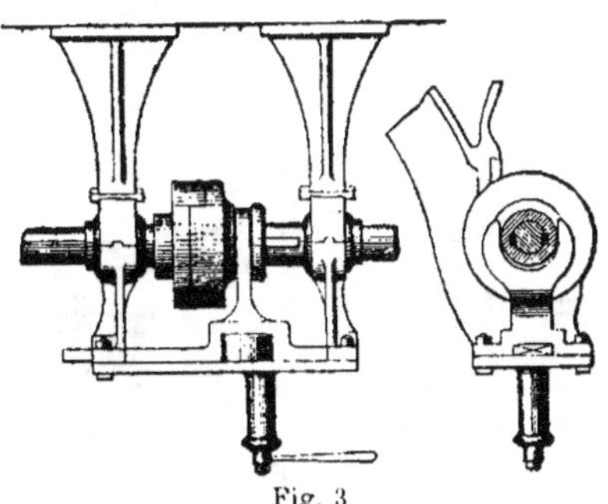

Fig. 3

Embrayage d'arbres parallèles. — Pour lier deux arbres parallèles on peut encore mettre sur chacun un engrenage ; les deux engrenages se correspondant parfaitement. L'un d'eux, celui qui est sur l'arbre à embrayer, est fou sur cet arbre, mais il fait corps avec un manchon d'embrayage à griffes. Un manchon mobile et guidé par des baguettes fixées sur cet arbre, sert à l'embrayage et au débrayage. Il est prudent de n'embrayer avec ces divers systèmes que dans le cas où le mouvement est lent ou ralenti.

Embrayages par cônes. — Les embrayages par cône de friction offrent

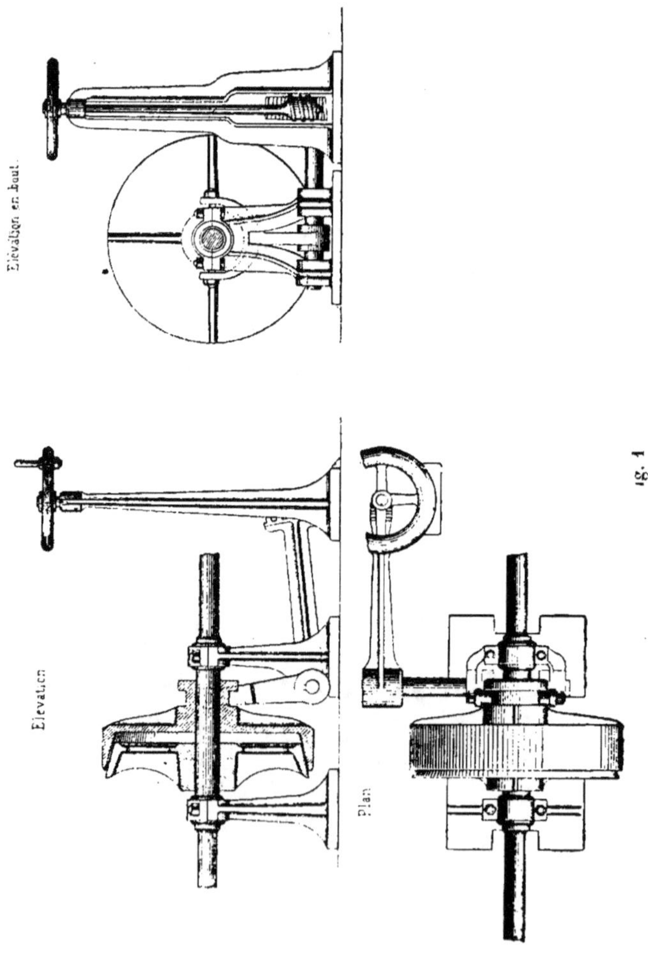

toute la sécurité possible pour l'embrayage pendant la marche de la machine motrice. Considérons deux arbres en prolongement l'un de l'autre et sur chacun d'eux plaçons une poulie-cône ; ces deux poulies étant telles que la partie conique de l'une s'emboite dans la partie conique de l'autre. Le contact a lieu à l'extérieur sur l'une, celle qui est clavetée sur l'axe moteur, et à l'intérieur sur l'autre qui est mobile sur l'arbre à entraîner. Cette dernière poulie est d'ailleurs déplacée et guidée sur son arbre comme le manchon mobile à grifffes que nous avons décrit précédemment.

C'est en vertu du frottement développé au contact des surfaces coniques que l'entraînement a lieu. Cette force de frottement est proportionnelle à la pression exercée entre les deux surfaces. La valeur de 35° paraît être convenable pour l'angle au sommet des cônes.

La pression à produire entre les cônes est souvent de plusieurs centaines de kilogrammes. Pour produire cette pression considérable, on fait mouvoir le levier et la fourchette non plus discrètement à la main, mais au moyen de vis et d'engrenages, ainsi que c'est indiqué figure 1.

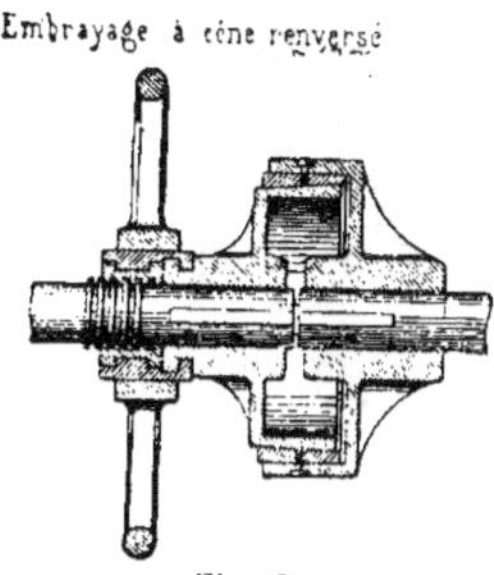

Fig. 2

Cet appareil a l'inconvénient de produire une pression considérable des collets de l'arbre sur les coussinets. Cet inconvénient est évité, par l'emploi de l'embrayage à cône renversé. La surface conique extérieure est constituée par une bague en bronze, légèrement conique, que l'on place sur la partie conique du cône mobile, avant de l'engager dans le tambour fixe, où cette garniture est vissée par l'extérieur. En poussant légèrement le cône mobile à l'intérieur du tambour, il n'y a plus de contact ; en le tirant vers l'extérieur, il y a contact et par suite entraînement si l'un des axes est en mouvement.

Manchon à friction d'André Kœchlin. — Ce manchon a l'avantage de produire un entraînement rapide et d'éviter toute poussée dans le sens de l'arbre.

Un arbre porte un manchon fou, qui porte une couronne dentée, constamment en prise avec un pignon en mouvement. Un plateau glissant sur des baguettes est maintenu à distance du premier manchon par une bague d'arrêt en fonte tournée.

Ce plateau est relié par des boulons à un second plateau intérieur, formé de plusieurs secteurs cylindriques. Il y en a trois dans l'exemple représenté par la figure 2. Ces secteurs peuvent se déplacer légèrement

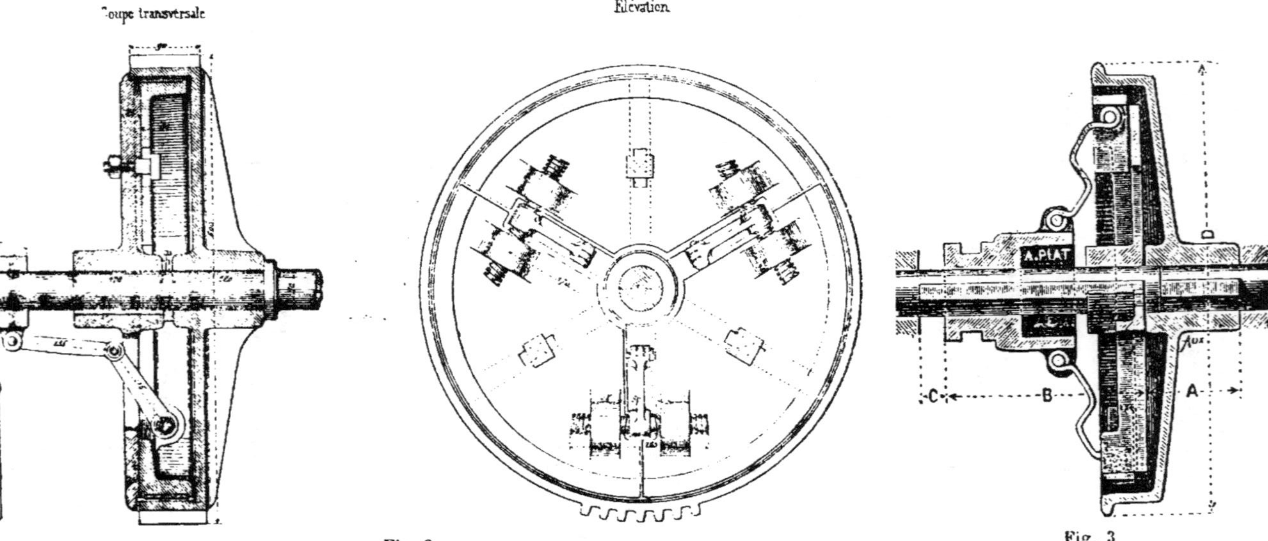

Coupe transversale
Élévation
A. PIAT
C
B
A
D
Fig. 2
Fig. 3

dans le sens du rayon, sous l'action de leviers articulés, d'une part sur un manchon à fourchette et d'autre part sur le second plateau.

Les secteurs sont guidés par des têtes de boulons serrés sur le premier plateau, et reçoivent un mouvement de translation par le jeu des vis qui terminent les leviers articulés. Il est nécessaire que ces vis aient un certain jeu dans leurs écrous respectifs. Une bande de cuivre est interposée entre la jante des secteurs et la jante dentée.

Le système représenté, fig. 3, n'est en définitive qu'une modification de l'embrayage précédent, qui se fait remarquer par la simplicité de sa construction.

103. Débrayages automatiques. — *Sonnette à déclic.* — Dans un grand nombre de machines, il y a économie de temps et de main-

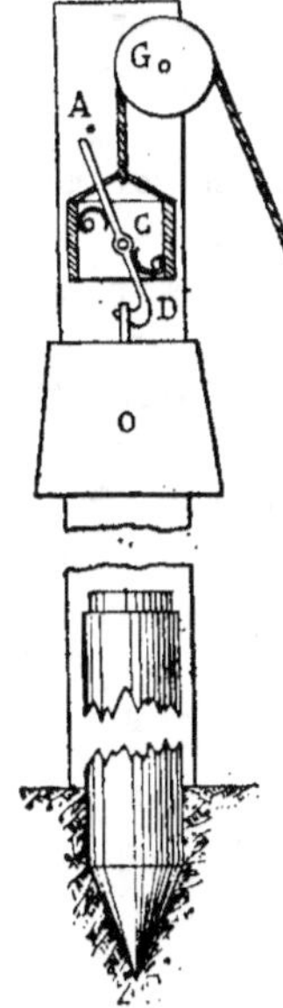

d'œuvre à produire automatiquement le débrayage et l'embrayage de certaines pièces, de certains outils. Un exemple simple est fourni par la *sonnette à déclic* dont le principe est représenté par la fig. 1. Une masse de fer O est soulevée au moyen d'un crochet D et d'une corde P passant sur une poulie G. Le poids, arrivé à une certaine hauteur, est abandonné à lui-même et tombe sur la tête d'un pieu dont il produit l'enfoncement. Le déclanchement est automatique ainsi que l'enclanchement. Le levier D, oscillant autour de C, est repoussé par l'action d'un taquet A fixé sur le montant de l'appareil. Le déclanchement se produit, quand le mouvement ascentionnel est terminé, par la simple pression du taquet A sur le levier D du déclic ; la masse O est abandonnée à elle-même. L'enclanchement est automatique parce que, en descendant le système d'acrochage, qui est d'un poids suffisant, le crochet D, d'abord repoussé par la saillie qui surmonte la masse O, s'engage dans l'œil d'accrochage. L'enclanchement est assuré par le jeu d'un ressort qui, agissant sur le levier D,

Fig. 1

ramène le crochet dans une position favorable.

Roue à rochet et à déclic. — La roue à rochet et à déclic, représentée sommairement dans la figure 1, p. 336, par la circonférence armée de dents, inclinées dans le même sens de rotation, et le cliquet à gauche de la figure est employé dans un grand nombre de mécanismes. Dans cette figure la circonférence extérieure représente le contour d'une meule qui est folle sur son axe, tandis que la roue à rochet est clavetée sur cet axe.

La meule porte le *cliquet* d'arrêt qui a pour fonction d'entraîner la meule quand l'arbre tourne de droite à gauche. Cette disposition a pour but d'empêcher les ruptures qui se produiraient certainement, dans le cas d'un arrêt subit de l'arbre, en raison de la grande masse et de la vitesse de la meule. Si un arrêt subit de l'arbre se produit, la meule continue à tourner, puisqu'elle est folle sur l'arbre, et le cliquet glisse sur les dents de la roue à rochet. Un ressort appuie sur l'une des extrémités du cliquet pour l'obliger à rester en contact avec les dents de la roue.

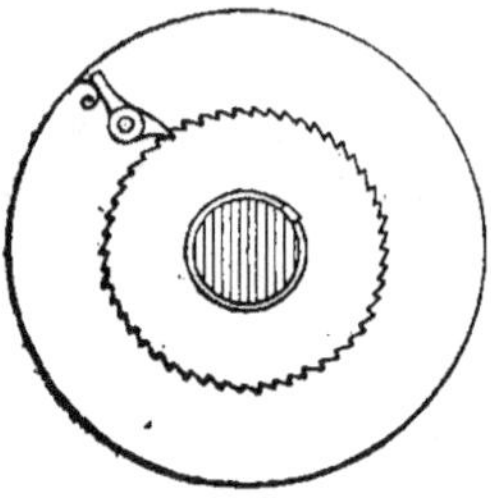

Fig. 2

La roue à rochet est employée dans l'appareil nommé *cric*, appareil destiné à soulever de fortes charges. Le but de cet organe dans le cric est d'empêcher l'engrenage de revenir sur lui-même, quand l'effort exercé sur la manivelle est inférieur à l'effort produit par la charge.

Changement de marche des machines à raboter. — Les machines à raboter offrent un exemple de changement de marche automatique. L'outil ayant effectué le mouvement pendant lequel il travaille, est ramené en arrière automatiquement, jusqu'au point où il doit recommencer à entamer le métal. Ceci nécessite un double mouvement. D'abord un mouvement dans le sens inverse de celui dans lequel l'outil mord le métal, et un mouvement dans une direction perpendiculaire. On dit que l'outil a un mouvement en *avant*, un mouvement de *retour* ou en *arrière* et un *avancement*.

Le mouvement d'avancement est produit au moyen d'une vis qui

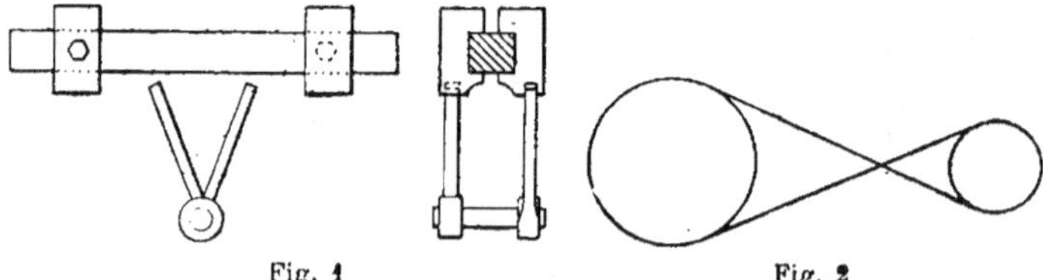

Fig. 1   Fig. 2

entraîne le porte-outil. Les mouvements arrière et avant sont produits au moyen d'un levier qui porte deux fourchettes. Ces deux fourchettes servent à déplacer deux courroies. L'une de celles-ci est une *courroie droite* qui passe d'une poulie folle à une poulie fixe; l'autre est une courroie dont les brins sont *croisés* comme l'indique la figure 2. Cette courroie passe aussi d'une poulie folle sur une poulie fixe; elle est sur une poulie folle quand la courroie droite est sur une poulie fixe. Ces deux courroies donnent évidemment aux tambours de l'arbre principal de la machine-outil des mouvements en sens contraires.

Le mouvement est automatiquement produit par l'action des deux taquets qui viennent buter alternativement sur les branches d'un levier qui fait glisser, dans un sens ou dans l'autre, la tige qui porte les fourchettes.

101. Organes de changement de sens du mouvement.— *Changement de sens de vitesse par roues droites et pignons pour arbres parallèles.*— L'arbre moteur, figure 1, porte, entre deux paliers, deux en-

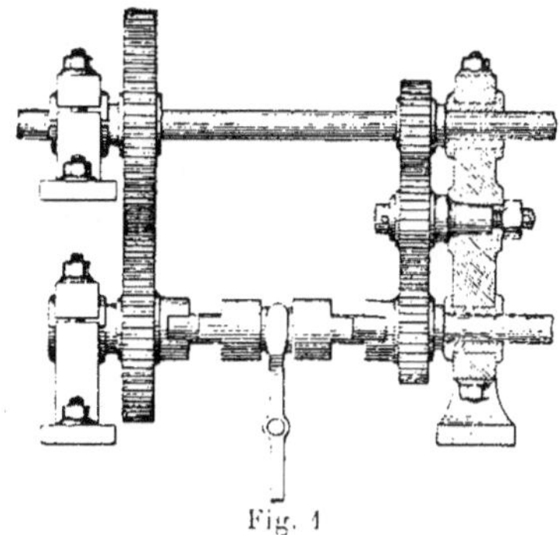

Fig. 1

grenages de diamètres différents. Le second arbre porte de même deux engrenages, l'un, conjugué directement avec l'engrenage de grand diamètre de l'arbre moteur, l'autre conjugué avec l'engrenage de petit diamètre au moyen d'une roue intermédiaire de petit diamètre.

Un embrayage est interposé sur l'arbre conduit entre les deux roues qui sont folles. Ces roues ne sont rendues solidaires de l'arbre moteur que par l'action du manchon. On observe, en considérant le sens de rotation des différentes roues de ce système, que le sens du mouvement variera suivant que l'embrayage se fera sur l'une ou sur l'autre des deux roues. De plus les diamètres des roues peuvent être choisis de telle manière que les rapports des vitesses soient ceux dont on a besoin.

Même modification de mouvement par emploi de poulies. — Les mêmes résultats peuvent être obtenus par un système de poulies, les unes à courroie droite, les autres à courroie croisée. Un manchon d'embrayage, comme dans le système précédent, solidarise avec l'arbre moteur l'une ou l'autre des deux poulies folles placées sur l'arbre conduit.

Modification de mouvement par roues coniques à manchon à griffes pour arbres perpendiculaires situés dans un même plan. — La figure **2** représente un ensemble d'engrenages coniques destinés à produire une modification de sens de vitesse sur un arbre vertical. Sur l'arbre horizontal un manchon à griffes peut solidariser alternativement avec l'arbre vertical deux roues d'angle, suivant que l'une ou que l'autre engrène avec la troisième roue d'angle clavetée sur l'arbre vertical. L'appareil représenté à la fig. 2 est un monte-charges ; la forme du tambour a pour but de ralentir le mouvement aux extrémités de la course.

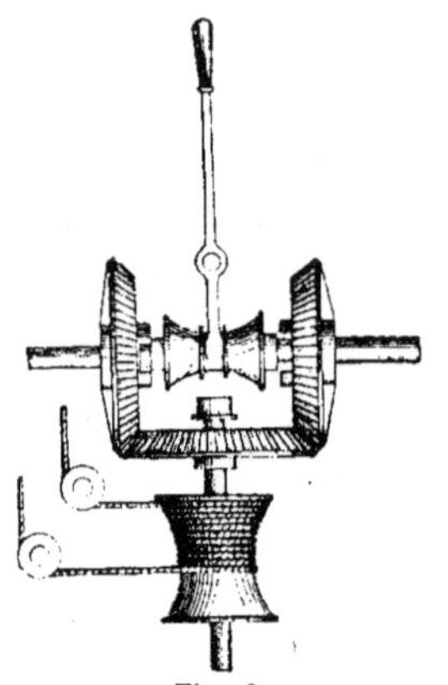

Fig. 2.

105. Organes permettant de faire varier la vitesse pendant la marche. — *Tambours coniques et courroies.* — La figure 1 représente

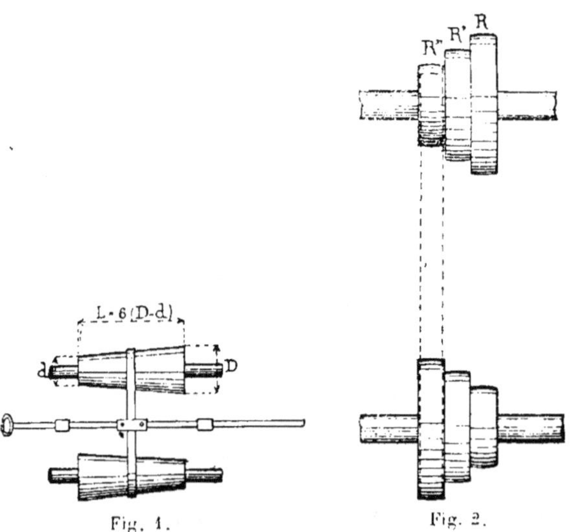

Fig. 1.

Fig. 2.

un système de deux tambours coniques et d'une courroie droite. Une fourchette actionne le brin conducteur de la courroie. Pour que la courroie conserve la même tension, nécessaire à l'entraînement, il faut que la somme des rayons soit constante pour toutes les sections faites par des plans perpendiculaires aux arbres.

Poulies à plusieurs diamètres. — La figure **2** représente un système de poulies à plusieurs diamètres, permettant de réaliser le changement de vitesses. Mais il faut déplacer la courroie à la main et de plus on ne peut obtenir que trois rapports de vitesses différents.

Plateau et poulie de friction. — La figure 3 représente un moyen ingénieux d'obtenir des variations aussi faibles que l'on veut du rapport des vitesses de deux arbres perpendiculaires entre eux. Un des arbres porte un plateau claveté en porte-à-faux et l'autre porte un tambour de petit diamètre, un galet, qui tourne par son frottement sur le plateau.

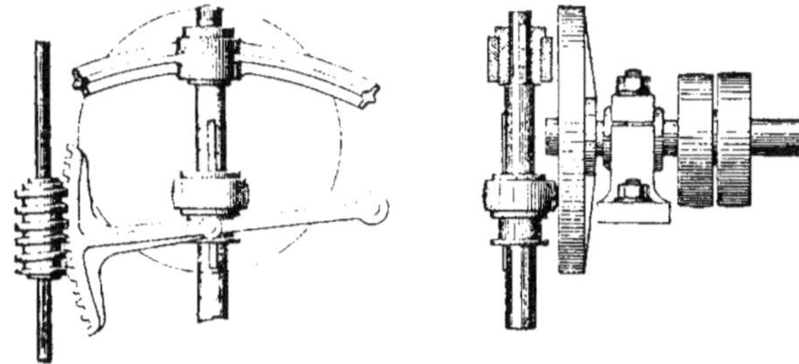

Fig. 3

Si ce frottement est suffisant le chemin parcouru par le point de contact sur le plateau est de même parcouru sur la poulie. Or, pour un même tour de l'arbre qui porte le plateau, ce chemin est proportionnel à la distance du galet au centre du plateau, car il est égal pour un tour à $2\pi r$, en désignant par r la distance du galet au centre.

CHAPITRE XXIII

PALIERS, SUPPORTS, CONSOLES, CRAPAUDINES

106. Paliers. — Les paliers sont les organes qui servent de point d'appui aux arbres. Les paliers sont le plus souvent fondus séparément des bâtis. Dans un palier on distingue cinq parties essentielles : 1° la *semelle* d'appui avec ses ergots ; cette semelle fait souvent partie du bâti de la machine, ou bien elle est fixée par des boulons de fondation soit au bâti général, soit à un massif de maçonnerie ; 2° le *corps du palier ;* 3° les *coussinets*, pièces destinées à supporter l'arbre et à subir l'usure qui résulte du frottement ; 4° le *chapeau*, partie mobile servant à produire le serrage des coussinets et à tenir en place le coussinet supérieur ; 5° les *pièces d'assemblage*, boulons de scellement ou boulons de fondation pour la semelle, boulons d'attache du chapeau sur le corps de palier, clavettes de réglage qui maintiennent le corps entre les ergots de la semelle ; enfin, 6° le *godet graisseur*.

Ces diverses parties sont clairement indiquées à la fig. 1, p. 342.

Les semelles sont destinées à assurer aux paliers une position parfaitement déterminée par rapport à la machine. Ce sont des plaques coulées en fonte et munies d'ergots venus de fonte. Le corps du palier et le chapeau sont en fonte et les coussinets sont en bronze.

Les paliers offrent une étude intéressante de ce que nous avons nommé *portées d'ajustement*, p. 147. Les différentes parties ne doivent avoir de contact les unes avec les autres que sur des surfaces ayant une étendue largement suffisante pour que la matière ne s'écrase pas sous les efforts auxquels les paliers sont soumis.

Ainsi le *patin* du palier, c'est-à-dire la partie du corps qui porte sur la semelle, est évidé, ainsi d'ailleurs que la surface de la semelle si elle porte sur un corps très résistant. Il n'est plus nécessaire de dresser que les saillies. Les coussinets ne portent soit sur le corps, soit sur le chapeau que par des surfaces restreintes qui supportent seules le travail de l'ajustage. De même les têtes des boulons portent sur des saillies légères, qui seront dressées indépendamment de la masse

Élévation long.
Coupe CD
Plan
A
B
C
D
Élévation latérale
Coupe AB

Fig. 1.

Élévation
Coupe AB
C
D
Plan
Coupe CD
A
B

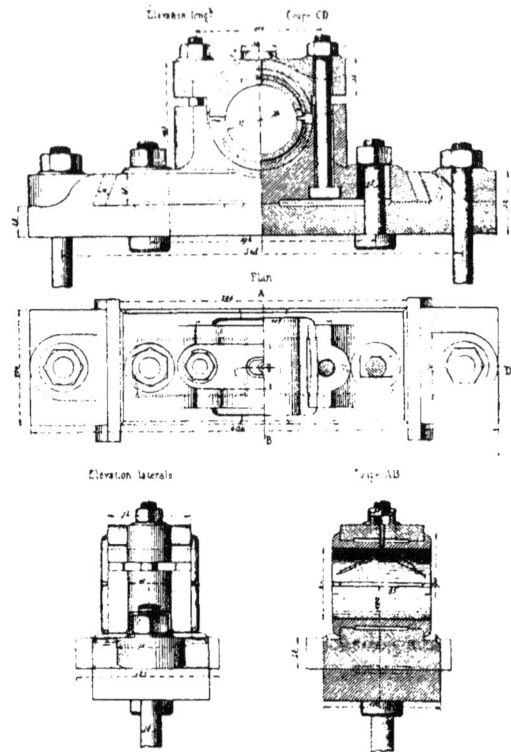

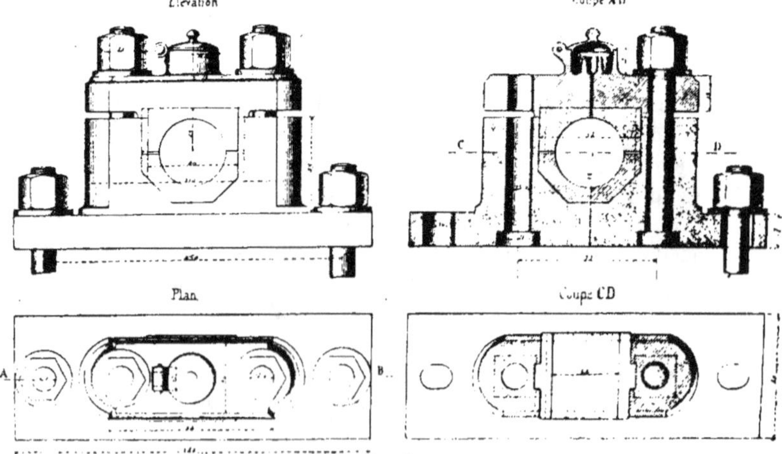

Fig. 2.

qui reste brute de fonte. Le chapeau et le corps ne sont en contact que sur des portées d'ajustement.

Les paliers offrent également l'occasion d'une étude sur les dispositions qui peuvent faciliter le montage. D'après les indications de la fig. 1, on voit que le palier peut prendre un léger déplacement dans trois sens différents, ce qui équivaut à dire qu'il peut subir un petit déplacement quelconque dans l'espace. Pour le régler en hauteur, il suffit de mettre des cales sous la semelle. Il peut être déplacé parallèlement et perpendiculairement à l'axe de l'arbre au moyen des cales serrées entre le patin et les ergots.

Les boulons qui rendent les paliers solidaires de la semelle sont logés dans des conduits du patin ovalisés afin de faciliter la mise du palier en bonne place.

Les paliers dont nous donnons le dessin p. 342, ont un graissage obtenu au moyen d'un godet graisseur venu de fonte sur le chapeau et communiquant avec le dessus de l'arbre au moyen d'un conduit qui aboutit à la face interne du coussinet et au croisement de deux rainures nommées *pattes d'araignées*.

Coussinets. — Les dimensions des coussinets sont déterminées de telle sorte que la pression, supposée répartie sur la *coquille* inférieure du coussinet, ne dépasse pas 15 à 20 kg. par centimètre carré, ce qui est une pression pour laquelle l'huile n'est pas chassée.

Les coussinets doivent être en métal moins dur que celui de l'arbre, afin que ce soient les coussinets qui supportent l'usure résultant du frottement. Les coussinets sont en effet relativement faciles à changer et il est préférable qu'ils s'usent et que l'arbre s'use peu. Il faut que le métal soit tel que la température ne s'élève pas considérablement, si par moments le graissage devient insuffisant. On emploie souvent un bronze se rapprochant de la composition suivante : cuivre 82, étain 18. On emploie depuis quelques années un bronze dit bronze phosphoreux, dont nous avons parlé au chapitre V, p. 75.

Les coussinets de wagon à grande vitesse de la Cie d'Orléans sont en *métal antifriction* de la composition suivante : cuivre 6, antimoine 10, étain 84, ou de la composition : cuivre 8, antimoine 8, étain 74, plomb 10 (1891). Ce *métal blanc* est cassant ; aussi ne fait on pas les coussinets entièrement en métal blanc. On ménage des évidements dans le coussinet en bronze ou en fonte et on y coule la garniture en métal blanc, après avoir décapé à l'acide et étamé les évidements.

Exemples de paliers pour arbres moteurs ou pour arbres de couche. — Les fig. 1, 2, 3, 4, 5 sont des exemples de paliers d'arbre moteur ; dans la fig. 5, on voit une disposition prise pour racheter l'usure du coussinet. Au moyen d'une cale, actionnée par une vis, on pousse la coquille contre l'arbre, dès qu'un jeu se manifeste.

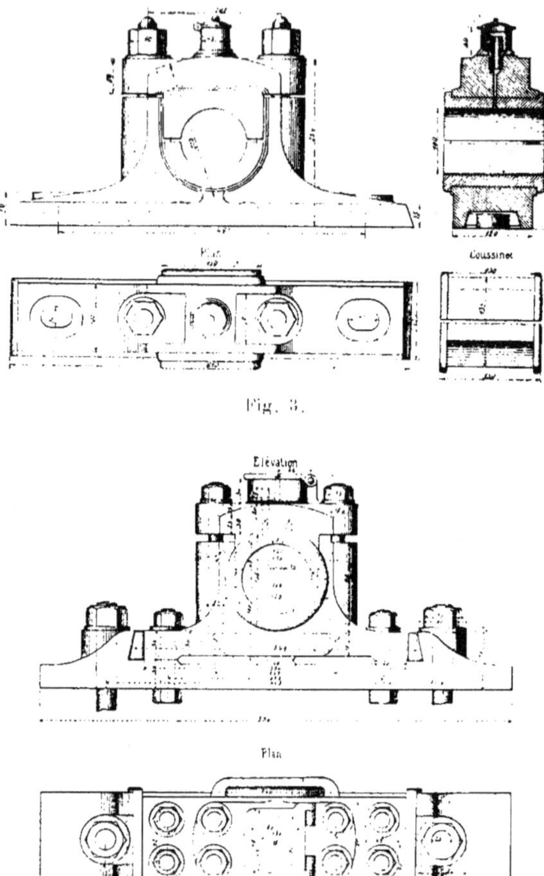

Les difficultés de montage sont considérablement diminuées par l'usage du *palier Sellers*, fig. 6. Ce palier consiste en un coussinet portant en son milieu un renflement sphérique. Ce renflement vient se loger entre deux cavités sphériques, l'une du patin, l'autre du chapeau. Par le fait de cet assemblage à rotule, le coussinet peut s'orienter facilement dans une infinité de directions autour du centre de la sphère ; et par suite il s'appliquera toujours de lui-même sur le tourillon, dans toute position pour laquelle l'axe de l'arbre passera par le centre de la sphère.

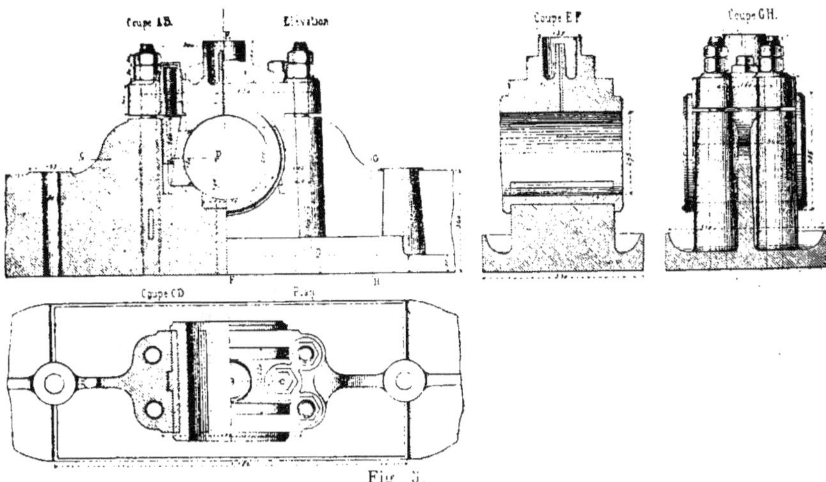

Fig. 5.

En donnant une grande longueur à ce coussinet, on arrive à ce que la pression par unité de surface soit tellement faible que l'huile ne soit

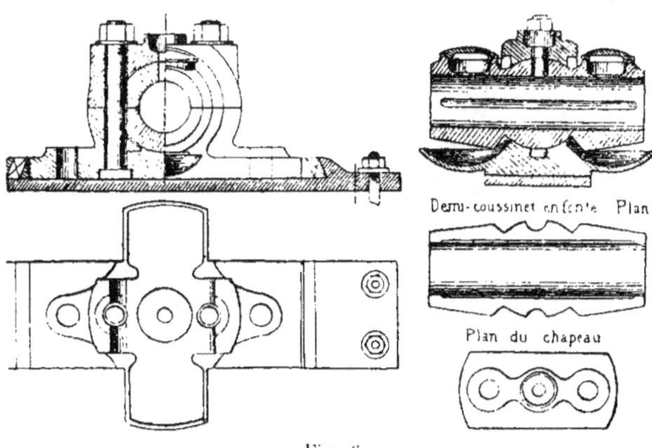

Fig. 6.

jamais chassée ; par suite, le frottement est considérablement diminué par ce bon graissage. Dans ces conditions on peut faire le coussinet en fonte au lieu de le faire en bronze et on a un coussinet presque quatre fois moins cher que s'il était en bronze.

Les coussinets sont maintenus dans le sens de la rotation par les boulons de serrage du chapeau.

Le graissage se fait par plusieurs godets placés sur le coussinet. L'huile, qui peut s'échapper après le passage sur l'arbre, est recueillie dans des cuvettes placées à la base du palier.

Ce palier, facile à mouler, tout en fonte, facile à ajuster, est d'un service très économique et l'usure y est presque nulle.

Observations générales sur les transmissions horizontales. — Dans les machines, il faut autant que possible éviter les porte-à-faux. Il est évident qu'une pièce lourde, telle qu'un *volant*, devra toujours être comprise entre deux paliers suffisamment rapprochés ; qu'une poulie de commande d'une machine motrice ou d'un arbre de couche sera de même entre deux paliers rapprochés. Dans l'application de toutes les règles, il faut savoir discerner ; ainsi le volant d'une machine légère, une machine à broyer des couleurs, par exemple, sera établi en porte-à-faux parce que cette pièce gênerait, si elle était placée entre les deux bâtis de cette machine ; en outre, il n'est pas coûteux, dans une petite machine, de faire un peu plus fort l'arbre qui porte le volant ; enfin on peut avoir à attacher un maneton sur un des bras du volant, de sorte que celui-ci serve de manivelle.

Les manchons, les roues, poulies, sont placés près des paliers ; et les transmissions doivent être disposés de telle façon que la résultante des efforts dirigés sur l'arbre soit dirigée sur la coquille inférieure du coussinet.

107. Paliers graisseurs. — Nous avons dit quelle est l'importance d'un bon graissage et combien cette question doit préoccuper le constructeur ; aussi nous nous proposons de décrire quelques types de paliers disposés en vue d'obtenir un bon graissage.

Dans le *palier Decoster à bague fixe* sur l'arbre, l'arbre est graissé automatiquement pendant qu'il est en mouvement, fig. 1. Le bas du palier présente une cuvette intérieure où l'on verse de l'huile. Le coussinet est divisé en deux parties, entre lesquelles se trouve une bague qui porte sur l'arbre et est entraînée avec lui. Cette bague plongeant dans l'huile en ramène une certaine quantité à la surface de l'arbre. Ce palier est bon pour les petits arbres à grande vitesse, à la condition d'employer une huile parfaite. Si la vitesse est petite, le graissage est insuffisant ; si l'huile est mauvaise, elle se transforme rapidement en cambouï par le fait de l'agitation.

Le palier *Vaissen Regnier à bague mobile* sur l'arbre est du même genre que le palier Decoster et bon pour le même usage. Il a l'avantage de permettre de ne couper que le palier supérieur. L'entrainement

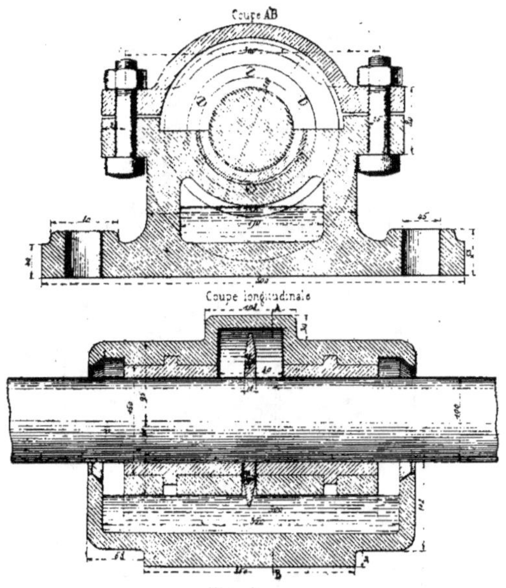

Fig. 1

de la bague a lieu dès que la surface de l'arbre n'est plus suffisamment

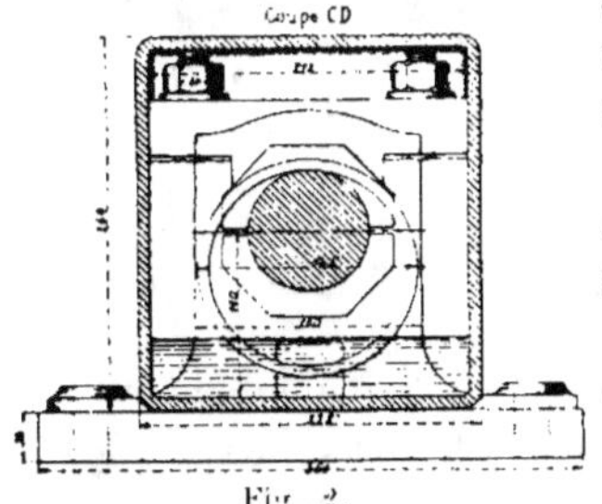

Fig. 2.

graissée et que, par suite, le frottement entre la bague et l'arbre augmente.

Le *palier graisseur à tourillon noyé système Avisse* est représenté par la fig. 3. Le tourillon est d'un diamètre plus fort que celui de l'arbre. Le coussinet inférieur est ouvert et plongé dans un bain d'huile. Le tourillon rencontre le niveau de l'huile et se charge de la quantité nécessaire au graissage. Il y a d'ailleurs un double graissage qui se fait à la partie supérieure parce que les collets de l'arbre, qui sont d'un diamètre plus grand que le tourillon, entrainent de l'huile.

Le palier graisseur de chariot roulant pour wagons des chemins de fer du Midi est du genre du palier Avisse. Le graissage est fait par les collets du tourillon, lesquels présentent des cavités qui s'emplissent d'huile à la partie inférieure du palier et le déversent à la partie supé-

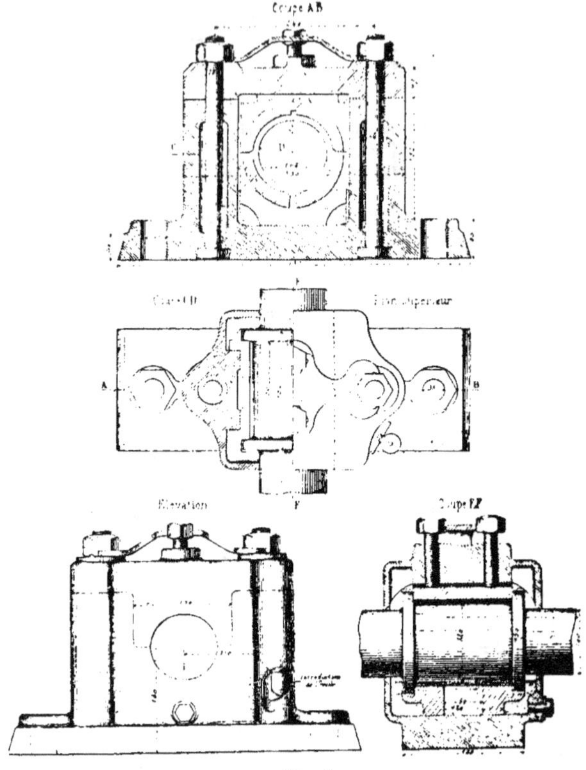

Fig. 3

rieure dans une rainure de la coquille supérieure du coussinet,
fig. 4.

L'inconvénient des systèmes précédents est l'agitation de l'huile. Cet
inconvénient est moins grave pour l'application aux chariots roulants
dont la vitesse n'est pas considérable. Le palier double graisseur à
mèches système Boudin-Varlet, fig. 5, produit un bon graissage avec
de l'huile bien fluide et bien propre. Les poussières et les limailles restent au fond du réservoir d'huile. Les mèches sont en coton ; l'huile
monte par capillarité. Ces paliers peuvent rester très longtemps sans
nettoyage, d'où une notable réduction de main-d'œuvre d'entretien et
par suite de chances d'accident.

Ces mèches ont été remplacées par des bouts de rotins, dont une

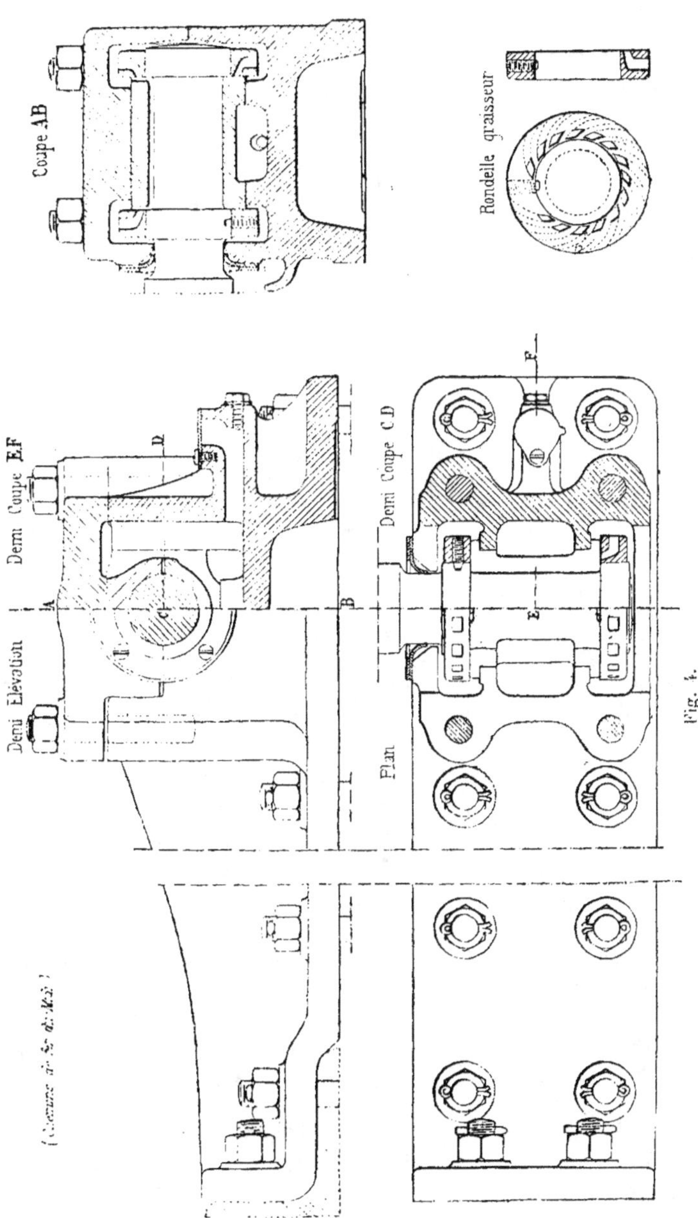

Coupe AB
Rondelle graisseur
Demi Coupe EF
Demi Élévation
Demi Coupe CD
Plan
A
B
D
E
F
Fig. 4.

extrémité plonge dans l'huile, tandis que l'autre est en contact avec l'arbre. On donne le nom de *paliers à rotins* à ceux où l'huile monte par capillarité dans ces bouts de rotins, fig. 6.

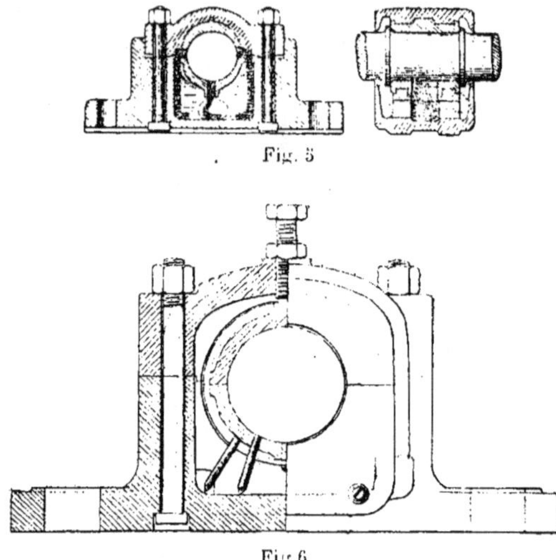

Fig. 5

Fig. 6

La fig. 7 représente le palier à mèche métallique construit pour toutes dimensions par MM. Piat et ses fils, fondeurs.

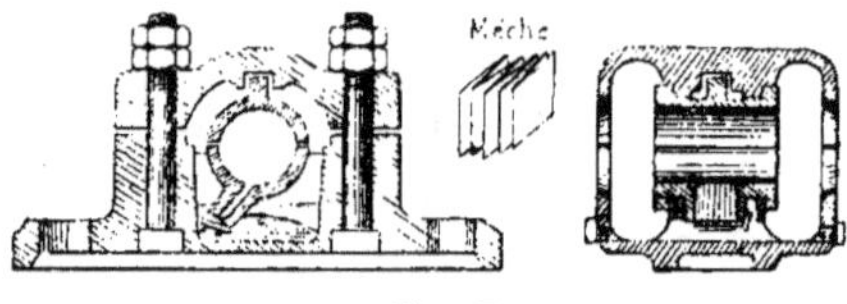

Fig. 7

C'est un système analogue aux précédents. où la mèche en coton, les rotins sont remplacés par une plaque en métal très mince, repliée plusieurs fois sur elle-même. L'huile monte par la capillarité absolument comme dans les mèches en coton ou dans les rotins.

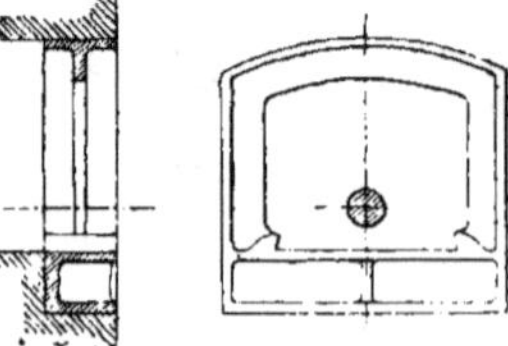

Fig. 1.

108. Œillard, paliers de volant, chaises et consoles. — Lorsqu'un arbre de couche traverse un mur, il faut consolider la baie faite pour le passage de l'arbre. La fig. 1 représente une sorte de cadre pouvant servir à cet usage. Il porte des ergots sur le côté inférieur, qui sert de semelle pour loger le palier de l'arbre.

Support pour volant. — Un volant est toujours compris entre deux paliers. Généralement les paliers sont établis sur les bords d'une fosse en maçonnerie dans laquelle tourne le volant. Quelquefois celui-ci doit porter sur un palier qui ne peut s'appuyer directement sur de la maçonnerie ; il faut alors recourir à un véritable bâti. Dans la fig. 2, le palier est venu de fonte avec le bâti qui porte sur une semelle en fonte appuyée sur de la maçonnerie. La fig. 3 représente un palier dont le corps fait partie d'un bâti général.

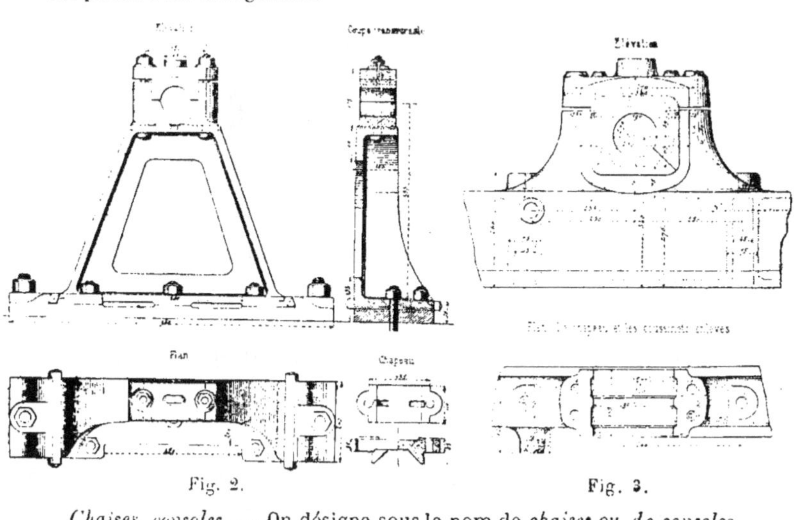

Fig. 2.   Fig. 3.

Chaises, consoles. — On désigne sous le nom de *chaises ou de consoles*

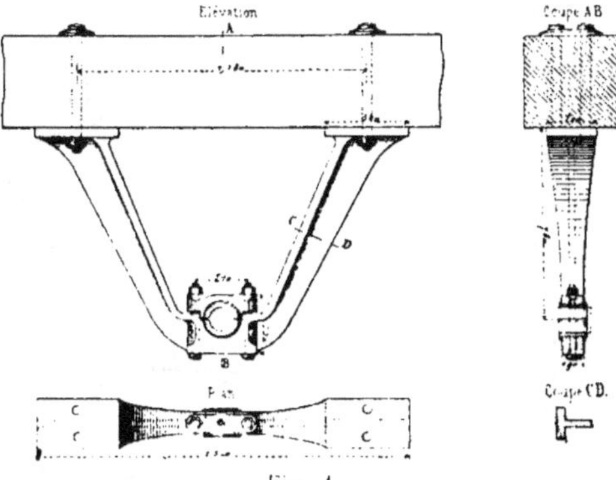

Fig. 1.

les pièces destinées à supporter des arbres horizontaux au-dessus du
sol. Le nom de chaise est donné plus spécialement aux supports sus-

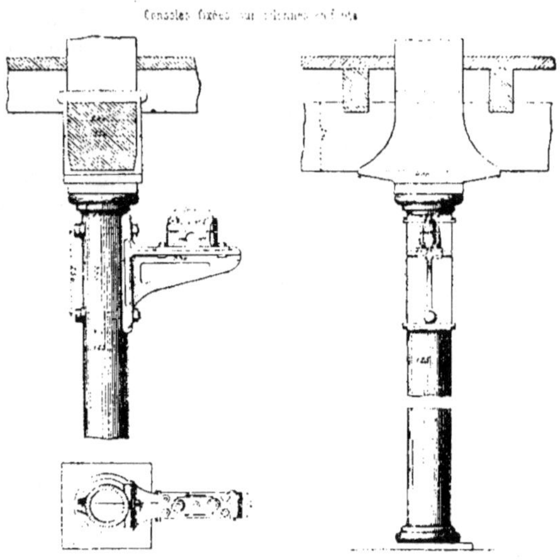

Fig. 2

pendus au-dessous des poutres du plancher supérieur ou de la toiture.

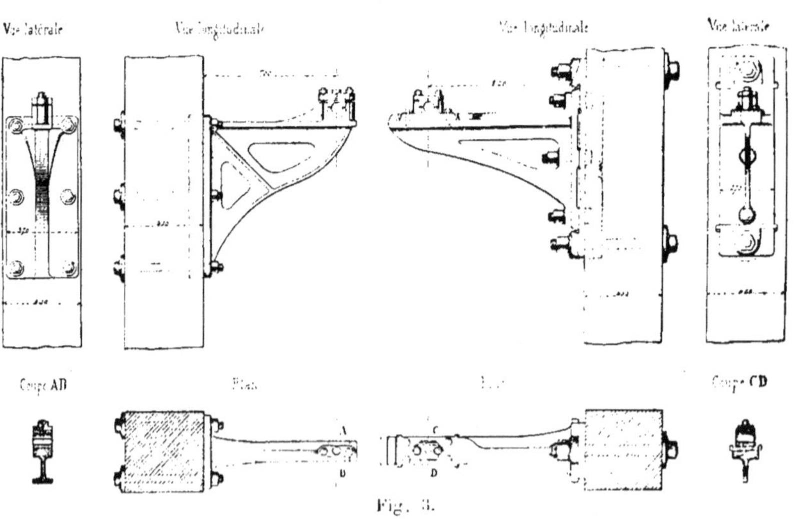

Fig. 3.

fig. 1. Les consoles prennent leur point d'appui soit sur un mur, soit sur un poteau métallique ou en bois, fig. 2, 3.

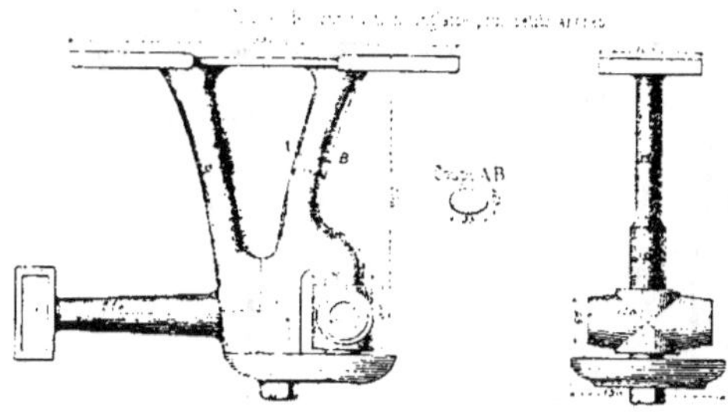

Fig. 4.

Les chaises ont deux formes principales, la forme en U ou en V, formée de deux bras attachés à une poutre ; et la forme en crochet qui se compose d'un bras attaché à une poutre ; à ce bras est venu de fonte un prolongement recourbé qui porte le palier.

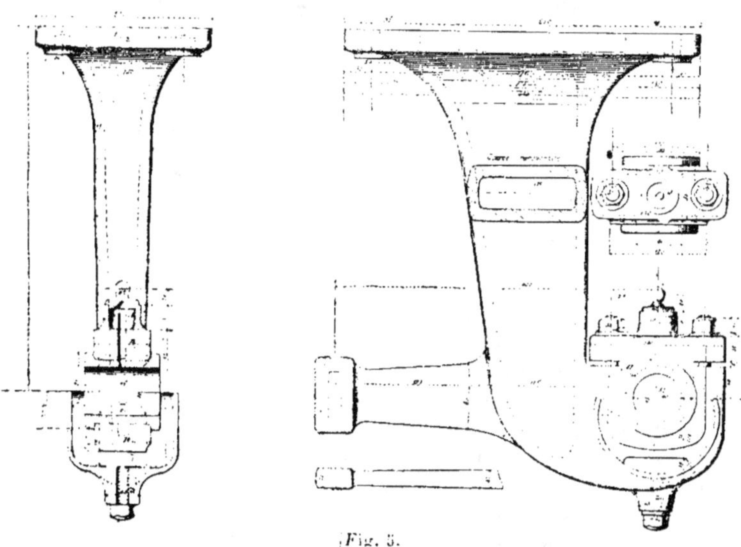

Fig. 5.

La forme en V ou en U est généralement la moins bonne, parce que l'arbre passe entre les branches de la chaise et que le démontage est difficile, surtout si les arbres portent des poulies.

La figure 4 représente une chaise en V, dans laquelle le palier est en dehors de la chaise. Les fig. 5 et 6 représentent des chaises ayant la

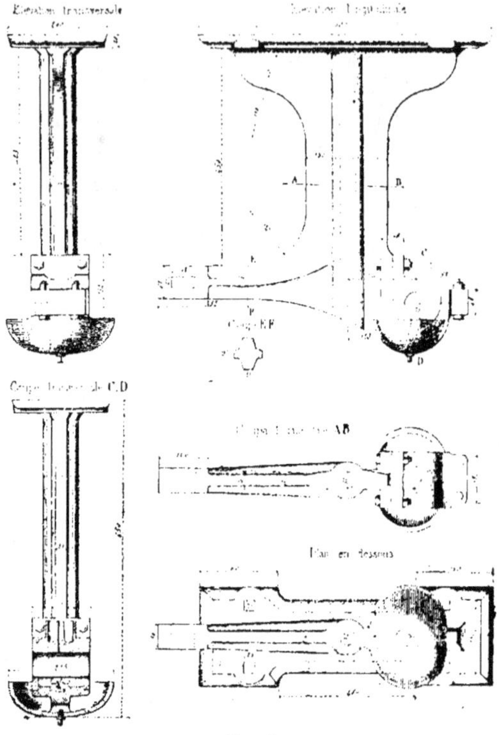

Fig. 6.

forme d'un J. Elles sont munies de douilles pour le passage des tringles
de changement de marche.

**109. Crapaudines, colliers et supports pour arbres
verticaux**. — On nomme crapaudine le support du pivot qui termine la partie inférieure d'un arbre vertical. Le pivot ne porte pas
directement sur le fond de la crapaudine en général. Avant d'engager
le pivot dans la crapaudine, on a placé un *grain* d'acier qui doit supporter le pivot. La pression par unité de surface sur les pivots ne doit
pas dépasser 15 à 20 kilog. par centimètre carré, ce qui est une **pression**
compatible avec un bon graissage.

Les arbres verticaux sont maintenus à leur partie supérieure et sur
leur longueur, si cela est nécessaire, par des *colliers*.

Nous donnons dans les fig. 1, 2, 3, divers types de crapaudines et de colliers. Les moyens de réglage de ces appareils se comprennent à la

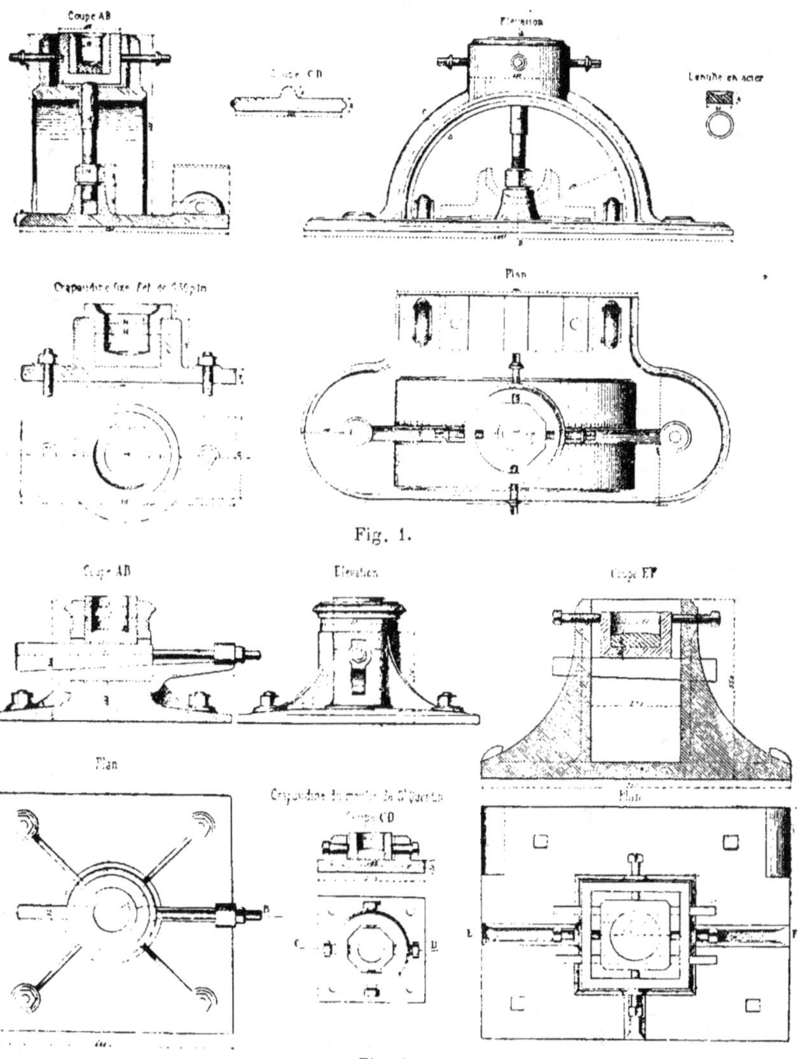

Fig. 1.

Fig. 2.

simple lecture des dessins, après les développements que nous avons donnés au chapitre des clavettes et à celui des vis.

La fig. 3 est un exemple de collier graisseur, disposé par M. Bourdon.

Le graissage se fait au moyen d'une roue qui frotte sur le fond d'un godet renfermant de l'huile. Ce godet entoure l'arbre et tourne avec lui ; il entraîne la roue dont le mouvement relève l'huile jusqu'au haut du coussinet du collier.

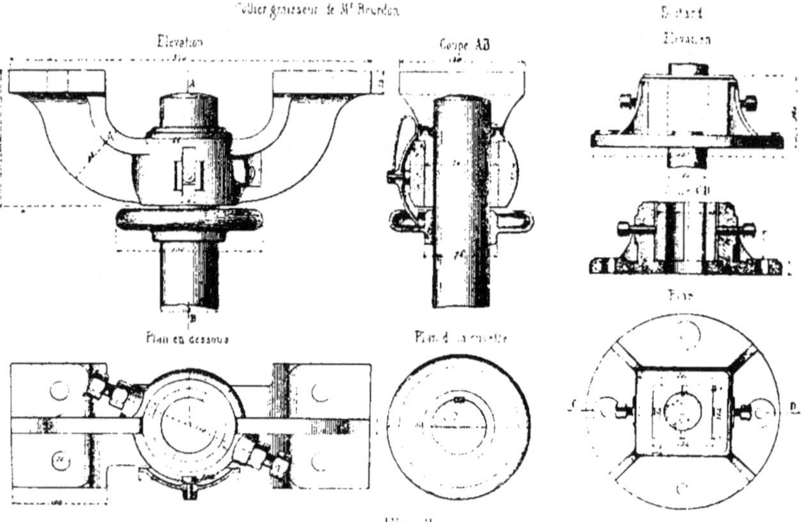

110. Chaises et consoles supportant plusieurs arbres.

— Nous terminons ce chapitre en donnant quelques types de chaises et de consoles supportant plusieurs arbres.

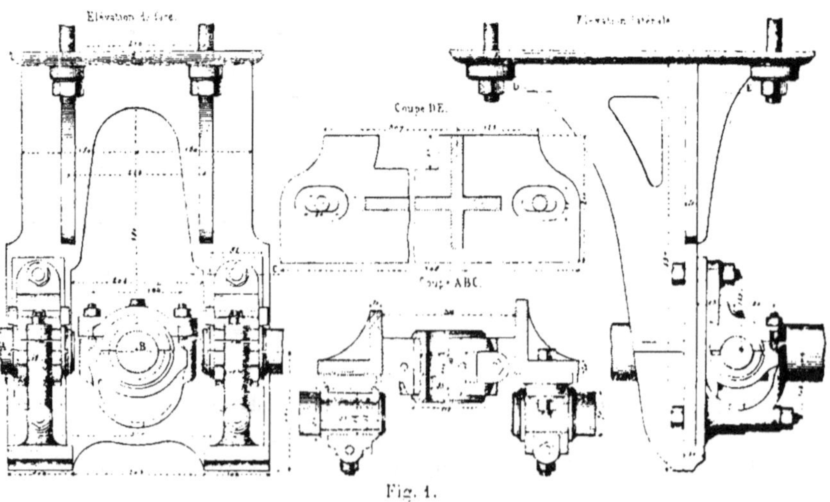

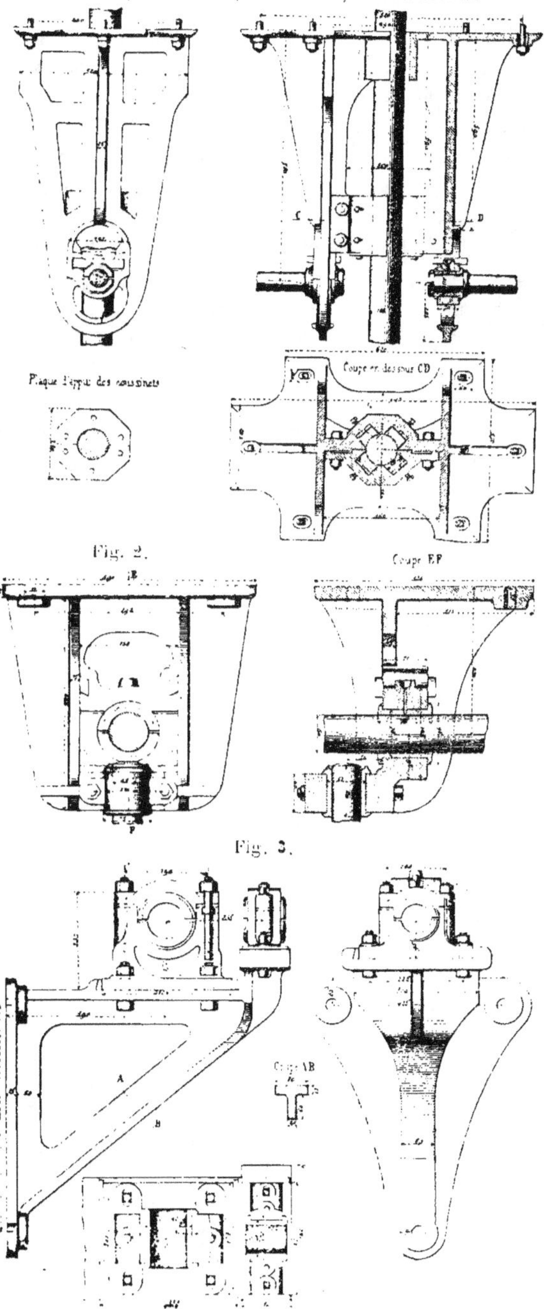
Plaque d'appui des coussinets
Coupe en dessous CD
Coupe EF
Coupe AB
A
B
Fig. 2.
Fig. 3.
Fig. 4.

La fig. 1 est une chaise supportant trois arbres horizontaux. Afin de rendre le démontage et l'entretien plus simples, les paliers latéraux sont rapportés à la chaise. Le corps seul du palier intermédiaire est venu de fonte avec la chaise.

La fig. 2 représente une chaise servant de support à deux axes horizontaux et recevant un collier pour arbre vertical. Ce collier est formé de deux parties dont l'une est venue de fonte avec la chaise et dont l'autre est amovible. Le coussinet est formé au moyen de quatre sortes de coins, centrés au moyen de vis.

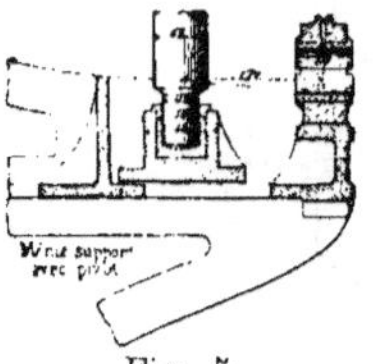

Fig. 5.

La fig. 4 représente une console supportant deux axes horizontaux. Les paliers sont rapportés sur cette console.

Enfin, la fig. 5 représente une console supportant un axe horizontal et un axe vertical. Palier et crapaudine sont rapportés.

CHAPITRE XXIV

BATIS ET FONDATIONS

111. Généralités sur les bâtis et les fondations. — Les bâtis sont les pièces fixes des machines, ils sont destinés à servir de support aux divers points d'appui des axes, des cylindres et à les relier entre eux. Les fondations et les appuis d'un édifice quelconque demandent une étude soignée ; de leurs bonnes dispositions dépend la durée de la construction. Pour les machines, les bâtis et les fondations doivent être tels que les dimensions des machines qu'ils supportent soient rigoureusement invariables.

Les bâtis doivent être soumises aux règles suivantes : 1º leur disposition doit être simple et leur construction solide ; 2º ils doivent solidariser parfaitement les diverses parties d'une machine ; celles qui doivent être à des distances rigoureusement déterminées, comme, par exemple, les cylindres et les arbres que commandent les bielles et tiges de piston, les trains d'engrenage, etc. ; 3º ils doivent se prêter à un entretien et à un graissage commodes de tous les organes des machines ; 4º ils doivent laisser une circulation aisée autour de la machine et de ses parties principales. On doit avoir soin d'ailleurs de disposer autour des organes mobiles les protections nécessaires pour éviter les accidents de personnes.

Il serait difficile de poser des règles pour les formes à donner aux bâtis. Elles dépendent, comme les formes générales de la machine, de la fonction que celle-ci doit remplir. Au chapitre XXIII, en décrivant les paliers, nous avons donné, fig. 2, p. 351, un type de bâti, dit en A, et qui sert, par exemple, aux broyeurs, aux treuils. Les bâtis des treuils, des pompes, peuvent prendre des formes bien différentes suivant le genre de ces appareils. Au chapitre XVI, sur les machines à vapeur, nous avons donné des dessins assez complets où l'on peut voir diverses dispositions de bâtis et de fondations. Les figures 1, 2, p. 228, 229, relatives aux pompes de la gare St-Lazare, nous montrent le cylindre rigoureusement solidarisé avec l'arbre portant le volant. L'ensemble des pompes est solidarisé sur un bâti spécial.

Les fig. 1, 2. 3, 4, p. 234 et suivantes, relatives à une machine de bateau, représentent un bâti portant tout le mécanisme de la machine : les cylindres, l'arbre moteur, les pompes alimentaire et à air, le réfrigérant de la vapeur.

La fig. 1. p. 239, représente un bâti dit à fourreau qui rend invariable la position du cylindre par rapport à celle de l'arbre moteur portant volant.

Dans un grand nombre de machines horizontales. le cylindre et l'arbre moteur sont solidarisés par une sorte de cadre en fonte posant dans toutes ses parties sur les fondations.

Les fondations doivent être assujetties aux conditions suivantes : 1° porter sur un bon sol et ne pas lui faire supporter une charge supérieure à 2 kilogr. par centimètre carré de surface; 2° présenter une masse suffisante pour éviter tous les déplacements et absorber les vibrations ; 3° offrir les emplacements pour le logement de certains organes de la machine, tels que fosse à volants, fosses pour pompes et condenseur ; 4° permettre le montage et le démontage des boulons de fondation et la visite des organes que ces fondations renferment.

Nous ne parlons pas dans cet ouvrage des précautions, exigées par les règlements, pour les machines à vapeur et les machines-outils installées dans les immeubles des grandes villes. Nous allons entrer dans quelques considérations sur les fondations élastiques, qui peuvent être d'une grande utilité dans ces installations.

112. Fondations élastiques. — Ce système de fondations a pour but de réaliser supérieurement l'atténuation des chocs, des vibrations et du bruit qu'ils produisent. On a employé le bois à rendre élastiques les fondations des machines. notamment celles des marteaux-pilons, dont les chocs sont renvoyés par les fondations rigides. Ce système est imparfait et d'une courte durée d'ailleurs. L'isolement par tranchée autour des fondations est mauvais et n'empêche pas la transmission du bruit.

M. Anthoni a développé un système de fondations élastiques par l'emploi du caoutchouc à l'isolement méthodique des masses de fondation. Les corps durs et rigides transmettent les vibrations et le bruit, ce que ne font pas les corps mous, dans lesquels les vibrations rapides se transforment en pressions dont l'action est lente. Le caoutchouc est donc un bon isolant ; et nous allons étudier rapidement son application aux fondations.

Il ne faut pas penser qu'il soit suffisant de placer les machines sur des rondelles de caoutchouc ; on obtiendrait des mouvements oscillatoires préjudiciables à la bonne marche. Il faut encore fixer les machines au

sol par des boulons serrant des masses de caoutchouc avec les précautions nécessaires, parce que si le caoutchouc est trop serré, trop
dur, on a une bonne stabilité, mais un isolement insuffisant ; et si, au
contraire, il n'est pas assez serré, on manque de stabilité et même d'isolement parce que son élasticité n'est pas mise en jeu. Les conditions à
réaliser sont en définitive:

1° Isolement complet, c'est-à-dire solution de continuité des pièces
métalliques aux appuis et contacts ;

2° Isolement stable, c'est-à-dire sans déplacements excessifs ;

3° Le caoutchouc doit être d'autant moins chargé par unité de surface que les machines à isoler sont plus sujettes aux chocs et vibrations.

Le caoutchouc qu'il convient d'employer doit avoir une résistance à
l'extension d'environ 35 kilogrammes par centimètre carré de surface.
Les blocs doivent avoir une hauteur ne dépassant pas les 4/3 de l'épaisseur de la couronne circulaire formant la section ; avec une trop grande
hauteur ils se déverseraient sous la charge. La pression par centimètre
carré sera de 2 à 8 kilogrammes. Pour les marteaux-pilons on prendra
2 kilogrammes, afin que les chocs puissent produire une déformation
dans le caoutchouc déjà comprimé par le poids de l'outil. Pour une
machine bien équilibrée, sans choc, telle qu'un ventilateur, on prendra
8 kilogrammes. Pour les pompes, les machines à vapeur, on adoptera
une moyenne entre les nombres précédents.

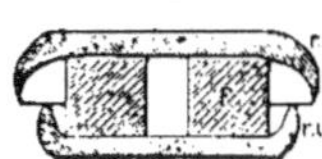

Les blocs F sont compris entre des recouvrements
garantissant le caoutchouc de l'huile et de la boue
et empêchant tout déplacement. Quand on craint
l'huile, on évite de traverser les blocs par des boulons ; de préférence, on place ceux-ci à côté.

La fig. 1 indique l'application des fondations élastiques à un marteau-pilon et la fig. 2 à une presse rotative à imprimer. Dans la première on voit que l'on a cherché à augmenter la masse à isoler afin
d'augmenter l'effet utile de l'outil. Dans la seconde on voit que l'on fait
porter la machine sur son cadre, supporté par les rondelles isolantes
sur un cadre fixe dans la fondation.

Les fig. 3, 4, 5, sont des applications respectives à une machine à
gaz, à une essoreuse, à une machine à vapeur actionnant une dynamo.

Les *attaches isolantes et élastiques* sont construites sur le principe indiqué à la fig. 6, *t* est un tube servant d'entretoise, permettant le serrage à
fond du boulon, T est un tube isolant en caoutchouc, F est la rondelle
de fondation, R est une rondelle de réaction dont la dilatation compense
la compression simultanée de la rondelle F, de sorte qu'il n'y a pas de

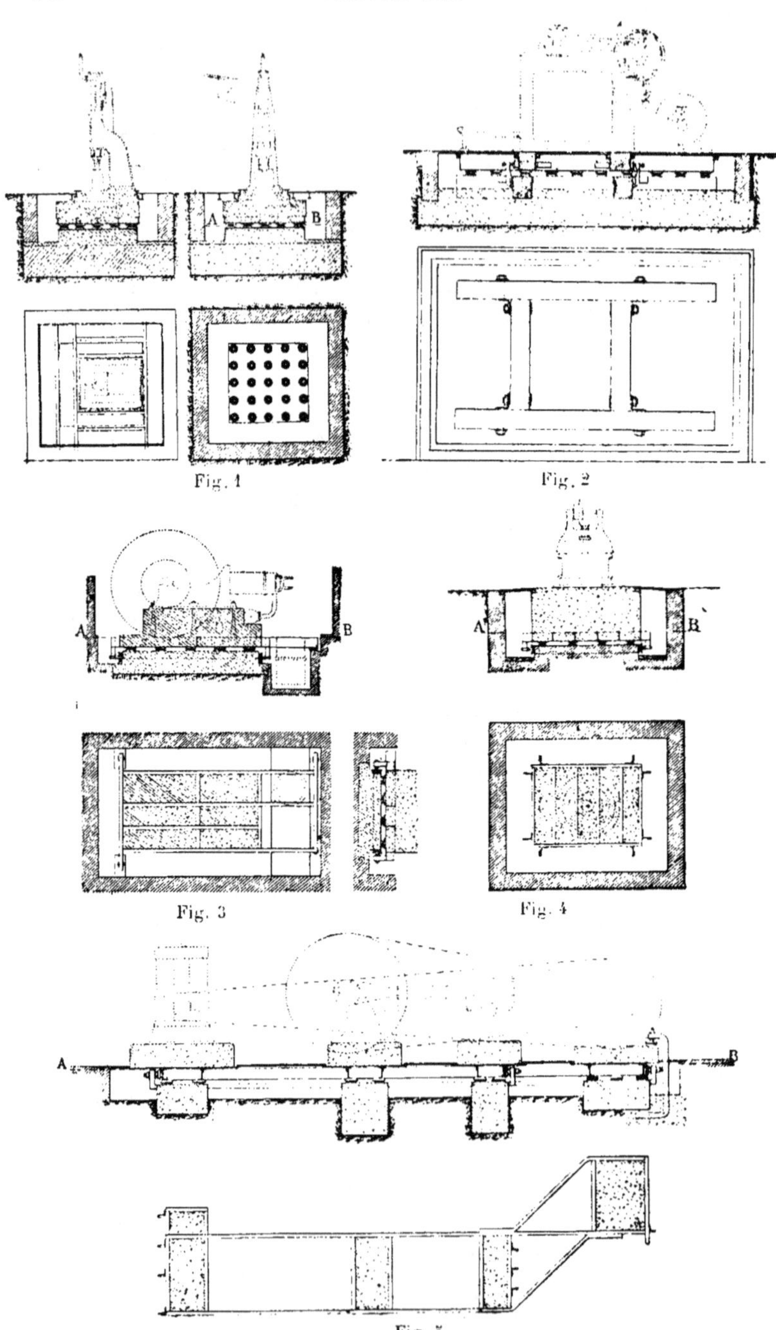

A
B
Fig. 1
Fig. 2
A
B
A
B
Fig. 3
Fig. 4
A
B
Fig. 5

jeu entre les pièces et par suite pas de choc ; *rs* et *rt* sont des recouvre-
ments. Une rondelle métallique près de la tête du boulon répartit la pression nécessaire sur la rondelle de recouvrement.

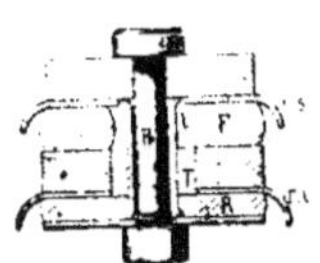
Fig. 6.

Ces systèmes d'isolement s'appliquent à quantité d'organes. Les figures 7, indiquent le moyen de fixer l'un à l'autre deux planchers PI et PS en les isolant au point de vue des vibrations.

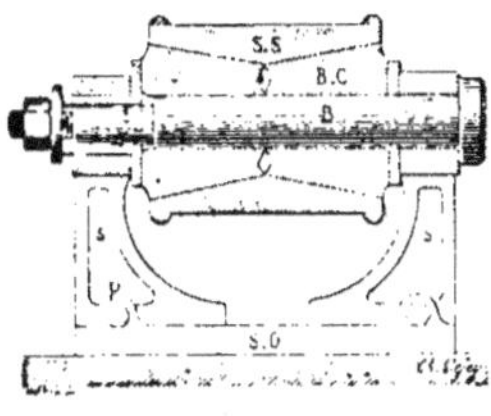
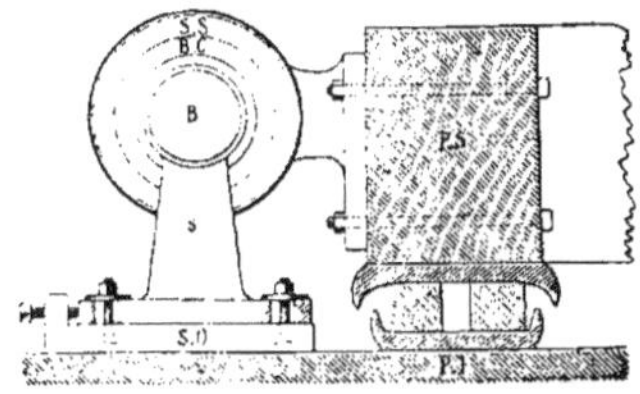
Fig. 7

La fig. 8 indique un procédé d'isolement d'un ressort de voiture quand l'essieu est au-dessous de celui-ci.

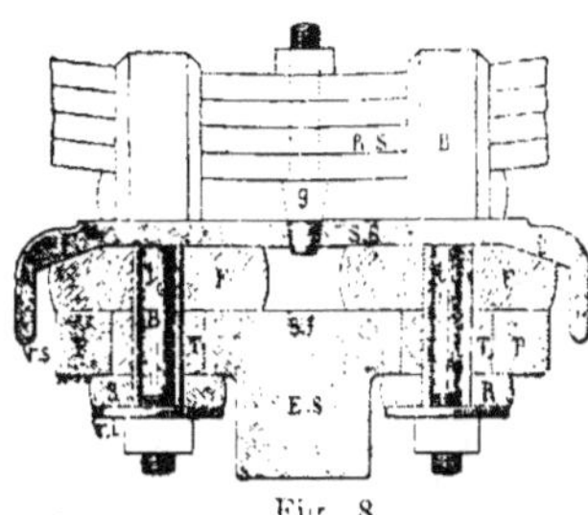
Fig. 8.

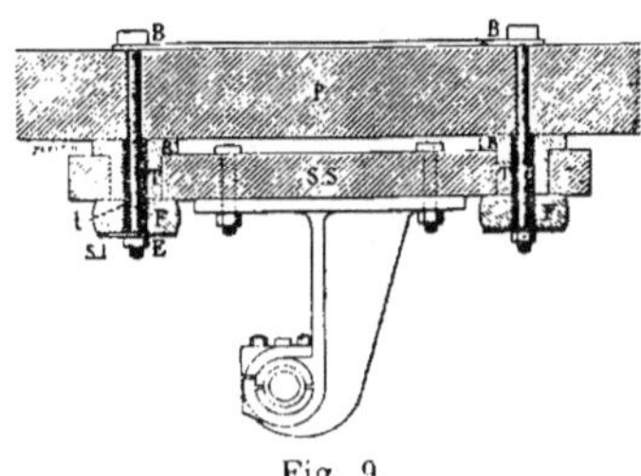
Fig. 9.

La fig. 9 représente le procédé d'isolement d'une chaise et du plancher auquel elle est suspendue.

Nous croyons avoir assez développé cet article pour faire com-
prendre les combinaisons ingénieuses et variées auxquelles donne lieu l'application du caoutchouc à l'isolement des machines; ajoutons que l'on pourrait l'appliquer à l'isolement des constructions ordinaires, à l'isolement d'une pièce ou d'un certain nombre de pièces.

CHAPITRE XXV

TRAVAIL DES FORCES, CALCUL DES ORGANES DE MACHINES

Travail des forces. — Travail et rendement d'une machine. — Frottement de glissement. — Formules de la résistance des matériaux. — Formulaire pour le calcul des organes de machines.

113. Travail des forces. — Dans ce chapitre nous réunissons les définitions et les formules les plus usuelles et les plus utiles pour les constructeurs mécaniciens.

Le *travail d'une force* est le produit de deux facteurs, 1° le chemin parcouru par le point d'application et 2° la projection de la force sur le chemin parcouru.

Si le chemin est sinueux, on le décompose en parties sensiblement rectilignes, pour chacune desquelles on fait l'évaluation partielle du travail ; il ne reste plus qu'à faire la somme des travaux partiels.

Une force agissant perpendiculairement au chemin parcouru ne produit pas de travail.

L'unité de travail est le *kilogrammètre* : c'est le travail nécessaire pour élever à un mètre de hauteur un poids d'un kilogramme.

La puissance des machines s'exprime en *chevaux* de 75 kgm. à la seconde. Une machine de 100 chevaux donne 7500 kgm. par seconde ou 27 000 000 de kgm. par heure.

Le travail effectué par une force de F kilogrammes, dont le point d'application a parcouru une longueur de e mètres dans la direction de cette force, est F. e kilogrammètres.

Le *travail de la pesanteur* est exprimé en kilogrammètres par la formule P. H ; où P est le poids exprimé en kilogrammes et H est la différence des hauteurs de la position initiale et de la position finale entre lesquelles on évalue le travail, exprimée en mètres.

La *force qui s'exerce tangentiellement au contact des circonférences primitives d'une roue et d'un pignon* est donnée par la formule

$$F = \frac{30\ \mathcal{T}}{\pi.\ r.\ n} = 9{,}55\ \frac{\mathcal{T}}{r.n}$$

Dans cette formule F est la force qui s'exerce au contact, mesurée en kilogrammes, r le rayon de l'engrenage moteur, exprimé en mètres ; n le nombre de tours de cet engrenage par minute ; enfin $\mathcal{T}$ est le travail moteur en kilogrammètres et par seconde.

Si le travail est donné en chevaux et représenté par C, la formule devient :

$$F = \frac{30.75.\ C}{\pi.\ r.\ n} = 716\ \frac{C}{r.\ n.}$$

La force qui s'exerce sur une dent de deux engrenages en prise est donnée par les mêmes formules.

Les mêmes formules donnent aussi la force à exercer à l'extrémité d'une manivelle et perpendiculairement à son axe pour transmettre un travail $\mathcal{T}$ par seconde.

Toutes ces formules ne tiennent aucun compte du frottement.

Désignons par T *la tension du brin conducteur d'une courroie*, par t *la tension du brin conduit* ; ces deux tensions sont liées par la formule

$$T = t\, e^{f\alpha}$$

f est le coefficient de frottement de la courroie sur la poulie ; α est l'angle sous lequel la poulie est embrassée par la courroie, mesuré en fractions du rayon ; c'est-à-dire valant $\frac{\pi}{180} = \frac{3{,}14}{180}$ par degré. Dans le calcul d'une courroie, on prend le plus grand des deux angles sous lesquels la courroie embrasse les poulies ; e est le nombre 2,71828, base du système de logarithmes népériens.

Pour calculer F, il faut tenir compte de ce que le travail à transmettre est celui de la force $T - t$, de telle sorte que, v représentant la vitesse des brins de la courroie, on a

$$v\ (T - t) = \mathcal{T} = 75.\ C.$$

Remarque. — Les formules relatives aux engrenages, manivelles, courroies supposent que le mouvement est uniforme et que le travail à transmettre est constant, c'est-à-dire qu'il est le même par unité de temps à toute époque du mouvement. On peut dire encore que ces formules donnent la force moyenne pour la puissance moyenne $\mathcal{T}$ ou C d'une machine.

114. Travail et rendement d'une machine. — On désigne

sous le nom de *travail moteur* d'une machine la puissance qu'il faut dépenser pour la mettre en mouvement et en état de commander de outils. C'est par exemple la puisance contenue dans la vapeur que dépense une machine par unité de temps ; c'est encore la puissance de la chute d'eau qui met en mouvement un moteur hydraulique.

Sous le nom de *travail utile* on désigne le travail que l'on peut recueillir d'une machine, celui que l'on peut dépenser au fonctionnement d'un outil, d'un groupe d'outils et l'on nomme *rendement* le quotient du travail utile par le travail moteur. Soient R le rendement, τ_u ou C_u le travail utile, τ_m ou C_m le travail moteur, on a

$$R = \frac{\tau_u}{\tau_m} = \frac{C_u}{C_m},$$

τ mesuré en kilogrammètres, C mesuré en chevaux.

Le rendement est toujours plus petit que un. Le travail utile diffère du travail moteur de tout le travail dépensé en frottement des organes les uns sur les autres, en vibrations dans les machines et dans les corps extérieurs, en échauffement des pièces du mécanisme. Cette différence reçoit le nom de travail résistant et l'on a, à toute époque, pour une machine en mouvement uniforme, et périodiquement pour toutes les autres,

$$\tau_m = \tau_u + \tau_r, \qquad\qquad C_m = C_u + C_r.$$

Dans l'étude d'une installation mécanique en vue d'un travail industriel déterminé, il faut tenir un compte très rigoureux des rendements des diverses parties de l'installation. Ainsi un moteur à vapeur donne de 0,60 à 0,90 du travail que l'on calcule en appliquant la loi de Mariotte ; le rendement est d'autant plus élevé que les conditions de distribution, de détente, de condensation, de régularisation et d'entretien sont meilleures. Une transmission peut prendre 5, 10, 15 pour cent du travail fourni par la machine motrice ; et le rendement est meilleur si la disposition, les conditions de construction et d'entretien sont meilleures.

Chaque fois que dans le calcul d'une machine on passe d'un organe à un autre, il faut, si l'on procède à partir de l'outil allant vers le moteur, majorer les forces et travaux obtenus en tenant compte du coefficient de rendement de l'organe calculée pour cela on multiplie par l'inverse du coefficient de rendement. Si au contraire on procède du moteur aux outils, il faut réduire les forces et travaux obtenus en les multipliant par le coefficient de rendement. Cette dernière manière de procéder est surtout une vérification permettant de connaitre le travail disponible sur les outils ; la première manière est plus particulièrement celle d'une étude d'un moteur auquel on impose un travail déterminé à l'avance.

Dans tous les cas, il faut bien remarquer que *toute fonction mécanique s'accomplit par un sacrifice de force et de travail et que l'on n'a jamais un travail utile égal au travail moteur.*

On peut, dans une première étude supposer $\bar{c}_m = \bar{c}_u$. Cette hypothèse revient à supposer que dans les machines le travail utile se dépense proportionnellement au travail moteur, qu'il y a équilibre entre les *forces motrices* et les *forces utiles*, ce qui d'ailleurs n'a jamais lieu.

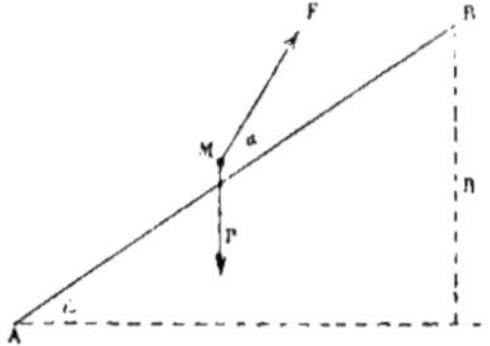

Fig. 1.

Supposons un point matériel M, de poids P. se déplaçant d'un mouvement uniforme sur un plan incliné, sous l'action d'une force constante F, faisant un angle α avec la ligne de plus grande pente du plan. Le transport du poids de A à B, correspond à un travail de la pesanteur égal à — PH ou — P.AB. sin i. Le travail de la force F est F. cos α . AB. L'égalité du travail moteur produit par F et du travail utile, celui du poids P changé de signe, donne la formule

$$P. \sin i = F. \cos \alpha$$

pour exprimer *l'équilibre du point sur le plan incliné.*

La condition *d'équilibre du levier*, consiste en ce que la somme des *moments* des forces qui tendent à le faire tourner dans un sens est égal à la somme des moments des forces qui tendent à le faire tourner dans

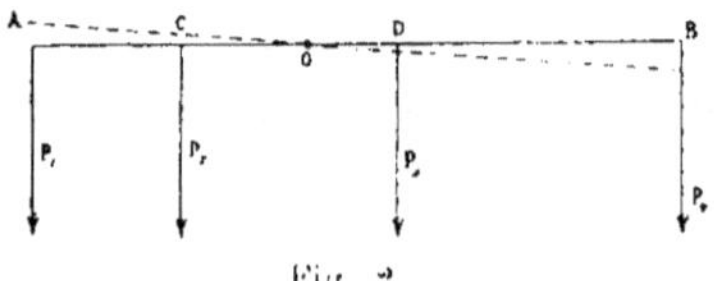

Fig. 2.

l'autre sens; on prend ces moments par rapport au point fixe; mais on pourrait les prendre par rapport à un point quelconque. Le moment d'une force par rapport à un point est le produit de cette force par la distance du point à cette force. Soit AB un levier dont le point fixe est en O ; soient P_1, P_2, P_3, P_4, des forces appliquées perpendiculairement à ce levier et de telle sorte que le travail de celles qui tendent à faire tourner le levier dans un sens, égale le travail des autres. Le travail d'une de ces forces égale le produit de l'intensité de la force par l'arc parcouru par son point d'application. Si le levier a tourné d'un angle α, mesuré par l'arc parcouru sur une circonférence de centre o et de rayon égal à l'unité, le travail de la force P_1 est $P_1 . \alpha . AO$ [1].

L'égalité $\tau_m = \tau_r$ donne

$$P_1 . \alpha . AO + P_2 . \alpha . CO = P_3 . \alpha . OD + P_4 . \alpha . OB$$

d'où

$$P_1 . AO + P_2 . CO = P_3 . OD + P_4 . OB$$

On peut tout aussi facilement déduire l'équation d'*équilibre d'un système de poulies moufflées*. Supposons que le poids à soulever soit soutenu par n *brins* du cordage enroulé sur les poulies. Si ce poids s'élève d'une hauteur H, le travail utile de la machine est PH. Mais cette élévation H répond à une diminution H de la longueur de chacun des *brins* compris entre les poulies moufflées ; et cette diminution résulte de ce que la longueur du brin libre, celui sur laquelle s'exerce l'effort moteur F, s'est augmenté de nH ; d'où il suit que le travail de la force motrice F est égal à F . n . H. L'égalité du travail utile et du travail moteur donne

$$P . H = F . n . H,$$

ou bien

$$P = n . F$$

115. Frottement de glissement. — Le frottement est la résistance plus ou moins grande qui se produit au contact de deux corps qui se déplacent ou qui ont une tendance à se déplacer l'un par rapport à l'autre. Les lois du frottement des corps solides sont les suivantes :

1° L'intensité du frottement est indépendante de la vitesse du déplacement relatif ;

2° Elle est indépendante de l'étendue de la surface de contact ;

3° Elle est proportionnelle à la composante normale de la réaction des deux corps ;

4° Elle dépend de la nature des corps en contact.

Les deux premières lois sont suffisamment approchées pour les besoins des applications ; mais elles sont loin d'être exactes. On constate, en

---

[1] Cette expression du travail des forces P n'est vraie que si, comme nous l'avons supposé, les forces sont perpendiculaires au rayon de l'arc parcouru et si celui-ci est petit. Dans tout autre cas, il faudrait projeter à chaque instant l'arc parcouru sur la direction correspondante de la force et faire la somme des travaux correspondants aux divers arcs parcourus.

effet, d'une part, que le frottement au départ est plus grand que le frottement pendant l'état de mouvement ; d'autre part, on constate que le frottement serait bien plus considérable pour une pression s'exerçant sur une très petite surface que pour la même pression s'exerçant sur une large surface.

Supposons une surface horizontale AB, fig. 3, sur laquelle s'appuie un corps de poids P. Le mouvement ayant lieu de droite à gauche, le

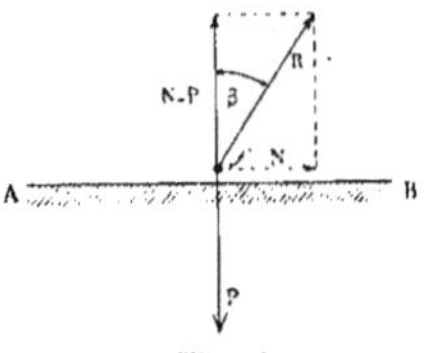

Fig. 3.

corps reçoit une résistance dirigée de gauche à droite. Cette résistance est égale à fN. Formule dans laquelle f est le *coefficient de frottement* ; N est la pression normale, la composante normale de la réaction du plan sur le corps ; pression normale égale à P dans le cas présent. R est la réaction du plan sur le corps ; réaction qui est la résultante de N et de fN. Si la nature des corps en contact ne change pas, quel que soit P, la force de frottement est fN ; soit fP, dans le cas présent. En un mot le coefficient de frottement f est constant, ou encore l'angle β que fait la réaction R avec la normale est constant. En examinant la figure on voit que $f = \mathrm{tg}\,\beta$.

Pour calculer la force F nécessaire pour faire mouvoir, d'un mouvement uniforme, un corps sur un plan incliné, on emploiera les formules suivantes :

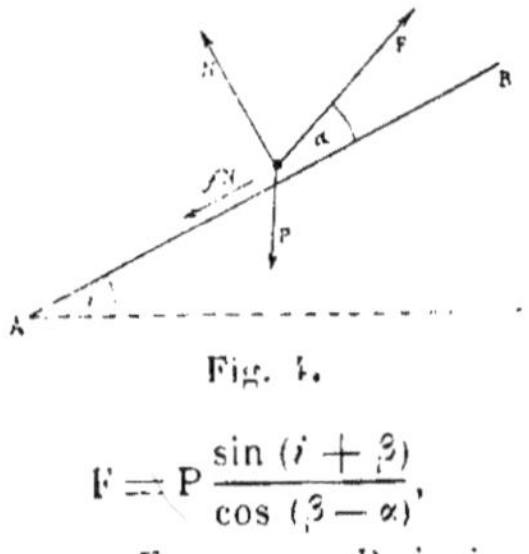

Fig. 4.

$$F = P\,\frac{\sin(i + \beta)}{\cos(\beta - \alpha)},$$

$$N = \frac{F\cos\alpha - P\sin i}{f},$$

dans lesquelles β est l'angle de frottement correspondant à la nature des corps en contact et tel que $f = \mathrm{tg}\,\beta$.

Travail par seconde d'une pression normale à la surface d'un tourillon. — Soit N la pression normale ; fN est la force de frottement ; elle s'exerce en sens contraire du mouvement de rotation du tourillon. Si

l'on représente par r le rayon du tourillon et n le nombre de tours par
minute, le travail de frottement par seconde est donné par la formule

$$\bar{c} = \frac{2\pi r n}{60} \, fN = 0,1047\, r.n.f.N$$

Le travail par seconde de la pression sur un pivot, dont le rayon est r,
est donné par la formule

$$0,0698\, rnfN$$

Coefficients de frottement de glissement

Fonte sur fonte ou bronze..........	Surfaces peu graissées	0,15
	— humides	0,30
Fer sur fonte ou bronze...........	— sèches	0,18
Fer sur fer	— peu graissées	0,13
	— sèches	0,40
Fonte sur chêne..................	— sèches	0,49
	— humides	0,22
	— savonnées à sec	0,19
Chêne sur chêne	fibres parallèles sèches	0,48
	fibres parallèles savonnées à sec	0,16
	fibres perpendiculaires sèches	0,49
Courroie en cuir sur fonte polie.....	neuve et sèche	0,095
	neuve et onctueuse	0,155
	vieille avec cambouis	0,20
Courroie en cuir	neuve	0,26
sur fonte rugueuse	vieille avec cambouis	0,30
Cuir sur chêne	surfaces sèches	0,33
	surfaces humides	0,29

116. Formules de la résistance des matériaux. —
Moments d'inertie. — Un moment d'inertie est une somme de termes
positifs dont chacun est de la forme mr^2, expression dans laquelle m désigne la masse d'un point matériel situé à une distance r d'un axe
par rapport auquel on prend le moment d'inertie. Au lieu de considérer
des masses, on considère souvent le volume ou la surface des corps.
Le moment d'inertie dans ce cas est une expression géométrique.
Ce sont ces moments d'inertie que nous donnons dans ce paragraphe.

Moment d'inertie d'un rectangle par rapport à un axe AB passant par le
centre de gravité et parallèle à un des côtés :

$$I_{AB} = \frac{1}{12}\, ab^3$$

Moment d'inertie d'un rectangle évidé, c'est la différence des moments d'inertie des deux rectangles qui composent la figure. Nous supposons que ces rectangles ont leur centre de gravité sur l'axe parallèle à un

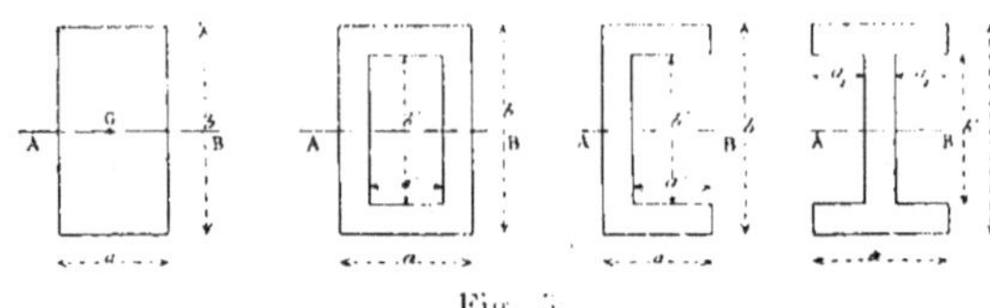

Fig. 5.

des côtés et par rapport auquel est pris le moment d'inertie. Il est facile de voir que l'expression du moment d'inertie est la même pour les trois dernières figures qui se ramènent toutes au rectangle évidé :

$$I_{AB} = \frac{1}{12} (ab^3 - a'b'^3)$$

Moment d'inertie de la surface d'un cercle par rapport à un diamètre, r désignant le rayon du cercle, on a

$$I = \frac{1}{4} \pi r^4$$

Moment d'inertie d'une couronne circulaire relativement à un diamètre. C'est la différence des moments d'inertie des deux cercles composant la couronne :

$$I_{AB} = \frac{1}{4} \mu (r^4 - r'^4),$$

r' désigne le rayon du cercle intérieur.

Moment d'inertie d'une surface plane quelconque par rapport à un axe quelconque dans son plan. Pour obtenir le moment d'inertie d'une sur-

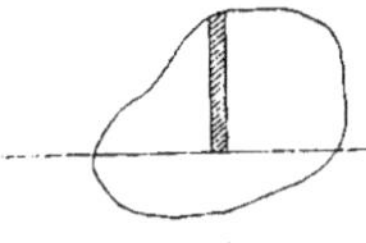

Fig. 6.

face quelconque par rapport à un axe quelconque dans son plan, on décompose cette surface en éléments par des perpendiculaires à l'axe ; et on fait la somme des moments d'inertie de ces éléments, tant de ceux qui sont d'un côté que de ceux qui sont de l'autre côté de l'axe du moment.

Moments d'inertie polaires. — On nomme ainsi les moments d'inertie de figures planes pris par rapport à un point de ces figures. On peut dire que ces moments d'inertie sont pris par rapport à des axes perpendiculaires au plan de la figure.

D'une manière générale *le moment d'inertie polaire par rapport à un point est la somme des moments d'inertie pris par rapport à deux axes rectangulaires passant par ce point.*

Moment d'inertie polaire d'un rectangle par rapport au centre de gravité G

$$I_0 = \frac{1}{12} ab \, (a^2 + b^2).$$

Moment d'inertie polaire d'un rectangle évidé. — Dans la formule suivante on suppose que les rectangles qui composent la figure ont le même centre de gravité, deuxième des fig. 5 :

$$I_0 = \frac{1}{12} ab (a^2 + b^2) - \frac{1}{12} a'b' \, (a'^2 + b'^2)$$

On trouverait le moment polaire d'une figure quelconque en faisant la somme de ses moments d'inertie par rapport à deux axes rectangulaires.

Moment d'inertie polaire d'un cercle par rapport à son centre :

$$I_0 = \frac{1}{2} \pi r^4$$

Moment d'inertie polaire d'une couronne circulaire :

$$I_0 = \frac{1}{2} \pi \, (r^4 - r'^4)$$

Déformations des pièces prismatiques. — Les corps considérés dans les constructions sont le plus généralement de forme prismatique et ayant des dimensions transversales petites par rapport aux dimensions longitudinales. On les suppose composés de files de molécules, constituant des *fibres* ayant la direction des arêtes longitudinales du prisme.

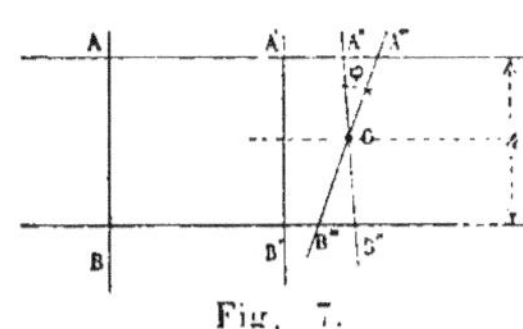

Fig. 7.

Considérons dans une pièce prismatique une section droite AB. Les hypothèses de la résistance des matériaux sont :

1° les molécules situées dans une section plane, normale aux fibres, avant déformation, se déplacent sous l'action des forces extérieures de manière à rester dans un même plan.

2° Si on considère deux sections voisines, les forces élastiques développées sur une *fibre*, ou suite de molécules, perpendiculaire à ces sections, sont proportionnelles aux déplacements linéaires relatifs des extrémités de la fibre.

Il résulte de là que tout le problème de la résistance des matériaux se ramène à l'étude du déplacement d'une surface plane. Le déplacement le plus général comprend :

1° Un déplacement parallèle aux fibres du prisme, constituant une *compression* entre deux sections voisines AB, A'B', dont l'une AB est supposée fixe, si les fibres entre ces deux sections ont diminué de longueur ; et constituant une *extension* si les fibres entre ces deux sections ont augmenté de longueur. C'est le déplacement de la section A'B' venue en A''B'', fig. 7.

Il est presque inutile de faire remarquer que les déplacements figurés sont fictifs, quant aux dimensions car il ne peut être admis dans les constructions que les déformations soient sensibles.

2° Une rotation de la section plane autour d'un axe, situé dans ce plan, et passant par le centre de gravité de la section : ce déplacement, qui conduit à A''B''', se nomme *flexion* ;

3° Un glissement transversal de la section dans son plan, par suite d'une translation de la section ;

4° Un glissement transversal de la section dans son plan par suite d'une rotation de la section autour de son centre de gravité. Ce dernier déplacement constitue la *torsion*.

Ces quatre mouvements, qui permettent d'obtenir toutes les positions possibles de la section, donnent lieu aux formules suivantes, en supposant les forces et le prisme symétriques par rapport à un même plan. Cette hypothèse est le plus habituellement réalisée.

Extension ou compression. — En désignant par

ν une force dirigée parallèlement aux arêtes du prisme et passant par le centre de gravité de la section droite ;

R la force élastique développée par unité de la section ;

Ω l'aire de la section droite ;

E un coefficient dit d'élasticité ;

i le *raccourcissement* ou *l'allongement proportionnel*, suivant le sens de la force ν, c'est-à-dire le quotient du raccourcissement ou de l'allongement du prisme divisé par la longueur totale. On a

$$R = \frac{\nu}{\Omega} = Ei$$

Dans l'application de ces formules et de toutes les suivantes, nous supposons les forces rapportées au kilogramme et les longueurs rapportées au mètre. Nous donnons dans le tableau suivant les valeurs de R et de E généralement admises.

Matières	Valeurs de R, charges limites pour		E coefficient d'élasticité pour traction et compression
	traction	compression	
Fer de bonne qualité	7.10^6 k.	7.10^6 k.	20.10^9 k.
Tôle....................	7.10^6	7.10^6	$17,5.10^9$
Fil de fer	12.10^6	»	20.10^9
Fonte...................	$2,5.10^6$	7.10^6	10.10^9
Acier fondu	30.10^6	30.10^6	27.10^9
Fil d'acier...............	19.10^6	»	28.10^9
Cuivre recuit	$2,5.10^6$	2.10^6	11.10^9
Fil de cuivre.............	$6,6.10^6$	»	12.10^9
Laiton..................	$2,5.10^6$	»	»
Fil de laiton	$6,6.10^6$	»	»
parallèlement aux fibres { Frêne...............	$1,2.10^6$	$0,66.10^6$	1.10^9
Chêne	$1,1.10^6$	$0,66.10^6$	$1,2.10^9$
Hêtre	$1,2.10^6$	$0,66.10^6$	$0,6.10^9$
Pin	$0,7.10^6$	$0,44.10^6$	$1,2.10^9$
perpendiculairement aux fibres { Frêne	»	$0,36.10^6$	»
Chêne...............	»	$0,36.10^6$	»
Hêtre	»	$0,36.10^6$	»
Pin	»	$0,22.10^6$	»
Cuir et caoutchouc	$0,4.10^6$	»	»
Câbles en chanvre..........	$0,8.10^6$	»	»
— pour transmission.:..$0,08.10^6$		»	»
Maçonnerie de moellon......	»	$0,10.10^6$	»
— briques de choix.		$0,10.10^6$	»
— — ordin....	»	$0,04.10^6$	»
Mortier de ciment..........	»	$0,15.10^6$	»
Bon sol pour construction...	»	$0,025.10^6$	»

Flexion plane, c'est-à-dire flexion dans le plan de symétrie de la pièce et des forces; en désignant par

μ *le moment de flexion*, c'est-à-dire le moment (p.368) des forces extérieures, réactions comprises, appliquées à la pièce à la gauche de la section considérée, moments pris par rapport au centre de gravité de cette section ;

v l'ordonnée d'une fibre de la section par rapport à un axe passant par le centre de gravité, normalement au plan de flexion ;

I le moment d'inertie de la section par rapport à l'axe dont il vient d'être question ;

R la force élastique sur la fibre dont l'ordonnée est v ;

φ l'angle dont la section a tourné pendant la flexion par rapport à une section voisine considérée comme fixe ;

ds la distance de deux sections voisines considérées, soit A A' dans la fig. 7. On a

$$R = \frac{v\mu.}{I} \qquad \gamma = \frac{\mu}{EI}.\,ds.$$

Généralement la poutre admet pour axe de symétrie la perpendiculaire au plan de flexion passant par le point G. Les forces élastiques étant proportionnelles à v, la plus grande répond à la plus grande valeur de v, soit $v = \dfrac{h}{2}$ dans ce cas, en désignant par h la hauteur de la pièce, on a

$$R = \frac{\mu.h}{2\,I}.$$

R ne devra pas dépasser les valeurs indiquées au paragraphe précédent. On remarquera que, dans la flexion, certaines fibres sont comprimées et d'autres tendues (voir fig. 7).

Cisaillement, c'est-à-dire translation de la section dans son plan. En désignant par

T *l'effort tranchant*, c'est à-dire la projection faite perpendiculairement à l'axe de la pièce des forces extérieures qui y sont appliquées à gauche de la section, réactions comprises, on a

$$R = \frac{T}{\Omega}$$

Les valeurs de R et celles de E répondant au cisaillement sont prises égales à une fraction de celles qui répondent à la traction dans le tableau (p. 375). Généralement on adopte 3/4 ; on peut prudemment même prendre moins.

Torsion, c'est-à-dire rotation de la section dans son plan autour de son centre de gravité ; en désignant par

II le *couple ou moment de torsion,* c'est-à-dire le moment des forces qui produisent la torsion, pris par rapport à la ligne du centre de gravité ; dans le cas de la figure II $=$ P.p ;

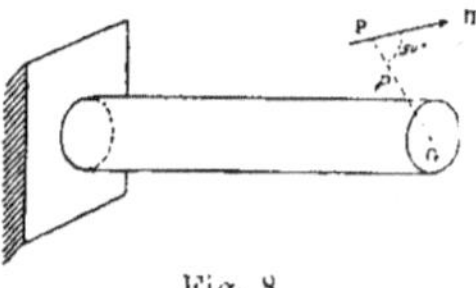

Fig. 8.

ρ la distance d'un point de la section au centre de gravité ;

I_o le moment d'inertie polaire de la section par rapport au centre de gravité ;

G le coefficient d'élasticité de torsion ;

τ l'angle de rotation relative de deux sections situées à l'unité de distance.

On a

$$R = \frac{\Pi \rho}{I_0}, \qquad \Psi = \frac{\Pi}{G I_0}.$$

Il est évident que l'on prendra la plus grande valeur de R. c'est-à-dire celle qui répond à la plus grande valeur de ρ dans la section, et que l'on s'imposera une valeur de R ne dépassant pas une limite reconnue bonne. La limite de R et la valeur de G ne sont qu'une fraction des nombres contenus dans le tableau p. 375, on admet généralement les 3/4.

Déplacements composés. — Pour calculer les déformations totales et les forces élastiques résultant de plusieurs déformations simultanées, on compose les déformations simples et les forces élastiques qui en résultent.

Ainsi, supposant une flexion et une compression ou une traction simultanées, on a

$$R = \frac{h \cdot \mu}{2 I} + \frac{\nu}{\Omega}.$$

En supposant les quatre déplacements fondamentaux s'exécutant simultanément, on a

$$R = \sqrt{\left(\frac{h \cdot \mu}{2 I} + \frac{\nu}{\Omega}\right)^2 + \left[\text{Résultante de } \frac{T}{\Omega} \text{ et de } \frac{\Pi \rho}{I_0}\right]^2}.$$

117. Formulaire pour le calcul des organes de machines. — *Rivets.* — Pour les *couvre-joints*, on adopte la règle suivante : le nombre des rivets sur la moitié du couvre-joint doit avoir la même résistance que les tôles réunies. En supposant que le diamètre du rivet soit deux fois l'épaisseur commune des tôles et du couvre-joint, leur nombre est donné pour la moitié du couvre-joint par

$$n = \frac{R l}{\pi e R_a} \; ;$$ où R désigne la résistance de la tôle, R_a celle des rivets $(3^k 10^6)$, l la largeur des tôles.

Le nombre des rivets nécessaires pour réunir une plate-bande à une cornière et aussi celui qui est nécessaire pour réunir les cornières aux âmes, est donné par la formule

$$n \frac{\pi d^2}{4} 3 . 10^6 = T \frac{l h}{2 I} \delta.$$

dans laquelle n est le nombre des rivets d'une rangée transversale, d leur diamètre, δ la distance des rangées, l la largeur de la plate-bande, h la hauteur de la poutre, I son moment d'inertie, et enfin T l'effort tranchant à la section considérée de la poutre (voir p. 376). δ représente la distance de deux rangées, 0^m09 à 0^m12. On dispose de n et d pour obtenir une solution convenable.

Boulons. — d désignant le diamètre du corps du boulon, F la force de traction exercée rigoureusement dans l'axe du boulon, h la hauteur de la partie filetée, on a

Boulons de bâtiment en fer ordinaire $(R < 3^k10^6)$ $d = 0,0007\sqrt{F}$, $h = 1,023\ d$

Boulons de machine en bon fer $(R < 6.10^6)$ $= 0,0006\sqrt{F}$, $2,046\ d$

Boulons en acier corroyé $= 0,0005\sqrt{F}$,

Boulons en acier fondu et trempé $= 0,0004\sqrt{F}$,

Chaudières et tuyaux. — Les corps cylindriques soumis à une pression intérieure supérieure à la pression extérieure tendent à s'ouvrir suivant deux génératrices du cylindre diamétralement opposées.

La résistance du métal suivant les deux surfaces de rupture doit faire équilibre à la différence des deux pressions supposée uniformément répartie suivant la surface diamétrale du corps cylindrique.

e désignant l'épaisseur du corps cylindrique. d son diamètre, n le *timbre* en kilogrammes, c'est-à-dire, l'excès en kilogrammes de la pression intérieure sur la pression extérieure mesurées par centimètre carré, on a

$$\text{pour les chaudières en tôles de fer, } e = 0,018\ n.d + 0,003$$

Pour les tuyaux de conduites d'eau, n désignant la différence des pressions intérieures et extérieures en kilogramme par centimètre, on a

Tuyaux pour conduites d'eau

en fonte coulée horizontalement	$e = 0,002$	nd	$+ 0,010$
en fonte coulée verticalement	$= 0,0016$	nd	$+ 0,008$
en fer	$= 0,0008$	nd	$+ 0,003$
en cuivre laminé	$= 0,00147$	nd	$+ 0,002$
en plomb	$= 0,0129$	nd	$+ 0,003$
en chêne ou orme	$= 0,0323$	nd	$+ 0,027$
en béton comprimé	$= 0,0054$	nd	$+ 0,040$

La partie constante de la formule tient compte des irrégularités de fabrication et d'entretien.

Réservoirs en tôle. — h étant la hauteur de l'eau au-dessus du bas de la couronne dont on calcule l'épaisseur, e l'épaisseur de la tôle de cette couronne, d son diamètre, on a

$$e = 0,00017\ h.d + 0,0015 \ ;$$

la constante 0,0015 tient compte des inégalités, des petites piqûres de la tôle, de l'usure par la rouille. Cette formule suppose $R = 3.10^6$.

Il désignant la hauteur d'un réservoir et f la flèche de son fond sphérique en tôle, l'épaisseur du fond est donnée par la formule

$$e = 0,00025 . H.f + 0,0015.$$

Chaînes. — Les chaînes sont nécessairement en bon fer pour lequel on peut admettre $R = 8.10^6$. En désignant par d le diamètre de la tige cylindrique qui sert à faire les anneaux et par F la charge sur la chaîne, on a, pour une chaîne à maillons,

$$d = 0,00073\sqrt{F}.$$

Pour les câbles en chanvre, on a

$$d = 0,00113\sqrt{F}.$$

Pour les câbles en fils de fer, on a

$$d = 0,0005 \sqrt{F}.$$

Courroies et câbles de transmission. — Les avantages des transmissions par courroies résultent de la possibilité de mettre les axes à des distances grandes, sans avoir besoin d'employer d'organes intermédiaires, dans la facilité de l'arrêt de l'arbre conduit, dans la sécurité apportée par la possibilité du glissement de la courroie sur la poulie. Les inconvénients consistent en ce que généralement le rapport des vitesses est limité, 1 à 3, en ce que le frottement de la courroie sur la poulie fait perdre un travail assez grand, de même que le frottement qui résulte de l'effort sur les arbres; enfin un glissement de 5 à 8 0/0 rend variable le rapport des vitesses.

Procédons au calcul d'une courroie. Soient T la tension du brin conducteur, t celui du brin conduit, α le plus grand des angles embrassés par la courroie sur les poulies, $\tilde{c}$ le travail à transmettre en kilogrammètres, C le travail mesuré en chevaux, ω l'aire de la section de la courroie, v la vitesse. on a, en prenant $R = 0,4.10^6$ (voir p. 375).

$$T = te^{f\alpha} = \omega. 0,4.10^6$$
$$v (T - t) = vt (e^{f\alpha} - 1) = \tilde{c} = 75C.$$

d'où :

$$v\omega = \frac{e^{f\alpha}}{e^{f\alpha} - 1} \cdot \frac{\tilde{c}}{0,4.10^6} = \frac{e^{f\alpha}}{e^{f\alpha} - 1} \cdot \frac{75}{0,4.10^6}C$$

Le tableau suivant facilite la détermination approximative des dimensions d'une courroie simple : f est pris égal à 0,28. La vitesse des courroies, surtout pour grandes forces, varie de 15 à 25 mètres ; elle ne doit pas dépasser 30 mètres. Pour les petites forces on donne aux courroies une vitesse de 7 à 10 mètres.

α en degrés	$e^{f\alpha}$	$\dfrac{e^{f\alpha}}{e^{f\alpha}-1}$	Valeur de $v\omega$
160	2,19	1,84	0,000 345 C
170	2,30	1,77	0,000 332 C
180	2,41	1,71	0,000 321 C
190	2,53	1,65	0,000 310 C
200	2,66	1,60	0,000 300 C

Supposons une courroie de 0^m005 d'épaisseur ayant une vitesse de 15 mètres et transmettant 50 chevaux ; pour un arc embrassé de 180° sa largeur serait

$$l = \frac{0,000\ 321.50}{0,005.15} = 0^m212$$

Si l'arc embrassé était de 190°, on aurait $l = 0^m200$.

Les courroies de plusieurs épaisseurs devront être calculées avec un coefficient de résistance moins grand que celui qui a été employé au calcul du tableau précédent. Ce tableau peut servir dans tous les cas, car il suffit de multiplier le résultat que l'on en déduit par $\dfrac{4 \cdot 10^5}{R}$,

R étant la valeur de la résistance admise pour la courroie.

Ce tableau peut encore servir pour les câbles de transmission ; il donne toujours $v\omega$, en supposant $R = 0.4.10^6$.

Nous avons supposé une forte adhérence de la courroie sur la poulie. $f = 0,28$; en supposant que $f = 0,14$ seulement, on a

α en degrés	$e^{f\alpha}$	$\dfrac{e^{f\alpha}}{e^{f\alpha}-1}$	$v\omega$
180	1,55	2,82	0,00054 C

La tension commune des deux brins au repos est égale à

$$\frac{T + t}{2} = \frac{t\,(e^{f\alpha} + 1)}{2} ; \qquad \text{or}\quad t = \frac{75.\ C}{v\,(e^{f\alpha}-1)} ;$$

on a donc

$$v.\frac{T + t}{2} = \frac{1}{2}\frac{e^{f\alpha} + 1}{e^{f\alpha} - 1}\,75.\ C$$

α en degrés	$\dfrac{e^{f\alpha} + 1}{e^{f\alpha} - 1}$	$v\dfrac{T + t}{2}$
180	2,42	90,7 C

Ainsi, pour la courroie calculée précédemment, la tension commune aux deux brins au repos est

$$\frac{90.7.30}{15} = 302 \text{ k.}$$

L'effort qui tend à rapprocher les axes est égale à $T + t$.

On voit que l'on a grand intérêt à rendre adhérentes les courroies sur les poulies ; on en diminue les dimensions, en même temps que l'on diminue l'effort sur les axes.

Poulies. — On donne aux poulies une largeur plus grande de deux centimètres que la largeur des courroies.

On ne fait pas tourner les poulies de fonte à une vitesse plus grande que 30 m. à la circonférence. ce qui correspond à une force élastique moindre que $0^{k}5.10^{6}$.

Le calcul des dimensions d'une poulie est analogue, pour les bras et le moyeu, à ce qui est dit aux engrenages.

Engrenages. — Les engrenages ont comme principaux avantages de ne donner qu'un faible effort sur les axes et de les conduire dans un rapport constant de vitesses angulaires. Voir d'ailleurs le chapitre XXI.

Désignons par p le pas, e la base de la dent, l la saillie, b la longueur de la dent, on a

$$l = 1,2\, e, \quad b = m\, e, \quad p = 2,10\, e.$$

m est un coefficient d'autant plus grand que la réaction mutuelle entre les dents est plus grande, afin d'assurer un contact suffisant de telle sorte que le graissage soit bon.

La réaction mutuelle entre les dents, F, a été calculée p. 366. On prend

$$
\begin{aligned}
m &= 3 \quad \text{pour F compris de} \quad 100 \ \text{à} \ 200^{k} \\
4 &\qquad\qquad — \qquad\qquad 200 \ \text{à} \ 500 \\
5 &\qquad\qquad — \qquad\qquad 800 \ \text{à} \ 1000 \\
6 &\qquad\qquad — \qquad\qquad 2000 \ \text{à} \ 3000
\end{aligned}
$$

La dent doit pouvoir résister à l'effort F supposé appliqué à l'extrémité de la saillie ; il y a lieu d'appliquer la formule $R = \dfrac{\mu h}{2 I}$; où μ est le moment de la force F, savoir F. l ; I le moment d'inertie de la section de la base, savoir : $\dfrac{1}{12}\, e^{3} b$ et $h = l$; on a

$$e = 2,8 \sqrt{\frac{F}{m R}}.$$

Si la puissance de la machine est C en chevaux, on a

$$e = 74,75 \sqrt{\frac{C}{mrnR}} \; ;$$

r désignant le rayon de l'engrenage considéré.

On admet les valeurs suivantes de R pour les machines :

	Fer.	Fonte.	Bois.
A grande vitesse ou avec chocs	2.10^6	1.10^6	$0,3.10^6$
A petite vitesse ou sans chocs	4.10^6	2.10^6	$0,6.10^6$

Le frottement entre un engrenage et son pignon est donné par la formule

$$p.f.\mathrm{F}.\pi\left(\frac{1}{N} \pm \frac{1}{N'}\right) \; ;$$

dans laquelle f est un coefficient de frottement qui peut être pris égal à 0.15 pour les engrenages métalliques et à 0,20 pour l'ensemble d'un engrenage métallique et d'un pignon à dents en bois. N et N' désignent les nombres de dents des roues en contact, le signe + s'appliquant aux engrenages extérieurs et le signe — aux engrenages intérieurs.

Cette formule suppose que l'arc de conduite égale deux pas et donne le travail de frottement pour un arc égal à deux pas. On voit donc que, toutes choses égales d'ailleurs, le travail de frottement sera d'autant moins grand que les engrenages en prise auront un plus grand nombre de dents. Il importe donc dans l'industrie de rendre ce frottement aussi faible que possible en augmentant les nombres de dents.

En supposant $f = 0,15$, un pignon en fonte, absorbant 0,01 du travail total, aurait un nombre de dents donné par ;

$$\frac{f\pi}{N} = 0,01$$

soit 47 dents ; et un pignon à dents en bois aurait 73 dents environ. En adoptant 36 dents pour pignon en fer et 54 pour pignon à dents en bois, la paire d'engrenages ne dépensera pas plus de 3 0/0 du travail à transmettre pour engrenages extérieurs. Pour rester dans ces conditions, on adoptera pour transmettre C chevaux les rayons suivants pour

pignon métallique de 36 dents
$$r = \frac{2.10.e.36}{2\pi} = 93 \sqrt[3]{\frac{C}{mnR}}$$

pignon à dents en bois de 54 dents
$$r = \frac{2,10.e.54}{2\pi} = 122 \sqrt[3]{\frac{C}{mnR}}$$

calculés en remplaçant e par la valeur déterminée précédemment.

Dans le calcul d'un engrenage deux cas se présentent, ou bien il s'agit d'un projet que l'on établit et l'on est maître de fixer la distance de ces axes, ou bien la distance des axes est donnée d'avance.

Premier cas : *transmettre une force de 10 chevaux par pignon à dents en bois, pour un travail sans chocs, le pignon faisant 150 tours par minute.*

Ne connaissant pas r, il n'est pas possible de déterminer m ; prenons-le égal à 5 d'abord.

Pour $R = 0.6.10^6$, on a

$$r = 122 \sqrt[3]{\frac{10}{5.150.0,6.10^6}} = 0^m343.$$

En calculant la réaction mutuelle, $F = 716\frac{10}{0,343.150}$,

on trouve moins de 200^k, ce qui correspond à $m = 3$; on a donc

$$r = 122 \sqrt[3]{\frac{10}{3.150.0,6.10^6}} = 0^m407.$$

Si l'engrenage fait 50 tours la distance des axes est $4\,r = 1^m628$.
On peut arrondir les chiffres.

Deuxième cas : *Transmettre une force de 10 chevaux pour un travail sans chocs, le pignon faisant 150 tours par minute, la distance des axes devant être 1.10, la roue faisant 50 tours.*

Le rayon du pignon devra donc être $\dfrac{1,10}{4} = 0^m275$; il est plus petit que celui du pignon à dents en bois calculé précédemment. Afin d'être dans les meilleures conditions économiques, nous supposerons que le pignon est à dents métalliques. Adoptons $R = 2.10^6$.

Calculons d'abord la réaction mutuelle, $F = 716\dfrac{10}{0,275.150} = 173^k$.

La valeur de m est donc 3. Calculons la base de la dent

$$e = 2,8 \sqrt{\frac{173}{3.2.10^6}} = 0,01504,$$

le pas de l'engrenage est $2,10.0,01504 = 0,03158$.
Il en résulte que le pignon aura un nombre de dents égal à

$$\frac{2.\pi.0,275}{0,03158} = 54 \text{ à } 55.$$

On prendra un nombre pair, 54, et on en déduira le pas.
Il est entendu que la solution de ces problèmes est soumise à bien des

considérations, et que, par exemple, l'on peut apporter souvent de légères modifications aux données mêmes, en vue d'utiliser les modèles fournis par l'industrie.

Le calcul des engrenages d'un treuil se fera d'après les mêmes principes ; la seule différence consiste en ce que l'on ne considère pas un travail à transmettre, mais une force F.

Soit $\dfrac{R_1}{r_1}$ le rapport du rayon de la roue à celui du pignon calés sur un même arbre. Le rapport de la multiplication de la force F exercée à l'extrémité du premier rayon R_1, qui peut être la longueur d'une manivelle, à la force f s'exerçant à l'extrémité du rayon r_3 d'une roue ou d'un tambour calé sur un troisième arbre, sera

$$\frac{F}{f} = \frac{r_1}{R_1} \cdot \frac{r_2}{R_2} \cdot \frac{r_3}{R_3}.$$

Entre le pignon r_1 et la roue R_2 on aura un effort égal à $F\,\dfrac{R_1}{r_1}$; entre le pignon r_2 et la roue R_3 on aura $F\,\dfrac{R_1}{r_1} \cdot \dfrac{R_2}{r_2}$.

Dans les trains d'engrenage on évite les trop grands rapports entre les rayons de roues et de pignon. Dans aucun cas on ne doit dépasser 6.

Le calcul des *bras des engrenages* se fera en supposant que chaque bras supporte la force F et en appliquant les formules de la flexion plane à la section près du moyeu. On négligera la nervure située dans un plan perpendiculaire à celui de la roue.

La section près de la jante supporte un effort tranchant F.

Si h est la largeur du bras à la section près du moyeu, e son épaisseur, r la distance de cette section à la circonférence primitive de l'engrenage,

$$h = \sqrt{\frac{6.F.r}{e.R}}$$

Le nombre des bras peut être donné par cette règle : à partir de 1^m50 de diamètre, on prendra un nombre pair de bras, tel qu'entre chacun d'eux il n'y ait que 1^m20 à 1^m30 de la jante.

La largueur λ du *moyeu* se compose de la largeur de la jante b, plus d'un excès destiné à augmenter la stabilité de la roue ; on prend : $\lambda = b + 0,05\,r$.

L'épaisseur du moyeu doit être suffisante pour résister au serrage produit par le clavetage. On admet que le contact entre l'arbre et le

moyeu se fait sur la partie diamétralement opposée à la clavette et que
le frottement, produit par la pression du moyeu sur l'arbre, empêche
tout déplacement de l'engrenage. Pour cela il faut que le moment de
ces forces de frottement, par rapport à l'axe de l'arbre, soit supérieur
au moment de la plus grande valeur de F sur les dents. D'autre part
cette pression totale doit être inférieure à celle qui produirait la rupture de l'anneau cylindrique formé par le moyeu. Si l'on désigne par
e l'épaisseur du moyeu. on a

$$ e \geq \frac{2F.r}{f.\pi.d.\lambda.R.} ; $$

formule dans laquelle d est le diamètre de l'arbre.

La clavette doit être calculée de manière qu'il n'y ait pas cisaillement sous l'influence de la force F et qu'elle ne soit pas déformée par
le serrage nécessaire à produire la pression du moyeu sur l'arbre.

Arbres soumis à une torsion. — Calcul du diamètre d'un arbre mu
par courroie ou par engrenage, dans le cas où le couple de torsion
peut être supposé constant.

Le couple de torsion nécessaire pour transmettre C chevaux est
$H = 716 \frac{C}{n}$. En employant la formule de la torsion, p. 376, on a

$$ d = 15,4 \sqrt[3]{\frac{C}{n.R.}} $$

Cette formule est appliquée au cas des arbres en mouvement varié ;
mais on prend pour R des valeurs propres à chaque cas.

	Fer.	Fonte.
Travail régulier, moteur régulier (roue ou turbine)	4.10^6	2.10^6
Travail régulier, moteur moins régulier . . .	$3,5.10^6$	$1,75.10^6$
Travail irrégulier, moteur régulier	$3 \quad 10^6$	$1,50.10^6$
Travail irrégulier, moteur irrégulier	$2,5.10^6$	$1,25.10^6$
Travail intermittent . .	$2 \quad 10^6$	$1 \quad 10^6$
Laminoirs	$1,5.10^6$	
Marteaux	$0.75.10^6$	

Un arbre de machine sans détente conduit par bielle et manivelle
peut être calculé par la formule

$$ d = 17,89 \sqrt[3]{\frac{C}{n.R.}} $$

Pour un arbre mû par courroie le coefficient est 15,4.

Pour un arbre de machine à détente et à un seul cylindre à double effet

$$d = 17,08 \sqrt{\frac{K.C}{nR}} \, ;$$

K étant un coefficient dépendant du degré de détente.

détente	K	détente	K
2	1,66	5	2,290
3	1,97	6	2,395
4	2,16	7	2,485

Pour une machine à plusieurs cylindres, on prendrait sur une épure le couple maximum qui peut être produit sur l'arbre par la vapeur agissant dans les divers cylindres.

Dans ces dernières formules on prend $R = 4.10^6$ pour le fer et 8.10^6 pour l'acier.

Poutres et arbres soumis à une flexion. — Les volants sont compris entre deux paliers de manière que la partie fléchie de l'arbre soit la moins longue possible. Il en est de même pour les poulies, surtout pour les poulies motrices.

Pour ces arbres, on calcule les forces qui résultent de la traction des courroies, les poids des volants, des poulies, et on déduit les moments de flexion maximum sur les arbres en les considérant comme des poutres posées sur appuis simples.

Donnons quelques formules relatives aux poutres sur appuis simples.

Poutre soumise à une charge uniformément répartie égale à p par mètre de longueur.

Réaction en A et en B : $\dfrac{pl}{2}$.

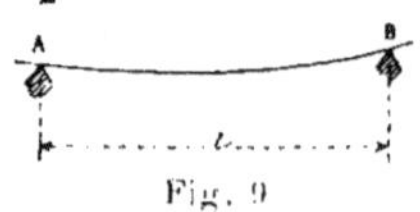

Fig. 9

Moment de flexion maximum, ayant lieu au milieu de la pièce, $\mu = \dfrac{pl^2}{8}$

Poutre soumise à une charge isolée P.

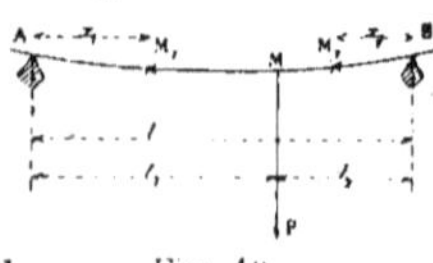

Fig. 10

Réaction en A $P\dfrac{l_1}{l}$.

Réaction en B $P \dfrac{l_1}{l}$.

Le moment de flexion en M_1 et $P \dfrac{l_2}{l} x_1$.

»   » M_2 $\dfrac{Pl_1}{l} x_2$.

Le mouvement de flexion maximum a lieu en M, point d'application de la force P, c'est

$$\mu = \frac{Pl_1 l_2}{l}.$$

Poutre avec deux porte-à-faux.

Réaction en A $V = \dfrac{P_1(l_1+l)-P_2 l_2+P_3 l_3}{l}$.

Réaction en B $V_1 = \dfrac{P_2(l_2+l)-P_1 l_1+P_3 l_4}{l}$.

Moment en M_1 $P_1 x_1$

Moment en M_2 $P_2 x_2$

Moment en M_4 $P_1(l_2+x_4)-V x_4$

Moment en M_5 $P_2(l_2+x_5)-V x_5$

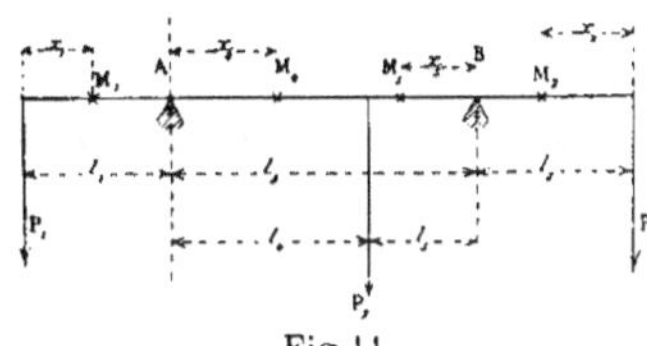

Fig. 11

Supposons que, pour un arbre, on ait calculé la force élastique de torsion R_1 produite par le couple qui donne le travail C en chevaux et la force R_2 qui est produite par le moment de flexion maximum. Le moment d'inertie relatif à un diamètre $\dfrac{\pi r^4}{4}$ ou $\dfrac{\pi d^4}{2^6}$ sert à calculer celle-ci et le moment d'inertie relatif au centre $\dfrac{\pi r^4}{2}$ ou $\dfrac{\pi d^4}{2^5}$ sert à calculer la torsion. On aura

$$R_1 = \frac{2^4 \Pi}{\pi d^3} \qquad (1)$$

$$R_2 = \frac{2^5 . \mu}{\pi d^3}$$

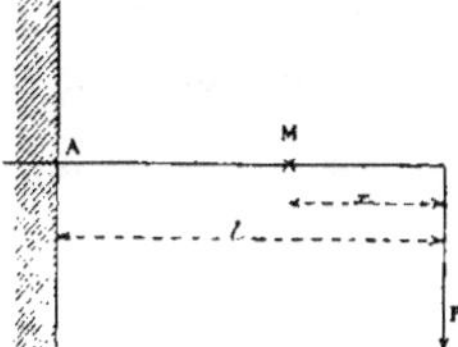

La force élastique totale est

$$R = \sqrt{(R_1)^2 + (R_2)^2} = \frac{16}{\pi d^3} \sqrt{H^2 + 4\mu^2}.$$

La valeur de H est donnée par la formule

$$H = F.r = 716 \frac{C}{n},$$

r désignant le bras de levier de la force F, dont le travail est C en chevaux.

Arbres creux. — Les arbres creux sont, toutes choses égales d'ailleurs, d'un poids bien moins grand que celui des arbres pleins. Ils permettent donc de réaliser une grande économie ; pour les calculer on se servira des moments d'inertie

$$\frac{\pi}{4} (d^4 - d_1^4) \qquad \frac{\pi}{2} (d^4 - d_1^4)$$

pour la flexion et la torsion respectivement. On se donnera *a priori* le diamètre intérieur d_1 et on calculera le diamètre d.

On aura soin de prendre l'épaisseur $d - d_1$ telle que l'on puisse faire sur l'arbre tous les travaux nécessaires d'ajustage.

Tourillons. — En supposant qu'un arbre porte sur les coussinets par une surface demi-cylindrique et de telle sorte que l'on puisse considérer qu'il se produise au contact une pression uniformément répartie p, on a $p = \dfrac{P}{l.d}$; P étant la pression totale de l'arbre sur ses coussinets, l et d la longueur et le diamètre du tourillon.

Pour qu'un tourillon soit en bon état, il doit satisfaire à trois conditions :

1° La pression p par unité de surface doit être assez faible pour ne pas chasser le corps lubrifiant. Pour un arbre conduit par engrenage ou par courroie, on doit avoir $p < 15.10^4$ par mètre carré pour la graisse et $< 20.10^4$ pour l'huile. Pour un arbre conduit par bielle et manivelle, on suppose que la graisse ou l'huile peuvent refluer d'un côté à l'autre du coussinet par un mouvement de l'arbre dans le petit jeu qu'il y a entre sa surface et celle du coussinet. Dans ce cas, on prend 40.10^4 pour un graissage à l'huile de tourillon en fer et 60.10^4 pour un graissage à l'huile de tourillon en acier. Dans tous les cas le coussinet est supposé construit en bronze. On aura donc $\dfrac{P}{l.d} = p$, plus petit que 15, 20, 40 k. suivant les cas.

2° La température développée par le frottement doit toujours être inférieure à 45°. Cette condition est remplie si le travail du frottement ne

dépasse pas 15 000 kgm par mètre carré de contact du tourillon et par seconde. On aura donc $\dfrac{f.\pi.n.P}{60.l} < 15\ 000$.

En supposant un tourillon en fer et un coussinet en acier, on a $f = 0,05$
pour le graissage à l'huile, 0,09 pour le graissage par un cambouis
d'huile, 0,19 pour le graissage par l'eau et la graisse, 0,25 pour le graissage par l'eau seule.

3o Le tourillon doit résister aux forces qui y sont appliquées. Pour un
tourillon servant simplement d'appui, la force P étant supposée appliquée en son milieu, le diamètre est donné par la formule

$$d = 1,72 \sqrt[3]{\frac{P.l}{R}},$$

résultant de la flexion.

Pour un tourillon suivi d'une manivelle, il y a lieu de considérer la
flexion produite par la force P, d'une part, et d'autre part la torsion
produite par la transmission de la puissance. On emploiera la formule

$$R = \frac{16}{r.d^3} \sqrt{H^2 + 4\mu^2}.$$

On a donc trois équations pour déterminer les dimensions l et d d'un
tourillon. On se servira de deux d'entre elles et on vérifiera que la
troisième est satisfaite ; s'il en était autrement, on augmenterait les dimensions convenablement.

Pivot. — Il n'y a pas lieu de vérifier la résistance d'un pivot, la limite de R étant plus grande que celle de p.

La condition relative à la lubrification donne

$$d = \sqrt{\frac{4P}{\pi p}} \qquad \text{avec } p = 15\ 000$$

et la condition relative à la température donne

$$d = \frac{f.n.P}{225\ 000}.$$

On prendra la plus grande des valeurs de d qui satisfont à ces éga-
lités.

Manivelles. — La partie du manneton qui s'attache à la bielle est calculée comme un tourillon.

On a donc

$$\frac{P}{l.d} = p$$

$$d = 1,72 \sqrt[3]{\frac{P.l}{R}}$$

On les construit en très bon fer et on peut prendre R = 5.10⁶, la valeur de p peut être prise égale à 50.10⁴. On déduit de là

$$d = 0,001\ 195\sqrt{P} \qquad\qquad l = 0,001\ 67\sqrt{P}.$$

Dans un manneton en acier, pour lequel on prendrait R = 10.10⁶, on aurait

$$d = 0,001\sqrt{P} \qquad\qquad l = 0,002\sqrt{P}.$$

Le corps de la manivelle a, normalement à son axe, une section que l'on peut supposer de forme rectangulaire. Il doit résister à la flexion produite par la force agissant sur la manivelle. Pour une machine à vapeur on prendra la plus forte pression qui peut être exercée sur toute la surface du piston. — Cela donne un calcul analogue à celui que nous avons indiqué pour un bras d'engrenage.

Appuis comprimés. — Pour les colonnes en fer dont le rapport de la longueur au diamètre est compris entre 5 et 35, on peut prendre

$$\frac{P}{\Omega} = \frac{R}{0,85 + 0,04\dfrac{l}{d}}$$

formule dans laquelle P est la charge, Ω l'aire de la section, l et d la longueur et le diamètre de la colonne.

Si le rapport est compris entre 10 et 180, on peut prendre

$$\frac{P}{\Omega} = \frac{R}{1,55 + 0,0005\left(\dfrac{l}{d}\right)^2}$$

Pour les colonnes en fonte, on peut prendre

$$\frac{P}{\Omega} = \frac{R}{0,68 + 0,1\dfrac{l}{d}} \qquad\qquad \text{Si } \frac{l}{d}\text{ est compris de 5 à 30}$$

$$\frac{P}{\Omega} = \frac{R}{1,45 + 0,0037\left(\dfrac{l}{d}\right)^2} \qquad\qquad \text{Si } \frac{l}{d}\text{ est compris de 4 à 120}$$

Ces formules sont de l'ingénieur Love. Dans ces formules on peut attribuer à R la valeur 6.10⁴.

Les formules précédentes sont plus spécialement applicables aux colonnes cylindriques. En général, pour calculer une pièce comprimée dans le sens de sa longueur, on s'assure que $\dfrac{P}{\Omega}$ ne dépasse pas la limite fixée pour la résistance de la matière ; et ensuite on s'assure que la pièce ne fléchit pas, ne *flambe* pas ; pour cela il faut que l'on ait.

$$\text{pour pièce encastrée d'un bout } P < \frac{\pi^2}{4}\ \frac{EI}{l^2}$$

$$\text{»\quad» simplement appuyée } P < \pi^2\ \frac{EI}{l^2}$$

$$\text{»\quad» encastrée d'un bout, guidée à l'autre } P < 2\pi^2\ \frac{EI}{l^2}$$

$$\text{»\quad» encastrée aux deux bouts } P < 4\pi^2\ \frac{EI}{l^2}$$

E est le coefficient d'élasticité de la matière et I le moment d'inertie de la section par rapport à l'axe passant dans cette section par le centre de gravité pour lequel le moment d'inertie est le plus petit possible.

Bielles et tiges de piston. — Les bielles et tiges de piston se calculent par les formules précédentes en prenant pour P la plus forte pression que peut exercer la vapeur.

Volants. — Les volants ont pour fonction de régulariser le mouvement périodique des machines. On se propose de faire que l'écart entre la plus grande vitesse V_1 est la plus petite V_0 soit une fraction k de la moyenne des vitesses, c'est-à-dire que

$$k\,\frac{V_1 + V_0}{2} = V_1 - V_0 .$$

Considérons la masse de la machine réduite à celle de la jante du volant, dont le rayon serait R. Appliquons le théorème des forces vives entre l'époque où la vitesse est V_0 et celle où la vitesse est V_1 et supposons, pour fixer les idées, que entre ces époques $\mathfrak{T}$ soit en kilogrammètres l'excès du travail moteur sur le travail résistant ; on a

$$\frac{1}{2}\,m\left(V_1^2 - V_0^2\right) = \mathfrak{T} .$$

Remplaçons dans cette égalité $V_1 - V_0$ par la valeur précédente et la moyenne des vitesses par $\dfrac{2\,\pi\,R\,n}{60}$, n étant le nombre de tours par minute.

Remplaçons enfin m par sa valeur $\dfrac{P}{g}$; on a pour déterminer P le poids de la jante

$$P = \frac{900\ \mathfrak{T}}{k\ n^2\ R^2} . \quad {}^{(1)}$$

---

(1) Plus exactement $P = \dfrac{894\mathfrak{T}}{kn^2R^2}$.

On voit que plus la machine marche vite, moins le poids du volant est grand, toutes choses égales d'ailleurs. Le coefficient de régularisation k est pris de $\frac{1}{20}$ à $\frac{1}{30}$ pour les élévations d'eau et les sciries; de $\frac{1}{40}$ à $\frac{1}{50}$ pour les tissages, les fabriques de papier, les moulins à farines, de $\frac{1}{60}$ à $\frac{1}{100}$ pour les filatures, l'éclairage électrique et toutes les industries exigeant une très grande régularité. Pour les ateliers mécaniques la valeur de k varie de $\frac{1}{30}$ à $\frac{1}{35}$.

Afin de diminuer le poids du volant, il faut prendre R le plus grand possible. Or la grandeur du rayon est limitée par la vitesse de la machine. On conçoit que l'on ferait éclater un volant en augmentant suffisamment sa vitesse de rotation. En traitant un volant comme un appareil cylindrique qui serait soumis à une pression représentée par la force centrifuge $m\,\frac{v^2}{R}$, on trouve pour le nombre de tours les limites suivantes pour un volant en fonte :

Diamètres	Limite du nombre de tours par minute	
	la résistance étant 10^6	la résistance étant 2.10^6
1	710	1000
2	305	500
3	236	333
4	177	250
5	142	200

Plus généralement le diamètre $d = \dfrac{708}{n}$, en désignant par n le nombre de tours par minute, et en supposant une résistance de 1 k. par millimètre carré et un poids spécifique égale à 7^k20 par décimètre cube. La vitesse à la circonférence dans les mêmes conditions est 36^m80.

On donne aux deux éclisses d'un joint une épaisseur du quart de la hauteur dans la partie étranglée, et celle-ci est donnée par les formules

$$h = 0,57\ \sqrt{\Omega}\ \text{pour les éclisses en fer,}$$
$$h = 0,041\sqrt{\Omega}\ \text{pour les éclisses en acier,}$$

Ω désignant l'aire de la section du volant.

Les bras sont calculés de manière à pouvoir retenir les segments de jante, auxquels ils sont reliés, dans le cas où le volant viendrait à se briser. Si Ω désigne l'aire de la section de volant près du moyeu, on peut poser très approximativement, en prenant 1.10^6 pour la résistance de la fonte et en désignant par p le poids du segment de jante assemblé au bras,

$$\Omega.\,10^6 = \frac{p}{g}\left(\frac{2\pi n}{60}\right)^2 R\;;$$

d'où sensiblement

$$\Omega = \frac{p.\,R.\,n^2}{9.10^8}\;.$$

Le moyeu sera calculé comme un corps cylindrique résistant aux efforts que l'on a attribués aux bras.

Frein de Prony. — Le frein de Prony sert à mesurer le travail que peut produire une machine. Il se compose d'une poulie que l'on cale sur l'arbre de la machine à essayer, d'une bande métallique qui entoure cette poulie et la serre sur un sabot, lequel est fixé à un levier chargé d'un poids P à son extrémité. Le travail du frottement sur la poulie est rendu égal au travail que peut produire la machine par un serrage convenable des écrous qui terminent la bande métallique. Ce travail d'ailleurs est équivalent à celui que la pesanteur engendrerait en ramenant le poids P à sa position initiale, s'il était à chaque instant soulevé par le jeu de la machine.

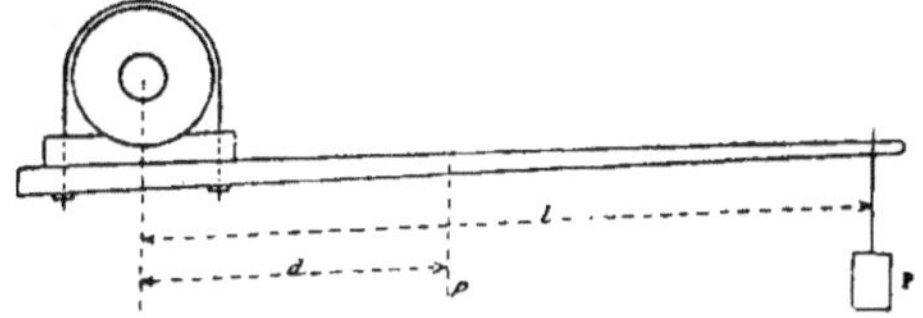

Fig. 12.

Lorsque le poids P et le serrage du frein sont convenablement combinés pour que le levier reste horizontal pendant que la machine tourne à sa vitesse de régime, on obtient le travail de celle-ci en chevaux par la formule suivante :

$$C = \frac{2\pi l n\left(P + p\dfrac{d}{l}\right)}{60.75}\,,$$

dans laquelle p est le poids du levier, d la distance horizontale du centre de gravité de celui-ci à l'axe de la machine, n le nombre de tours.

TABLE DES MATIÈRES

CHAPITRE V.

Cuivre, zinc, étain, nickel, plomb, bronzes, laitons.

CHAPITRE VI.

Le bois.

CHAPITRE VII.

Cuir, caoutchouc, lubrifiants, etc.

CHAPITRE VIII.

Rivure.

CHAPITRE IX.

Boulons, écrous et vis.

CHAPITRE X.

Vis à bois et à métaux, tirefonds, clavettes.

CHAPITRE XI.

Assemblages des bois et ferrures.

CHAPITRE XII.

Assemblages des tuyaux.

CHAPITRE XIII

Robinets.

CHAPITRE XIV

Valves, clapets, soupapes. ventouses.

CHAPITRE XV

Appareils de graissage.

CHAPITRE XVI.

Généralités sur les machines à vapeur. Cylindres et presse-étoupe

CHAPITRE XVII.

Pistons et tiges de pistons.

CHAPITRE XVIII.

Bielles.

CHAPITRE XIX.

Balancier et parallélogramme de Watt.

CHAPITRE XX.

Manivelles, excentriques, arbres.

CHAPITRE XXI.

Engrenages, poulies, volants.

CHAPITRE XXII.

Mécanismes de modifications de mouvement.

CHAPITRE XXIII.

Paliers, chaises. consoles, crapaudines.

CHAPITRE XXIV.

Bâtis et fondations.

CHAPITRE XXV.

Travail des forces, rendement des machines, formulaire pour le calcul des pièces de machines

INDEX ALPHABÉTIQUE

(Les chiffres indiquent les pages

LAVAL. — IMPRIMERIE ET STÉRÉOTYPIE E. JAMIN, 8, RUE RICORDAINE.